Thieme

Rechtssicherheit in der Tierarztpraxis

Gerichtliche Veterinärmedizin für den Praxisalltag

Herausgegeben von
Thomas Steidl, Thomas Buyle,
Hartwig Bostedt, Axel Wehrend

Unter Mitarbeit von
Jens Adolphsen, Regina Binder, Michael Düe,
Jasmin-Lisa Himmelsbach, Andreas Pospischil,
Martin Reifinger, Michael Röcken, Peter Rüsch,
Ralph Schönfelder, Alexander Tritthart,
Karl-Heinz Waldmann, Peter Witzmann

50 Abbildungen

Georg Thieme Verlag
Stuttgart • New York

Bibliografische Information der Deutschen Nationalbibliothek
Die Deutsche Nationalbibliothek verzeichnet diese Publikation in der Deutschen Nationalbibliografie; detaillierte bibliografische Daten sind im Internet über http://dnb.d-nb.de abrufbar.

Ihre Meinung ist uns wichtig! Bitte schreiben Sie uns unter:
www.thieme.de/service/feedback.html

Georg Thieme Verlag KG
Rüdigerstraße 14
70469 Stuttgart
Germany

www.thieme.de

Printed in Germany

Umschlaggestaltung: Thieme Gruppe
Umschlagfoto: Judith Dzierzawa (www.dz-fotoreportage.de), Nürnberg
Zeichnungen: Angelika Brauner, Hohenpeißenberg
Redaktion: Dr. med. vet. Stefanie Gronau, Haimhausen
Satz: Sommer Media GmbH & Co. KG, Feuchtwangen
gesetzt in Arbortext APP-Desktop 9.1 Unicode M180
Druck: Grafisches Centrum Cuno GmbH & Co. KG, Calbe (Saale)

DOI 10.1055/b000000089

ISBN 978-3-13-243412-7 1 2 3 4 5 6

Auch erhältlich als E-Book:
eISBN (PDF) 978-3-13-243413-4
eISBN (epub) 978-3-13-243414-1

Wichtiger Hinweis: Wie jede Wissenschaft ist die Veterinärmedizin ständigen Entwicklungen unterworfen. Forschung und klinische Erfahrung erweitern unsere Erkenntnisse, insbesondere was Behandlung und medikamentöse Therapie anbelangt. Soweit in diesem Werk eine Dosierung oder eine Applikation erwähnt wird, darf der Leser zwar darauf vertrauen, dass Autoren, Herausgeber und Verlag große Sorgfalt darauf verwandt haben, dass diese Angabe **dem Wissensstand bei Fertigstellung des Werkes** entspricht.
Für Angaben über Dosierungsanweisungen und Applikationsformen kann vom Verlag jedoch keine Gewähr übernommen werden. **Jeder Benutzer ist angehalten**, durch sorgfältige Prüfung der Beipackzettel der verwendeten Präparate und gegebenenfalls nach Konsultation eines Spezialisten festzustellen, ob die dort gegebene Empfehlung für Dosierungen oder die Beachtung von Kontraindikationen gegenüber der Angabe in diesem Buch abweicht. Eine solche Prüfung ist besonders wichtig bei selten verwendeten Präparaten oder solchen, die neu auf den Markt gebracht worden sind. **Jede Dosierung oder Applikation erfolgt auf eigene Gefahr des Benutzers.** Autoren und Verlag appellieren an jeden Benutzer, ihm etwa auffallende Ungenauigkeiten dem Verlag mitzuteilen.
Vor der Anwendung bei Tieren, die der Lebensmittelgewinnung dienen, ist auf die in den einzelnen deutschsprachigen Ländern unterschiedlichen Zulassungen und Anwendungsbeschränkungen zu achten.
Thieme nennt Autorinnen und Autoren konkrete Beispiele, wie sich die Gleichstellung von Frauen und Männern sprachlich darstellen lässt. Wo im Text (z. B. aus Gründen der Lesbarkeit) nur das generische Maskulinum verwendet wird, sind alle Geschlechter gleichermaßen gemeint.

Wo datenschutzrechtlich erforderlich, wurden die Namen und weitere Daten von Personen redaktionell verändert (Tarnnamen). Dies ist grundsätzlich der Fall bei Patienten, ihren Angehörigen und Freunden, z. T. auch bei weiteren Personen, die z. B. in die Behandlung von Patienten eingebunden sind.

Geleitwort

Rechtsstreitigkeiten begleiten tierärztliche Tätigkeiten von jeher. Sie nehmen – analog zu den Entwicklungen in der Humanmedizin – ständig zu und durchdringen inzwischen alle tierärztlichen Tätigkeitsbereiche, manche intensiver, wie Pferde- und Kleintiermedizin, manche etwas weniger. Bei der tierärztlichen Berufsausübung sind in allen Fachrichtungen inzwischen neben der Berufsordnung der jeweiligen Landestierärztekammern und den Regeln der guten veterinärmedizinischen Praxis eine bei näherer Betrachtung beeindruckend große Zahl von rechtlichen Vorgaben in Form von Gesetzen und Verordnungen zu beachten, die sich auch noch oft und überdies in rascher Folge ändern können. Hinzu kommen einschlägige Gerichtsurteile und Beschlüsse aus der ständigen Rechtsprechung, deren Tenoraussagen nicht selten direkten Einfluss auf tierärztliches Handeln und Verhalten nehmen und deren Kenntnis und Beachtung im tierärztlichen Interesse, aber auch im Interesse der Kunden liegt.

Tierärztliche Kongresse und Fortbildungsveranstaltungen lassen immer wieder ein hohes Interesse der Teilnehmerinnen und Teilnehmer an Fortbildung mit gerichtsmedizinischen Inhalten erkennen. Das erklärt sich sicher zum Teil auch aus der Vorverlegung der Vorlesungen des Studien- und Prüfungsfaches „Gerichtliche Veterinärmedizin, (Tierärztliches) Berufs- und Standesrecht" in das 7. Semester, somit in einen Zeitraum, in dem sich Studierenden weder die klinischen Herausforderungen, noch die Härte und Ernsthaftigkeit, noch die zu tragende Verantwortung geschweige denn die rechtlichen Implikationen der jeweiligen späteren Berufsausübungen auch nur in Ansätzen erschließt. Die Studienumgestaltung hat sich jedenfalls deutlich negativ auf das Interesse und die Aufnahmefähigkeit der Studierenden für das Fach Gerichtliche Veterinärmedizin ausgewirkt. Es ist deshalb spätestens nach Ergreifen des eingeschlagenen Berufszweigs erforderlich, sich auch mit der „Gerichtlichen" näher zu befassen. Das führt zu einem gesteigerten Bedarf an einem aktuellen und übersichtlichen Handbuch zu dieser Thematik.

Die individuelle Recherche von weitgestreuten berufs- und standesrechtlichen Vorgaben ist jedoch durchaus aufwendig und wird gern zugunsten der Aneignung fachlicher Informationen eingeschränkt oder vermieden. Dabei könnte die Beachtung der manchmal vielleicht überzogen anmutenden rechtlichen Vorgaben in einzelnen Sparten viel dazu beitragen, zeitfressenden, oftmals als bedrückend empfundenen und finanziell belastenden gerichtlichen Auseinandersetzungen so gut wie möglich aus dem Weg zu gehen. Nur: Dazu muss man die einschlägigen Vorgaben und Fallstricke kennen oder sich bei Bedarf wieder vor Augen führen können. Hierbei gibt das alle rechtlichen Aspekte der tierärztlichen Tätigkeit ansprechende Buch eine hervorragende Hilfestellung.

Es ist den Autoren und Herausgebern gelungen, das Thema Gerichtliche Veterinärmedizin und Rechtssicherheit bei tierärztlichen Handlungen – vor allem bei Pferden und Kleintieren – von allen Seiten zu beleuchten und auf den neuesten Stand zu bringen. Dabei sind einzelne österreichische, schweizerische und deutsche Vorgaben bzw. Unterschiede herausgestellt. Sowohl Studierenden der Tiermedizin als auch im Beruf stehenden Tierärztinnen und Tierärzten aller Fachrichtungen steht damit ein aktuelles umfassendes, gleichwohl nicht ausuferndes Werk zur Verfügung, das bei Fragen zur rechts- und tierschutzkonformen Berufsausübung weitreichende Informationen liefert. Die Beachtung und Umsetzung der Hinweise kann dazu beitragen, bei veterinärmedizinischen Handlungen neben den klinischen auch einschlägige gerichtsmedizinische bzw. medikolegale Aspekte und Vorgaben angemessen zu berücksichtigen, anstatt nur einem evtl. irrigen individuellen Rechts- und Richtigkeitsgefühl zu folgen.

Es sollte aber auch nicht übersehen werden, dass bei Beachtung der zahlreichen Buchhinweise die Bewältigung der tierärztlichen Tätigkeit nicht nur rechtlich sicherer wird, sondern auch für die Tierärztinnen und Tierärzten anvertrauten einzelnen Tiere und Tierbestände durch Anwendung tierschutzgerechter, aktueller und zugleich anerkannter, bewährter und legaler Untersuchungs- und Behandlungsmethoden erfolgreicher werden dürfte. Auch aus diesem primär klinischen Blickwinkel empfiehlt sich die Lektüre des Werkes, ganz im Sinne des Untertitels: „Gerichtliche Veterinärmedizin für den Praxisalltag“.

München, September 2020
Prof. Dr. Hartmut Gerhards

Vorwort

Die „Gerichtliche Veterinärmedizin" war eines der ersten Fächer, das in den Anfängen der akademischen tierärztlichen Ausbildung gelehrt wurde. Bereits den ersten Professoren der Veterinärmedizin war offensichtlich die Bedeutung und Tragweite der Rechtsfolgen des tierärztlichen Handelns klar und sie sahen es als Basiswissen an, über das jeder Tierarzt verfügen musste.

Daran hat sich auch für die heute in der tierärztlichen Praxis Tätigen nichts geändert, im Gegenteil, juristische Anforderungen und Fragestellungen durch die steigende Erwartungshaltung der Tierhalter nehmen einen immer breiteren und komplexer werdenden Raum ein. Diese Entwicklung wird auch durch eine steigende Anzahl von gerichtlichen Auseinandersetzungen mit veterinärmedizinischer Beteiligung sichtbar, wobei es typischerweise etwa um Mängel im Zusammenhang mit dem Kauf von Tieren, vermeintliche oder tatsächliche Behandlungsfehler oder die Ermittlung von Wertverlusten geht. Dabei steht nicht mehr nur traditionell das Pferd im Vordergrund, immer öfter geraten auch Hunde, Katzen und Exoten in den Fokus rechtlicher Auseinandersetzungen. Der auf seinen Haustierarzt, seine Haustierärztin vertrauensvoll fokussierte Tierhalter oder Patientenbesitzer sieht sich zunehmend in der Rolle des aufgeklärten Kunden, der, häufig unterstützt durch seine Rechtsschutzversicherung, versucht, sein vermeintliches „Recht" einzuklagen.

Die Herausgeber halten es daher für geboten, nach über 25 Jahren die deutschsprachige Fachliteratur wieder um ein Buch zu diesem Thema zu ergänzen. Dabei sind verschiedene, teilweise widersprüchliche Ziele und Interessen in einen Konsens zu bringen.

Den Studierenden der Veterinärmedizin wollen wir für das curriculare Fach Gerichtliche Veterinärmedizin ein Lehrbuch an die Hand geben, das die nötige Kompaktheit aufweist, um dieses Ziel, trotz des an vielen Fakultäten zeitlich zurückgehenden Vorlesungsangebots, zu erfüllen. Dem praktizierenden Tierarzt soll der aktuelle Stand vieler medizinisch-juristischer Fragestellungen dargelegt werden, um ihn in seinen Bemühungen, keine „rechtlichen Fehler zu machen", zu unterstützen. Gerade Fehler bei Aufklärung und Dokumentation lassen sich, neben Behandlungsfehlern, bereits im Vorfeld vermeiden und müssen dann auch nicht gerichtlich geklärt werden. Dem gutachterlich tätigen Tierarzt mögen gewisse Hintergrundinformationen dargestellt werden in dem Bemühen, die Qualität tierärztlicher Gutachten zu halten und zu verbessern. Und nicht zuletzt sprechen wir auch einschlägig tätige Juristen an, sich mit tierärztlichen Fragestellungen und tierärztlichem Denken auseinanderzusetzen.

Dies alles erfordert Teamwork und Kompromisse. Die Herausgeber haben durch die Heranziehung von Autoren der Disziplinen Veterinärmedizin und Rechtswissenschaften versucht, diese Schnittstelle zwischen den Fachrichtungen von beiden Seiten zu beleuchten. Dabei wurde eine Mischung von Hochschullehrern und praktizierenden Tierärzten und Juristen angestrebt. Die Gerichtliche Tiermedizin entspringt in den deutschsprachigen Ländern Schweiz, Österreich und Deutschland einer gemeinsamen Wurzel. Dennoch gilt es, länderspezifische Besonderheiten zu beachten. Die Herausgeber sind deshalb sehr froh, dass auch Autorinnen und Autoren aus den Nachbarländern an diesem Buch kompetent mitgearbeitet haben, ebenso wie Juristen aus Universität, Praxis und Strafverfolgung. An dieser Stelle möchten sich die Herausgeber sehr herzlich für die stets konstruktive und freundliche Zusammenarbeit bei allen Mitautoren bedanken.

Kompromisse mussten von Anfang an hinsichtlich des Umfangs und der Kapitelauswahl eingegangen werden. Wir haben uns daher auf die Darstellung der Themen beschränkt, die wir als die häufigsten und bedeutendsten in der tierärztlichen Praxis angesehen haben. Manche Rechtsbereiche, etwa das Arzneimittel- oder das Tierschutzrecht, werden im vorliegenden Buch gar nicht oder nur sehr eingeschränkt besprochen. Hierfür bitten wir um Verständnis und verweisen auf die einschlägige Literatur, insbesondere auf die jeweiligen Kommentare zu den Tierschutzgesetzen.

Im Wesentlichen sind wir auf Kleintiere und Pferde eingegangen, da diese Tierarten den meisten Stoff für rechtliche Auseinandersetzungen liefern. Im speziellen Teil sind die Szenarien behandelt, welche die Sachverständigen nach Erfahrung der Autoren am häufigsten beschäftigen. Die an die einzelnen Kapitel angegliederten Literaturübersichten dienen dem Leser, der sich mit der Materie eingehender befassen möchte, als Anregung. Sie erheben keinen Anspruch auf Vollständigkeit. Zur Ergänzung für nichttierärztliche Leser sei an dieser Stelle angemerkt, dass sich in einem tiermedizinischen Buch der Begriff „Patient" selbstverständlich auf tierische Patienten bezieht.

Rechtssicherheit kann kein Buch leisten. Wenn überhaupt, ist das Aufgabe von Gerichten. Wir würden uns aber wünschen, mit diesem Werk einen Beitrag auf dem Weg zu einer weitgehenden Rechtssicherheit und zu einem Bewusstsein für forensische Fragestellungen im Umfeld des tierärztlichen Berufes zu leisten.

Unser Dank geht zunächst an alle Mitautoren für deren Engagement. Ebenso gebührt Frau Tierärztin Julia Schultz unser Dank für das Erstlektorat und die konstruktiven Anregungen. Dem Thieme Verlag, insbesondere Frau Carolin Frotscher, sind wir für die Annahme des Buches und für die hervorragende Betreuung sehr zum Dank verpflichtet.

Wir wünschen uns, dass dieses Buch von dem angesprochenen Personenkreis wohlwollend aufgenommen werden möge und sind für Kritik und Anregungen sehr aufgeschlossen und dankbar.

Tübingen, Kernen im Remstal,
Gießen im Frühjahr 2020

Dr. Thomas Steidl
Dr. Thomas Buyle
Prof. Dr. Hartwig Bostedt
Prof. Dr. Axel Wehrend

Hinweis

Achtung

Die Veterinärmedizin und insbesondere die Rechtswissenschaft befinden sich in einem ständigen Fluss. Daher kann im vorliegenden Buch nur der zum Zeitpunkt der Drucklegung geltende Stand der Wissenschaften wiedergegeben werden. Um eine bessere Aktualität zu gewährleisten, verweisen wir den Leser auf www.thieme.de/Rechtssicherheit_Tierarzt, dort sind wesentliche Änderungen der gesetzlichen Grundlagen mit Bezug auf das vorliegende Werk aufgeführt und kommentiert.

Inhaltsverzeichnis

Teil 2 Spezieller Teil

Teil 3 Anhang

Anschriften

Herausgeber

Dr. med. vet. Thomas **Steidl**
Fachtierarzt für Klein- und Heimtiere
Tierärztliche Fachpraxis Dres. Steidl & Hartmann
Jurastr. 23
72072 Tübingen
Deutschland

Dr. med. vet. Thomas **Buyle**
Fachtierarzt für Pferde
Pferdepraxis Dr. Buyle
Frauenländerstr. 71
71394 Kernen im Remstal
Deutschland

Prof. Dr. med. vet. Dr. h. c. mult. Hartwig **Bostedt**
Fachtierarzt für Zuchthygiene
Justus-Liebig-Universität Giessen
Fachbereich Veterinärmedizin
Klinik für Geburtshilfe, Gynäkologie und
Andrologie der Groß- und Kleintiere
mit Tierärztlicher Ambulanz
Frankfurter Str. 106
35392 Gießen
Deutschland

Prof. Dr. med. vet. Axel **Wehrend**
Fachtierarzt für Reproduktionsmedizin
Justus-Liebig-Universität Giessen
Fachbereich Veterinärmedizin
Klinik für Geburtshilfe, Gynäkologie und
Andrologie der Groß- und Kleintiere
mit Tierärztlicher Ambulanz
Frankfurter Str. 106
35392 Gießen
Deutschland

Mitarbeiter

Prof. Dr. Jens **Adolphsen**
Justus-Liebig-Universität Giessen
Fachbereich Rechtswissenschaft
Institut für anwaltsorientierte Juristenausbildung
Licher Str. 76
35394 Gießen
Deutschland

Dr. Dr. Regina **Binder**
Veterinärmedizinische Universität Wien
Institut für Tierschutzwissenschaften und
Tierhaltung
Department/Universitätsklinik für Nutztiere
und öffentliches Gesundheitswesen
in der Veterinärmedizin
Veterinärplatz 1
1210 Wien
Österreich

Dr. med. vet. Michael **Düe**
praktischer Tierarzt
Gröblingen 116
48336 Sassenberg
Deutschland

Jasmin-Lisa **Himmelsbach**
RAe Gerd W. Sickinger, Ulrich Schweizer &
Jasmin-Lisa Himmelsbach in Bürogemeinschaft
Hauptstr. 1
70839 Gerlingen
Deutschland

Prof. Dr. med. vet. Andreas **Pospischil**
Zimikerried 32
8603 Schwerzenbach
Schweiz

Prof. Dr. Martin **Reifinger**
Veterinärmedizinische Universität Wien
Institut für Pathologie
Veterinärplatz 1
1210 Wien
Österreich

Prof. Dr. vet. med. Michael **Röcken**
Justus-Liebig-Universität Giessen
Fachbereich Veterinärmedizin
Klinik für Pferde
Frankfurter Str. 108
35392 Gießen
Deutschland

Prof. Dr. vet. med. Peter **Rüsch**
Tannenstr. 23
8424 Embrach
Schweiz

Ralph **Schönfelder**
Staatsanwaltschaft Stuttgart
Neckarstr. 145
70190 Stuttgart
Deutschland

Mag. med. vet. Alexander **Tritthart**
Koordinator für die österreichischen Beiträge
Tierärzte Tritthart OG | Kleintierpraxis Mariatrost
Mariatroster Str. 259
8044 Graz
Österreich

Prof. Dr. med. vet. Karl-Heinz **Waldmann**
Stiftung Tierärztliche Hochschule Hannover
Klinik für kleine Klauentiere und forensische Medizin und Ambulatorische Klinik
Bischofsholer Damm 15
30173 Hannover
Deutschland

Dr. med. vet. Peter **Witzmann**
Fachtierarzt für Pferde
Vogelherdweg 20
70771 Leinfelden-Echterdingen
Deutschland

Autorenvorstellung

Herausgeber

Dr. med. vet. Thomas Steidl
Gründer, Inhaber und Teilhaber einer Kleintierklinik/Fachtierärztliche Praxis in Baden-Württemberg (1982–2020)
Präsident der Landestierärztekammer Baden-Württemberg
Mitveranstalter der ATF-Tagung „Forensik"
Fachtierarzt für Klein- und Heimtiere, Zusatzbezeichnung Reptilien, Zusatzbezeichnung Zier- und Wildvögel
Studium der Veterinärmedizin in Bern und Gießen

Dr. med. vet. Thomas Buyle
Inhaber einer tierärztlichen Praxis für Pferde in Baden-Württemberg
Allgemein beeideter und gerichtlich zertifizierter Sachverständiger für Veterinärmedizin (Pferde) (A)
Öffentlich bestellter und vereidigter Sachverständiger für Pferdegesundheit, Pferdezucht und -haltung (D)
Fachtierarzt für Pferde
Studium der Veterinärmedizin in Wien und in Gießen

Prof. Dr. med. vet. Dr. h. c. mult. Hartwig Bostedt
bis 2007 tätig in der Klinik für Geburtshilfe, Gynäkologie und Andrologie der Groß- und Kleintiere mit Außenambulanz der Justus-Liebig-Universität Giessen
Träger zahlreicher nationaler und internationaler Auszeichnungen, Mitglied der Deutschen Akademie der Wissenschaften Leopoldina
Ehrendoktorate: Warsaw University of Life Sciences, Universität Leipzig
Fachtierarzt für Zuchthygiene
Studium der Veterinärmedizin an der Ludwig-Maximilians-Universität München

Prof. Dr. med. vet. Axel Wehrend
Vorsitzender der Akademie für Tierärztliche Fortbildung
Kuratoriumsmitglied der Akademie für Tiergesundheit
Schriftleiter der Zeitschrift „Tierärztliche Praxis" Ausgabe G Großtiere/Nutztiere
Professor für Klinische Reproduktionsmedizin an der Klinik für Geburtshilfe, Gynäkologie und Andrologie der Groß- und Kleintiere mit Tierärztlicher Ambulanz der Justus-Liebig-Universität Gießen
Diplomate des European College of Animal Reproduction (ECAR)
Fachtierarzt für Reproduktionsmedizin
Studium der Veterinärmedizin an der Tierärztlichen Hochschule Hannover

Teil 1
Grundlagen

1 Die Rolle des Tierarztes

Ralph Schönfelder, Alexander Tritthart

1.1 Der Tierarzt in der Forensik

1.1.1 Grundlagen und Begriffsbestimmung

Die Gerichtliche Veterinärmedizin (Forensik) stellt ein interdisziplinäres Arbeitsgebiet der Veterinärmedizin dar und umfasst die Tätigkeit des Tierarztes als Sachverständiger. Darüber hinaus werden in einigen Ländern auch Fragen der Haftpflicht des Tierarztes und des Tierhalters sowie Rechtsfragen des Tierschutzes zur Gerichtlichen Veterinärmedizin gezählt [10]. Die Gerichtliche Veterinärmedizin ist also nicht gleichzusetzen mit dem in der Humanmedizin gebräuchlichen Begriff der Gerichtsmedizin, sondern geht darüber hinaus und berührt eine Fülle von veterinärfachlichen sowie juristischen Themenbereichen.

Seit jeher spielt der Tierarzt eine wichtige Rolle als Sachverständiger. Während es anfänglich um die Fachexpertise bei Auseinandersetzungen im Zusammenhang mit dem Tiererwerb, der Seuchenprävention und -tilgung sowie mit durch Tiere hervorgerufene Schäden ging, sind es heute auch Fragen des Tierschutzes und der Tierarzthaftung, die im Vordergrund stehen.

Die Zahl von **zivilrechtlichen Auseinandersetzungen** mit Tierbezug wird oft durch Dokumentationsmöglichkeiten und außergerichtliche Gutachten und entsprechend von Erfolgsaussichten und Prozesskosten beeinflusst. Bedingt durch steigende Tierwerte, Änderungen der einschlägigen Rechtsgrundlagen sowie durch die heute weit verbreiteten Rechtsschutzversicherungen nimmt die Zahl an derartigen Verfahren zu – und gewinnt deshalb auch für Tierärzte an Bedeutung [2].

Die Häufigkeit von **strafrechtlichen Ermittlungsverfahren** hängt dagegen direkt davon ab, welchen Stellenwert das Tier in der Gesellschaft genießt, ob also das Fehlverhalten Dritter – auch wenn es fremde oder herrenlose Tiere betrifft – angezeigt wird, wie sich Tierärzte verhalten und ob Amtstierärzte bei Anhaltspunkten für eine Straftat den Vorgang den Strafverfolgungsbehörden vorlegen.

Der Verwaltungsgerichtshof Baden-Württemberg hob bereits im Jahr 1992 hervor, dass tierische Leiden rechtlich nicht ernster genommen werden als menschliche, aber dass das Tier, da es grundsätzlich schwächer und gefährdeter sei als der Mensch, einen angemessenen Schutz brauche [13].

Inzwischen werden tatsächliche und angebliche Verstöße gegen das Tierschutzgesetz von der Bevölkerung zunehmend stärker wahrgenommen. Die regionale Presse berichtet regelmäßig vom vergifteten Hund über die zertretene Taube bis hin zur vernachlässigten Schafherde. Missstände im Schlachthof und die damit verbundene Frage, ob durch einen Hausfriedensbruch erlangte Bilder im Fernsehen gezeigt werden dürfen bzw. ob der Eindringende sich strafbar gemacht hat, finden ein überregionales Echo. Dass Urteile eines Amtsgerichts in Strafsachen wegen eines Verstoßes gegen das Tierschutzgesetz dagegen kaum in den juristischen Datenbanken (wie etwa Juris) erfasst oder in Fachzeitschriften wie „Natur und Recht“ abgedruckt werden, liegt daran, dass Tierschutzfälle rechtlich oft einfach gelagert sind und den Entscheidungen so die grundlegende (juristische) Bedeutung fehlt. Zudem zitieren einige juristische Kommentare Gerichtsentscheidungen nur dann, wenn sie in Fachzeitschriften veröffentlicht wurden. In Österreich finden sich v. a. höchstrichterliche Urteile in der Datenbank des Rechtsinformationssystems (RIS), sodass diese nur bei einer Ausschöpfung des Instanzenzuges gefunden werden können.

Die Voraussetzungen, um tierschutzrechtliche Straftaten bei der Staatsanwaltschaft angemessen zu bearbeiten, sind theoretisch gut.

§ Gesetzliche Grundlagen
Dem Schutz der Umwelt dienen, wie sich aus den bundeseinheitlichen Richtlinien für das Straf- und Bußgeldverfahren, dort Nr. 268 RiStBV, ergibt, neben den Strafnormen im Strafgesetzbuch (§§ 324ff. StGB) u. a. auch die Strafvorschriften im Bundesnaturschutzgesetz und im Tierschutzgesetz. Tierschutzdelikte sind also den Umweltstrafsachen zuzuordnen [7], [8].

Entsprechend regeln die Justizministerien der Länder in den jeweiligen Verwaltungsvorschriften überwiegend, dass Umweltschutzstrafsachen in Spezialdezernaten zusammengefasst werden sollen, da ihre Bearbeitung besondere Kenntnisse und Erfahrungen erfordert. Oft sind diese Spezialdezernate in den Wirtschaftsabteilungen der Staatsanwaltschaften angesiedelt, sodass auch ausreichend Zeit zur Verfügung stehen sollte, um sich in die teils umfangreichen Verfahren einzuarbeiten.

In Österreich ist der Tatbestand der Tierquälerei sowohl im Justizstrafrecht (§ 222 StGB) als auch im Verwaltungsstrafrecht (§ 38 Abs. 1 u 2 i.V.m. §§ 5,6 Abs. 1 TSchG) pönalisiert.

Dies führt in der Praxis immer wieder zu erheblichen Abgrenzungsschwierigkeiten, zu deren Lösung in Lehre und Rechtsprechung z. T. unterschiedliche Auffassungen vertreten werden.

1.1.2 Erkennen von Missständen

Trotz aller Abweichungen im Detail gilt der Kern des Tierschutzes für alle Wirbeltiere. Der Amtstierarzt und der niedergelassene Tierarzt betrachten dasselbe Problemfeld aus unterschiedlichen Blickwinkeln. Anhaltspunkte für mögliche Straftaten können sich jederzeit bei der Behandlung von Tieren mit erheblichen Schmerzen oder Leiden ergeben, angefangen bei der industriellen Tierhaltung über Nebenerwerbslandwirte, Tierhändler und Zuchttierbesitzer bis hin zur Kleintierhaltung. Tierärzte sind mit ihrer umfassenden Ausbildung per se als Sachverständige auch im Bereich des Tierschutzes anzusehen und in der Lage, tierschutzrelevante Missstände zu erkennen. Die Frage ist also, wie der niedergelassene Tierarzt mit diesen Erkenntnissen umgeht und ob das Berufsethos ein Wegsehen in den Fällen zulässt, in denen es sich nicht wenigstens um einen einmaligen, möglichst in Grenzen wieder behebbaren Vorfall handelt, bei dem der Verantwortliche einsichtig ist.

1.1.3 Eigene Absicherung

Beschuldigte im Strafverfahren berufen sich gerne darauf, dass der Tierarzt bis dato nie etwas bemängelt habe. Seit Jahren würden alle importierten Welpen aus Qualzuchten ohne Beanstandung geimpft, die Situation im Stall sei bekannt gewesen, der Tierarzt sei regelmäßig auf dem Hof gewesen, Tiere seien immer wieder in der Praxis behandelt worden, die langen Klauen oder die hgr. Abmagerung seien nie thematisiert worden usw.

Kommt es zum Prozess, muss der Tierarzt sich darüber im Klaren sein, dass die Berichterstattung über Strafverfahren lokal wahrgenommen wird. Wenn der Tierarzt im Strafverfahren als Zeuge vernommen wird, so weiß man vor Ort auch ohne Namensnennung, wer z. B. auf dem Reiterhof Tiere betreut. Deshalb ist es nicht nur mit Blick auf mögliche zivilrechtliche Schadenersatzansprüche, sondern auch mit Blick auf den eigenen guten Ruf wichtig, die Behandlung zu dokumentieren – dies sowohl intern als auch mit einer Rechnung.

! Merke
Ganz allgemein wirkt für Juristen eine Dokumentation dann glaubhaft, wenn sie zeitnah und umfassend erstellt wird.

Entsprechend sollte jede Behandlung dokumentiert und das Tier individualisiert werden. Wichtig ist die Diagnose, Art und Umfang der Behandlung sowie empfohlene Folgeuntersuchungen. Zumindest in der **internen Dokumentation** sollten Auffälligkeiten und Angaben des Halters zu Verletzungen genauso vermerkt werden wie vom Halter abgelehnte Maßnahmen. Sind die Erfolgsaussichten, z. B. einer Operation, fraglich, sollte der Behandlungsversuch – ggf. mit einem „Ausblick“ und einer eigenen Einschätzung – ebenso dokumentiert werden wie die Vermittlung dieser Einschätzung, etwa in einem Folgetermin. Entsprechendes gilt für die Notwendigkeit des Einschläferns im Folgetermin und erst recht bei der Notwendigkeit des sofortigen Einschläferns. Hier wäre die Aussichtslosigkeit einer mit Schmerzen verbundenen Behandlung zu dokumentieren.

Die Gebührenordnung für Tierärzte (GOT) schreibt zwar nicht zwingend vor, dass eine **Rechnung** geschrieben wird, doch das Merkblatt „Die Gebührenordnung für Tierärzte“ der Bundestierärztekammer empfiehlt, zumindest Behandlungsdatum, Tierart, Diagnose und berechnete Leistung sowie Rechnungsbetrag, Umsatzsteuer und die oben genannte Vergütung zu listen.

1.1.4 Garantenstellung, Unterlassen

§ Gesetzliche Grundlagen

Nicht nur der, der ein Tier misshandelt, kann strafrechtlich verantwortlich gemacht werden, sondern unter gewissen Umständen auch, wer ein Einschreiten unterlässt – sofern er rechtlich dazu verpflichtet ist (D: § 13 StGB; A: § 2 StGB).

Musterbeispiel für eine derartige Garantenstellung, also die Pflicht, das Leiden des Tieres und somit den Verstoß gegen das Tierschutzgesetz zu verhindern, ist die gesetzliche Regelung in § 2 Tierschutzgesetz (TierSchG) für Tierhalter und Betreuer bzw. § 5 Abs. 4 Tierschutz-Versuchstierverordnung (TierSchVersV) für den Tierschutzbeauftragten [D] oder z. B. § 9 TSchG [A]. Für den Amtstierarzt in **Deutschland** kann eine Garantenstellung auch aus § 16 TierSchG i. V. m. dem durch die letzte Änderung des Tierschutzgesetzes vom 4. Juli 2013 nochmals erweiterten Schutzrahmen des § 16a TierSchG sowie § 1 TierSchG i. V. m. Art. 20a GG folgen [3]. Dies gilt wohl auch dann, wenn zuvor gemachte außerdienstliche Feststellungen darauf schließen lassen, dass die Verstöße bei Dienstantritt noch fortdauern oder sich wiederholen [11].

Anders als bei der Pflicht zur Behandlung eines dem Tierarzt vorgestellten therapiebedürftigen Tieres wird der niedergelassene Tierarzt i. d. R. keine rechtliche Verpflichtung zum Einschreiten haben, wenn etwa der Tierhalter ein auffälliges Tier nicht untersuchen oder behandeln lässt. Eine andere Frage ist, ob er eine mögliche Straftat zumindest mitteilen darf. Hinweise hierfür ergeben sich aus der aktuellen Rechtsprechung [12] in Deutschland zum Hausfriedensbruch in einen Stall durch Tierschützer. Das Oberlandesgericht bestätigte den Freispruch der Tierschützer. In diesem Fall seien Verstöße bekannt, mit einem Eingreifen der zuständigen Behörden sei nach den zuvor gemachten Erfahrungen aber nicht zu rechnen gewesen. Das Eindringen in einen Stall, um dort die Verstöße zu dokumentieren und sie anschließend bei den Strafverfolgungsbehörden anzuzeigen, sei aufgrund eines Notstandes gemäß § 34 StGB gerechtfertigt. Vor diesem Hintergrund erscheint die infrage kommende mögliche Straftat des Tierarztes, nämlich die Verletzung von Privatgeheimnissen gemäß § 203 StGB durch eine Mitteilung an das Veterinäramt, zumindest in Fällen von andauernden, erheblichen Verstößen, bei denen der Tierhalter nicht zur Einsicht zu bewegen ist, gerechtfertigt.

In **Österreich** besteht für niedergelassene Tierärzte keine Anzeigepflicht im Hinblick auf wahrgenommene Verstöße gegen tierschutzrechtliche Bestimmungen. Lediglich für Amtstierärzte bzw. amtlich beauftragte Tierärzte (z. B. im Rahmen der Schlachttier- und Fleischuntersuchung) kann sich eine Anzeigepflicht aus § 78 Strafprozessordnung (StPO) ergeben. Dagegen normiert § 9 TSchG eine Hilfeleistungspflicht für jene Personen, die ein Tier erkennbar verletzt oder in Gefahr gebracht haben. Demnach haben diese Personen, sofern dies zumutbar ist, dem Tier die erforderliche Hilfe zu leisten oder eine solche Hilfeleistung zu veranlassen. Umgekehrt kann aber eine Durchbrechung der Verschwiegenheitspflicht bei wahrgenommenen Tierschutzvergehen im öffentlichen Interesse gerechtfertigt sein.

In **Deutschland** wird eine allgemeine Pflicht für jedermann, Tieren in Not zu helfen, und in der Konsequenz eine mögliche Strafbarkeit wegen unterlassener Hilfeleistung gemäß § 323c StGB zunehmend bejaht [4], [9].

1.1.5 Anzeigeerstattung

Wer in **Deutschland** konkrete Anhaltspunkte für eine Straftat hat, kann eine Anzeige (§ 158 Abs. 1 Satz 1 StPO) bei der Staatsanwaltschaft oder den Behörden des Polizeidienstes mündlich oder besser schriftlich erstatten. Die Mitteilung eines Sachverhaltes, der nach Meinung des Anzeigenerstatters Anlass für eine Strafverfolgung bietet, bezeichnet man als Strafanzeige [5]. Dies ist eine Abgrenzung zur mutwilligen Anzeige, die für den Anzeigenerstatter das Risiko beinhalten würde, sich selbst wegen einer falschen Verdächtigung strafbar zu machen. Die Staatsanwaltschaft prüft nach Eingang der Anzeige den Sachverhalt und stellt das Verfahren ein, wenn es nur vage Anhaltspunkte oder bloße Vermutungen gibt.

§ Gesetzliche Grundlagen

Ergibt sich aus der Anzeige aufgrund konkreter Tatsachen ein Anfangsverdacht für eine Straftat, ist die Staatsanwaltschaft verpflichtet, wegen aller verfolgbaren Straftaten einzuschreiten (sog. Legalitätsprinzip, § 152 Abs. 2 StPO) [6].

Der zuständige Dezernent bei der Staatsanwaltschaft beauftragt sodann die örtlich zuständige Polizeibehörde mit der Ermittlung des genauen Sachverhalts und der Verantwortlichen sowie deren abschließender Vernehmung als Beschuldigte. Eine Anzeige kann ohne diesen zeitlichen Umweg auch bei jeder Dienststelle der Polizei erstattet werden. Sinnvollerweise werden Anzeigen einerseits ortsnah und andererseits durch spezialisierte Beamte bearbeitet, in Baden-Württemberg etwa durch die Beamten von Umwelt/Gewerbe bei den Polizeipräsidien.

Eine kurzfristige Beendigung eines tierschutzwidrigen Zustands in den klassischen Fällen von Tierquälerei und Verwahrlosung verspricht die Mitteilung an das zuständige Veterinäramt. Das Veterinäramt ist keine Strafverfolgungsbehörde, sondern soll über § 16 bzw. § 16a TierSchG die Tierhaltung überwachen und einschreiten, um festgestellte Verstöße zu beseitigen und künftige Verstöße zu verhindern. Sofern die Tierhaltung zu beanstanden ist, gelingt es häufig, durch Anordnungen die Einsicht des Tierhalters zu fördern und so die Haltungsbedingungen zu verbessern. Andernfalls kann und muss die Behörde notfalls gemäß § 16a TierSchG Tiere fortnehmen und das Halten oder Betreuen untersagen.

Stellt der festgestellte Verstoß eine Ordnungswidrigkeit dar, für deren Verfolgung die Behörde gemäß § 35 Gesetz über Ordnungswidrigkeiten (OWiG) zuständig ist, hat die Behörde insoweit gemäß § 46 Abs. 2 OWiG dieselben Rechte und Pflichten wie die Staatsanwaltschaft bei der Verfolgung von Straftaten. Die Behörde kann also auch einen Durchsuchungsantrag beim zuständigen Amtsgericht stellen. Die Veterinärbehörde ist aber nicht verpflichtet, ein Bußgeldverfahren einzuleiten. Sie entscheidet über die Verfolgung von Ordnungswidrigkeiten im pflichtgemäßen Ermessen, dem sog. Opportunitätsprinzip (§ 47 Abs. 1 Satz 1 OWiG).

In **Österreich** ist die Bezirksverwaltungsbehörde Vollzugsbehörde gemäß § 36 TierSchG, sodass die entsprechende Anzeige bei der Bezirksverwaltungsbehörde (Amtstierarzt) einzubringen ist. Darüber hinaus kann eine Anzeige, insbesondere bei Gefahr in Verzug, auch bei den Sicherheitsbehörden erfolgen.

1.1.6 Abgrenzung Straftat/ Ordnungswidrigkeit (A: Verwaltungsübertretung)

Gibt es in **Deutschland** Anhaltspunkte dafür, dass der Umgang mit Tieren nicht nur eine Ordnungswidrigkeit gem. § 18 TierSchG, sondern einen Straftatbestand gem. § 17 TierSchG erfüllt – etwa billigend in Kauf genommen wird, dass Tiere erheblich leiden, was i. d. R. bei Fortnahme des Tieres anzunehmen ist – muss das Amt den Fall an die Staatsanwaltschaft abgeben (§ 41 Abs. 1 OWiG). „Anhaltspunkte“ sind dabei weniger gewichtig als „Verdacht“, denn die Prüfung des Anfangsverdachts obliegt gemäß § 152 Abs. 2 StPO der Staatsanwaltschaft. Ob es sich um einen singulären Vorfall handelt, der Täter Einsicht zeigt, sofort Abhilfe schafft oder nachträglich bedauert, spielt für die Frage der Abgabe keine Rolle. Insbesondere die Abgrenzung von bedingtem Vorsatz zu bewusster Fahrlässigkeit obliegt dem Juristen. Sieht die Staatsanwaltschaft nach Prüfung davon ab, ein Verfahren einzuleiten, wird die Sache gemäß § 41 Abs. 2 OWiG an die Verwaltungsbehörde zur Verfolgung möglicher Ordnungswidrigkeiten zurückgegeben. Die oben genannten Erwägungen, wie etwa die Einsicht, legen es dem Staatsanwalt nahe, das Strafverfahren gemäß § 153 StPO wegen geringer Schuld einzustellen. Gerade für diese Abwägung verfügt der Staatsanwalt über die Möglichkeit, durch Abgleich mit dem Bundeszentralregister oder der Verfahrensliste zu prüfen, ob andere Strafverfahren anhängig sind. Abwägen heißt, nicht pauschal jeden Verstoß gegen das Tierschutzgesetz einzustellen und auch, wenn ein behördliches Tierhalteverbot verhängt oder vom Verwaltungsgericht bestätigt wurde, die Beantragung eines strafbewehrten Verbots der Tierhaltung gemäß § 20 TierSchG zu prüfen.

Für **Österreich** ist, wie bereits oben ausgeführt, die Abgrenzung zwischen einem Tierschutzvergehen nach dem TierSchG und einem Vergehen nach § 222 StGB nicht immer einfach. Da der Weg zum Strafgericht zumeist über die Verwaltungsbehörde geht, ist es vielfach so, dass ein entsprechendes Verwaltungsverfahren bis zum Abschluss des Strafverfahrens ruht und nach dessen Abschluss fortgesetzt wird. Näheres zur Abgrenzung der verwaltungsrechtlichen Tierquälerei von der strafrechtlich relevanten Form siehe bei [1].

1.1.7 Quellenangaben

Literatur

[1] Binder R. Das Verbot der Tierquälerei in der Österreichischen Rechtsordnung: Strafgesetzbuch versus Tierschutzgesetz. WTM 2016; 9(10): 231–246

[2] Bleckwenn E. Die Haftung des Tierarztes im Zivilrecht. Berlin Heidelberg: Springer; 2013

[3] Hirt A, Maisack C, Moritz J. Tierschutzgesetz, Kommentar. 3. Aufl. München: Franz Vahlen; 2016. § 17 Rn. 93f. m.w.N.

[4] Lorz A, Metzger E. Tierschutzgesetz. 7. Aufl. München: C. H. Beck; 2019. § 17 Rn. 66

[5] Meyer-Goßner L, Schmitt B. Strafprozessordnung. 63. Aufl. München: C. H. Beck; 2020. § 158 Rn. 2

[6] Meyer-Goßner L, Schmitt B. Strafprozessordnung. 63. Aufl. München: C. H. Beck; 2020. § 152 Rn. 4 m.w.N.

[7] Müller-Gugenberger C, Pfohl M. Wirtschaftsstrafrecht. 6. Aufl. Köln: Otto Schmidt; 2015. § 54 Rn. 104, 109

[8] Weitergehend zu [7], da auch Normen des BJagdG einbezogen werden: Kloepfer M, Heger M. Umweltstrafrecht. 3. Aufl. München: C.H. Beck 2014; Rn. 18, 354

[9] Schönfelder R. Gehn'mer Tauben vergiften im Park? NuR 2017; 26ff. (27)

[10] Wiesner E, Ribbeck R. Wörterbuch der Veterinärmedizin. 3. Aufl. Stuttgart: Gustav Fischer Verlag; 1991

Rechtsgrundlagen

[11] Kemper R. Rechtsgutachten über „Die Garantenstellung der Amtstierärztinnen und Amtstierärzte im Tierschutz“ im Auftrag der Hessischen Landestierschutzbeauftragten. Berlin; 2006

[12] OLG Sachsen-Anhalt, Urteil vom 22.02.2018, 2 Rv 157/17, NStZ 2018, 472ff., zuvor AG Haldensleben, Urteil vom 26.09.2016, und LG Magdeburg, Urteil vom 11.10.2017, 28 Ns 182 Js 32201/14 mit Anmerkung Keller/Zetsche, StV 2018, 335ff., zustimmend auch Bülte, StV 6/2018, Editiorial Seite I

[13] VGH Baden-Württemberg, Urteil vom 15.12.1992, NuR 1994, 487ff. (488)

1.2 Zeuge – sachverständiger Zeuge – Gutachter

1.2.1 Zivilrecht/Strafrecht – Unterschiede und Gemeinsamkeiten

Zwischen dem Zivilverfahren und dem Strafverfahren gibt es einige Unterschiede, aber auch Gemeinsamkeiten.

Merke

Der Verhandlungsgrundsatz im Zivilrecht besagt, dass die Parteien die Tatsachen vortragen, die die Grundlage der späteren gerichtlichen Entscheidung bilden sollen.

Behauptet der Kläger in einem Zivilverfahren, ein Tier sei falsch behandelt worden, ist dies gemäß § 138 Abs. 2 und 3 der Zivilprozessordnung (ZPO) substantiiert darzulegen. Die vom Beklagten bestrittenen, entscheidungserheblichen Behauptungen muss der Kläger beweisen (Beibringungsgrundsatz und Beweislast). Andernfalls wird die Klage abgewiesen. Neben dem Beweis durch Zeugen kann eine Partei auch ein privat im Vorfeld eingeholtes Gutachten vorlegen oder den Beweis im Prozess durch einen Sachverständigen antreten (§ 402ff. ZPO). Als Durchbrechung des Beibringungsgrundsatzes kann das Gericht aber auch von sich aus, also ohne darauf zielenden Antrag, ein Gutachten einholen (§ 144 Abs. 1 ZPO), um sich selbst Klarheit zu verschaffen. Weiterhin gibt es gemäß § 485 ZPO die Möglichkeit, im Vorfeld einer

Klage ein selbstständiges Beweisverfahren durchzuführen. Das kommt in Betracht, wenn z. B. die Gefahr besteht, dass ein Beweismittel verloren geht, etwa, wenn Krankheitssymptome nicht mehr feststellbar wären.

Merke
Sowohl im Strafverfahren als auch im Verwaltungsverfahren gilt dagegen der Untersuchungs- bzw. Ermittlungsgrundsatz. Hier klären die Behörden den Sachverhalt auf.

Das geschieht z. B. dadurch, dass sich das Veterinäramt – soweit erforderlich – um das Tier kümmert und die Behörde bei Anhaltspunkten für eine Straftat die Unterlagen, sinnvollerweise bereits zusammen mit einem Gutachten, der Polizei oder Staatsanwaltschaft, vorlegt. Die Staatsanwaltschaft soll objektiv alle für und gegen den Beschuldigten sprechenden Punkte ermitteln. Dazu gehört ggf. die Einholung eines Gutachtens. Die Staatsanwaltschaft stellt das Verfahren ein, wenn die Tat nicht nachweisbar ist oder das Verschulden gering erscheint. Andernfalls erhebt sie Anklage bzw. beantragt den Erlass eines Strafbefehls (§§ 407ff. StPO).

Im Strafverfahren kann das Gericht auf Antrag oder von sich aus ein Gutachten einholen, da die Ermittlung des wahren Sachverhalts das zentrale Anliegen des Strafprozesses ist [18].

Die Frage, ob ein (weiteres) Gutachten eingeholt werden soll, taucht im Zivilverfahren meist relativ früh, also schon im schriftlichen Vorverfahren auf und wird dann vom Gericht entschieden. Entsprechend sollte auch im Strafverfahren der Sachverhalt bereits mit Anklageerhebung so ausermittelt sein, dass das Gericht in einem Hauptverhandlungstermin nach Vernehmung der Zeugen und Anhörung des Gutachters zu einer abschließenden Entscheidung kommen kann. Andernfalls droht eine erhebliche zeitliche Verzögerung, die bei einer möglichen Verurteilung zu einer tendenziell milderen Strafe führt und letztlich ein Einfallstor für „Gespräche" darüber darstellt, ob nicht auch eine Einstellung des Verfahrens in Betracht käme.

1.2.2 Ablauf einer Hauptverhandlung

Im **Strafverfahren** wird in Abwesenheit der Zeugen die Anklageschrift oder der entsprechende Strafbefehlsantrag (§ 243 Abs. 3 StPO) verlesen. Der vorsitzende Richter leitet die Verhandlung (§ 238 Abs. 1 StPO). Zunächst vernimmt der Vorsitzende den Angeklagten, der die Möglichkeit hat, sich zum Tatvorwurf zu äußern. Grundsätzlich darf die Öffentlichkeit dem Verlauf der Hauptverhandlung als Zuhörer folgen. Das ermöglicht es in der Praxis auch Außenstehenden, den Verfahrensgegenstand zu erfassen. Außerdem postuliert § 250 StPO den Grundsatz der persönlichen Vernehmung eines Zeugen (Unmittelbarkeitsgrundsatz). Das Gericht kann nicht auf frühere Aussagen der Zeugen Bezug nehmen, sondern der Zeuge muss in der Hauptverhandlung aussagen. Gegebenenfalls können ihm Teile seiner früheren Aussage vorgehalten werden, um seine Erinnerung aufzufrischen oder Widersprüche abzuklären. Diese Grundsätze werden im Zivilprozess vielfach (§§ 377 Abs. 3, 355 Abs. 1 ZPO) eingeschränkt. Zwar gibt es auch im **Zivilverfahren** gemäß § 128 Abs. 1 ZPO den Grundsatz der Mündlichkeit der Verhandlung. Entsprechend wird prinzipiell nur über die in der mündlichen Verhandlung gestellten Anträge entschieden. Allerdings wird im Zivilprozess i. d. R. in der mündlichen Verhandlung auf die vorangegangenen Schriftsätze Bezug genommen, weshalb ein möglicher Zuschauer im Gerichtssaal nicht ohne Weiteres erkennt, worüber gestritten wird. Sowohl im Zivil- als auch im Strafverfahren werden Zeugen einzeln in Abwesenheit der anderen Zeugen vernommen.

1.2.3 Zeuge/sachverständiger Zeuge

Definition
Unter Zeugen versteht man Personen, die eine Aussage über eigene Wahrnehmungen machen.
Ein sachverständiger Zeuge ist ein Zeuge, der eine Aussage über eigene Wahrnehmungen aufgrund seiner besonderen Sachkunde macht.

Gänzlich unproblematisch sollte für den Tierarzt die Vernehmung als Zeuge und eine wahrheitsgemäße Aussage sein. Nach der Feststellung der Personalien, wobei Tierärzte und Veterinäre üblicherweise statt der Privatadresse Praxis- oder Behördensitz als ladungsfähige Anschrift angeben können (§ 68 Abs. 1 StPO), werden die Zeugen „zur Wahrheit ermahnt". Das drückt kein Misstrauen aus, sondern ist gesetzlich (§ 57 S. 1 StPO) vorgeschrieben. Im Rahmen der Vernehmung zur Sache (§ 69 StPO) soll der Zeuge seine Beobachtungen wahrheitsgemäß schildern.

§ Gesetzliche Grundlagen

Wie jedem anderen Zeugen steht auch dem behandelnden Tierarzt gemäß § 55 Abs. 1 StPO das Recht zu, die Auskunft auf solche Fragen zu verweigern, durch deren Beantwortung er sich selbst oder Angehörige belasten würde. Ein umfassendes Zeugnisverweigerungsrecht aus beruflichen Gründen (§ 53 StPO), also als Tierarzt im Hinblick auf die Tätigkeit als Tierarzt, steht ihm aber nicht zu [21].

§ 53 Abs. 1 StPO gewährt z. B. Geistlichen, Anwälten und Notaren, aber auch Ärzten und Zahnärzten ein Zeugnisverweigerungsrecht über das, was ihnen in Ausübung dieser Tätigkeit anvertraut wurde oder bekannt geworden ist. Tierärzten hat der Gesetzgeber aber kein berufsbezogenes Zeugnisverweigerungsrecht zugestanden, denn anders als in § 203 Abs. 1 Nr. 1 StGB sind Tierärzte nicht neben Ärzten und Zahnärzten aufgeführt. Die Aufzählung in § 53 Abs. 1 StPO ist also insoweit abschließend. Für die Verletzung von Privat- und Geschäftsgeheimnissen in § 203 StGB, wo neben dem Arzt und Zahnarzt auch der Tierarzt in Absatz 1 Nr. 1 genannt ist, bedeutet das, dass insoweit nicht unbefugt offenbart wird (tatbestandsausschließend oder als Rechtfertigung).

Wenn der Tierarzt seine Beobachtungen in Bezug auf Tiere schildert, wird er i. d. R. sachverständiger Zeuge sein (§ 85 StPO). Er ist also ein Zeuge und kann nicht wie ein Sachverständiger abgelehnt werden [17].

Nach der Befragung des Zeugen durch das Gericht und die Prozessbeteiligten entlässt das Gericht den Zeugen (§ 248 StPO). Der Zeuge kann dann gehen oder im Zuhörerbereich Platz nehmen.

In **Österreich** ist der Tierarzt im Zivilverfahren (§ 321 Abs. 1 Z 3 ZPO), Außerstreitverfahren (§ 321 ZPO analog), Verwaltungsverfahren (§ 49 Abs. 1 Z 2 AVG) und im Verwaltungsstrafverfahren (§ 24 VStG) grundsätzlich an die Verschwiegenheit gebunden und kann sich auf seine „staatlich anerkannte Verschwiegenheitspflicht" berufen, sofern er nicht wirksam davon entbunden wurde. Ist eine Entbindung erfolgt, so ist der Tierarzt jedoch analog zum Arzt verpflichtet, auch auszusagen. Im Strafverfahren besteht ein Entschlagungsrecht nur für jene Berufsgruppen, welche in § 157 StPO taxativ aufgezählt sind, sodass sich Tierärzte der Aussage im Strafverfahren nicht entziehen können [19].

1.2.4 Der Tierarzt als Sachverständiger

Der Sachverständige vermittelt dem Juristen die fehlende Sachkunde, aber auch sein „Erfahrungswissen". Der Sachverständige hilft Anwälten, Staatsanwälten und Richtern, einen Sachverhalt zu beurteilen. Juristen bringen deshalb dem Sachverständigen einen entsprechenden Respekt entgegen.

Wurde im Rahmen einer **zivilrechtlichen Auseinandersetzung** ein Gutachten privat von Tierhaltern in Auftrag gegeben, so wird der damit betraute Sachverständige das schriftliche Gutachten oftmals nicht vor Gericht erläutern müssen. Kommt es zum Prozess, legt die Partei dem Gericht das schriftliche Gutachten vor. Beauftragt das Gericht im Zivilverfahren einen (weiteren) Sachverständigen, übersendet es ihm die Akten, damit der Sachverständige weiß, was die Parteien vortragen bzw. behaupten. Entsprechend eng gefasst sind die schriftlich gestellten Fragen des Gerichts an den Sachverständigen. Oft reicht das schriftliche Gutachten, ggf. muss der Sachverständige das Gutachten in einer mündlichen Verhandlung erläutern (§ 411 Abs. 3 ZPO).

Bei **strafrechtlichen Ermittlungen** ist es in den Fällen, in denen nicht bereits das Gutachten eines beamteten Tierarztes vorliegt, sinnvoll, das Veterinäramt um eine Begutachtung zu bitten. Zwingend ist dies aber nicht. Aus dem Kontext der §§ 14ff. TierSchG ergibt sich, dass „zuständige Behörden" i. S. d. § 15 Abs. 2 TierSchG die für den Tierschutz zuständigen Landesbehörden sind. Selbst für diese handelt es sich um eine Sollvorschrift, von der aus sachlichen Gründen abgewichen werden kann, z. B. wenn ein Arzt an einem Institut über Spezialwissen verfügt. Auf eine vermeintliche eigene Sachkunde sollten sich Juristen jedenfalls nicht stützen.

Praxistipp

Trotz der starken Belastung der Veterinäre ist vom Amt darauf zu achten, dass die Veterinäre, die die für das Verfahren wesentlichen Kontrollen durchgeführt haben und damit als Zeugen in Betracht kommen, nicht auch das Gutachten erstatten.

Derjenige, der das Gutachten erstattet, sollte bei Kontrollen allenfalls untergeordnet bzw. unterstützend tätig geworden sein. Dies bedeutet für das Amt zwar einen organisatorischen Mehraufwand, insbesondere, wenn viele Kontrollen durchgeführt werden mussten, erhöht aber nicht nur die Akzeptanz der Begutachtung, sondern ist auch prozessual angebracht, um den Eindruck einer möglichen Befangenheit zu vermeiden [14], [16].

Im Vorfeld der Gerichtsverhandlung benötigt der Sachverständige die Akten, um sich auf die Verhandlung vorzubereiten. Die Gerichtsakte enthält die Aussagen von Zeugen, die von der Polizei vernommen wurden, weitere evtl. beigezogene Unterlagen sowie ggf. eine Einlassung des Beschuldigten. Derartige Quellen muss der Sachverständige vor Gutachtenerstattung kennen, um gezielt nachfragen zu können. Die Akte, die die Staatsanwaltschaft dem Gericht vorlegt, wird mit fortlaufenden Blattzahlen versehen. Später eingehende Unterlagen werden vom Gericht weiter fortlaufend gekennzeichnet. Bei wichtigen Dokumenten sollte der Sachverständige deshalb in der Hauptverhandlung nachvollziehen können, auf welchem Blatt der Akte sich das Dokument befindet. Meist übersendet das Gericht die Akten selbstständig, ansonsten sollte der Sachverständige um Übersendung bitten, wenn er die Ladung zum Termin erhält. Entsprechend bietet es sich an, höflich bei Gericht nachzufragen, ob es sich vielleicht um ein Versehen handelt, wenn man in einem Ermittlungsverfahren ein Gutachten erstattet hat, dann aber als Zeuge geladen wird.

Vor Gericht sollte der Sachverständige, der i. d. R. von Anfang an der Hauptverhandlung beiwohnt und an einem gesonderten Tisch sitzt, mit einem gesunden Selbstbewusstsein auftreten. Der vorsitzende Richter leitet die Verhandlung (§ 238 Abs. 1 StPO). Er befragt zunächst selbst den Angeklagten und danach einzeln die Zeugen. Der Vorsitzende „gestattet" (§ 240 Abs. 2 StPO) jeweils dem Staatsanwalt, Sachverständigen, Verteidiger und Angeklagten, Fragen zu stellen. Jeweils eine Person stellt einer anderen Person eine Frage. Anders als in Gerichtssendungen duldet der Vorsitzende kein Durcheinanderreden. Was der Sachverständige aus der Akte weiß und im Gutachten verwerten will, muss im Rahmen der Beweisaufnahme i. d. R. durch die persönliche Vernehmung eines Zeugen, durch Urkunden oder Lichtbilder in den Prozess eingeführt werden. Der Sachverständige muss entsprechende Fragen formulieren, z. B. an den Tierhalter, wann das Tier zuletzt gefüttert wurde, oder an den Tierarzt, ob er Feststellungen zur Krallenlänge getroffen hat.

Keinesfalls darf sich der Sachverständige auf Diskussionen mit dem Angeklagten einlassen. Zwischenfragen des Angeklagten an den Sachverständigen sollten nicht direkt beantwortet, sondern höflich zurückgestellt werden – außer, das Gericht regt ausnahmsweise die sofortige Beantwortung der Frage an.

Praxistipp

Zu dem gesunden Selbstbewusstsein des Sachverständigen gehört, sich vor Augen zu führen, dass man dem Verteidiger und dem Vertreter der Staatsanwaltschaft nicht untergeordnet ist. Deshalb sollten auch Zwischeneinwürfe des Verteidigers an den Sachverständigen höflich zurückgestellt werden, etwa mit dem Vorschlag, auf diese Frage später im Gutachten einzugehen. Dabei ist der Vorsitzende, mit dem man Blickkontakt halten sollte, immer mit einzubeziehen.

Im Strafverfahren wird der Sachverständige in der mündlichen Verhandlung direkt nach Vernehmung des letzten Zeugen gebeten, sein Gutachten mündlich zu erstatten. Der Sachverständige sollte sich nicht, etwa durch Gesten des Angeklagten, aus dem Konzept bringen lassen. Es geht auch nicht darum, den Angeklagten zu überzeugen.

Merke
Im Strafverfahren ist eine realistische Einschätzung unter Außerachtlassung von völlig hypothetischen Geschehensabläufen gefragt.

Die Situation und entsprechende Folgen für das Tier müssen nachvollziehbar dargelegt werden. Keinesfalls sollte der Sachverständige durch eine Formulierung wie „könnte", „möglicherweise" oder „wahrscheinlich" sein Gutachten ungewollt relativieren oder erklären, der Angeklagte habe etwas „bestimmt nicht gewollt".

Merke
Der Gutachter darf keinen Anlass für Zweifel an seiner Unparteilichkeit bieten. Insbesondere darf er im Gutachten nicht über den Untersuchungsgegenstand hinausgehen.

In der Praxis besteht das Problem für den Sachverständigen darin, dass er im Strafverfahren meist kein konkret formuliertes Beweisthema vorgegeben bekommt. Über eine Begutachtung wie auch im Zivilprozess wird vom Sachverständigen im Strafverfahren zusätzlich eine klare Aussage zu den Tatbestandsmerkmalen des § 17 TierSchG erwartet, wobei sich die Kriterien aus einem aktuellen Kommentar ergeben [15]. Ist der Sachverständige überzeugt, dass ein Tier gelitten hat, so muss er das auch deutlich sagen. Häufig wird nachgefragt, ob das Leiden „länger anhaltend" oder „erheblich" war. Unabhängig davon, ob dies nicht Fragen sind, die ein Jurist zu beantworten hat, sollte der Sachverständige auf Nachfrage seine Einschätzung kundtun und dem Juristen die Kriterien darlegen, nach denen dies in der tierärztlichen Literatur beantwortet wird.

1.2.5 Tierhalteverbot

Ist eine Fortnahme von Tieren und deren anderweitige Unterbringung gemäß § 16a Abs. 1 S. 2 Nr. 2 TierSchG erforderlich, gibt es für das Veterinäramt i. d. R. auch Anhaltspunkte für eine Straftat. Neben den verwaltungsrechtlichen Maßnahmen, die sich über Fortnahme, anderweitige Unterbringung und Veräußerung bis zur Unanfechtbarkeit der verwaltungsrechtlichen Entscheidung einige Zeit hinziehen können, ist der Vorgang, vernünftigerweise zeitnah und bereits mit einem entsprechenden Gutachten, der Staatsanwaltschaft vorzulegen. Ob das Amt förmlich eine Anzeige erstattet oder auf Anhaltspunkte für eine Straftat hinweist, ist insoweit ohne Bedeutung. Unabhängig von einer behördlichen Untersagung gemäß § 16a Abs. 1 S. 2 Nr. 3 TierSchG kommt auch im Strafverfahren die Verhängung eines Tierhalteverbots gemäß § 20 TierSchG in Betracht. Ein derartiges Verbot würde in das Bundeszentralregister aufgenommen. Auf die Möglichkeit der Verhängung eines Tierhalteverbots kann das Veterinäramt hinweisen, wenn es den Vorgang und das Gutachten der Staatsanwaltschaft vorlegt. Um sich nicht dem Vorwurf einer Befangenheit auszusetzen, sollte der Sachverständige im Strafverfahren höflich darauf hinweisen, dass die Frage der Verhängung eines Tierhalteverbots eher eine juristische Frage ist.

Auch wenn es im Verwaltungs- und Strafrecht Unterschiede gibt, was vorzutragen und zu beweisen ist, sind doch die sich aus dem TierSchG ergebenden Begriffe und die entsprechenden Definitionen, etwa zum „Leiden", identisch. Wer Tiere quält, über einen längeren Zeitraum vernachlässigt oder wiederholt Anordnungen des Veterinäramts nicht befolgen kann oder will, ist nicht geeignet, Tiere zu halten. Zur Fortnahme und zur Untersagung der Haltung findet sich eine umfangreiche Rechtsprechung der Verwaltungsgerichte. Außergewöhnliche Umstände rechtfertigen als Ultima Ratio ein unbefristetes Verbot.

Kommt im Strafverfahren die Verhängung eines Tierhalteverbots gemäß § 20 TierSchG in Betracht, wobei zu berücksichtigen ist, dass es sich hierbei um eine Maßregel der Besserung und Sicherung handelt, sollte nicht nur das Halten, sondern auch das Betreuen von Tieren untersagt werden. Sonst besteht die Gefahr, dass der Verurteilte wie bisher weitermacht, die Tiere jetzt aber offiziell für Angehörige oder Nachbarn versorgt werden.

1.2.6 Abweichende Regelungen in Österreich

Die Erstattung von veterinärmedizinischen Gutachten stellt eine tierärztliche Tätigkeit i. S. d. § 12 Tierärztegesetz dar; dies bedeutet, dass derartige Gutachten nur von berufsberechtigten Tierärzten erstellt werden dürfen.

Definition

Als **Gutachten im weiteren Sinn** versteht man das gesamte Dokument, das sich aus den folgenden Teilen zusammensetzt:

- Befund
- Gutachten im engeren Sinne

Der **Befund** ist die Summe aller erhobenen (untersuchten) Tatsachen, z. B. die Ergebnisse des Untersuchungsgangs, die Beschreibung eines Röntgenbilds oder aber ein Blutbefund (...).

Das **Gutachten im engeren Sinn** umfasst die aus den Befunden gezogenen Schlüsse und die veterinärfachlichen Bewertungen.

Das Gutachten soll Fachfragen und keine Rechtsfragen beantworten und muss nachvollziehbar (Bezug zu den erhobenen Befunden) und schlüssig sein.

Nach § 19 Tierärztegesetz darf ein Tierarzt Zeugnisse und Gutachten nur nach gewissenhafter Erhebung und Untersuchung und unter genauer Beachtung der Regeln, Erkenntnisse und Erfahrungen der Veterinärmedizin nach seinem besten Wissen und Gewissen abgeben.

Darüber hinaus hat er Abschriften der von ihm ausgestellten Zeugnisse und Gutachten 3 Jahre lang aufzubewahren. Aus steuerrechtlicher Sicht empfiehlt es sich jedoch, derartige Dokumente zumindest 7 Jahre aufzubewahren.

Die Zeugnisse und Gutachten sind vom Tierarzt eigenhändig zu unterfertigen. Der Name des Tierarztes ist in Druckschrift der Unterschrift beizusetzen.

Allgemein **beeidete und gerichtlich zertifizierte Sachverständige** sind Personen, die eine Zertifizierung durchlaufen haben, gerichtlich beeidet und in eine Sachverständigenliste eingetragen wurden. Die österreichischen Gerichte bedienen sich vornehmlich aus der Sachverständigenliste, können aber auch ad hoc Personen zu Sachverständigen bestellen. Die Liste der Sachverständigen ist online abrufbar [20].

Voraussetzungen für die Zertifizierung und Eintragung in die Sachverständigenliste sind der Nachweis der folgenden Voraussetzungen:

- Sachkunde und spezielle Kenntnisse der Verfahrensarten etc.
- 5-jährige Tätigkeit in verantwortlicher Stellung
- volle Geschäftsfähigkeit
- körperliche und geistige Eignung
- Vertrauenswürdigkeit
- österreichische oder EWR-Staatsbürgerschaft
- gewöhnlicher Aufenthalt oder Ort der beruflichen Tätigkeit im Gerichtshof-Sprengel
- geordnete wirtschaftliche Verhältnisse
- Abschluss einer Haftpflichtversicherung
- ausreichende Ausstattung
- Bedarf

Von einer ausreichenden Ausstattung ist jedenfalls auszugehen, wenn der betreffende Gutachter eine eigene Ordination (Arztpraxis) betreibt. Der Bedarf an Sachverständigen wird durch den listenführenden Präsidenten des jeweiligen Gerichts ermittelt.

Vor der Eintragung in die Sachverständigenliste hat der Antragsteller eine kommissionelle Prüfung abzulegen, wobei die Sachkunde bei Tierärzten nicht nachgewiesen werden muss (nicht geprüft wird), weil die Erstattung von Gutachten Teil des tierärztlichen Berufsrechts ist.

1.2.7 Quellenangaben

Literatur

[14] Hirt A, Maisack C, Moritz J. Tierschutzgesetz, Kommentar. 3. Aufl. München: Franz Vahlen; 2016. § 15 Rn. 5

[15] Hirt A, Maisack C, Moritz J. Tierschutzgesetz, Kommentar. 3. Aufl. München: Franz Vahlen; 2016. § 17 Rn. 1, 85 und 150

[16] Meyer-Goßner L, Schmitt B. Strafprozessordnung. 63. Aufl. München: C. H. Beck; 2020. § 74 Rn. 4ff.

[17] Meyer-Goßner L, Schmitt B. Strafprozessordnung. 63. Aufl. München: C. H. Beck; 2020. § 85 Rn. 1

[18] Meyer-Goßner L, Schmitt B. Strafprozessordnung. 63. Aufl. München: C. H. Beck; 2020. § 244 Rn. 11 m.w.N.

[19] Tritthart A, Oberleitner-Tschan C. Die tierärztlichen Verschwiegenheitspflichten. ZfG 2016; 3: 73–77

Internetquellen

[20] Sachverständigenliste: http://edikte1.justiz.gv.at//edikte/sv/svliste.nsf/suche!OpenForm&subf=svf

Rechtsgrundlagen

[21] BVerfG, Beschluss v. 15.01.1975 – 2 BvR 65/74, BVerfGE 38, 312ff

2 Dokumentation und Schriftstücke

Jens Adolphsen, Hartwig Bostedt, Andreas Pospischil, Peter Rüsch, Ralph Schönfelder, Alexander Tritthart

2.1 Dokumentation

Jens Adolphsen, Hartwig Bostedt, Andreas Pospischil, Peter Rüsch, Alexander Tritthart

2.1.1 Einleitung

Jens Adolphsen, Hartwig Bostedt, Alexander Tritthart

Schriftliche Aufzeichnungen in Heilberufen über durchgeführte Maßnahmen im Rahmen der Patientenbehandlung galten bis in die späten Siebzigerjahre des vergangenen Jahrhunderts in der damaligen BRD allgemein als „interne Gedächtnisstütze" und unterlagen bis dahin keiner genauen gesetzlichen Regelung. Dieser mehr oder minder auf freiwilliger Basis beruhenden Auffassung im humanmedizinischen Bereich konnte der Bundesgerichtshof (BGH) in einer Grundsatzentscheidung vom 27.6.1978 nicht mehr folgen [40] .

Die Dokumentationspflicht für die im Rahmen des veterinärmedizinischen Berufes erhobenen Befunde und durchgeführten Maßnahmen entwickelte sich im vor 30 Jahren noch geteilten Deutschland unterschiedlich. Auf dem Gebiet der damaligen BRD wurde sie, in Anlehnung an das BGH-Urteil von 1978, über die Berufsordnungen der Tierärztekammern geregelt (beispielsweise Bayern 1986, Hessen 1987). In der bayerischen „Berufsordnung für Tierärzte" stand in § 16:

„Der Tierarzt hat über die in Ausübung seines Berufes gemachten Feststellungen und getroffenen Maßnahmen Aufzeichnungen anzufertigen".

Was für alle Heilberufe im „Heilberufe-Kammergesetz" bezüglich der Dokumentation allgemein festgelegt ist, findet sich auch im § 3 der Muster-Berufsordnung der Bundestierärztekammer (BTK) in der Fassung vom 21.4.2012 mit folgendem Wortlaut wieder:

„Tierärztinnen und Tierärzte sind verpflichtet, über in Ausübung ihres Berufes gemachte Feststellungen und getroffene Maßnahmen Aufzeichnungen zu fertigen und 5 Jahre lang aufzubewahren, soweit keine andere Frist bestimmt ist; dies gilt auch für technische Dokumentationen."

In der damaligen DDR wurde wesentlich früher die Aufzeichnungspflicht für die in den staatlichen Tierarztpraxen Tätigen eingeführt. Anliegen war es, eine zentrale Übersicht über die Bestands- und Tiergesundheit zu erhalten. Außerdem dienten diese Daten der Abrechnung der erbrachten Leistungen. Es galten Gesetze (Veterinärgesetz vom 20.6.1962 § 4) und Verfügungen (Verfügung über die staatlichen tierärztlichen Gemeinschaftspraxen vom 17.10.1977), die die Pflichten und Rechte sowie die Verantwortlichkeiten der Mitarbeiter in den staatlichen Gemeinschaftspraxen, darunter die Dokumentationspflichten bezüglich der durchgeführten Behandlungen und des Gebrauchs von Arzneimitteln, regelten [25], [28].

2.1.2 Grundlagen der Dokumentationspflicht

Jens Adolphsen, Hartwig Bostedt, Andreas Pospischil, Peter Rüsch, Alexander Tritthart

Deutschland

Jens Adolphsen, Hartwig Bostedt

In der Humanmedizin schreibt der durch das **Patientenrechtegesetz** eingefügte § 630f BGB nunmehr die Dokumentation vor. Seit 1978 war es anerkannt, dass die Dokumentationspflicht eine vertragliche Nebenpflicht des Arztvertrags ist [40]. Die Dokumentationspflicht steht in engem Zusammenhang mit dem Einsichtsrecht des Patienten in seine Patientenakte, das nunmehr in § 630 g BGB normiert ist.

§ Gesetzliche Grundlagen

Dass es sich bei der Dokumentationspflicht um eine vertragliche Pflicht handelt, ist auf die Tiermedizin übertragen worden. Heute kann man trotz der unterschiedlichen betroffenen Rechtsgüter § 630f BGB analog anwenden, soweit dies nach dem Sinn der Dokumentationspflicht möglich ist.

Wenn in der Humanmedizin als Zweck der Dokumentation die Wahrung der Persönlichkeitsrechte des Patienten genannt wird, dem gegenüber Rechenschaft über den Gang der Behandlung abgelegt werden soll (Münchner Kommentar zum Bürgerlichen Gesetzbuch, MüKoBGB: Wagner § 630f Rn. 4), ist dies nicht auf die Veterinärmedizin übertragbar. Denn die Dokumentation dient dort dem Schutz der körperlichen Integrität, hier dem Schutz des Eigentums und auch des Tierwohls [30]. Die übrigen Zwecke der Dokumentation (Therapiesicherung, Vermeidung doppelter Untersuchungen/Behandlungen auch nach Arztwechsel sowie Beweissicherung) rechtfertigen allerdings insoweit eine analoge Anwendung des § 630f BGB in der Veterinärmedizin.

Weitere Dokumentationspflichten ergeben sich aus **steuerrechtlichen Vorschriften** (§ 147 Abgabenordnung, AO). Daneben begründen die **Berufsordnungen** der Tierärztekammern der Länder Standespflichten zur Anfertigung von Aufzeichnungen über in Ausübung des Berufs gemachte Feststellungen und getroffene Maßnahmen (§ 3 der Musterberufsordnung der Bundestierärztekammer). Bisher bestehende Dokumentationspflichten der Röntgenverordnung sind Ende 2018 entfallen, es gelten nunmehr die **Strahlenschutzverordnung** und das **Strahlenschutzgesetz**.

Österreich

Alexander Tritthart

Die Dokumentationspflicht ergibt sich in Österreich zum einen als Nebenleistungspflicht aus dem **tierärztlichen Behandlungsvertrag**, zum anderen aber auch aus einzelnen gesetzlichen Verpflichtungen. Insbesondere im **Arzneimittelrecht** (Tierarzneimittelkontrollgesetz, Apothekenbetriebsordnung, Tiergesundheitsdienst-Verordnung u. a.) und im **Berufsrecht** (Tierärztegesetz) finden sich entsprechende Verpflichtungen. Auch **steuerrechtliche Dokumentationspflichten** sind in diesem Zusammenhang zu nennen. Eine analoge Anwendung der entsprechenden Bestimmungen des Ärztegesetzes ist in Österreich nicht möglich, da die Voraussetzungen dafür in diesem Fall nicht vorliegen. Selbst wenn man nämlich das Vorhandensein einer Gesetzeslücke bejahen würde, müssten auch eine Gleichheit des Rechtsgrundes und des Schutzbedürfnisses gegeben sein. Letzteres ist aber sicherlich nicht gegeben, weil die wirtschaftlichen Interessen des Tierhalters nicht mit der körperlichen Integrität und dem Selbstbestimmungsrecht des Patienten verglichen werden können.

Schweiz

Andreas Pospischil, Peter Rüsch

In der Schweiz gibt der Bund den Rahmen vor und die einzelnen Kantone regeln in Anlehnung an die vom Bund erlassenen Vorgaben den Vollzug.

Grundlagen der Dokumentationspflicht sind einerseits das Bundesgesetz betreffend die Ergänzung des Schweizerischen Zivilgesetzbuches, Fünfter Teil: **Obligationenrecht**, OR vom 30. März 1911, Stand am 1. April 2020, und andererseits das Bundesgesetz über die universitären Medizinalberufe (**Medizinalberufegesetz**, MedBG, vom 23. Juni 2006, Stand am 1. Februar 2020) sowie die an das MedBG angelehnten Gesetze der einzelnen Kantone, z. B. die kantonalen Gesundheitsgesetze, im Einzelfall die Veterinärgesetze oder andere kantonale Gesetze sowie entsprechende kantonale Verordnungen.

Im Titel 13 des OR: der Auftrag, Art. 394 ff. wird Folgendes festgehalten:

„Durch die Annahme eines Auftrags verpflichtet sich der Beauftragte, der Tierarzt, die ihm übertragenen Geschäfte oder Dienste vertragsgemäß zu besorgen (Art. 394 Abs. 1 OR). Der Beauftragte haftet im Allgemeinen für die gleiche Sorgfalt wie der Arbeitnehmer im Arbeitsverhältnis (Art. 398 Abs. 1 OR). Er haftet dem Auftraggeber für getreue und sorgfältige Ausführung des ihm übertragenen Geschäftes (Art. 398 Abs. 2 OR)."

§ Gesetzliche Grundlagen

Artikel 400 Abs. 1 OR schließlich regelt die Rechenschaftsablegung bzw. die Pflicht zur Dokumentation. Artikel 400 Abs. 1 OR besagt, dass der Beauftragte schuldig ist, auf Verlangen jederzeit über seine Geschäftsführung Rechenschaft abzulegen und alles, was ihm infolge derselben aus irgendeinem Grunde zugekommen ist, zu erstatten.

Inwieweit dies die unmittelbare Herausgabepflicht von Krankengeschichten betrifft, ist juristisch umstritten. Minimal gilt ein Einsichtsrecht (S. 51).

Betreffend Umsetzung des MedBG werden stellvertretend für die einzelnen Kantone im Folgenden wesentliche Vorgaben für die selbstständige Berufsausübung aus dem **Gesundheitsgesetz des Kantons Zürich** aufgeführt:

- Das Gesundheitsgesetz des Kantons Zürich (GesG vom 2. April 2007) regelt im Abschnitt A die bewilligungs- und anzeigepflichtigen Berufstätigkeiten und im Abschnitt B die Berufsausübung.
- Abschnitt A nennt im § 3 Abs. 1 GesG **bewilligungspflichtige Berufstätigkeiten**, z. B. die Feststellung und Behandlung von Krankheiten nach den Erkenntnissen der anerkannten Wissenschaften (Bst. a) oder das Inverkehrbringen von Arzneimitteln oder Medizinprodukten, deren Abgabe nach Bundesrecht bewilligungspflichtig ist (Bst. f).
- Abschnitt B GesG regelt die **selbstständige und unselbstständige Berufsausübung**, die Sorgfaltspflicht und Unmittelbarkeit, die Patientendokumentation, die Infrastruktur, die Schweigepflicht und Anzeige, die Bekanntmachung sowie den Notfalldienst und den Beistand.
- § 13 Abs. 1 GesG hält fest, dass wer einen Beruf des Gesundheitswesens ausübt, über jeden Patienten eine **Patientendokumentation** anzulegen und diese laufend nachzuführen hat; eine Patientendokumentation, die einerseits Auskunft über die Aufklärung und Behandlung der Patienten gibt und andererseits für eine Fachperson verständlich und nachvollziehbar ist. Dabei gelten als Behandlung insbesondere Untersuchungen, Diagnosen, Therapie und Pflege. Im Weiteren muss die Urheberschaft der Einträge ersichtlich sein.
- § 13 Abs. 2 GesG hält fest, dass die **Patientendokumentation in schriftlicher oder elektronischer Form** geführt werden kann. Wird sie elektronisch geführt, müssen die Eintragungen in der Patientendokumentation datiert, unabänderlich gespeichert und jederzeit abrufbar sein. Patientendokumentationen, die offensichtlich geschönt, erst im Nachhinein oder auf Verlangen erarbeitet wurden, sind wenig glaubwürdig und v. a. in rechtlicher Hinsicht nur bedingt nutzbar.
- § 13 Abs. 4 GesG regelt die **Herausgabe der Patientendokumentation**. Patienten bzw. bei Tieren die Halter bzw. die Besitzer der Patienten haben minimal Anspruch auf Herausgabe der Patientendokumentation in Kopie. Dokumente von Laboruntersuchungen oder bildgebenden Untersuchungen gehören grundsätzlich dem Tierhalter bzw. dem -besitzer, sofern sie ihm in Rechnung gestellt und von ihm bezahlt wurden. Sie können vom Tierarzt kopiert werden, allerdings auf seine Kosten – auf Kosten des Tierarztes.

2.1.3 Art und Umfang der Dokumentation

Jens Adolphsen, Hartwig Bostedt, Alexander Tritthart

Inhalt und Umfang der Dokumentation orientieren sich am medizinisch Üblichen. § 630f BGB regelt den **Umfang**: Anamnese, Untersuchungen und deren Ergebnisse, Diagnosen, Therapien und deren Wirkungen, Einwilligungen und Aufklärungen sind dort genannt. Die Aufzählung ist nicht abschließend. Auch wenn die Dokumentation eine Beweissicherungsfunktion hat, ist die Orientierung am medizinisch Üblichen ausschlaggebend. Der Umfang wird nicht aus rechtlichen Gründen erhöht (MüKoBGB/Wagner § 630f Rn. 5, 7).

Die Aufzeichnungen über die durchgeführten Maßnahmen können in schriftlicher oder elektronischer **Form** vorgenommen werden. Verständliche und zu entziffernde fachspezifische Kürzel sind erlaubt. Im Allgemeinen wird die Patientendokumentation stichwortartig vorgenommen. Im Rahmen einer Herden-/Bestandsbetreuung sind entweder die Einzelfallbefunde und -maßnahmen oder bei Krankheitsgleichheit diese für die entsprechende Gruppe aufzuzeichnen.

Inhalt einer Dokumentation sollte aus fachlicher Sicht, neben Datum und Identität des Tieres, bei Einzeltier- oder Gruppenbehandlung sein: anamnestische Angaben, durchgeführte Untersuchungen und deren Ergebnisse, Befunde (Laborbefunde, soweit möglich, Röntgenaufnahmen, Ultraschallbilder etc.), Diagnosen sowie Therapiemaßnahmen. Weiterhin gehören dazu: tierärztlich begründete Empfehlungen (z. B. Nachsorge, Wiedervorstellung etc.). Im Falle von operativen Eingriffen wären dies: Aufklärungsgespräch, Angaben zur Anästhesie, Operationsprotokoll, postoperative Anweisungen.

Praxistipp

Inhalt und Umfang der Dokumentation orientieren sich an deren Zweck, wonach die Dokumentation zum einen der Beweissicherung, zum anderen dazu dient, dass ein neu hinzutretender Tierarzt anhand der vorliegenden Aufzeichnungen die Behandlung des Patienten fortführen kann, ohne Irrtümern zu erliegen. Tierärzte sollten aus Eigeninteresse (Beweissicherung) jedenfalls die Anamnese, die erhobenen Befunde, die durchgeführte Behandlung sowie die Aufklärung dokumentieren.

2.1.4 Terminliche Festlegung der Dokumentation

Jens Adolphsen, Hartwig Bostedt, Alexander Tritthart

Natürlich ist es ratsam, die Dokumentation **in unmittelbarem Zusammenhang mit der Behandlung** des Patienten vorzunehmen. Nur so wird vermieden, dass wichtige Details in Vergessenheit geraten. Dies kann jedoch unter tierärztlichen Verhältnissen nur für die Patientenbetreuung, einschließlich Operationen, gelten, die in den eigenen Praxisräumen vorgenommen wird. Anders sieht es in der Außenpraxis, Fahrpraxis, hier insbesondere bei Bestandsbetreuungen aus. Hier gilt es, die am Ende des Bestandsbesuches gemachten Aufzeichnungen oder per Diktiergerät aufgenommenen Daten zeitnah in die Patienten-/Bestandskartei einzutragen. Über die tatsächlichen Fristen, wann dies zu geschehen habe, gibt es keine konkreten Aussagen. Aber es ist nachvollziehbar, dass sich Fehler oder Unterlassungen in die Dokumentation einschleichen können, wenn diese verspätet, also u. U. erst nach Tagen vorgenommen wird. In der Außenpraxis (Ambulanz) hat sich auch die Direktübertragung der Daten bewährt.

2.1.5 Aufbewahrungsfristen

Jens Adolphsen, Hartwig Bostedt, Andreas Pospischil, Peter Rüsch, Alexander Tritthart

Deutschland

Jens Adolphsen, Hartwig Bostedt

Nach § 630f Abs. 3 BGB ist die Patientenakte **mindestens 10 Jahre** aufzubewahren. Daneben muss die Verjährungsfrist im Rahmen des Tierarztvertrags berücksichtigt werden. Diese beträgt nach § 195 BGB bei Annahme eines Dienstvertrags (S. 48) 3 Jahre, soweit der Tierarzt im Rahmen eines Werkvertrags (S. 48) tätig ist, gilt nach §§ 634a Abs. 1 Nr. 3, 195 BGB das Gleiche. Da die regelmäßige Verjährung gemäß § 199 Abs. 1 BGB mit dem Schluss des Jahres beginnt, in dem der Anspruch entsteht und der Gläubiger Kenntnis von den den Anspruch begründenden Umständen und der Person des Schuldners hat oder ohne grobe Fahrlässigkeit hätte erlangen müssen, ergibt sich gemäß § 199 Abs. 3 BGB, dass Schadenersatzansprüche ohne Rücksicht auf Kenntnis entweder in 10 Jahren ab Entstehung des Anspruchs verjähren oder in 30 Jahren ab der Pflichtverletzung. Es gilt die früher endende Frist, auf Kenntnis oder Kennenmüssen eines Anspruchs kommt es nicht an.

Österreich

Alexander Tritthart

Konkrete Vorschriften über die Aufbewahrungsfristen der tierärztlichen Dokumentation gibt es nur für Zeugnisse und Gutachten, welche nach § 19 Tierärztegesetz 7 Jahre aufzubewahren sind.

Aus steuerrechtlicher Sicht empfiehlt es sich jedenfalls, die gesamte tierärztliche Dokumentation

7 Jahre lang zu archivieren. Zivilrechtlich sind die Verjährungsfristen für Schadenersatz zu beachten. Nach § 1492 ABGB verjähren Schadenersatzansprüche wegen Vertragsverletzung (Behandlungsvertrag) 3 Jahre ab Kenntnis des Schadens und des Schädigers, ohne Kenntnis des Schadens (weil ein solcher beispielsweise erst später hervorkommt) oder des Schädigers nach 30 Jahren ab Schadenseintritt. Es ist also im Einzelfall abzuwägen, ob die Dokumentation länger als 7 Jahre aufbewahrt wird. Diesbezüglich spielen sicherlich auch die Tierart (Lebenserwartung) sowie der Wert des Tieres eine gewisse Rolle.

Schweiz

Andreas Pospischil, Peter Rüsch

Die Dauer der Aufbewahrungsfrist von tierärztlichen Patientendokumentationen beträgt in der Schweiz **10 Jahre**. Diese Frist gilt für alle Dokumente, die Teil der Patientendokumentation sind, und auch für andere tierärztliche Dokumente, z. B. für Zeugnisse oder Gutachten.

Für die Dauer der Aufbewahrung von Krankengeschichten bzw. Patientendokumentationen gibt es sowohl privatrechtliche als auch öffentlich-rechtliche Vorgaben.

Privatrechtlich regelt das OR ab Art. 127 ff. die Verjährung von vertraglichen Verpflichtungen im 3. Teil: Das Erlöschen von Obligationen, die Verjährung. Art. 127 OR besagt, dass mit Ablauf von 10 Jahren alle Forderungen verjähren, für die das Bundeszivilrecht nicht etwas anderes bestimmt. Art. 128 lautet, dass mit Ablauf von 5 Jahren die Forderungen aus ärztlicher Besorgung verjähren. Mit der Revision des Verjährungsrechts 2018, gültig ab 1. Januar 2020, verjähren Forderungen auf Schadenersatz oder Genugtuung aus vertragswidriger Körperverletzung oder Tötung von Menschen mit Ablauf von 20 Jahren (Art. 128a OR). Deshalb empfiehlt aktuell die Verbindung der Schweizer Ärztinnen und Ärzte FMH ihren Mitgliedern, die Aufbewahrungsfrist von bisher 10 auf 20 Jahre zu erhöhen.

Die **öffentlich-rechtlichen Vorgaben** lehnen sich an das OR an. Sie sind in den kantonalen Gesetzen festgehalten. Im Kanton Zürich z. B. regelt das Gesundheitsgesetz (GesG vom 16. Januar 2007) im § 13 Abs. 3 die Aufbewahrungsfrist: „Die Patientendokumentation wird während 10 Jahren nach Abschluss der letzten Behandlung aufbewahrt." Ob und falls ja, wann die oben erwähnte Revision des Verjährungsrechts von 10 auf 20 Jahre in das GesG Aufnahme findet, bleibt offen.

§ 13 regelt zudem die Herausgabepflicht und dass die Patientendokumentation auch bei einem allfälligen Hinscheiden des Tierarztes zugänglich bleibt. Ob die oben erwähnte Revision des Verjährungsrechts betreffend Erhöhung der Aufbewahrungsfrist von 10 auf 20 Jahre auch für tierärztliche Patientendokumentationen Gültigkeit besitzt, ist eher unwahrscheinlich, weil sich die Revision ausschließlich auf Köperverletzung und Tötung von Menschen bezieht.

2.1.6 Verletzung der Dokumentationspflicht

Jens Adolphsen, Hartwig Bostedt, Andreas Pospischil, Peter Rüsch, Alexander Tritthart

Deutschland und Österreich

Jens Adolphsen, Hartwig Bostedt, Alexander Tritthart

Meist wird die Dokumentation zur Förderung der Rechtsverfolgung benötigt, wenn der Patienteneigentümer den Veterinär wegen eines Behandlungsfehlers auf Schadenersatz in Anspruch nimmt. Insoweit erschöpft sich die Bedeutung der Dokumentationspflichtverletzung in beweisrechtlichen Folgen (S. 43), weil die Dokumentationspflichtverletzung selbst grundsätzlich nicht zu einem kausalen Schaden geführt hat. Gleichwohl ist die Dokumentation vertragliche Pflicht, die Verletzung ist in jedem Fall Pflichtverletzung. Kommt es daher zu einem Schaden, besteht ein **Schadenersatzanspruch** des Patienteneigentümers gemäß § 280 Abs. 1 BGB (§ 1295 ABGB für Österreich). Schadensbegründend kann die Dokumentationspflichtverletzung im Rahmen einer tierärztlichen Kaufuntersuchung sein, wenn sie zu Vermögensdispositionen des Tiereigentümers oder des Käufers führt. Führt ein Dokumentationsmangel zu einer unnötigen Wiederholungs- oder Fehlbehandlung eines anderen Veterinärs, liegt ebenfalls ein kausaler Schaden vor.

Die prozessrechtlichen Folgen, die ursprünglich durch die Rechtsprechung entwickelt wurden, hat der Gesetzgeber für Deutschland in § 630 h BGB fixiert, der in Deutschland analog in der Veterinärmedizin anzuwenden ist. Hat der Behandelnde eine medizinisch gebotene wesentliche Maßnahme und ihr Ergebnis entgegen § 630f Abs. 1 oder Abs. 2 BGB nicht in der Patientenakte aufgezeichnet oder hat er die Patientenakte entgegen § 630f Abs. 3 BGB nicht aufbewahrt, wird vermutet, dass er diese Maßnahme nicht getroffen hat. Der Tierarzt hat die Möglichkeit zu beweisen, dass die nicht dokumentierte Maßnahme gleichwohl erfolgte. Gelingt ihm das, wirkt sich die Dokumentationspflichtverletzung nicht aus. Diese **Beweiserleichterung** hilft also dem Kläger zunächst nur insoweit, als sie die Vermutung begründet, dass eine nicht dokumentierte Maßnahme vom Arzt auch nicht getroffen worden ist.

Auch in Österreich gehen die Gerichte davon aus, dass nur dokumentierte Maßnahmen auch tatsächlich durchgeführt wurden, und der Tierarzt hat die Möglichkeit zu beweisen, dass die nicht dokumentierte Maßnahme stattgefunden hat.

Eine unvollständige oder lückenhafte Dokumentation führt nicht unmittelbar zu einer Beweislastumkehr (S. 44) hinsichtlich des Ursachenzusammenhangs. Dazu kann es in Deutschland nur kommen, wenn die Dokumentationslücke einen groben Behandlungsfehler indiziert, der als solcher die Grundlage für Beweiserleichterungen bildet. Dies ist auf die Veterinärmedizin übertragen worden (OLG Hamm 22.4.2002 – 3 U 1/01, VersR 2003, 1139; MüKoBGB/Wagner § 630f Rn. 67).

Schweiz

Andreas Pospischil, Peter Rüsch

§ Gesetzliche Grundlagen

Eine Verletzung der Dokumentationspflicht gemäß § 13 GesG des Kantons Zürich ist eine **Verletzung der tierärztlichen Sorgfaltspflicht**. Sie entspricht einem **Kunstfehler** und kann von der für das GesG zuständigen Behörde geahndet werden.

Gemäß § 5 GesG kann die Gesundheitsdirektion die **Bewilligung zur selbstständigen Führung einer tierärztlichen Praxis entziehen**, wenn z. B. schwerwiegend und wiederholt Berufspflichten verletzt werden, z. B. eine wiederholte Verletzung der Dokumentationspflicht. Auch **Geldbußen** bis CHF 50 000 sind möglich, wenn vorsätzlich gegen Berufspflichten verstoßen wird (§ 61 Bst. b). Andere Kantone als der Kanton Zürich dürften analog verfahren.

Inwieweit sich bei Schadenersatz- bzw. Haftpflichtansprüchen das Fehlen einer Patientendokumentation als nachteilig erweist, bleibt offen. Der Kunstfehler bleibt. Allerdings hat der Tierhalter bzw. -besitzer, der **Schadenersatz** geltend macht, neben dem Schaden nicht nur einen Kunstfehler nachzuweisen, sondern auch den Kausalzusammenhang zwischen Schaden und Kunstfehler – in diesem Fall zwischen Schaden und Verletzung der Dokumentationspflicht. Gelingt es dem Tierarzt, glaubwürdig zu beweisen, dass die nicht dokumentierte Maßnahme durchgeführt wurde, dürfte sich die Verletzung der Dokumentationspflicht analog zu Deutschland und Österreich nicht negativ auswirken.

Die Grundsätze bei Schadenersatz- bzw. Haftpflichtansprüchen sind im OR ab Art. 41 ff. festgelegt. Artikel 41 Abs. 1 OR besagt, dass wer einem anderen widerrechtlich Schaden zufügt, sei es mit Absicht, sei es aus Fahrlässigkeit, wird ihm zum Ersatz verpflichtet. Und Art. 42 Abs. 1 OR hält fest, dass wer Schaden beansprucht, den Schaden zu beweisen hat (**Verschuldungshaftung**). Eine Umkehr der Beweislast ist dabei in der Schweiz gesetzlich nicht vorgesehen, d. h., selbst eine fehlende, unvollständige oder lückenhafte Dokumentation dürfte nicht oder nur ausnahmsweise zu einer Umkehr der Beweislast (S. 45) führen.

2.1.7 Quellenangaben

Literatur

[22] Adolphsen J. In Terbille AK, Clausen T, Schroeder-Printzen J. 2. Aufl. München: Münchener Anwaltshandbuch Medizinrecht; 2013

[23] Bostedt H, Nolte I, Aarlt S et al. Empfehlungen zur Aufklärung und Dokumentation der Hündin und Katze in der Geburt. Dtsch Tierärztebl 2009; 57: 774–776

[24] Bostedt H. Indikation für Geburtsüberwachung oder geburtshilfliche Maßnahmen, Aufklärung und Dokumentation. In Günzel-Apel AR, Bostedt H (Hrsg.). Reproduktionsmedizin und Neonatologie von Hund und Katze. Stuttgart: Schattauer; 2016: 322–326

[25] Burckhardt A. Rechtsgrundlagen veterinärmedizinischer Tätigkeit. Jena: Gustav; 1983

[26] Eikmeier H. Allgemeine Sorgfaltspflichten des Tierarztes. In: Eikmeier H, Fellmer E, Moegle H (Hrsg). Lehrbuch der gerichtlichen Tierheilkunde. Berlin und Hamburg: Paul Parey; 1990: 85–87

[27] Große Feldhaus S, Große Feldhaus J (Hrsg). Arzt und Recht bei Fehlern und Irrtümern. Amsterdam: Elsevier; 2019: 128–138

[28] Kasan. Persönliche Mitteilung; 2020

[29] Laufs A, Kern BR, Rehborn M (Hrsg). Handbuch des Arztrechts. 5. Aufl. C.H. Beck. München. 2019

[30] Nuber K. Dokumentationspflichten im Privatrecht. Berlin, Heidelberg: Springer; 2019: 153

[31] Raum H. Steigende Zahl von Haftpflichtfällen in der Kleintierpraxis. Vet Impulse 2007; 16

[32] Säcker FJ, Rixecker R, Oetker H (Hrsg.). Münchner Kommentar zum Bürgerlichen Gesetzbuch. 8. Aufl. München: C.H.Beck; 2018

[33] Tritthart A. Die tierärztliche Aufklärungspflicht in Österreich – notwendiges Übel oder Sicherheit für den Tierarzt? Wien Tierarztl Monat 2015; 102: 254–262

[34] Tritthart A. Der tierärztliche Behandlungsvertrag – Rechtsnatur, Vertragspartner und Rechtsfolgen. ÖJZ 2016; 8: 341–348

[35] Tritthart A, Aigner G. Die „lex artis“ als Sorgfaltsmaßstab tierärztlichen Handelns. Wien Tierarztl Monat 2016; 103: 225–229

[36] Tritthart A. Zur zivilrechtlichen Haftung des Tierarztes. ÖJZ 2020; 1: 5–11

Internetquellen

[37] CURAVIVA Schweiz. Aufbewahrungsfristen und neues Verjährungsrecht 2020. Im Internet: https://www.curaviva.ch/files/ISLDUAC/aufbewahrungsfristen_und_neues_verjaehrungsrecht_2020__merkblatt__arbeitsinstrument__curaviva_schweiz__2019.pdf; Stand: Juli 2020

[38] Meier I, Kurat O, Lang Fluri I. Herausgabe- und Aufbewahrungspflicht. Im Internet: https://anwalt-malerberg.ch/wp-content/uploads/2018/05/herausgabe-krankengeschichte-aufbewahrung-akten-merkblatt.pdf; Stand: Juli 2020

[39] Pally Hofmann U. Neues Verjährungsrecht, Schweizerische Ärztezeitung, 2018, 1825–1826. Im Internet: https://doi.org/10.4414/saez.2018.17423; Stand: Juli 2020

Rechtsgrundlagen

[40] BGH 27.6.1978 – VI ZR 183/76, NJW 1978, 2337. In: Katzenmeier C. Arzthaftung. Tübingen: Mohr Siebeck; 2002: 472

[41] Bundesgesetz betreffend die Ergänzung des Schweizerischen Zivilgesetzbuches. Fünfter Teil: Obligationenrecht, OR vom 30. März 1911, Stand am 1. April 2020. Im Internet: https://www.admin.ch/opc/de/classified-compilation/19110009/index.html; Stand: Juli 2020

[42] Bundesgesetz über die universitären Medizinalberufe (Medizinalberufegesetz, MedBG) vom 23. Juni 2006, Stand am 1. Februar 2020. Im Internet: https://www.admin.ch/opc/de/classified-compilation/20040265/index.html; Stand: Juli 2020

[43] Gesundheitsgesetz, GesG vom 2. April 2007 des Kanton Zürich, Nr. 810.1, Stand vom 2. April 2007. Im Internet: http://www2.zhlex.zh.ch/appl/zhlex_r.nsf/0/F9850B7EB3CA2B46C12577E1003B0567/$file/810.1_2.4.07_71.pdf; Stand: Juli 2020

2.2 Aufklärung

Jens Adolphsen, Andreas Pospischil, Peter Rüsch, Alexander Tritthart

2.2.1 Grundlagen der Aufklärungspflicht

Jens Adolphsen, Alexander Tritthart

Merke

Die Aufklärung ist sowohl in der Human- als auch in der Veterinärmedizin zwingend notwendige Grundlage der Einwilligung in die Behandlung, die der Arzt vorschlägt.

In der Humanmedizin sind die Anforderungen an die Aufklärung in § 630e BGB enthalten. Die Einwilligung ist wiederum sowohl in der Human- als auch in der Veterinärmedizin notwendige Grundlage des ärztlichen Eingriffs. Für die Humanmedizin regelt dies § 630d BGB.

Gleichwohl hat der BGH erstmals 1980 entschieden, dass die (bis dahin) in der Rechtsprechung entwickelten Grundsätze über Art und Umfang der humanärztlichen Aufklärungspflicht nicht ohne Weiteres auf die Tiermedizin übertragen werden können (BGH Urteil vom 18.3.1980 – VI ZR 39/79 = NJW 1980, 1904, 1905). Den Hintergrund dieser juristisch unterschiedlichen Behandlung bilden die Rechtsgüter, die bei ärztlichen Eingriffen in Human- und Veterinärmedizin betroffen sind. Selbiges gilt auch für den österreichischen Rechtsraum.

In der Rechtsprechung der Zivil- und Strafgerichte ist es anerkannt, dass nicht nur die fehlerhafte ärztliche Behandlung, sondern auch jede medizinisch gebotene und fachgerecht durchgeführte ärztliche Behandlung eine Körperverletzung darstellt (sog. Körperverletzungsdoktrin; kritische Nachweise bei Katzenmeier, Arzthaftung, S. 114 Fn. 231; Unterstützung der Rechtsprechung aber bei MüKo-BGB/Wagner, vor § 630a Rn. 15; § 823 Rn. 911). Bei einer lege artis vorgenommenen Heilbehandlung entfällt allerdings die Rechtswidrigkeit des Handelns, wenn der Eingriff aufgrund einer wirksam erteilten Einwilligung des Patienten erfolgt.

Das Erfordernis einer Einwilligung des Patienten in die Heilbehandlung zur Rechtfertigung des Eingriffs in die körperliche Integrität folgt in Deutschland aus dem Recht auf körperliche Unversehrtheit nach Art. 2 Abs. 2 GG und seinem Selbstbestimmungsrecht als Ausfluss seiner Menschenwürde gemäß Art. 1 GG (Zusammenfassung der bisherigen Rechtsprechung in BGHZ 106, 391, 397; BGH Urteil vom 14.02.1989 – VI ZR 65/88 = NJW 1989, 1533). In Österreich wird das Recht auf körperliche Unversehrtheit aus der im Verfassungsrang stehenden Europäischen Menschenrechtskonvention (EMRK) abgeleitet.

Das Selbstbestimmungsrecht des Patienten, das die Grundsätze zur Aufklärungspflicht in der Humanmedizin prägt, spielt nach Ansicht des BGH in der Tiermedizin keine Rolle. In der Veterinärmedizin gehe es ausschließlich um wirtschaftliche Interessen. Aufgrund dieser verschiedenen Ausgangspunkte müssten Art und Umfang der tierärztlichen Aufklärungspflicht im Einzelfall nach den dem Tierarzt erkennbaren Interessen seines Auftraggebers oder nach dessen besonderen Wünschen, die dieser äußert, bestimmt werden. Dabei könne auch der materielle oder ideelle Wert des Tieres für den Auftraggeber eine Rolle spielen (BGH Urteil vom 18.3.1980 – VI ZR 39/79 = NJW 1980, 1904, 1905).

2.2.2 Art der Aufklärung

Jens Adolphsen, Alexander Tritthart

Obwohl es den Terminus der Selbstbestimmungsaufklärung in der veterinärmedizinischen Aufklärung nicht geben kann, sind in Rechtsprechung und Literatur bislang weitgehend die gleichen Untergruppen der Risiko-, Diagnose- und Verlaufsaufklärung begründet worden. Hinzu kommen die wirtschaftliche Aufklärung sowie die Aufklärung über Reglementauswirkungen:

a) **Risikoaufklärung:**
   - Bei der Risikoaufklärung geht es um die Aufklärung hinsichtlich der Gefahren der in Aussicht genommenen Therapie und der in Betracht kommenden Behandlungsalternativen. Dazu gehört auch das mögliche Fehlschlagen des Eingriffs. Hierunter kann auch die Aufklärung über ein Narkose- und Aufwachrisiko fallen.

b) **Diagnoseaufklärung:**
   - Eine Aufklärung über die Diagnose bedeutet die Information des Tierhalters über den medizinischen Befund. Dieser muss erfahren, dass sein Tier krank ist und an welcher Krankheit es leidet. Unterschiede zur Humanmedizin bestehen nicht.

c) **Verlaufsaufklärung:**
   - Die Verlaufsaufklärung erstreckt sich auf Art, Umfang und Durchführung des Eingriffs. Sie umfasst dabei Informationen über die nach dem jeweiligen Stand des ärztlichen Wissens prognostizierbare Gesundheitsentwicklung ohne die vorgeschlagene Behandlung, beinhaltet aber auch den prognostischen Gesundheitsverlauf im Falle des vorgeschlagenen Vorgehens.

d) **Wirtschaftliche Aufklärung:**
   - Die Notwendigkeit wirtschaftlicher Aufklärung unterscheidet sich im Bereich Human- und Veterinärmedizin deutlich: Hierbei spielt in der Humanmedizin insbesondere die Tat-

sache eine Rolle, dass der jeweilige Patient krankenversichert ist und dass wirtschaftliche Erwägungen im Grundsatz im Rahmen des Selbstbestimmungsrechts des Patienten eine geringere Rolle spielen. Dagegen spielt die wirtschaftliche Aufklärung im Bereich der Veterinärmedizin eine erhebliche Rolle. Der BGH hat in seinem Urteil aus dem Jahre 1980 (BGH Urteil vom 18.3.1980 – VI ZR 39/79 = NJW 1980, 1904, 1905) insbesondere dargelegt, dass hier in erster Linie wirtschaftliche Interessen eine Rolle spielen, die gegenüber gefühlsmäßigen Bindungen des Tierhalters an sein Tier regelmäßig vorrangig sind. Insbesondere hat der BGH darauf verwiesen, dass der materielle Wert des Tieres für den Auftraggeber eine erhebliche Rolle bei der Entscheidung über die Einwilligung in die vorgeschlagene Behandlung spielt. Daher sind die Kosten der Behandlung und der Wert des Tieres in eine Relation zu setzen. In Österreich gebühren nach § 1332a ABGB im Schadenersatzfalle die Kosten für die Heilung eines Tieres auch dann, wenn diese den Wert des Tieres übersteigen, wenn auch ein verständiger Tierhalter in der Lage des Geschädigten diese Kosten aufgewendet hätte. Da eine Versicherung regelmäßig nicht besteht, führt das Fehlen einer wirtschaftlichen Aufklärung insoweit zum Entstehen eines Schadenersatzanspruches, der gegen die Gebührenforderung des Veterinärs zur Aufrechnung genutzt werden kann.
- Die Dringlichkeit und das Risiko der Operation sind in Relation zum wirtschaftlichen Wert des Tieres zu setzen. Das Oberlandesgericht (OLG) München (Urteil vom 9.10.2003 – 1 U 2308/03 = VersR 2005, 1546) bejahte eine Aufklärungspflicht in das Operationsrisiko wegen der fehlenden Dringlichkeit des Eingriffs und des hohen Preises des Pferdes.
- Für den österreichischen Rechtsraum gilt, dass zumeist die Bestimmungen des Konsumentenschutzgesetzes zur Anwendung kommen und bei Aussagen über die zu erwartenden Kosten immer darauf hinzuweisen ist, dass es sich um eine Kostenschätzung bzw. eine unverbindliche Preisangabe handelt. Wird darauf nicht hingewiesen, so wird die Aussage des Tierarztes als Kostenvoranschlag gewertet und ein Abweichen ist nur mehr in sehr engen Grenzen möglich.

e) **Aufklärung über Reglementauswirkungen**:
   - Wird dem Tierarzt bekannt, dass das zu behandelnde Tier bei Sportveranstaltungen zum Einsatz kommt, so ist über die entsprechenden Reglementauswirkungen aufzuklären. Insbesondere die dopingrelevanten Substanzen im Pferdesport sind hier zu erwähnen (S. 39).

2.2.3 Umfang der Aufklärung

Jens Adolphsen, Alexander Tritthart

a) **Richtschnur:**
   - In der Humanmedizin ist es anerkannt, dass der Patient im Großen und Ganzen wissen muss, worin er einwilligt (BGH Urteil vom 07.02.1984 – VI ZR 174/82 = NJW 1984, 1397; Deutsch/Spickhoff, Medizinrecht, Rn. 213 ff.). Zu den wesentlichen Umständen der Aufklärung gehören gemäß § 630e Abs. 1 BGB Art, Umfang, Durchführung, zu erwartende Folgen und Risiken der Maßnahme sowie ihre Notwendigkeit, Dringlichkeit, Eignung und Erfolgsaussichten im Hinblick auf die Diagnose oder die Therapie. Auf Alternativen zur Maßnahme ist hinzuweisen, wenn mehrere medizinisch gleichermaßen indizierte und übliche Methoden zu wesentlich unterschiedlichen Belastungen, Risiken oder Heilungschancen führen können.
   - Es ist nicht erforderlich, dass der Arzt dem Patienten ein medizinisch exakt beschriebenes Risiko darstellt, sondern es ist ausreichend, dass der Patient einen allgemeinen Eindruck von der Bedeutung des Eingriffs erlangt. Insofern geht man in der Humanmedizin davon aus, dass eine sog. Basisaufklärung in Form relativ genereller Hinweise zunächst ausreichend ist. § 630e Abs. 2 Nr. 3 BGB verlangt eine verständliche Aufklärung.
   - Die in der Humanmedizin entwickelte generelle Richtschnur ist grundsätzlich auf die Veterinärmedizin übertragbar; dieses ist je-

doch aufgrund der Generalität der Aussage dieser Richtschnur für die Praxis wenig hilfreich. Daraus ergibt sich in erster Linie, dass es nicht erforderlich ist, dem Eigentümer ein veterinärmedizinisches Entscheidungswissen zu liefern. Auch hier ist grundsätzlich eine sog. Basisaufklärung in Form relativ genereller Hinweise ausreichend.

b) **Patientenbezogene Information:**
   - Die Rechtsprechung in der Humanmedizin lehnt es regelmäßig ab, allgemeingültige Vorgaben für den Umfang der Aufklärung vorzunehmen. Die Rechtsprechung stellt jeweils auf den konkreten Einzelfall ab und orientiert den Umfang der Aufklärungspflicht an der individuellen Situation des Patienten. Insofern wird zutreffend von einem Prinzip der patientenbezogenen Information gesprochen. Der Grundsatz der patientenbezogenen Information spielt in der Veterinärmedizin eine eingeschränkte Rolle. Rechtsprechung zu dieser Frage fehlt weitgehend. Der Grundsatz patientenbezogener Information kann jedoch dann auf die Veterinärmedizin übertragen werden, wenn es um Pferde geht, die im Turniersport oder Rennsport eingesetzt werden. Bei der Medikation ist dieser Einsatzzweck zu berücksichtigen, um keinen Verstoß gegen die Listen verbotener Substanzen von Fédération Equestre Internationale (FEI) und Deutscher Reiterlicher Vereinigung (FN), Traber und Galopper zu provozieren. Vorab ist es Sache des Patienteneigentümers, den Tierarzt auf den Einsatz des Pferdes im Turniersport hinzuweisen. Dies ergibt sich in Österreich aus § 21 Anti-Doping-Bundesgesetz 2007. Dann jedoch ist von einer Pflicht des Tierarztes auszugehen, über die generelle Vereinbarkeit bestimmter Substanzen mit dem Einsatz des Pferdes im Turniersport aufzuklären. Dazu ist der Hinweis auf die Einordnung einer Substanz als verboten durch FEI bzw. FN erforderlich.

c) **Komplikationsdichte:**
   - Der Komplikationsdichte kommt in der Veterinärmedizin eine erhebliche Rolle zu. In der Rechtsprechung wurde eine Aufklärungspflicht hinsichtlich des Narkoserisikos bei der Operation eines Pferdes (wobei auch auf die Aufwachphase abgestellt wurde) und der operationsspezifischen Risiken angenommen, weil das Gericht von einer Komplikationsdichte von 0,9 % ausging (OLG München 9.10.2003 – 1 U 2308/03, VersR 2005, 1546).

d) **Verzicht:**
   - Einer Aufklärung bedarf es nicht, wenn ein Patient ausdrücklich darauf verzichtet (§ 630e Abs. 3 BGB). Dieses ist in vollem Umfang auf die Veterinärmedizin übertragbar. Dabei ist zu beachten, dass keinesfalls Irrtümer des Eigentümers ausgenutzt werden sollen, sondern nur die Freiheit gewahrt wird, in die Behandlung des Tieres ohne Aufklärung einzuwilligen.

e) **Voraufgeklärter Patienteneigentümer:**
   - Ein voraufgeklärter Patienteneigentümer muss nicht aufgeklärt werden. Allerdings darf nicht allein aus einer konkreten Beauftragung (z. B. Kopperoperation) darauf geschlossen werden, dass der Eigentümer über die Risiken einer Operation informiert ist [45]. Insgesamt trifft den Veterinär die Pflicht, eine „Aufklärung des Aufklärungsbedürfnisses“ vorzunehmen. Diese Pflicht kann man unter die Pflicht zu sorgfältiger Anamnese einordnen.

2.2.4 Modalitäten der Aufklärung

Jens Adolphsen, Alexander Tritthart

a) **Person des Aufklärenden:**
   - In der Humanmedizin ist in § 630e Abs. 2 Nr. 1 BGB geregelt, dass die Aufklärung durch den Behandelnden oder durch eine Person zu erfolgen hat, die über die zur Durchführung der Maßnahme notwendige Ausbildung verfügt. Damit ist ausgeschlossen, dass die Aufklärung auf nichtärztliches Personal übertragen wird.
   - Der aufklärende und der die Behandlung durchführende Arzt müssen jedoch nicht zwingend identisch sein. Aufgrund der klinischen Organisation kann die Aufklärungspflicht einem anderen Arzt übertragen werden
   - Diese Grundsätze sind auf die Veterinärmedizin in vollem Umfang übertragbar.

b) **Adressat der Aufklärung:**
- Adressat der Aufklärung ist der Eigentümer des Tieres. Bei einer deliktsrechtlichen Betrachtung ist dies nur folgerichtig, da nur er über sein Eigentum verfügungsbefugt ist. Das schließt nicht aus, dass der Eigentümer das Recht zur Einwilligung an einen Dritten delegiert. Das kann insbesondere der Fall sein, wenn Eigentümerstellung und Tierhaltereigenschaft auseinanderfallen. Bei einer vertraglichen Perspektive ist es naheliegend, dass der jeweilige Vertragspartner des Tierarztes auch der Adressat der Aufklärung sein muss. Die Eigentümerstellung wird dem Tierarzt häufig nicht bekannt sein, Bevollmächtigungen sind nur bei Übergabe einer schriftlichen Bevollmächtigung erkennbar, was in der Praxis unüblich ist. Daneben kann in Reitställen eine Praxis dahin bestehen, dass andere Einsteller, der Stallmeister oder der Inhaber berechtigt sind, einen Tierarzt zu benachrichtigen. Insofern liegt eine Bevollmächtigung vor, in diesem Fall wäre die entsprechende Person aufzuklären.
- Bei aufschiebbaren Behandlungen, die aufklärungspflichtig sind, ist immer anzustreben, dass der Eigentümer selbst die Einwilligung nach der Aufklärung erteilt.
- Bei nicht aufschiebbaren Behandlungen stellt sich bei Unerreichbarkeit des Eigentümers nicht das Problem der Aufklärung, sondern insgesamt der fehlenden Einwilligung des Eigentümers. Der BGH (Urteil vom 19.1.1982 – VI ZR 281/79 = NJW 1982, 1327) hat im Fall einer Nottötung eine mutmaßliche Einwilligung des Eigentümers angenommen. Ein Tierarzt, der im Rahmen des nach entsprechender Beratung vereinbarten Auftrags in seinen therapeutischen Entscheidungen frei ist, ist je nach den Umständen auch berechtigt und verpflichtet, das ihm anvertraute Tier zu töten. […] Auch diese Befugnis ist, soweit nicht ausdrücklich etwas anderes vereinbart ist, Inhalt des tierärztlichen Behandlungsvertrags. Die Besonderheit dieses Falles liegt darin, dass vor der Nottötung bereits ein Behandlungsvertrag mit einer Einwilligung des Eigentümers in eine bestimmte Behandlung bestand.
- Soweit im Zeitpunkt einer vital indizierten Behandlung noch kein Behandlungsvertrag mit einem nicht erreichbaren Eigentümer besteht, kommen die Grundsätze der Geschäftsführung ohne Auftrag zur Anwendung (D: §§ 677 – 687 BGB; A: § 1235ff ABGB). Die Geschäftsführung ist dann eine berechtigte, wenn sie dem wirklichen oder mutmaßlichen Willen des Eigentümers entspricht. Der mutmaßliche Wille ist der Wille, den der Geschäftsherr bei objektiver Beurteilung aller Umstände im Zeitpunkt der Übernahme des Geschäfts geäußert haben würde. Dies wird bei nicht aufschiebbaren Behandlungen regelmäßig gegeben sein.

c) **Form:**
- Wie auch in der Humanmedizin (§ 630e Abs. 2 Nr. 1 BGB) muss die Aufklärung in Deutschland mündlich erfolgen und kann schriftlich ergänzt werden. In der Humanmedizin bestanden gegenüber schriftlichen Aufklärungen durch Broschüren und ähnliche Vordrucke Bedenken, die v. a. mit der Notwendigkeit eines „vertrauensvollen Gesprächs zwischen Arzt und Patient" (BGH Urteil vom 15.02.2000 – VI ZR 48/99 = NJW 2000, 1784, 1787), der individuell auf den Patienten ausgerichteten Aufklärung und den betroffenen Rechtsgütern körperliche Integrität und Selbstbestimmungsrecht begründet werden. Eine generelle Unzulässigkeit schriftlicher Aufklärung ergibt sich aus diesen Bedenken jedoch nicht. Vielmehr hat die Größe des Risikos Auswirkungen auf die Form der Aufklärung. So kann bei Routineeingriffen die Aufklärung ausschließlich schriftlich durch Broschüren oder Merkblätter erfolgen. Bei risikoreichen Eingriffen wird eine zusätzliche mündliche Aufklärung als erforderlich angesehen (MüKo-BGB/Wagner, § 630e Rn. 53).
- In Österreich ist die Aufklärung schriftlich und/oder mündlich zulässig, wobei eine rein formularmäßige Aufklärung (ohne Bezug zum konkreten Einzelfall) nicht als ausreichend erachtet wird.
- Die Bedenken gegenüber schriftlichen Aufklärungen sind auf die Veterinärmedizin nicht in vollem Umfang übertragbar. Der

Veterinär ist daher tendenziell freier, ob er stärker eine mündliche oder schriftliche Aufklärung vornimmt [45]. Ein mündliches Gespräch ist aber bei hoher Komplikationsdichte erforderlich, um sicherzustellen, dass der Eigentümer den Inhalt schriftlicher Unterlagen verstanden hat. Bei einem hohen wirtschaftlichen Wert des Pferdes ist zu einer mündlichen Aufklärung zu raten.

- Auch wenn der Veterinär bei Routinemaßnahmen etc. eine ausschließlich schriftliche Aufklärung vornimmt, ist er gleichwohl verpflichtet, Fragen des Eigentümers zu beantworten. Bei Routineeingriffen in der Humanmedizin (z. B. Polio-Impfung) ist es als ausreichend angesehen worden, dass der Mediziner unspezifisch nachfragt, ob das Merkblatt gelesen wurde (BGH Urteil vom 15.02.2000 – VI ZR 48/99 = NJW 2000, 1784, 1787). Dieses darf erst recht in der Veterinärmedizin gelten, soweit eine Aufklärung überhaupt erforderlich ist. Eine Einschränkung kann bei wertvollen Tieren erfolgen. Allein eine Unterschrift des Eigentümers unter ein Aufklärungsformular, dass einen Passus enthält, der Eigentümer bestätige, dass er umfassend aufgeklärt wurde, ist nicht ausreichend und verstößt zudem gegen § 309 Nr. 12b BGB (ebenso Deutsch/Spickhoff, Medizinrecht, Rn. 243).

d) **Zeitpunkt:**
   - Gemäß § 630e Abs. 2 Nr. 2 BGB hat die ärztliche Aufklärung so rechtzeitig zu erfolgen, dass der Patient seine Entscheidung über die Einwilligung wohlüberlegt treffen kann. Bei Routineeingriffen ist es ausreichend, den Patienten am Tag des Eingriffs aufzuklären (MüKo-BGB/Wagner, § 630e Rn. 44).
   - In der Veterinärmedizin ist der Mediziner bei der Bestimmung des Zeitpunkts der Aufklärung freier als in der Humanmedizin, weil das Selbstbestimmungsrecht des Patienten nicht betroffen ist. Auch hier gilt aber das Gebot der rechtzeitigen Vornahme und des Verbots, auf den Eigentümer Druck auszuüben, z. B. durch eine Aufklärung, wenn eine medizinische Behandlung bereits eingeleitet ist.

2.2.5 Aufklärungspflichten in der Schweiz

Andreas Pospischil, Peter Rüsch

Die nachfolgenden Ausführungen zur Aufklärungspflicht von Tierärzten folgen der Publikation „Vademecum der ärztlichen Aufklärungspflicht gegenüber Patienten“, die im Newsletter 2/2016 der Anwaltskanzlei Kessler – Landolt – Giacomini & Partner, CH-6430 Schwyz (www.klgp.ch) erschien. Sie gilt gleichermaßen für Tierärzte wie für Ärzte. Auch andere Publikationen zur Aufklärungspflicht von Anwaltskanzleien oder von ärztlichen Institutionen, z. B. von der ME Advocat Rechtsanwälte, CH-9100 Herisau, oder der Ärztegesellschaft des Kantons St. Gallen, CH-9242 Oberuzwil, sind im Internet verfügbar. Allerdings ist die Publikation der Anwaltskanzlei Kessler et al. die einzige, die explizit erwähnt, dass die Ausführungen sowohl für Ärzte als auch Tierärzte gelten.

Grundsätzlich sind alle dem eidgenössischen MedBG unterstellten Fachpersonen im Bereich der Humanmedizin, Zahnmedizin, Chiropraktik, Pharmazie und Veterinärmedizin gegenüber ihren Patienten **aufklärungspflichtig**. Jeder Eingriff in die körperliche Integrität eines Patienten ohne Einwilligung des Patienten, im Fall der tierärztlichen Praxis des Tierhalters bzw. -besitzers, ist rechtswidrig und strafrechtlich relevant (Bundesgerichtsentscheid BGE 117 Ib 197 ff.).

Die **Einwilligung des Patienten** bzw. seines Vertreters, d. h. des Tierhalters bzw. -besitzers, setzt bei bzw. vor der Behandlung eine entsprechende und angemessene Aufklärung durch den Fachmann, d. h. durch den Tierarzt, voraus.

Der Tierarzt ist beweispflichtig über korrekt getätigte Aufklärung. Aufklärung ist deshalb unabdingbar **Bestandteil der Patientendokumentation**. § 13 Abs. 1 GesG des Kantons Zürich hält dazu explizit fest: „Diese – die Patientendokumentation – gibt Auskunft über die Aufklärung und Behandlung von Patientinnen und Patienten.“

Die Aufklärung umfasst dabei folgende Punkte:

- den Grund für die Behandlung und deren Zweck sowie Zielsetzung
- die Durchführungsart der Behandlung
- das Behandlungsrisiko
- Information über Verhaltensregeln des Patienten

- die Kosten der Behandlung
- die Konsequenzen bei Nichtbehandlung
- die Behandlungsalternativen

Die **Form der Aufklärung** kann formlos, d. h. auch mündlich, erfolgen. Wichtig dabei ist, dass die Aufklärung für den Tierhalter bzw. -besitzer verständlich ist und dass dies von ihm auch entsprechend bestätigt wird. Von Vorteil ist es, die Aufklärung auch schriftlich festzuhalten und in der Patientendokumentation abzulegen. In jedem Fall ist die Aufklärung in der Patientendokumentation festzuhalten, da der Tierarzt beweispflichtig ist, dass eine Aufklärung stattgefunden hat, in welchem Umfang und dass sie vom Tierhalter bzw. -besitzer verstanden wurde.

Die Aufklärung hat in jedem Fall **vor der Behandlung** zu erfolgen. Dies gilt auch bei Notfallbehandlungen und unaufschiebbaren Eingriffen, wobei in diesen Fällen auf eine Bedenkzeit des Tierhalters bzw. -besitzers verzichtet werden muss. Bei risikobehafteten, schwerwiegenden Eingriffen sollte die Aufklärung minimal 3–5 Tage vor dem Eingriff erfolgen, damit sich der Tierhalter bzw. -besitzer in Ruhe die Entscheidung überlegen und evtl. eine Zweitmeinung einholen kann. Bei den übrigen sog. Routineeingriffen genügt i. d. R. 1 Tag vor dem Eingriff. Bei sehr risikoarmen und ambulanten Eingriffen kann die Aufklärung auch unmittelbar vor der Behandlung erfolgen.

Eine ungenügende, mangelhafte Wahrnehmung der Aufklärungspflicht bewirkt, dass der Patient nicht rechtsgenüglich in die Behandlung eingewilligt hat. Daher muss in solchen Fällen u. U. von einer **Verletzung der Sorgfaltspflicht** ausgegangen werden, mit all den zivilrechtlichen und allenfalls auch strafrechtlichen Konsequenzen.

Grundsätzlich ist das Vorliegen eines Behandlungsfehlers vom Tierhalter bzw. -besitzer zu beweisen, was i. d. R. ein überaus schweres Unterfangen ist. Dass der Tierhalter bzw. -besitzer zudem den Kausalzusammenhang zwischen Behandlungsfehler und Schaden belegen muss, macht die Beweisführung für den Tierhalter bzw. -besitzer noch schwieriger. Eine mangelhafte Aufklärung kann allerdings zu einer **Beweislastumkehr** für mögliche Behandlungsfehler bzw. Schäden führen. Dies bedeutet, dass bei Nicht- oder mangelhafter Aufklärung der Tierarzt beweisen muss, dass er korrekt, vollständig und auch verständlich aufgeklärt hat, wobei der Nachweis der Verständlichkeit nicht immer sehr einfach ist. Es ist deshalb wichtig, dass der Verständlichkeit der Aufklärung eine besondere Beachtung zukommt.

Eine allfällige Umkehr der Beweislast ergibt für den Tierhalter bzw. -besitzer bei Behandlungsfehlern eine positive Zusatzwirkung. Während bei normaler, rechtsgenüglicher Aufklärung der Tierarzt nur **für den Schaden aufkommen** muss, welcher durch einen nachgewiesenen Behandlungsfehler entstanden ist, haftet der Tierarzt bei Nicht- oder mangelhafter Aufklärung für sämtlichen Schaden, unbesehen, ob dem Tierarzt ein Behandlungsfehler vorzuwerfen ist oder nicht.

Zusammenfassend ist festzuhalten, dass eine korrekte, zweckmäßige und individuelle Aufklärung des Tierhalters bzw. -besitzers vor einer größeren Behandlung oder einem Eingriff und eine angemessene Dokumentation der Aufklärung auch im Hinblick auf Beweisfragen von einiger Relevanz sind und den Tierarzt vor unliebsamen Konsequenzen bewahren.

Die Standesordnung der Gesellschaft Schweizer Tierärztinnen und Tierärzte (GST) äußert sich auch zur tierärztlichen Aufklärungspflicht. Kapitel 4.1, Verhalten bei der beruflichen Tätigkeit, Bst. b, der Standesordnung GST hält fest, dass der Tierarzt seine Kunden in verständlicher Form über den Befund, die beabsichtigten diagnostischen und therapeutischen Maßnahmen, deren Erfolgsaussichten und Risiken sowie über die Kostenfolgen aufzuklären und keine übertriebenen Hoffnungen auf Therapieerfolge zu wecken hat.

Auch wenn die Standesordnung der GST rechtlich nicht verbindlich ist, kommt dieser Vorgabe in der Standesordnung der GST in Anbetracht, dass nahezu alle Tierärzte in der Schweiz Mitglieder der GST sind, in Sachen Aufklärungspflicht eine hohe Bedeutung zu.

2.2.6 Quellenangaben

Literatur

[44] Säcker FJ, Rixecker R, Oetker H (Hrsg.). Münchner Kommentar zum Bürgerlichen Gesetzbuch. 8. Aufl. München: C.H.Beck; 2018

[45] Schulze E. Die Haftung des Tierarztes. Berlin; 1992

Internetquellen

[46] Bürki P. Die ärztliche Aufklärungspflicht. Ärztegesellschaft des Kantons St. Gallen. Im Internet: https://www.aerzte-sg.ch; Stand Juli 2020

[47] Kessler A, KLC&P. Aufklärungspflicht gegenüber Patienten. Newsletter 2/2016. Im Internet: http://www.klgp.ch/de/022016-vademecum-der-aerztlichen-aufklaerungspflicht-gegenueber-patienten.html; Stand: Juli 2020

[48] ME Advocat Rechtsanwälte. Checkliste Patientenaufklärung. Newsletter 01/2014. Im Internet: www.advocat.ch/de/team.html

[49] Standesordnung der Gesellschaft Schweizerischer Tierärztinnen und Tierärzte (GST); Stand 2017. Im Internet: https://www.gstsvs.ch/fileadmin/media/Verband/de/Reglemente/Standesordnung_GST.pdf; Stand: Juli 2020

Rechtsgrundlagen

[50] Bundesgesetz betreffend die Ergänzung des Schweizerischen Zivilgesetzbuches. Fünfter Teil: Obligationenrecht, OR vom 30. März 1911, Stand am 1. April 2020. Im Internet: https://www.admin.ch/opc/de/classified-compilation/19110009/index.html; Stand: Juli 2020

[51] Bundesgesetz über die universitären Medizinalberufe (Medizinalberufegesetz, MedBG) vom 23. Juni 2006, Stand am 1. Februar 2020. Im Internet: https://www.admin.ch/opc/de/classified-compilation/20040265/index.html; Stand: Juli 2020

[52] Gesundheitsgesetz, GesG vom 2. April 2007 des Kanton Zürich, Nr. 810.1, Stand vom 2. April 2007. Im Internet: http://www2.zhlex.zh.ch/appl/zhlex_r.nsf/0/F9850B7EB3CA2B46C12577E1003B0567/$file/810.1_2.4.07_71.pdf; Stand: Juli 2020

[53] Schweizerisches Bundesgericht. Rechtssprechung. Im Internet: https://www.bger.ch/index/juridiction/jurisdiction-inherit-template/jurisdiction-recht.htm; Stand: Juli 2020

2.3 Beweislast

Jens Adolphsen, Andreas Pospischil, Peter Rüsch, Alexander Tritthart

2.3.1 Informationsbeschaffung und Waffengleichheit im Prozess

Jens Adolphsen, Alexander Tritthart

Der (Tier-)Arzthaftungsprozess ist von einem typischen, auch durch fehlende Sachkunde des Patienteneigentümers bedingten Informationsdefizit geprägt. Dieses auszugleichen ist vor dem Hintergrund der bestehenden Waffengleichheit der Parteien im Verfahren Aufgabe der Ausgestaltung des Beweisrechts.

Der Kläger braucht für eine erfolgreiche Klage und bei der Stellung von Beweisanträgen, der Beklagte für eine erfolgreiche Verteidigung umfassende Informationen über den der Klage zugrunde liegenden Sachverhalt. Das Gericht benötigt ebenfalls Informationen, um seiner Rolle als neutraler Entscheider nachkommen zu können. Die ZPO enthält keine allgemeine Aufklärungspflicht als prozessuale Pflicht einer Partei, der anderen alle relevanten Informationen zu vermitteln, die diese nicht hat. Das materielle Recht bietet jedoch verstreut zahlreiche materiellrechtliche Ansprüche auf Auskunft, Rechnungslegung und Vorlage von Belegen. Daneben ist in Deutschland gewohnheitsrechtlich ein Auskunftsanspruch nach Treu und Glauben (§ 242 BGB) anerkannt.

Nach Ansicht des Bundesverfassungsgerichts (BVerfG) vom 25.7.1979 – 2 BvR 878/74, NJW 1979, 1925, sog. Arzthaftungsbeschluss, müsse von Mal zu Mal geprüft werden, ob dem Patienten „nach allem die regelmäßige Beweislastverteilung noch zugemutet werden darf". Diese Verpflichtung ergebe sich unmittelbar aus dem verfassungsrechtlichen Erfordernis eines gehörigen, fairen Gerichtsverfahrens, insbesondere aus dem Gebot der „Waffengleichheit im Prozess" und dem Erfordernis der „Rechtsanwendungsgleichheit".

Besondere Bedeutung kommt daher Beweislastentscheidungen zu, vor dem Hintergrund, dass gesundheitliche Beeinträchtigungen immer auch auf Krankheiten oder körperlichen Dispositionen des Tieres beruhen können und nicht zwangsläufig auf schuldhaften tierärztlichen Pflichtverletzungen. Restzweifel bleiben daher häufig bestehen, ihre Folgen muss die beweisbelastete Partei tragen.

Die im Bereich der Humanmedizin entwickelten Grundsätze zur Beweislastverteilung wurden für Deutschland in den neu eingeführten Vorschriften zum Behandlungsvertrag durch das Patientenrechtegesetz in § 630 h BGB geregelt.

2.3.2 Allgemeine Beweislastregel

Jens Adolphsen, Alexander Tritthart

Bleibt der Sachverhalt nach Ausschöpfung aller Beweismittel für das Gericht unklar, liegt eine sog. Non-liquet-Situation vor. Für diesen Fall weisen die Beweislastregeln den Richter an, zu wessen Lasten er die Unaufklärbarkeit des Sachverhalts werten muss.

Jede Partei hat die Beweislast für die Voraussetzungen der ihr jeweils günstigen Norm (Rosenbergsche Formel). Der Kläger muss danach die Prozess- und Sachentscheidungsvoraussetzungen sowie die klagebegründenden Tatbestandsvoraussetzungen einer Norm beweisen. Der Beklagte trägt die Beweislast für die Prozesshindernisse und alle Tatsachen, die eine prozessuale Einrede begründen können.

Im veterinärmedizinischen Haftungsprozess wegen eines Behandlungsfehlers muss daher grundsätzlich der Patienteneigentümer den Fehler, dessen Kausalität für einen Schaden (BGH 19.1.1982 – VI ZR 281/79, NJW 1982, 1327) und das Verschulden des Tierarztes beweisen. In **Österreich** trägt der Kläger die Beweislast für das Vorhandensein eines Schadens, die Rechtswidrigkeit und das Verschulden, sofern es sich bei der vertraglichen Verpflichtung um eine Sorgfaltsverbindlichkeit handelt. Im Falle einer Erfolgsverbindlichkeit wie bei einem reinen Werkvertrag (S. 48) kommt es auf Ebene des Verschuldens bei einem vertraglichen Haftungsanspruch zu einer Beweislastumkehr. Auch die Kausalität hat der Kläger zu beweisen, jedoch kommt ihm hier nach der Judikatur aus dem Humanbereich (Oberster Gerichtshof, OGH, 29.04.2013, 8Ob 133/12k, OGH 31.1.2017, 1 Ob 244/16p) die Erleichterung des Anscheinsbeweises zugute. Es reicht daher aus, dass die festgestellte Sorgfaltspflichtverletzung die Wahrscheinlichkeit des Schadenseintritts nicht bloß unwesentlich erhöht hat.

2.3.3 Vollbeherrschbare Risiken

Jens Adolphsen

Bei Verwirklichung eines allgemeinen Behandlungsrisikos wird ein Fehler des Arztes vermutet, wenn dieses Risiko für ihn voll beherrschbar ist (§ 630 h Abs. 1 BGB). Die Norm ist in Deutschland auf einen Fehler eines Veterinärs übertragbar.

2.3.4 Beweislast Aufklärung und Einwilligung

Jens Adolphsen, Alexander Tritthart

Gemäß § 630 h Abs. 2 S. 1 BGB gilt für die Humanmedizin, dass der Behandelnde die Einholung einer Einwilligung und damit auch die dazu erforderliche ordnungsgemäße Aufklärung beweisen muss. Hat der Kläger nachgewiesen, dass eine Aufklärung nicht erfolgt ist, kann dennoch der Beweis geführt werden, dass eine Einwilligung auch bei einer notwendigen Aufklärung erfolgt wäre, § 630 h Abs. 2 S. 2 BGB. Beweispflichtig ist der Arzt. Dieses kann man auf die Veterinärmedizin übertragen.

In **Österreich** wird die Beweislastumkehr für den Aufklärungsfehler in der Humanmedizin auf die Körperverletzungsdoktrin gestützt. Daher wird dort vertreten, dass es in der Veterinärmedizin gerade zu keiner Umkehr der Beweislast kommt und der Kläger den Aufklärungsfehler zu beweisen hat [54].

2.3.5 Beweislastumkehr bei grobem Behandlungsfehler in Deutschland

Jens Adolphsen

Merke

Ein grober Behandlungsfehler, der geeignet ist, einen Schaden der tatsächlich eingetretenen Art herbeizuführen, führt zu einer Umkehr der objektiven Beweislast für den ursächlichen Zusammenhang zwischen dem Behandlungsfehler und dem Gesundheitsschaden.

Eine Typizität oder hohe Wahrscheinlichkeit des Gesundheitsschadens ist nicht erforderlich. Damit ist der Anwendungsbereich dieser Beweislastregel deutlich weiter als der des Anscheinsbeweises (S. 46), der sich auf typische Geschehensabläufe beschränkt.

Dieser bisher durch die Rechtsprechung entwickelte Grundsatz findet sich für die Humanmedizin in § 630 h Abs. 5 BGB und ist 2016 auf die Veterinärmedizin übertragen worden (BGH Urteil vom 10.5.2016 – VI ZR 247/15 = NJW 2016, 2502 [Rn. 14]).

§ Gesetzliche Grundlagen

Ein grober Behandlungsfehler liegt nach der Rechtsprechung vor, wenn der Arzt eindeutig gegen bewährte ärztliche Behandlungsregeln oder gesicherte medizinische Erkenntnisse verstoßen und einen Fehler begangen hat, der aus objektiver Sicht nicht mehr verständlich erscheint, weil er einem Arzt schlechterdings nicht unterlaufen darf (BGH 25.10.2011 – VI ZR 139/10, NJW 2012, 227 [Rn. 8]).

Zusätzlich hat die Rechtsprechung Fallgruppen entwickelt, die v. a. grobe Diagnosefehler, die Nichterhebung von Diagnosebefunden, spezielle Therapiefehler, aber auch Organisations- und Beratungsfehler betreffen. Der grobe Behandlungsfehler muss generell geeignet sein, den jeweiligen Gesundheitsschaden herbeizuführen, und es muss sich gerade das Risiko verwirklicht haben, dessen Herbeiführung den Fehler als grob im Sinne dieser Terminologie erscheinen lässt.

Dem Tatrichter kommt bei Vorliegen eines groben Behandlungsfehlers eines Veterinärs aus Gründen der Rechtssicherheit kein Ermessen im Einzelfall zu, die Beweislast umzukehren. Der BGH gesteht zwar zu, dass ein Tierarzt bei der Behandlung eines Tieres in weit größerem Maß auf indirekte Rückschlüsse zur Krankheits- bzw. Verletzungsursache und zum Behandlungsverlauf angewiesen sei. Auch könnten die Haltungsbedingungen und das unwillkürliche und – je nach Art des Tieres – nur begrenzt steuerbare Verhalten die Behandlung erschweren. Diese Faktoren seien aber bei der Frage zu berücksichtigen, ob überhaupt ein grober Behandlungsfehler vorliege.

2.3.6 Beweislast und Umkehr der Beweislast in der Schweiz

Andreas Pospischil, Peter Rüsch

Beweislast

Eine wichtige Frage ist, welche der Parteien eine Tatsache zu beweisen hat.

Die Beweislast ist im Art. 8 des ZGB vom 10. Dezember 1907, Stand am 1. Januar 2020, festgehalten und lautet: „Wo das Gesetz nichts anderes bestimmt, hat derjenige das Vorhandensein einer behaupteten Tatsache zu beweisen, der aus ihr Rechte ableitet." Wie bereits im Abschnitt „Verletzung der Dokumentationspflicht" (S. 35) erwähnt, nimmt auch das OR ab Art. 41 ff. zur Beweislast Stellung. Artikel 41 Abs. 1 OR besagt, dass der, der einem anderen widerrechtlich Schaden zufügt, sei es mit Absicht, sei es aus Fahrlässigkeit, ihm zum Ersatz verpflichtet wird. Und Art. 42 Abs. 1 OR hält fest, dass der, der Schaden beansprucht, den Schaden zu beweisen hat.

Die negativen Folgen der Beweislosigkeit trägt folglich derjenige, welcher eine Tatsachenbehauptung nicht beweisen kann, aus welcher er für sich Rechte ableitet. Dieser Grundsatz gilt v. a. dann, wenn ein Vertrag zwischen den Parteien besteht, z. B. im Zusammenhang mit einer tierärztlichen Leistung, die ein Tierhalter in Auftrag gibt. In diesem Fall muss demnach der Auftraggeber einen allfälligen Schaden reklamieren und auch beweisen. Anzumerken ist, dass er neben dem Schaden auch den Behandlungsfehler sowie den Kausalzusammenhang zwischen Schaden und Kunstfehler beweisen muss, um Haftpflichtansprüche erfolgreich geltend machen zu können.

Umkehr der Beweislast

Bei negativen Tatsachen kommt es allerdings oft zu einer Umkehr der Beweislast, da es nahezu unmöglich ist, zu beweisen, dass ein bestimmter Umstand sich nicht zugetragen haben soll oder nachweislich Beweise zerstört oder unterschlagen wurden. In diesen Fällen kann der Beweis auch dem Beklagten auferlegt werden.

Inwieweit eine Umkehr der Beweislast, wie dies in Deutschland und in Österreich offenbar bei ärztlichen Leistungen bei Vorliegen grober Behandlungsfehler, bei Manipulation von Beweismitteln, bei nicht registriertem Zugang auf relevante Datenbanken, bei Unterlassung von Befunderhebung, bei Verletzung der Aufklärungspflicht oder Verwendung fehlerhafter Geräte üblich ist, auch für tierärztliche Leistungen und v. a. für die Schweiz gilt, ist umstritten und unklar.

§ Gesetzliche Grundlagen

In vielen Fällen befindet sich der Kläger typischerweise in einer Beweisnot. Er kann allenfalls den Behandlungsfehler des Arztes bzw. Tierarztes nachweisen, nicht aber die Kausalität zwischen Schaden und Behandlungsfehler. In solchen Fällen kann der Richter im Verlauf des Gerichtsverfahrens entgegen den Vorgaben im ZGB oder OR eine Umkehr der Beweislast anordnen. In diesem Fall obliegt es dann dem Arzt bzw. Tierarzt, die fehlende Ursächlichkeit zu beweisen. Diese Praxis wird zwar immer wieder diskutiert, vereinzelt auch angewendet, entbehrt in der Schweiz aber einer rechtlichen Grundlage.

Im Weiteren sind besondere Beweislastnormen sowohl im ZGB als auch im Bundesgesetz betreffend die Ergänzung des ZGB, Fünfter Teil: Obligationenrecht (OR vom 30. März 1911, Stand am 1. April 2020) festgehalten, die eine Umkehr der Beweislast zur Folge haben. Beispiele dazu sind u. a. ZGB Art. 248, Gütertrennung, oder OR Art. 56, Haftung für Tiere:

- Artikel ZGB 248 Abs. 1 hält fest, dass einer, der behauptet, ein bestimmter Vermögenswert sei Eigentum des einen oder anderen Ehegatten, dies beweisen muss. Falls dieser Beweis nicht erbracht werden kann, wird nach Abs. 2 ein Miteigentum beider Ehegatten angenommen.
- Für die Veterinärmedizin wesentlich interessanter ist OR Art. 56, der die Haftung des Tierhalters regelt. Er lautet: „Für den von einem Tier angerichteten Schaden haftet, wer dasselbe hält, wenn er nicht nachweist, dass er alle nach den Umständen gebotene Sorgfalt in der Verwahrung und Beaufsichtigung angewendet habe, oder dass der Schaden auch bei Anwendung dieser Sorgfalt eingetreten wäre. Vorbehalten bleibt ihm der Rückgriff, wenn das Tier von einem andern oder durch das Tier eines andern gereizt wurde." In diesem Fall obliegt demnach nicht der geschädigten Person die Beweislast, sondern dem Tierhalter. Wichtig ist dabei anzumerken, dass immer der Tierhalter angesprochen ist und diesem die Beweislast für Entlastung obliegt, also nicht dem Tierbesitzer, außer Tierhalter und Tierbesitzer sind identisch.

Anscheinsbeweis

Ob der Anscheinsbeweis auch als Umkehr der Beweislast gewertet werden kann, bleibt offen.

▶ Definition

Der Anscheinsbeweis – auch Beweis des ersten Anscheins, Prima-facie-Beweis oder tatsächliche Vermutung genannt – ist eine Methode der mittelbaren Beweisführung. Er erlaubt, gestützt auf Erfahrungssätze Schlüsse von bewiesenen auf zu beweisende Tatsachen zu ziehen.

Klassische Anwendungsfälle des Anscheinsbeweises sind die Feststellung von Kausalität und Verschulden im Zivilprozess. Die Rechtsnatur des Anscheinsbeweises ist bis heute umstritten. Auch besteht weder in Deutschland noch in der Schweiz eine einheitliche Terminologie, und eine anerkannte dogmatische Aufarbeitung fehlt sowohl in Lehre als auch Rechtsprechung. Gemäß Schweizerischem Bundesgericht dient der Anscheinsbeweis bzw. die tatsächliche Vermutung, wie er in der Schweiz bezeichnet wird, lediglich der Beweiserleichterung und entspricht nicht einer Umkehr der Beweislast.

Beweismittel

Für den Beweis vor Gericht sind die folgenden Beweismittel zulässig:

- Urkunden
- Patientendokumentation
- Augenschein
- Gutachten
- Zeugnis
- Parteibefragung
- Beweisaussage

Beweisverfahren

Das Beweisverfahren ist in der Schweizerischen Zivilprozessordnung (ZPO vom 19. Dezember 2008, Stand am 1. Juni 2018) und der Schweizerischen Strafprozessordnung (StPO vom 5. Oktober 2007, Stand am 1. März 2019) als Teil der Hauptverhandlung konzipiert.

Das Gericht erlässt i. d. R. nach dem zweiten Parteivortrag die Beweisverfügung. In der Beweisverfügung hält das Gericht fest, welche Partei für welche Tatsachenbehauptungen beweispflichtig ist und welche der von den Parteien angebotenen Beweise abgenommen werden. Die Abnahme der Beweise wie Zeugeneinvernahmen, Beweisaussagen usw. erfolgt im Beisein der Parteien respektive ihrer Vertreter durch das Gericht. Bei einem Augenschein nimmt das Gericht in Anwesenheit der Parteien eine Besichtigung des Streitgegenstandes vor und führt ein Protokoll über seine Feststellungen. Gutachten werden vom Gericht an einen von den Parteien genehmigten Gutachter in Auftrag gegeben. Die Parteien erhalten Gelegenheit, Ergänzungsfragen zum Gutachten zu stellen. Sobald die Beweisaufnahme abgeschlossen ist, erhalten die Parteien Gelegenheit, zum Beweisergebnis Stellung zu nehmen.

Im Anschluss an diese Stellungnahmen schreitet das Gericht zur Urteilsfindung.

Quellenangaben

Literatur

[54] Tritthart A. Zur zivilrechtlichen Haftung des Tierarztes. ÖJZ 2020; 01: 5–11

Internetquellen

[55] Bürgi und Nägeli, Rechtsanwälte. Beweisrecht. Im Internet: https://www.zivilprozess.ch/beweisrecht; Stand: Juli 2020

[56] Meier I. Beweisrecht. Im Internet: https://www.ius.uzh.ch/dam/jcr:ffffffff-dfba-cab7-0000-00002d25a4a5/Beweisrecht.pdf; Stand Juli 2020

[57] Roger Groner Rechtsanwälte. Prozessrecht. Im Internet: www.gronerlaw.ch; Stand: Juli 2020

[58] Wikipedia. Anscheinbeweis; Stand 2018. Im Internet: https://de.wikipedia.org/wiki/Anscheinsbeweis; Stand: Juli 2020

Rechtsgrundlagen

[59] Bundesgesetz betreffend die Ergänzung des Schweizerischen Zivilgesetzbuches. Fünfter Teil: Obligationenrecht, OR vom 30. März 1911, Stand am 1. April 2020. Im Internet: https://www.admin.ch/opc/de/classified-compilation/19110009/index.html; Stand: Juli 2020

[60] Schweizerische Strafprozessordnung, StPO, vom 5. Oktober 2007, Stand am 1. Februar 2020. Im Internet: https://www.admin.ch/opc/de/classified-compilation/20052319/index.html; Stand: Juli 2020

[61] Schweizerisches Zivilgesetzbuch, ZGB, vom 10. Dezember 1907, Stand am 1. Januar 2020. Im Internet: https://www.admin.ch/opc/de/classified-compilation/19070042/index.html; Stand: Juli 2020

[62] Schweizerische Zivilprozessordnung, ZPO, vom 19. Dezember 2008, Stand am 1. Januar 2020. Im Internet: https://www.admin.ch/opc/de/classified-compilation/20061121/index.html; Stand: https://www.admin.ch/opc/de/classified-compilation/20061121/index.html

3 Vertragsformen und Gewährleistung

Jens Adolphsen, Regina Binder, Andreas Pospischil, Peter Rüsch, Alexander Tritthart

3.1 Vertragsformen – Dienstvertrag, Werkvertrag

Jens Adolphsen, Andreas Pospischil, Peter Rüsch, Alexander Tritthart

3.1.1 Einführung

Tierärztliche Leistungen werden zumeist auf Basis eines tierärztlichen Behandlungsvertrags erbracht. Nur in wenigen Ausnahmen erfolgt die Leistung auf Basis anderer Rechtsakte (z. B.: amtliche Beauftragung mittels Bescheid). Da es sich beim tierärztlichen Behandlungsvertrag um keine gesetzlich definierte Vertragsform handelt, stellt sich seit jeher die Frage nach der Rechtsnatur dieses Vertragstypus. Dies ist nicht nur von wissenschaftlichem Interesse, vielmehr knüpfen an unterschiedliche Vertragstypen auch unterschiedliche Rechtsfolgen an, sodass dies auch von weitreichender praktischer Bedeutung ist. Insbesondere darf schon an dieser Stelle darauf hingewiesen werden, dass es diesbezüglich national (D/A/CH) erhebliche Unterschiede gibt und beispielsweise in der Schweiz i. d. R. gar nicht von einem Vertrag, sondern vielmehr von einem Auftrag gesprochen wird.

3.1.2 Vertragstypen

Werkvertrag

Beim Werkvertrag schuldet der Werkunternehmer dem Werkbesteller einen bestimmten Erfolg; wir sprechen von einer Erfolgsverbindlichkeit. So ist ein Vertrag zur Errichtung eines Gebäudes, zur Herstellung eines Kastens oder einer Fotoaufnahme ein Werkvertrag. Es handelt sich um einen privatrechtlichen Vertrag über den Austausch von Leistungen, bei dem sich ein Teil verpflichtet, ein Werk gegen Zahlung eines Werklohns durch den anderen Vertragsteil herzustellen. Bei diesem Vertragstypus handelt es sich um eine gesetzlich definierte Vertragsart (D: §§ 631ff. BGB; A: §§ 1165 AGBG; CH: Art. 363 ff. OR). Das reine Bemühen zur Herstellung einer Leistung genügt nicht, es ist ein konkreter Leistungserfolg erforderlich.

Dienst- oder Arbeitsvertrag

Der Dienst- oder Arbeitsvertrag unterscheidet sich vom Werkvertrag v. a. dadurch, dass bei Letzterem die Pflicht zur Herstellung eines Erfolges vereinbart wird, beim Dienst- oder Arbeitsvertrag hingegen nicht der Erfolg, sondern „nur" sorgfältiges Bemühen geschuldet wird. Es handelt sich also um eine Sorgfaltsverbindlichkeit. Auch der Dienst- bzw. Arbeitsvertrag ist ein gesetzlich determinierter Vertragstypus (D: §§ 611 ff. BGB; A: §§ 1151 ff. ABGB; CH: Art. 319 ff. OR). Der Dienst- oder Arbeitnehmer schuldet seine Arbeitsleistung, aber keinen Erfolg.

3.1.3 Tierärztlicher Behandlungsvertrag

Da der tierärztliche Behandlungsvertrag bzw. die Rechtsgrundlage einer tierärztlichen Behandlung in den einzelnen Ländern rechtlich unterschiedlich betrachtet wird, erfolgt auch in diesem Kapitel eine landesspezifische Darstellung.

Österreich

Die Abgrenzung von anderen Vertragstypen ergibt sich beim **Dienstvertrag** nach der österreichischen Judikatur aus der Pflicht zur persönlichen Arbeitsleistung und Abhängigkeit des Arbeitnehmers, also der Unterworfenheit unter die funktionelle Autorität des Arbeitgebers.

Eine nur in Österreich vorkommende Sonderform stellt der **freie Dienstvertrag** dar. Auch hier wird kein Erfolg geschuldet, der freie Dienstnehmer ist aber nur locker in die Betriebsorganisation eingegliedert und erbringt seine Leistungen ohne inhaltliche Weisungsbindung gegenüber dem Dienstgeber. Diese Vertragsform ist gesetzlich nicht geregelt und hat sich nur aus der Judikatur entwickelt.

In Österreich wird der **tierärztliche Behandlungsvertrag**, welcher Elemente des Werk- und des freien Dienstvertrags enthalten kann, als **Vertrag sui generis** gesehen. Vertragsinhalt können nur Leistungen sein, die unter den tierärztlichen Berufsvorbehalt nach § 12 Tierärztegesetz fallen. Alle anderen Leistungen (z. B. der Verkauf von Tiernahrung oder Pflegeprodukten) sind jedenfalls nicht Teil eines Behandlungsvertrags. Es besteht für Tierärzte kein Kontrahierungszwang, sodass der Tierarzt die Behandlung eines Tieres ablehnen darf. Ausgenommen davon sind Fälle der Ersten-Hilfe-Leistung; hier besteht eine Verpflichtung nach § 21 Abs. 3 Tierärztegesetz.

In wenigen Ausnahmefällen handelt es sich beim Behandlungsvertrag um einen reinen Werkvertrag und es wird ein entsprechender Erfolg geschuldet. Als werkvertragliche Leistung wird beispielsweise die Ankaufsuntersuchung oder die Anfertigung eines Röntgenbilds oder eines EKGs gesehen. In diesen Fällen kommt auch das Regime des Gewährleistungsrechts zur Anwendung, sodass bei Vorliegen aller Voraussetzungen Verbesserung, Austausch, Preisminderung oder falls möglich auch Wandelung in Betracht kommen. In den meisten Fällen hingegen schuldet der Tierarzt „nur" sorgfältiges Bemühen. Unbestritten und in der Natur der Sache liegend ist, dass der Tierarzt keinen Heilungserfolg schulden kann. Zum einen gibt es Erkrankungen die nicht heilbar sind, zum anderen sind teilweise die Reaktionen des Tieres auf Arzneimittel, Eingriffe und Behandlungen nur schwer bis gar nicht abschätzbar.

Der **Vertragsschluss** erfolgt wie bei jedem Konsensualvertrag durch übereinstimmende Willenserklärung der beiden Vertragspartner, wobei der Vertragsschluss dabei sowohl ausdrücklich als auch konkludent (schlüssig, sich zwingend ergebend, folgerichtig) erfolgen kann. Letzteres ist die wohl häufigste Form des Vertragsschlusses in diesem Zusammenhang: Der Tierhalter kommt mit seinem Tier in die Praxis des Tierarztes, der Tierarzt beginnt die Untersuchung und Behandlung und in diesem Moment wurde konkludent ein Behandlungsvertrag geschlossen. Als **Hauptleistungspflichten** des tierärztlichen Behandlungsvertrags sind die jeweiligen tierärztlichen Leistungen (Untersuchung, Behandlung, Operation etc.) anzusehen. Als **Nebenleistungen** gelten die Aufklärungs- und Verschwiegenheitspflicht sowie die Dokumentationspflicht.

Im Hinblick auf die Aktiv- und Passivlegitimation ist es wichtig zu hinterfragen, wer denn überhaupt einen Vertrag geschlossen hat. Wird die tierärztliche Leistung vom Eigentümer des Tieres begehrt, so ist die Frage nach dem **Vertragspartner** unproblematisch. Der Vertrag kommt mit dem Eigentümer zustande, sofern zumindest eine beschränkte Geschäftsfähigkeit gegeben ist. Wird die tierärztliche Leistung hingegen von einem Halter i. S. d. § 4 Z 1 TSchG beauftragt, ergeben sich 2 mögliche Konstellationen: Entweder handelt der Halter als Stellvertreter des Eigentümers oder aber im eigenen Namen. Ist Letzteres der Fall, dann kommt der Vertrag mit dem Halter zustande. Tritt er hingegen als Vertreter des Eigentümers auf, dann müssen die Kriterien der Stellvertretung erfüllt sein.

Auf Seite des Tierarztes kommt es darauf an, in welcher Rechtsform die tierärztliche Praxis oder Klinik betrieben wird. Erfolgt dies als Einzelunternehmen oder in der Form einer Gesellschaft bürgerlichen Rechts, so kommt der Vertrag mit dem Tierarzt ad personam zustande. Hier zeigt sich ein Unterschied zur Rechtslage in Deutschland. Wird die Praxis oder Klinik hingegen in der Form einer offenen Gesellschaft (OG) oder einer Gesellschaft mit beschränkter Haftung (GmbH) betrieben, dann kommt der Vertrag mit der jeweiligen Gesellschaft zustande.

Deutschland

Das für die Humanmedizin geltende Recht findet sich in den Regeln des Behandlungsvertrags (§§ 630a ff. BGB), der jedoch nicht für die Tätigkeit der Veterinärmediziner gilt (BT-Drs. 17/10488 S. 18; BGH 10.5.2016 – VI ZR 247/15, NJW 2016, 2502, 2504 [Rn. 16.]; Deutsch/Spickhoff MedR Rn. 582). Patient im Sinne des § 630a Abs. 1 BGB ist ausschließlich ein Mensch, nicht aber ein Tier.

Der **Behandlungsvertrag** ist eine **Sonderform des Dienstvertrags**, § 630b BGB verweist ergänzend auf die §§ 611 ff. BGB. In nur 8 Paragrafen hat der Gesetzgeber 2013 das bisher geltende Richterrecht kodifiziert, ohne dass er inhaltliche Änderungen vornehmen wollte. Damit ist das Arzthaftungsrecht, das sich ursprünglich primär aus dem

Recht der unerlaubten Handlung (§ 823 Abs. 1 BGB) ergeben hatte, vermehrt in das Vertragsrecht überführt worden. Neben den Vorschriften des Behandlungsvertrags sind aber nach wie vor die deliktsrechtlichen Vorschriften anwendbar. In Deutschland gilt auch bei Bestehen einer vertraglichen Rechtsbeziehung Anspruchsgrundlagenkonkurrenz zwischen Vertrags- und Deliktsrecht. Ein Gericht ist unabhängig von der Begründung eines Anspruchs in der Klageschrift frei, welchen Regelungskomplex es zur Entscheidungsfindung nutzt.

Der Vertrag in der Veterinärmedizin über die Behandlung von Tieren ist damit weiterhin als Dienstvertrag zu qualifizieren, weil der Tierarzt wegen des Hinzutretens von Faktoren des Heilungsprozesses, die er nicht beeinflussen kann, lediglich ein Bemühen schuldet und keinen Erfolg (BGH 15.3.1977 – VI ZR 201/75, NJW 1977, 1102; Deutsch/Spickhoff MedR Rn. 583; Althaus/Ries/Schnieder/Großbölting, Praxishandbuch Tierarztrecht, S. 28, 44). Heute muss im Einzelfall ermittelt werden, ob Normen des Behandlungsvertrags analog auf den Vertrag zwischen Veterinär und Patienteneigentümer anzuwenden sind bzw. ob Rechtsprechung zum Behandlungsvertrag auf die Tiermedizin zu erstrecken ist. Dies erfolgt durch richterliche Rechtsfortbildung in Form der Analogie. Der Gesetzgeber hat zwar keine unbewusste, sondern gerade eine bewusste Lücke gelassen, als er darauf verzichtete, die Regeln des Behandlungsvertrags generell auf die Tiermedizin zu erstrecken. Auch bei bewussten Regelungslücken sind Analogien möglich (Reimer, Methodenlehre, Rn. 572; Loo-schelders/Roth, Juristische Methodik im Prozeß der Rechtsanwendung, 1996, S.289).

Soweit aber nicht eine kurative Tätigkeit des Veterinärs geschuldet ist, sondern eine operative, gibt es durchaus Stimmen, die diese Tätigkeit mit den Regeln des Werkvertragsrechts erfassen wollen. Hintergrund dieses Streits ist letztlich das vage Kriterium des Erfolgs (§ 631 Abs. 2 BGB). Einerseits wird der Erfolg im Werkvertragsrecht im weitesten Sinne verstanden (Palandt/Sprau BGB Einf. § 631 Rn. 1), andererseits soll auch bei einem Dienstvertrag die geschuldete Tätigkeit als solche grundsätzlich „erfolgreich" sein (Deutsch/Spickhoff MedR Rn. 108). Entscheidend für die Zuordnung zum Dienst- oder Werkvertragsrecht ist, ob nach dem Willen der Parteien der Verpflichtete das Risiko des Ausbleibens eines Erfolgs tragen soll. In Fällen, in denen aufgrund des ungewissen Heilungsprozesses das Risiko des Erfolgseintritts nicht dem Tierarzt zugewiesen ist, sind die Regeln des Dienstvertrags anzuwenden. Dann sind allerdings die Pflichten zutreffend zu ermitteln, wobei es selbstverständlich auch bei Annahme eines Dienstvertrags möglich ist, erfolgsbezogene Pflichten zu fixieren. Bei der Kastration eines männlichen Tieres mit intakter Hodenanlage schuldet der Veterinär die Entfernung der extrakorporal liegenden Gonaden, nicht aber den ansonsten erfolgreichen Verlauf der Operation einschließlich Aufwachphase nach der Operation und Wundheilung. Bei einer Neurektomie schuldet der Veterinär die ausreichend große Durchtrennung der Palmarnerven (Nervus medianus), nicht aber die Lahmfreiheit des Pferdes.

Folgen hat die Zuordnung zu einem Vertragstyp für die Rechtsfolgen einer Pflichtverletzung: Ordnet man eine Tätigkeit generell als Dienstvertrag ein, ist kein Nachbesserungsanspruch des Dienstberechtigten bzw. kein Recht des Veterinärs zur zweiten Andienung gegeben, weil beides nur das Werkvertragsrecht kennt (§§ 634 Nr. 1, 635 BGB).

Der Vertrag zur Durchführung einer tierärztlichen **Kaufuntersuchung** ist als **Werkvertrag** zu qualifizieren. Der Tierarzt schuldet die Erstellung eines Gutachtens über den Gesundheitszustand des Pferdes zum Zeitpunkt der Untersuchung. Es besteht dabei die Pflicht, dem Besteller das Werk (Gutachten über Gesundheitszustand) frei von Sach- und Rechtsmängeln zu verschaffen (§ 633 Abs. 1 BGB; Adolphsen VersR 2003, 1088). Eine werkvertragliche Einordnung tierärztlicher Tätigkeit hat überall dort zu erfolgen, wo Eigengesetzlichkeiten und Undurchschaubarkeit des lebenden Organismus keine Rolle spielen. Dies ist der Fall bei **Zahnbehandlungen**, wie das Raspeln und Glätten der Zähne eines Pferdes oder das Entfernen von Zahnstein bei Hunden. Auch bei der Anfertigung von Röntgenbildern liegt ein Werkvertag vor (OLG Düsseldorf 30.5.1985 – 8 U 241/84 = VersR 1986, 474 [zu Röntgenfacharzt]), diese Ansicht wird man auf weitere **bildgebende Verfahren** erstrecken können. Ebenso sind **Laboruntersuchungen** einzuordnen (Deutsch/Spickhoff, MedR Rn. 104). Bei einer sog. second opinion, dem reinen **Diagnosevertrag**, ist die Pflicht zur Beurteilung erfolgsbezogen. Die Schwierigkeit einer Beurteilung spielt insofern keine Rolle.

Behandlungs- oder Operationsvertrag sind grundsätzlich relative Rechtsverhältnisse, die nur die Vertragspartner binden. Die Frage, ob es sich um einen **Vertrag mit Schutzwirkung für Dritte** handelt, stellt sich regelmäßig nicht. So ist nicht jeder Eigentümer eines Pferdes in einem Stall in den Schutzbereich des Vertrags zwischen einem Tierarzt und einem Pferdeeigentümer der Stallgemeinschaft einbezogen, sodass er keine vertraglichen Ansprüche gegen den Veterinär hat, wenn dieser ein infiziertes Pferd aus seiner Klinik in den Heimatstall sendet. (LG Berlin 27.2.2019 – 5 O 11/16 [unveröffentlicht]). Der Vertrag über die Durchführung einer Kaufuntersuchung wird weitgehend als Vertrag mit Schutzwirkung für Dritte angesehen (Adolphsen, VersR 2003, 1088). Das gilt allerdings nur, wenn der Verkäufer Auftraggeber des Gutachtens ist. Der Dritte hat bei einem Vertrag mit Schutzwirkung für Dritte keinen eigenen Leistungsanspruch gegen den Tierarzt auf die Erbringung der Leistung. Er kann jedoch bei einer Pflichtverletzung des Tierarztes eigene vertragliche Schadenersatzansprüche geltend machen, obwohl er selbst nicht Vertragspartei ist.

Vergleichbare Ergebnisse lassen sich mit dem Institut der Dritthaftung gem. § 311 Abs. 3 S. 2 BGB erzielen. Dabei ist allerdings umstritten, ob aus § 311 Abs. 3 S. 2 BGB wirklich eine Eigenhaftung des Sachverständigen für unrichtige Auskünfte und Gutachten hergeleitet werden kann (bejahend Adolphsen, FS Gottwald 2014, 1; verneinend Palandt/Grüneberg BGB § 311 Rn. 60). Die Haftungsgrundlage des Vertrags mit Schutzwirkung für Dritte führt genauso wie die Expertenhaftung nach § 311 Abs. 3 S. 2 BGB regelmäßig zu angemessenen Ergebnissen. Im Grundsatz ist der Behandlungsträger, der die Behandlung übernommen hat, Anspruchsgegner. Dies führt zur Haftung des einzelnen Arztes außerhalb von Kooperationen etc. Ist eine Gemeinschaftspraxis als Gesellschaft bürgerlichen Rechts gegründet, so ist seit 2001 jedoch die Teilrechtsfähigkeit der GbR anerkannt, sodass die GbR selbst Vertragspartner wird (BGH 29.1.2001 – II ZR 331/00, BGHZ 146, 341 [344 ff.] = NJW 2001, 1056 – ARGE Weißes Ross; ebenso dann BGH 18.2.2002 – II ZR 331/00, NJW 2002, 1207 [Folgeentscheidung]). Hier zeigt sich ein Unterschied zur Rechtslage in Österreich (S. 48). Wird die Gemeinschaftspraxis als juristische Person, z. B. in Form einer GmbH betrieben, haftet vertraglich ausschließlich die juristische Person gem. § 13 Abs. 2 GmbHG.

Schweiz

In der Schweiz regelt das Bundesgesetz betreffend die Ergänzung des Schweizerischen Zivilgesetzbuches, Fünfter Teil: Obligationenrecht, OR vom 30. März 1911, Stand am 1. April 2020, die Bestimmungen in Sachen Vertragsformen.

In der ersten Abteilung des OR werden ab Art. 1, übereinstimmende Willensäußerung, die allgemeinen Bestimmungen und in der zweiten Abteilung ab Art. 184 ff. die einzelnen Vertragsverhältnisse geregelt. Zu den einzelnen Vertragsverhältnissen gehören z. B. der Kauf und Tausch, die Miete, der bereits in der Einführung erwähnte Werkvertrag, der Arbeitsvertrag oder der Auftrag. Ein Dienstvertrag und ein Behandlungsvertrag werden nicht erwähnt. Dabei dürfte der Dienstvertrag dem Arbeitsvertrag (OR Art. 319 ff) entsprechen und der Behandlungsvertrag in etwa dem Auftrag (OR, Art. 394 ff).

Bei der **Behandlung von Tieren** gilt großmehrheitlich übereinstimmend der **Auftrag** (OR, Art. 394 ff). In Ausnahmefällen kann allenfalls der Werkvertrag (OR Art. 363 ff.) zur Anwendung kommen, wenn eine bestimmte Leistung, z. B. eine Kastration, eine Ankaufsuntersuchung oder eine künstliche Besamung, in Auftrag gegeben werden.

Der Auftrag bedarf keiner besonderen Form. Der Vertrag beinhaltet nicht Erfolg, sondern **sorgfältige Ausführung angemessener Maßnahmen**. Die Maßnahmen können jeweils ausdrücklich bei Vertragsabschluss festgelegt werden oder konkludent (folgerichtig) erfolgen, wobei Maßnahmen, die sich in der Folge ergeben, jeweils nach Möglichkeit mit dem Auftraggeber abzusprechen und schriftlich festzuhalten sind. Als **Hauptleistungspflichten** des Vertrags sind wie in Österreich die jeweiligen tierärztlichen Leistungen (Untersuchung, Behandlung, Operation etc.) anzusehen. Als **Nebenleistungen** gelten die Aufklärungs- und Verschwiegenheitspflicht sowie die Pflicht einer für Fachpersonen nachvollziehbaren Dokumentation.

Das Bundesgesetz über die universitären Medizinalberufe (Medizinalberufegesetz, MedBG, vom 23. Juni 2006, Stand am 1. Februar 2020) regelt im Kapitel 6, ab Art. 33a, die **Berufsausübung** im Einzelnen. Darin werden z. B. die Bewilligungspflicht (MedBG Art. 34), die Bewilligungsvoraussetzungen (MedBG Art. 36) oder die Berufspflichten (MedBG Art. 40) vorgegeben. MedBG Art. 40, Berufspflichten, Bst a, hält beispielsweise fest, dass Medizinalpersonen ihren Beruf sorgfältig und gewissenhaft auszuüben haben, sie sich an die Grenzen der Kompetenzen halten müssen, die sie im Rahmen der Aus-, Weiter- und Fortbildung erworben haben, oder Bst g, dass sie in dringenden Fällen Beistand zu leisten und nach Maßgabe der kantonalen Vorschriften in Notfalldiensten mitzuwirken haben. Das MedBG, d. h. der Bund, gibt den Rahmen und die Kantone besorgen über ihre Gesetzgebung, i. d. R. über das Gesundheitsgesetz oder vereinzelt über das Veterinärgesetz und entsprechende Verordnungen, z. B. über die Verordnung über die universitären Medizinalberufe (MedBV), den Vollzug im Detail. Ein Tierärztegesetz auf Stufe Bund wie in Österreich existiert nicht. Im Kapitel zur klinisch forensischen Medizin (S. 126) wird näher auf das MedBG und die daraus kantonal abgeleitete Folgegesetzgebung eingegangen.

Tierärzte in der Schweiz sind im Unterschied zur Humanmedizin **nicht verpflichtet, Aufträge anzunehmen**, außer, es handelt sich um Notfälle. In diesem Fall ist darauf hinzuweisen, dass sowohl Tun als auch Unterlassen haftungsrelevant sind.

Im Unterschied zu Ärzten, Zahnärzten oder anderen speziell bezeichneten Berufsgruppen unterliegen Tierärzte in der Schweiz gemäß Schweizerischem Strafgesetzbuch (StGB Art. 321) **keiner Schweigepflicht**. Verschwiegenheit ist gesetzlich nur unbestimmt vorgegeben, entspricht aber den Gepflogenheiten und den Interessen der jeweiligen Auftraggeber. Inwieweit OR Art. 321a Abs. 4, Bestimmung zum Arbeitsvertrag, angewendet werden kann, ist unbestimmt. Der Artikel besagt, dass die Auftragnehmer bzw. Arbeitnehmer zur Verschwiegenheit verpflichtet sind, soweit es zur Wahrung der berechtigten Interessen des Auftraggebers erforderlich ist.

Im Titel 13 des OR (der Auftrag) wird Folgendes festgehalten: Durch die Annahme eines Auftrags verpflichtet sich der Beauftragte, die Tierärztin oder der Tierarzt, die ihm übertragenen Geschäfte oder Dienste vertragsgemäß zu besorgen (OR Art. 394 Abs. 1). OR Art. 394 Abs. 2 und 3 halten im Weiteren fest, dass Verträge über Arbeitsleistungen, die keiner besonderen Vertragsart dieses Gesetzes unterstellt sind, unter den Vorschriften über den Auftrag stehen und dass eine **Vergütung** zu leisten ist, wenn sie verabredet und üblich ist. Ist der Umfang des Auftrags nicht ausdrücklich bezeichnet worden, so bestimmt er sich nach der Natur des zu besorgenden Geschäfts (OR Art. 396). Dabei ist, wenn immer möglich, der Auftraggeber zu konsultieren, auch wenn es sich um folgerichtige Maßnahmen handelt und v. a. wenn der Umfang besondere Risiken und wesentliche Kosten nach sich zieht.

Der Beauftragte **haftet** im Allgemeinen für die gleiche Sorgfalt wie der Arbeitnehmer im Arbeitsverhältnis (OR Art. 398 Abs. 1). Er haftet dem Auftraggeber für getreue und sorgfältige Ausführung des ihm übertragenen Geschäfts (OR Art. 398 Abs. 2). Er hat das Geschäft persönlich zu besorgen, ausgenommen, wenn er zur Übertragung an einen Dritten ermächtigt oder durch die Umstände genötigt ist, oder wenn eine Vertretung übungsgemäß als zulässig betrachtet wird (OR Art. 398 Abs. 3). Letztlich ist auf OR Art. 400 hinzuweisen. OR Art. 400 Abs. 1 besagt, dass der Beauftragte schuldig ist, auf Verlangen jederzeit über seine Geschäftsführung **Rechenschaft** abzulegen und alles, was ihm infolge derselben aus irgendeinem Grunde zugekommen ist, zu erstatten. Inwieweit dies die unmittelbare Herausgabepflicht von Krankengeschichten betrifft, ist juristisch umstritten. Minimal gilt ein Einsichtsrecht. Kopien von Krankengeschichten können gegen Bezahlung herausgegeben werden. Laborbefunde oder radiologische und sonografische Unterlagen dagegen gehören in jedem Fall dem Auftraggeber, d. h. dem Tierhalter oder -besitzer, sofern sie von ihm bezahlt wurden. Die Kosten für allfällige Kopien der Befunde oder Unterlagen zu Händen des Auftragnehmers, z. B. Röntgenbilder, gehen zu Lasten des Auftragnehmers, d. h. des Tierarztes.

3.1.4 Quellenangaben

Literatur

[63] Adolphsen J. Expertenhaftung nach § 311 Abs. 3 S. 2 BGB – am Beispiel veterinärmedizinischer Kaufuntersuchungen. In: Adolphsen, Goebel, Haas, Hess, Kohlmann, Würdinger (Hrsg.). Festschrift für Peter Gottwald zum 70. Geburtstag 2014; 1

[64] Adolphsen J. Haftungsrechtliche Aspekte der veterinärmedizinischen Kaufuntersuchung von Pferden. VersR 2003; 25: 1088–1091

[65] Althaus J, Ries H-P, Schnieder K-H, Großbölting R. Praxishandbuch Tierarztrecht. Hannover: Schlütersche; 2006

[66] Bleckwenn E. Die Haftung des Tierarztes im Zivilrecht. Berlin, Heidelberg: Springer; 2013

[67] Deutsch E, Spickhoff A. Medizinrecht. 7. Aufl. Berlin, Heidelberg: Springer; 2014

[68] Resch R, Wallner F (Hrsg.). Handbuch Medizinrecht. 2. Aufl. Wien: LexisNexis; 2015

[69] Tritthart A. Der tierärztliche Behandlungsvertrag. ÖJZ 2016; 49: 341–348

[70] Tritthart A. Zur Vergesellschaftung von Tierärzten. JGM 2017; 35–40

[71] Tritthart A, Oberleitner-Tschan C. Die tierärztlichen Verschwiegenheitspflichten. ZfG 2016; 70–74

[72] Welser R, Zöchling-Jud B. Bürgerliches Recht, Band II. 14. Aufl. Wien: Manz; 2015

Rechtsgrundlagen

[73] Bundesgesetz betreffend die Ergänzung des Schweizerischen Zivilgesetzbuches. Fünfter Teil: Obligationenrecht, OR vom 30. März 1911, Stand am 1. April 2020. Im Internet: https://www.admin.ch/opc/de/classified-compilation/19110009/index.html; Stand: Juli 2020

[74] Bundesgesetz über die universitären Medizinalberufe (Medizinalberufegesetz, MedBG) vom 23. Juni 2006, Stand am 1. Februar 2020. Im Internet: https://www.admin.ch/opc/de/classified-compilation/20040265/index.html; Stand: Juli 2020

[75] OGH 8ObA 44/03 h ARD 5479/8/04 = ecolex 2004, 300 = JAP 2004/2005/9, 38 (Reissner)

[76] Schweizerisches Strafgesetzbuch (StGB) vom 21. Dezember 1937, Stand am 1. Juli 2020. Im Internet: https://www.admin.ch/opc/de/classified-compilation/19370083/index.html; Stand: Juli 2020

3.2 Tierkaufrecht und Gewährleistung

Jens Adolphsen, Regina Binder, Andreas Pospischil, Peter Rüsch

3.2.1 Deutschland

Jens Adolphsen

Einführung

Tiere sind trotz ihrer Einordnung als Mitgeschöpfe (§ 90 a BGB) Gegenstand des Güteraustausches. Daran ändert die Tatsache nichts, dass Tiere um ihrer selbst willen geschützt werden (ethischer Tierschutz) und auch nicht die Aufnahme des Tierschutzes als Staatszielbestimmung in das Grundgesetz (Art. 20a GG). Statistisch valide Zahlen zu Tierverkäufen existieren kaum, da außer den Tieren, die der landwirtschaftlichen Statistik zugerechnet werden, Käufe statistisch nicht erfasst werden.

Bis 2002 gab es in Deutschland in den §§ 481 ff. BGB i. V. m. der ViehHMV (Kaiserliche Verordnung betreffend die Hauptmängel und Gewährfristen beim Viehhandel v. 27.3.1899 [RGBl. S. 219]) Sonderregeln des Viehgewährleistungsrechts. Auf der Grundlage der ViehHMV wurde nur für bestimmte Mängel, sog. Hauptmängel gehaftet. Diese waren schon kraft Gesetzes erheblich. Eine Haftung bestand nur innerhalb kurzer Gewährfristen (rechtlicher Präsumtionsfristen), in denen der Mangel auftreten musste (§ 482 BGB a.F.). Das System der Eingrenzung relevanter Mängel in Verbindung mit Gewähr- und Präsumtionsfristen hatte seinen Grund in der Natur des Tieres als Kaufgegenstand. Allerdings gab es zahlreiche gesundheitliche Probleme, die nicht als Hauptmängel eingeordnet waren; eine Änderung der Liste der Hauptmängel scheiterte regelmäßig am fehlenden Konsens der Veterinärmediziner. Dadurch war der Käufer in vielen Fällen schutzlos gestellt. Trat ein Hauptmangel innerhalb der Gewährfrist auf, wurde er als bereits im Zeitpunkt des Gefahrübergangs vorhanden vermutet (§ 484 BGB a.F.).

2002 wurde dieses deutsch-rechtliche Gewährleistungsprinzip im Zuge der sog. Schuldrechtsreform, die der Umsetzung der Verbrauchsgüterkaufrichtlinie (Richtlinie 44/1999/EG Abl. L 171 v. 7.7.1999) diente, gestrichen. Der Gesetzgeber nahm an, dass es möglich sei, Tierkäufe mit den für Sachen geltenden Regeln zu erfassen.

Inzwischen steht wohl eine weitere Neuerung an. Die Europäische Warenhandelsrichtlinie ist bis zum 1.7.2021 in nationales Recht umzusetzen (Abl. EU v. 22.05.2019 L 136, S. 28 bis 50). Sie löst die Verbrauchsgüterkaufrichtlinie ab. In Art. 3 Abs. 5 lit. b ist die Möglichkeit einer Bereichsausnahme für den Kauf von Tieren vorgesehen. Damit ist es einem Mitgliedstaat möglich, ohne Bindung an europäische Vorgaben das Recht für den Kauf von Tieren eigenständig zu gestalten (so auch Wilke, BB 2019, 2434, 2436). In Deutschland gibt es bereits Initiativen, um den Gesetzgeber auf diese Möglichkeit aufmerksam zu machen.

Parteien des Kaufvertrags

Viehhandel ist nach wie vor in Teilen der Landwirtschaft zuzurechnen. Dieser Bereich ist jedoch juristisch kaum in Erscheinung getreten. Der BGH hat in den Jahren seit 2002 nur 4 Fälle aus dem Bereich des Schweinehandels zwischen Unternehmern entschieden. Speziell im Pferdehandel sind auf allen Seiten des Kaufvertrags auch Verbraucher beteiligt, was zu einer zwingenden Unterscheidung von Verbrauchsgüterkäufen und sonstigen Tierkäufen führt, weil der deutsche Gesetzgeber für Verbrauchsgüterkaufverträge zwingende Regeln in den §§ 474 ff. BGB normiert hat. Gerade Verbrauchsgüterkäufe im Bereich des Pferdehandels haben in den letzten Jahren zu zahlreichen Entscheidungen des BGH geführt.

Personen, die Pferde zur Sportausübung erwerben, sind vielfach als Verbraucher (§ 13 BGB) anzusehen, sodass den Sonderregelungen der §§ 474 ff. BGB im Kauf von Tieren große Bedeutung zukommt. Unternehmer ist gemäß § 14 Abs. 1 BGB eine Person, die bei Abschluss eines Rechtsgeschäfts in Ausübung ihrer gewerblichen oder selbstständigen beruflichen Tätigkeit handelt. Eine gewerbliche Tätigkeit setzt ein selbstständiges und planmäßiges, auf eine gewisse Dauer angelegtes Anbieten entgeltlicher Leistungen am Markt voraus [78]. Ein gewerblicher Pferdehändler ist Unternehmer i. S.v. § 14 BGB. Schwierigkeiten ergeben sich hinsichtlich der Einordnung, wenn Sportreiter, Berufsreiter, die von der Ausbildung leben, oder Landwirte, die auch Pferdepensionsbetriebe unterhalten, gelegentlich Pferde verkaufen. Die Veräußerung eines vom Verkäufer privat genutzten Pferdes ist nach Ansicht des BGH regelmäßig nicht als Unternehmergeschäft zu qualifizieren [82]. Eine allgemeine Vermutung dafür, dass alle vorgenommenen Rechtsgeschäfte eines Unternehmers im Zweifel seinem geschäftlichen Bereich zuzuordnen sind, besteht im deutschen Recht nicht [83].

Die Unternehmerstellung des Verkäufers setzt nicht voraus, dass dieser mit seiner Geschäftstätigkeit die Absicht verfolgt, Gewinn zu erzielen. Entscheidend ist die Entgeltlichkeit der Tätigkeit (MüKo-BGB/Micklitz, § 14 Rn. 24). Ein Pferdezüchter, der die Zucht als Hobby betreibt und Pferde verkauft, um Verluste zu reduzieren, ist daher Unternehmer.

Preisfindung

Beim Kauf von Tieren sind häufig Affektionsinteressen, aber auch Spekulationsinteressen für die Preisbildung ausschlaggebend. Der BGH nimmt an, dass der Pferdehandel die Preisbildung grundsätzlich am Marktpreis ausrichtet und es objektive Marktpreise gebe [79]. Daher könne ein auffälliges Missverhältnis von Leistung und Gegenleistung als Voraussetzung eines wucherähnlichen Rechtsgeschäfts i. S.v. § 138 Abs. 1 BGB vorliegen. Dies allein begründet keine Nichtigkeit des Vertrags. Es müssen weitere sittenwidrige Umstände hinzukommen, etwa eine verwerfliche Gesinnung [78]. Bei einem besonders groben Missverhältnis von Leistung und Gegenleistung ist es erlaubt, auf eine verwerfliche Gesinnung des Verkäufers als subjektives Merkmal des § 138 Abs. 1 BGB zu schließen [84]. Der BGH nimmt ein besonders grobes Missverhältnis an, wenn der Wert der Leistung rund doppelt so hoch ist wie der Wert der Gegenleistung [81]. Ein Geschäft wurde als wucherähnlich angesehen, bei dem der Kaufpreis 7-mal so hoch war wie der Verkehrswert des Pferdes [86].

Im Pferdehandel ist die Zahlung von Provisionen an Vermittler und sachkundige Berater sehr ausgeprägt. Zum Teil sind diese auf beiden Seiten des Kaufvertrags beteiligt. Dies kann zu stark überhöhten Preisen führen. Das OLG Celle ließ 2017 die Anfechtung eines Kaufvertrags zu, bei dem der Käufer nicht über erhebliche Provisionszahlungen (35 % des Kaufpreises) an Vermittler informiert worden war. Das Gericht bejahte dabei eine vertragliche Aufklärungspflicht über zu zahlende Provisionen, auch wenn diese generell im Pferdehandel üblich seien [84].

Legitimationspapiere, Zuchtbescheinigungen

Für Tiere existieren Zuchtbescheinigungen, Abstammungsnachweise und weitere Dokumente. Pferde haben als Begleitdokument einen sog. Equidenpass, eine darin integrierte Geburts- bzw. Zuchtbescheinigung sowie bei einigen Verbänden (v. a. die Deutsche Reiterliche Vereinigung [FN]) zusätzlich eine davon getrennte Eigentumsurkunde. Vollblüter, bei denen der Equidenpass vom Deutschen Direktorium für Vollblutzucht und Rennen ausgestellt wird, haben keine Eigentumsurkunde, ebenso wenig ausländische Pferde.

Ein gutgläubiger Eigentumserwerb eines Pferdes könnte nach § 932 Abs. 2 BGB regelmäßig ausgeschlossen sein, wenn sich aus der Eigentumsurkunde nicht die Eigentümerstellung des Veräußerers ergibt. Wie beim Erwerb eines Kraftfahrzeugs kann man davon ausgehen, dass eine Aufklärungspflicht des Erwerbers im Rahmen des § 932 Abs. 2 BGB besteht, wenn diesem kein plausibler Grund für die Nichtvorlage der Eigentumsurkunde genannt wird. Grobe Fahrlässigkeit wird man beim Eigentumserwerb eines Pferdes eher annehmen können, wenn auf dem Equidenpass ausdrücklich auf die Existenz der Eigentumsurkunde hingewiesen wird. Man darf aber wohl nicht fordern, dass auf der Eigentumsurkunde auch der Veräußerer als Eigentümer ausgewiesen ist, da eine Praxis besteht, Pferdeeigentümer nicht lückenlos einzutragen, um nicht einen Wertverlust des Pferdes durch häufige Veräußerungen herbeizuführen.

Mangel

Definition

Ein Mangel ist eine für den Käufer nachteilige Abweichung der Ist- von der Sollbeschaffenheit der Kaufsache.

Nach § 434 Abs. 1 BGB können die Parteien die Sollbeschaffenheit festlegen. Mangels Vereinbarung beurteilt sich der Mangelbegriff nach der Eignung für die vertraglich vorausgesetzte oder die gewöhnliche Verwendung. Der deutsche Gesetzgeber hat demnach § 434 BGB im Sinne einer Hierarchie formuliert: Lediglich „sonst" (§ 434 Abs. 1 S. 2 Nr. 1 aE), also mangels einer Vereinbarung, ist die vorausgesetzte oder gewöhnliche Beschaffenheit von Bedeutung.

Beschaffenheitsvereinbarungen

Eine Beschaffenheitsvereinbarung kommt nach der Rechtsprechung des BGH nur in eindeutigen Fällen in Betracht (BGH Urt. v. 27.9.2017 – VIII ZR 271/16 = NJW 2018, 146 [Rn. 18]). Liegt eine Beschaffenheitsvereinbarung vor, ist ein daneben vereinbarter Haftungsausschluss für Sachmängel dahin auszulegen, dass er nicht für das Fehlen der vereinbarten Beschaffenheit, sondern nur für Mängel nach § 434 Abs. 1 S. 2 BGB gilt (BGH, Urt. v. 27.9.2017 – VIII ZR 271/16 = NJW 2018, 146 [Rn. 23]).

Es steht den Parteien aufgrund ihrer Privatautonomie frei, positive und negative Beschaffenheitsvereinbarungen abzuschließen.

Als positive Beschaffenheitsvereinbarungen sind äußere Beschaffenheitsmerkmale als Eigenschaften des Tieres zu nennen. Dies sind Alter, Geschlecht, Farbe, Abzeichen, Abstammung und Eintragung in einem Zuchtbuch. Daneben können Erfolge im Turniersport, aber auch Fähigkeiten als Reitpferd vereinbart werden. Die Erklärung eines Verkäufers, dass ein Pferd nicht an verdeckten Mängeln, Verletzungen oder Krankheiten leide, wurde als Beschaffenheitsvereinbarung qualifiziert (OLG Zweibrücken Urt. v. 13.1.2011 – 4 U 34/10 = NJW-RR 2011, 1074).

Häufig findet man in Musterverträgen die Vereinbarung, dass das Ergebnis einer tierärztlichen Kaufuntersuchung die vereinbarte Beschaffenheit i. S.d. § 434 Abs. 1 S. 1 BGB darstellt. Eine derartige Vereinbarung kann als Vereinbarung der Sollbeschaffenheit im Sinne einer negativen Beschaffenheitsvereinbarung angesehen werden. Soweit die vertragliche Vereinbarung im Rahmen des § 434 Abs. 1 S. 1 BGB reicht, definieren die Parteien in zulässiger Weise die Sollbeschaffenheit des Kaufgegenstandes, sodass schon kein Mangel vorliegt. Da § 442 BGB zwingend an die Kenntnis von einem Mangel anknüpft, bleibt insofern für seine Anwendung kein Raum. Die Wirkung derartiger negativer Beschaffenheitsvereinbarungen ist letztlich eine Art faktischer vertraglicher Haftungsausschluss. Dieser geht allerdings nur so weit, wie die Vereinbarung reicht. Das folgt schon aus § 434 Abs. 1 S. 2 BGB („Soweit die Beschaffenheit nicht vereinbart ist …"). Daraus folgt im Rahmen einer Kaufuntersuchung, dass die Wirkung der Vereinbarung auf den Untersuchungsumfang begrenzt ist. Wird nur ein Teil eines Tieres untersucht, so werden auch nur die in diesem Teil festgestellten und dem Käufer zur Kenntnis gebrachten Normabweichungen als vertragsgemäß akzeptiert. Für Normabweichungen außerhalb des Untersuchungsumfangs beurteilt sich die Frage, ob ein Mangel vorliegt, nach § 434 Abs. 1 S. 2 Nr. 1 oder Nr. 2 BGB. Normabweichungen innerhalb des Untersuchungsumfangs, die der untersuchende Tierarzt übersieht oder falsch beurteilt und daher den Käufer nicht informiert, werden ebenfalls nicht von der Wirkung der Beschaffenheitsvereinbarung erfasst, sodass insoweit Mängel nach § 434 Abs. 1 S. 2 Nr. 1 oder Nr. 2 BGB vorliegen können.

Eignung für die vertraglich vorausgesetzte oder die gewöhnliche Verwendung

Mangels Vereinbarung beurteilt sich der Mangelbegriff nach der Eignung für die vertraglich vorausgesetzte oder die gewöhnliche Verwendung. Nur die gewöhnliche Verwendung ist ein objektiver, vom Willen der Parteien unabhängiger Begriff.

Der gewöhnliche Verschleiß eines gebrauchten Kaufgegenstandes bzw. eines Tieres stellt nach einem objektiven Fehlerbegriff keinen Mangel dar (BGH Urt. v. 14.9.2005 – VIII ZR 363/04 = NJW 2005, 3490, 3493; Urt. v. 23.11.2005 – VIII ZR 43/05 = NJW 2006, 434). Beim Kauf von Tieren sind die Besonderheiten zu berücksichtigen, die sich aus der Natur des Tieres als Lebewesen ergeben. Dies folge nach Ansicht des BGH schon daraus, dass Tiere keine Sachen sind (§ 90 a S. 1 BGB) und auf sie die für Sachen geltenden Vorschriften daher nur entsprechende Anwendung finden können (§ 90 a S. 3 BGB). Anders als bewegliche Sachen unterliegen Tiere während ihrer gesamten Lebenszeit einer ständigen Entwicklung und Veränderung ihrer körperlichen und gesundheitlichen Verfassung, die nicht nur von den natürlichen Gegebenheiten des Tieres (Anlagen, Alter), sondern auch von seiner Haltung (Ernährung, Pflege, Belastung) beeinflusst wird (BGH Urt. v. 18.10.2017 – VIII ZR 32/16 = NJW 2018, 150, 153 (Rn. 24); BGH Urt. v. 29.3.2006 – VIII ZR 173/05 = BGHZ 167, 40 = NJW 2006, 2250). Zur üblichen Beschaffenheit eines Tieres gehört daher nicht, dass es in jeder Hinsicht einer biologischen oder physiologischen „Idealnorm" entspricht. Auch die Risiken für die spätere Entwicklung eines Tieres sind für Lebewesen typisch und stellen allein noch keinen vertragswidrigen Zustand dar, denn der Verkäufer eines Tieres haftet nicht für den Fortbestand des bei Gefahrübergang gegebenen Gesundheitszustands (BGH Urt. v. 7.2.2007 – VIII ZR 266/06 = NJW 2007, 1351, 1353 unter Bezug auf BGHZ 167, 40, 50 = NJW 2006, 2250).

Auch ohne Vereinbarung kann ein Käufer erwarten, dass ein Pferd nicht krank ist. Zwar ist der Begriff des Sachmangels keineswegs mit dem der Krankheit gleichzusetzen, jedoch kommt der Krankheit als Sachmangel überragende Bedeutung zu. Die Krankheit muss nicht ausgebrochen sein. Allerdings reicht die Möglichkeit, dass es zu krankheitsbedingten Symptomen kommt, nicht aus; bei einer hohen Wahrscheinlichkeit stellt jedoch eine Krankheit einen Mangel dar (BGH Urt. v. 29.3.2006 – VIII ZR 173/05 = BGHZ 167, 40 = NJW 2006, 2250, 2254). Eine genetische Disposition eines Tieres, eine bestimmte Krankheit zu bekommen (z. B. aufgrund des Fehlens bestimmter Antikörper), kann nach Ansicht des OLG Celle nur dann als Mangel eingestuft werden, wenn das Auftreten der darauf beruhenden Krankheit zwingend ist, der Zeitpunkt lediglich ungewiss. (OLG Celle Urt. v. 31.5.2006 – 7 U 252/05 = RdL 2006, 209).

Ein von der physiologischen Norm abweichender Röntgenbefund ohne weitere klinische Erscheinungen ist nicht zwingend ein Sachmangel. Der BGH ist der Ansicht, dass die Eignung eines klinisch unauffälligen Pferdes für die vertraglich vorausgesetzte Verwendung als Reitpferd nicht schon dadurch beeinträchtigt wird, dass aufgrund von Abweichungen von der „physiologischen Norm" eine geringe Wahrscheinlichkeit dafür besteht, dass das Tier zukünftig klinische Symptome entwickeln wird, die seiner Verwendung als Reitpferd entgegenstehen (BGH Urt. v. 18.10.2017 – VIII ZR 32/16 = NJW 2018, 150, 153 (Rn. 26) zu „kissing spines"). Eine nur geringe Wahrscheinlichkeit, dass bei einem Fortschreiten der Röntgenveränderung Rückenprobleme auftreten, ist nicht geeignet, für den maßgeblichen Zeitpunkt des Gefahrübergangs die Eignung der nach dem Vertrag vorausgesetzten Verwendung infrage zu stellen.

Die Tatsache, dass der Markt auf eine bestimmte Beschaffenheit eines Pferdes mit einem Preisabschlag reagiert, rechtfertigt nicht die Annahme, dass die Kaufsache für die gewöhnliche Verwendung ungeeignet ist (BGH Urt. v. 7.2.2007 – VIII ZR 266/06 = NJW 2007, 1351).

Mängelrechte

Ausschluss gemäß § 442 BGB

Gemäß § 442 BGB sind die Rechte des Käufers wegen eines Mangels ausgeschlossen, wenn er bei Vertragsschluss den Mangel kennt oder ihm der Mangel infolge grober Fahrlässigkeit unbekannt geblieben ist. § 442 BGB enthält einen gesetzlichen Gewährleistungsausschluss. Dieser greift nicht, wenn der Verkäufer den Mangel arglistig verschwiegen oder eine Garantie für die Beschaffenheit übernommen hat. Der Käufer muss den Mangel bei Vertragsschluss kennen. Ist der Kauf aufschiebend bedingt, so kommt es auf den Zeitpunkt des Vertragsschlusses, nicht des Bedingungseintritts an.

Da die positive Kenntnis des Käufers schwer nachzuweisen ist, ist die grob fahrlässige Unkenntnis von erheblicher Bedeutung. Im Tierkaufrecht ist die Frage zu stellen, ob grobe Fahrlässigkeit gegeben ist, wenn der Käufer von einer Kaufuntersuchung abgesehen hat. Allerdings ist nach deutschem Recht ein Käufer nicht grundsätzlich zur Untersuchung einer Kaufsache oder gar zur Zuziehung eines Sachverständigen verpflichtet (MüKo-BGB/Westermann, § 442 Rn. 9). Entschließt sich der Käufer auf freiwilliger Grundlage zu einer Sachverständigenprüfung des Kaufgegenstandes, so darf er dabei seine Augen vor Mängeln nicht verschließen (Bamberger/Roth/Faust, § 442 BGB Rn. 22). Grobe Fahrlässigkeit liegt allerdings erst vor, wenn nach bestimmten, dem Käufer bekannten Indizien und Tatsachen der Schluss auf mögliche Mängel so nahe liegt, dass es unverständlich erscheint, diesem Verdacht nicht weiter nachzugehen. Der Käufer muss also dringend zur Vorsicht und zur weiteren Prüfung anhaltende Umstände außer Acht gelassen haben.

Vorrang der Nacherfüllung

Das deutsche Recht kennt einen Vorrang der Nacherfüllung vor der Lösung vom Vertrag durch Rücktritt (§§ 440, 323 und 326 Abs. 5 BGB) oder der Minderung des Kaufpreises (§ 441 BGB) und des Schadenersatzes (§§ 437 Nr. 3, 440, 280, 281 BGB). Dieser Vorrang gilt grundsätzlich auch im Tierkaufrecht. Auf den Verwendungszweck des Tieres oder das Verhältnis Tier-Eigentümer kommt es nach Ansicht der Rechtsprechung nicht an. Weder aus § 90 a BGB noch aus dem Tierschutzgedanken des Art. 20 a GG sei herzuleiten, dass für den Vorrang der Nacherfüllung gegenüber dem Anspruch des Käufers auf Schadenersatz statt der Leistung beim Kauf von Tieren maßgeblich zu sein hätte, ob es sich um ein Nutztier oder, wie im entschiedenen Fall, um ein von einem Hobbyreiter erworbenes Pferd handelt (BGH Urt. v. 7.12.2005 – VIII ZR 126/05 = NJW 2006, 988).

Gibt der Käufer eigenmächtig eine tierärztliche Behandlung in Auftrag, so kann er die Kosten hierfür nicht als Schadenersatz vom Verkäufer ersetzt verlangen. Der BGH entschied, dass der Anspruch des Käufers auf Schadenersatz statt der Leistung gemäß §§ 437 Nr. 3, 440, 280, 281 BGB vorbehaltlich der gesetzlich geregelten Ausnahmetatbestände auch beim Kauf von Tieren voraussetzt, dass der Käufer dem Verkäufer erfolglos eine angemessene Frist zur Nacherfüllung bestimmt hat (BGH Urt. v. 22.6.2005 – VIII ZR 1/05 = NJW 2005, 3211;

BGH Urt. v. 9.1.2008 – VIII ZR 210/06 = NJW 2008, 1371).

Der Vorrang der Nacherfüllung entfällt, wenn die Fristsetzung entbehrlich ist, weil der Schuldner die Leistung ernsthaft und endgültig verweigert (zur Neuregelung der Nacherfüllungsverweigerung Georg NJW 2018, 199), besondere Umstände vorliegen, die unter Abwägung der beiderseitigen Interessen den sofortigen Rücktritt rechtfertigen, oder die Nacherfüllung unzumutbar ist. Allein im Bestreiten eines Mangels durch den Verkäufer liegt keine ernsthafte und endgültige Verweigerung der Nacherfüllung (BGH Urt. v. 9.1.2008 – VIII ZR 210/06 = NJW 2008, 1371). Bei einer Notfallbehandlung eines Tieres, bei der der Tierschutz ein sofortiges Handeln erfordert, ist keine Fristsetzung notwendig, die Selbstvornahme ist zulässig (BGH Urt. v. 22.6.2005 – VIII ZR 1/05 = NJW 2005, 3211). Soweit die Nachbesserung nicht unmöglich ist – wie bei chronischen Krankheiten –, kann eine zeitliche Rückgabe eines Tieres zum Auskurieren eines Hustens, zur Verbesserung des Ernährungszustands oder auch zur Beseitigung von Ausbildungsmängeln erwogen werden. Eine Berücksichtigung der emotionalen Bindung des Tierhalters an das Tier kann auch hier zur Unzumutbarkeit führen.

In Anlehnung an die Gebrauchtwagen-Rechtsprechung des BGH (BGH Urt. v. 7.6.2006 – VIII ZR 209/05 = BGHZ 168, 64 = NJW 2006, 2839) kann auch beim Kauf von Tieren eine Ersatzlieferung als Form der Nachbesserung grundsätzlich in Betracht kommen (BGH Urt. v. 22.6.2005 – VIII ZR 281/04 = BGHZ 163, 234, 247; BGH Beschl. v. 24.11.2009 – VIII ZR 124/09 = BeckRS 2010, 1615) – obwohl es sich um eine Stückschuld handelt, bei der an sich keine Beschaffungspflicht über das Stück hinaus besteht. Entscheidend ist der konkrete Parteiwille hinsichtlich der Austauschbarkeit des Tieres zum Zeitpunkt des Vertragsschlusses. Auf eine Differenzierung nach Erwerbsmotiven des Käufers, als gewerbliche oder hobbymäßige Anschaffung des Tieres, kommt es dabei nicht an (BGH Urt. v. 7.12.2005 – VIII ZR 126/05 = NJW 2006, 988, 989). Gegen einen Willen zur Austauschbarkeit spricht das Probereiten des Pferdes als Zeichen der Individualisierung und eine damit in vielen Fällen verbundene emotionale Beziehung zwischen dem Tier und dem Käufer. Diese entfällt nicht deshalb, weil der Käufer Rücktritt verlangt, sodass er sich deshalb mit einer Ersatzlieferung einverstanden erklären müsse. Ein vom Verkäufer gewährtes Umtauschrecht spricht nicht für einen Willen zur Austauschbarkeit (OLG Frankfurt Urt. v. 1.2.2011 – 16 U 119/10 = BeckRS 2011, 5375).

Rechte der zweiten Stufe

Der Käufer kann den Kaufpreis mindern (§ 441 BGB). Hierbei können Mängelbeseitigungskosten häufig als Minderwert angesetzt werden.

Der Käufer kann darüber hinaus bei Lieferung eines mangelhaften Tieres Ersatz für Schäden verlangen, die ihm durch die Mangelhaftigkeit des Tieres entstehen (§§ 280, 281 BGB).

Sondervorschriften des Verbrauchsgüterkaufrechts

Auktionskauf

Die Vorschriften über den Verbrauchsgüterkauf sind gemäß § 474 Abs. 1 S. 2 BGB auch bei einer Einordnung des Käufers als Verbraucher nicht anwendbar, wenn gebrauchte Sachen in einer öffentlichen Auktion verkauft werden, an der der Verbraucher persönlich teilnehmen kann (§ 474 Abs. 2 S. 2 BGB). Die Legaldefinition der öffentlichen Versteigerung in § 383 Abs. 3 BGB ist auch für § 474 Abs. 2 S. 2 BGB maßgeblich. Danach hat die Versteigerung durch einen für den Versteigerungsort bestellten Gerichtsvollzieher, durch einen zu Versteigerungen befugten anderen Beamten oder durch einen öffentlich angestellten Versteigerer, auch durch einen gemäß § 34 b Abs. 5 GewO allgemein öffentlich bestellten, öffentlich zu erfolgen. Dabei ist es nicht erforderlich, dass der Versteigerer selbst Veranstalter der Auktion ist. Bei Einhaltung aller Vorschriften ergibt sich, dass die §§ 433–435, 437, 439–443 BGB auch zuungunsten eines Verbrauchers abbedungen werden können. Der zivilrechtliche Verbraucherschutz wird durch einen öffentlich-rechtlichen Verbraucherschutz ersetzt, weil der Versteigerer nach Ansicht des BGH aufgrund seiner Person eine gesteigerte Gewähr für die ordnungsgemäße Durchführung der Versteigerung einschließlich einer zutreffenden Beschreibung der angebotenen Auktionsgegenstände bietet (BGH Urt. v. 24.2.2010 – VIII ZR 71/09 = NJW-RR 2010, 1210).

In der Auktion müssen gebrauchte Sachen versteigert werden. Der BGH hat eine generelle Gleichsetzung von Tieren mit gebrauchten Sachen abgelehnt. Er entschied 2006, dass Tiere, die verkauft werden, nicht generell als gebraucht anzusehen seien. Ein Tier, das im Zeitpunkt des Verkaufs noch jung (6 Monate altes Hengstfohlen) und bis zum Verkauf nicht benutzt (als Reittier oder zur Zucht verwendet) worden ist, sei nicht „gebraucht". Es ist unzulässig, dass die Vertragsparteien die zweifelhafte Einordnung von Tieren in die Kategorie neu oder gebraucht dadurch lösen, dass sie vereinbaren, dass der Kaufgegenstand gebraucht ist, wie dies in zahlreichen Auktionsbedingungen geregelt ist. Ob eine Sache oder ein Tier neu oder gebraucht ist, sei nach einem objektiven Maßstab zu bestimmen und – jedenfalls bei einem Verbrauchsgüterkauf – einer Parteivereinbarung entzogen (BGH Urt. v. 15.11.2006 – VIII ZR 3/06 = NJW 2007, 674).

Unzulässigkeit abweichender Vereinbarungen

Gemäß § 476 Abs. 1 BGB kann sich der Unternehmer auf eine vor Mitteilung eines Mangels an ihn getroffene Vereinbarung, die zum Nachteil des Verbrauchers von den §§ 433–435, 437, 439–443 BGB abweicht, nicht berufen. Die Vorschriften finden auch Anwendung, wenn sie durch anderweitige Gestaltungen umgangen werden, sodass sie als zwingendes Recht anzusehen sind.

Nach § 476 Abs. 2 BGB kann die Verjährung bei neuen Sachen nicht auf unter 2, bei gebrauchten Sachen nicht auf unter 1 Jahr verkürzt werden. Auch hier ist wiederum eine einzelfallabhängige Einordnung eines Tieres zur Kategorie neu oder gebraucht erforderlich.

Beweislastumkehr

Zeigt sich innerhalb von 6 Monaten seit Gefahrübergang ein Sachmangel, so wird vermutet, dass die Sache bereits bei Gefahrübergang mangelhaft war; es sei denn, diese Vermutung ist mit der Art der Sache oder des Mangels unvereinbar (§ 477 BGB).

Der Verbraucher muss, um in den Genuss der Regelung zu kommen, nur vortragen und den Beweis erbringen, dass das verkaufte Gut nicht vertragsgemäß ist. Er muss nur das Vorliegen der Vertragswidrigkeit beweisen. Er muss weder den Grund für die Vertragswidrigkeit noch den Umstand beweisen, dass sie dem Verkäufer zuzurechnen ist. Der Verbraucher muss weiter beweisen, dass die Vertragswidrigkeit binnen 6 Monaten nach der Lieferung des Gutes offenbar geworden ist, also sich ihr Vorliegen tatsächlich herausgestellt hat. Wenn diese Tatsachen nachgewiesen sind, ist der Verbraucher vom Nachweis befreit, dass die Vertragswidrigkeit bereits zum Zeitpunkt der Lieferung des Gutes bestand. Das Auftreten dieser Vertragswidrigkeit in dem kurzen Zeitraum von 6 Monaten erlaubt die Vermutung, dass sie zum Zeitpunkt der Lieferung „zumindest im Ansatz" bereits vorlag, auch wenn sie sich erst nach der Lieferung des Gutes herausgestellt hat. Es ist dann also Sache des Gewerbetreibenden, ggf. den Beweis zu erbringen, dass die Vertragswidrigkeit zum Zeitpunkt der Lieferung des Gutes noch nicht vorlag, indem er dartut, dass sie ihren Grund oder Ursprung in einem Handeln oder Unterlassen nach dieser Lieferung hat (EuGH 4.6.2015 – Rs C-497/13 = NJW 2015, 2237 [Faber]; im Anschluss daran BGH, Urt. v. 12.10.2016 – VIII ZR 103/15 = NJW 2017, 1093).

Die Vermutung des § 477 BGB ist widerleglich. Greift sie ein, so obliegt dem Verkäufer der Beweis des Gegenteils, § 292 ZPO. Hierfür ist eine Erschütterung der Vermutung nicht ausreichend; erforderlich ist vielmehr der volle Beweis des Gegenteils der vermuteten Tatsache.

Die Beweislastumkehr ist auch im Kauf von Tieren anzuwenden, wenngleich sie hier komplett untauglich ist (MüKo-BGB/Westermann, § 434 Rn. 68). Nach der Rechtsprechung des BGH ist die Anwendung jedoch nicht mit der Art der Sache unvereinbar (BGH Urt. v. 29.3.2006 – VIII ZR 173/05 = BGHZ 167, 40 = NJW 2006, 2250, 2252).

Heute ist die Rechtsprechung geprägt von einer Differenzierung nach der Art des Mangels. Die Frage der Anwendung des § 477 BGB lässt sich nach Ansicht des BGH nicht für alle Erkrankungen und sonstigen Mängel von Tieren einheitlich bejahen oder verneinen, sondern bedarf differenzierter Beurteilung je nach der Art der Erkrankung oder des sonstigen Mangels. Maßgeblich sind einerseits der Sinn und Zweck des § 477 BGB – Privilegierung des Verbrauchers aufgrund besserer Erkenntnismöglichkeiten des Unternehmers über den Zustand des Tieres bei Gefahrübergang – und andererseits die dabei auch zu berücksichtigenden Besonderheiten bestimmter Tierkrankheiten oder sonstiger Mängel, aus denen sich aufgrund der spezifischen Natur des Tieres die Grenzen für eine Beweislastumkehr ergeben können (BGH Urt. v. 29.3.2006 – VIII ZR 173/05 = BGHZ 167, 40 = NJW 2006, 2250, 2253).

Die Vermutung, ein Sachmangel habe bereits bei Gefahrübergang vorgelegen, ist nicht schon dann mit der Art des Mangels unvereinbar, wenn der Mangel typischerweise jederzeit auftreten kann und deshalb keinen hinreichenden Rückschluss darauf zulässt, dass er schon bei Gefahrübergang vorlag (BGH Urt. v. 29.3.2006 – VIII ZR 173/05 = BGHZ 167, 40 = NJW 2006, 2250, 2252).

Bei verhaltensbedingten Mängeln, wie Steigen eines Pferdes, Unruhe („Weben"), geräuschvolles Luftschlucken des Pferdes („Koppen") oder mangelndes Apportieren des Jagdhundes, wird die Anwendbarkeit von § 477 BGB meist mit der Argumentation verneint, dass ein solcher Mangel nicht von Geburt an bestehe, sondern psychischer Natur sei, was für die Möglichkeit einer spontanen Entstehung streite, und entsprechend der jeweiligen Verhaltensauffälligkeit, gerade auch mit dem Zeitpunkt der Abwicklung des Veräußerungsgeschäftes zusammenfallen könne, was zu einer Unvereinbarkeit der Vermutung des § 477 BGB mit der Art des Mangels führe (OLG Koblenz, NJW-RR 2011, 132).

Bei krankheitsbedingten Mängeln wird die Anwendbarkeit unter Berücksichtigung der Art der Krankheit und der bekannten Inkubationszeiten geprüft (Palandt/Putzo, § 476 BGB, Rn. 11; Riedel, Pferde im Verbrauchsgüterkauf, S. 210).

Die bis 2021 umzusetzende EU-Warenhandelsrichtlinie enthält in Art. 11 Abs. 1 eine Verlängerung der Frist für die Beweislastumkehr auf 1 Jahr. Die Mitgliedstaaten können gemäß Art. 11 Abs. 2 auch eine 2-jährige Frist vornehmen. Beide Fälle wären für den Kauf von Tieren fatal. Zumindest die Anwendung der Beweislastumkehr sollte der deutsche Gesetzgeber bei der Umsetzung ausschließen.

Quellenangaben

Literatur

[77] Säcker FJ, Rixecker R, Oetker H (Hrsg.). Münchner Kommentar zum Bürgerlichen Gesetzbuch. 8. Aufl. München: C.H. Beck; 2018

Rechtsgrundlagen

[78] BGH, Urt. v. 12.3.1981 – III ZR 92/79 = BGHZ 80, 153, 156 = NJW 1981, 1206

[79] BGH, Urt. v. 18.12.2002 – VIII ZR 123/02 = NJW-RR 2003, 558

[80] BGH, Urt. v. 29.3.2006 – VIII ZR 173/05 = BGHZ 167, 40 = NJW 2006, 2250, 2251

[81] BGH, Urt. v. 18.12.2007 – XI ZR 324/06 (Rn. 31)

[82] BGH Urt. V. 18.10.2017 – VIII ZR 32/16 = NJW 2018, 150, 153 (Rn. 35)

[83] BGH Urt. V. 18.10.2017 – VIII ZR 32/16 = NJW 2018, 150, 153 (Rn. 37)

[84] OLG Celle Urt. Vom 26.3. 2017 – 20 U 53/16 = BeckRS 2017, 129633 (Rn. 69)

[85] OLG Frankfurt Urt. V. 26.1.2018 – 13 U 214/15 (Rn. 34)

[86] OLG Frankfurt Urt. V. 26.1.2018 – 13 U 214/15 (Rn. 35)

3.2.2 Schweiz

Andreas Pospischil, Peter Rüsch

In der Schweiz regeln das Schweizerische Zivilgesetzbuch (ZGB vom 10. Dezember 1907, Stand am 1. Januar 2020) und das Bundesgesetz betreffend die Ergänzung des Schweizerischen Zivilgesetzbuches, Fünfter Teil: Obligationenrecht (OR vom 30. März 1911, Stand am 1. April 2020), den Kauf von Tieren.

§ Gesetzliche Grundlagen

Eine schweizerische Besonderheit ist, dass der Kauf von Vieh in einer speziellen Verordnung geregelt wird, und zwar in der **Verordnung betreffend das Verfahren bei der Gewährleistung im Viehhandel** vom 14. November 1911, Stand am 1. Januar 2011. Vieh bedeutet dabei Pferde, Esel, Maultiere, Rindvieh, Schafe, Ziegen und Schweine. Anzumerken ist, dass diese Verordnung in juristischen Kreisen oft nicht bekannt ist.

Die nachfolgenden Ausführungen lehnen sich an eine Publikation des Zürcher Tierschutzes an, die im Internet verfügbar ist und den Kauf von Tieren in der Schweiz allgemein und mit Beispielen zutreffend erläutert.

Tiere sind keine Sachen

Seit der Änderung des Schweizerischen Zivilgesetzbuches vom 4. Oktober 2002, welche am 1. April 2003 in Kraft getreten ist, **sind Tiere keine Sachen mehr** (Art. 641a Abs. 1 ZGB). Die Gesetzesänderung wird allerdings durch Art. 641a Abs. 2 ZGB relativiert, denn soweit für Tiere keine besonderen Regelungen bestehen, gelten für sie die auf Sachen anwendbaren Vorschriften.

Gesetzliche Grundlagen

§ Gesetzliche Grundlagen

Da das Gesetz keine besonderen Bestimmungen für den Kauf von Tieren insgesamt kennt, gelten neben den grundsätzlichen Vorgaben gemäß Art. 2 ZGB, Treu und Glauben, und Art. 3 ZGB, Augen auf beim Kauf, nach wie vor die Vorschriften über den Fahrniskauf (= Kauf einer beweglichen Sache, Art. 187 ff. OR, 2. Abschnitt: Der Fahrniskauf).

Ausnahmen bestehen – wie bereits eingangs erwähnt – lediglich für den Kauf bzw. Handel mit Vieh gemäß Art. 198 und Art. 202 OR. In Ausführung von Art. 202 Abs. 3 OR kommt die Verordnung betreffend das Verfahren bei der Gewährleistung im Viehhandel vom 14. November 1911, Stand am 1. Januar 2011, zur Anwendung. Der Begriff Vieh umfasst dabei wie erwähnt Pferde, Esel, Maultiere, Rindvieh, Schafe, Ziegen und Schweine, nicht aber Geflügel, Hunde, Katzen oder andere Heimtiere.

Die Bestimmungen des Obligationenrechts gelten sowohl für den Kauf von Tieren unter Privaten als auch im Zoofachgeschäft, wobei der gewerbsmäßige Handel mit Tieren gemäß Art. 13 des schweizerischen Tierschutzgesetzes (TSchG vom 16. Dezember 2005, Stand am 1. Mai 2017) einer Bewilligung bedarf. Ferner ist darauf hinzuweisen, dass der Verkauf von Wirbeltieren an Personen unter 16 Jahren gemäß Art. 110 der schweizerischen Tierschutzverordnung (TSchV vom 23. April 2008, Stand am 1. Januar 2020) der ausdrücklichen Zustimmung des Inhabers der elterlichen Gewalt bedarf.

Das Gesetz, d. h. das OR, knüpft an die Unterscheidung zwischen Stück- und Speziesschuld verschiedene Rechtsfolgen bei der Gefahrtragung und der Gewährleistung, weshalb die Unterscheidung für den Tierkäufer von Bedeutung sein kann. Beim Kauf von Tieren handelt es sich meistens um einen sog. „Stück- oder Spezieskauf". Dies bedeutet, dass ein ganz bestimmter Hund gekauft wird. Wenn es dem Käufer hingegen gleichgültig ist, welchen Hund er kauft, und lediglich die Rasse bestimmt wurde, ist von einem Gattungskauf auszugehen.

Der Kauf

Der Kauf ist eines der Vertragsverhältnisse, die im OR ab Art. 184 ff. im Einzelnen geregelt werden. Gemäß Art. 1 OR ist dazu eine übereinstimmende, gegenseitige Willensäußerung nötig. Art. 1 OR lautet: „Zum Abschlusse eines Vertrags ist die übereinstimmende gegenseitige Willensäußerung der Parteien erforderlich. Sie kann eine ausdrückliche oder stillschweigende sein." Grundlagen dazu sind Treu und Glauben (Art. 2 ZGB) und Augen auf beim Kauf (Art. 3 ZGB). Art. 2 ZGB lautet: „Jedermann hat in Ausübung seiner Rechte und in Erfüllung seiner Pflichten nach Treu und Glauben zu handeln. Der offenbare Missbrauch eines Rechtes findet keinen Rechtsschutz." Art. 3 ZGB lautet: „Wo das Gesetz eine Rechtswirkung an den guten Glauben einer Person geknüpft hat, ist dessen Dasein zu vermuten. Wer bei der Aufmerksamkeit, wie sie nach den Umständen von ihm verlangt werden darf, nicht gutgläubig sein könnte, ist nicht berechtigt, sich auf den guten Glauben zu berufen."

! Merke

Mündliche Vereinbarungen sind verbindlich – außer der Währschaft im Viehhandel. Vieh bedeutet dabei Pferde, Esel, Maultiere, Rindvieh, Schafe, Ziegen und Schweine.

Die Leistungen erfolgen Zug um Zug (Art. 184 OR).

Nutzen und Gefahren gehen bei Abschluss des Kaufes auf den Käufer über (Art. 185 OR).

Pflichten von Käufer und Verkäufer

Die Hauptpflicht des Verkäufers besteht darin, dem Käufer das Tier zu übergeben und ihm das Eigentum an diesem zu verschaffen. Wer Heim- und Wildtiere gewerbsmäßig verkauft, muss den Käufer gemäß Art. 111 TSchV außerdem schriftlich über die Bedürfnisse, die angemessene Betreuung und die tiergerechte Haltung der betreffenden Tierart sowie über die entsprechenden rechtlichen Grundlagen informieren. Im Gegenzug verpflichtet sich der Käufer, dem Verkäufer den vereinbarten Kaufpreis rechtzeitig, d. h. innerhalb der mit dem Verkäufer vereinbarten Frist, zu bezahlen (Art. 211 ff. OR). Gerät er mit der Zahlung in Verzug, so kann der Verkäufer vom Vertrag zurücktreten, wenn er dies dem Käufer unverzüglich anzeigt (Art. 214 OR).

Kaufarten

Auf einen Blick

Mögliche Kaufarten in der Schweiz:

- Barkauf
- bedingter Kauf
  - aufschiebend bedingter Kauf
  - Kauf auf Probe
- Versteigerung
  - Zwangsversteigerung
  - freiwillige Versteigerung
- Kreditkauf

Aus rechtlicher Sicht ist es in der Schweiz möglich, neben dem Barkauf (Art. 184 ff. OR) ein Tier auf Probe (Art. 223 ff. OR) oder unter gewissen Bedingungen (Art. 151ff. OR) zu kaufen (bedingter Kauf). Ein Vertrag, dessen Verbindlichkeit vom Eintritt einer ungewissen Tatsache abhängig gemacht wird, ist als bedingt anzusehen (Art. 151 OR). Ist ein Kauf als Probe oder auf Besicht vereinbart, so steht es im Belieben des Käufers, ob er die Kaufsache genehmigen will oder nicht (Art. 223 OR). Diese Art von Kauf kommt oft bei Pferden zum Zug, weil in diesem Fall der Kauf auf Probe ohne Nennung eines Grundes von Seiten des Käufers nicht genehmigt werden kann.

Eine weitere Verkaufsart ist die Versteigerung gemäß Art. 229 ff. OR. Dabei wird zwischen Zwangsversteigerung und freiwilliger Versteigerung unterschieden. Bei Zwangsversteigerungen findet, abgesehen von besonderen Zusicherungen oder von absichtlicher Täuschung der Bietenden, eine Gewährleistung nicht statt (Art. 234 Abs. 1 OR). Bei freiwilliger öffentlicher Versteigerung haftet der Veräußerer wie ein anderer Verkäufer, kann aber in den öffentlich kundgegebenen Versteigerungsbedingungen die Gewährleistung mit Ausnahme der Haftung für absichtliche Täuschung von sich ablehnen (Art. 234 Abs. 3 OR).

Der Kreditkauf ist möglich. Beim Viehhandel ist allerdings jeder Eigentumsvorbehalt ausgeschlossen (Art. 715 Abs. 2 ZGB).

Rückgabe bei Nichtgefallen

Vielfach wird die Meinung vertreten, ein Tier könne bei Nichtgefallen – wie beim Kauf von Kleidern – innerhalb einer bestimmten Frist „umgetauscht" oder gegen Rückerstattung des Kaufpreises zurückgegeben werden. Dies trifft jedoch in der Schweiz nicht zu, außer der Käufer habe mit dem Verkäufer ein besonderes Umtausch- oder Rückgaberecht bzw. einen bedingten Kauf oder einen Kauf auf Probe gemäß Art. 151 bzw. Art. 223 OR vereinbart.

Gewöhnliche Tierkäufe können hingegen nur in Ausnahmefällen gegen den Willen des Verkäufers wieder aufgelöst werden, etwa dann, wenn ein wesentlicher Irrtum (Art. 23 ff. OR) oder eine unrichtige Übermittlung (Art. 27 OR) vorliegt. Eine Auflösung des Vertrags ist ferner möglich, wenn der Käufer absichtlich getäuscht (Art. 28 OR) wird. Anzumerken ist, dass ein wesentlicher Irrtum gemäß Art. 24 OR nur in den seltensten Fällen vorliegen dürfte und absichtliche Täuschung in der Praxis sehr selten vorkommt.

Die Wandelung des Kaufes als Folge einer absichtlichen Täuschung ist an keine Frist gebunden, und absichtliche Täuschung wird zudem strafrechtlich verfolgt. Bei absichtlicher Täuschung ist im Weiteren nicht nur die Täuschung, sondern auch das Wissen um die inhaltliche Bedeutung der Täuschung zu beweisen.

Mangel

Gemäß OR liegt ein Mangel dann vor, wenn der Mangel den Wert des Tieres oder seine Tauglichkeit zum vorausgesetzten „Gebrauch" aufhebt oder erheblich mindert (Art. 197 OR). Unbedeutende Mängel können nur gerügt werden, wenn der Verkäufer deren Nichtvorhandensein zugesichert hat. Ebenso wenig haftet der Verkäufer für Mängel, welche dem Käufer zum Zeitpunkt des Vertragsabschlusses bekannt waren oder bei Anwendung der nach den Umständen gebotenen Aufmerksamkeit erkennbar gewesen wären (Art. 3 ZGB und Art. 200 OR, Augen auf beim Kauf). Auch spezielle Eigenschaften, z. B. Zuchttauglichkeit, Trächtigkeit, Eutergesundheit, Höhe der Milchleistung oder beim Schlachtvieh Genusstauglichkeit (bankwürdig) können nur dann gerügt werden, wenn sie speziell und beim Viehhandel schriftlich zugesichert werden.

Mängelrüge

Merke

Die rechtzeitige Mängelrüge ist unabdingbare Voraussetzung für die Ausübung des Sachgewährleistungsanspruchs („Garantie") gemäß Art. 197 ff. OR.

Innerhalb dieser 2-jährigen Frist, die mit der Übergabe des Tieres an den Käufer zu laufen beginnt, kann dieser eine Klage wegen Mängeln an der Kaufsache gegenüber dem Verkäufer einreichen (Art. 210 Abs. 1 OR, Verjährung).

Die Mängel sind nach Entdeckung dem Verkäufer unverzüglich anzuzeigen (Art. 201 Abs. 1 OR). Unverzüglich bedeutet dabei innerhalb von 3 Arbeitstagen. Auch bei versteckten Mängeln, welche erst später entstehen oder erkennbar werden, muss der Käufer den Mangel sofort nach Entdeckung beim Verkäufer melden, am besten unter Beilage eines tierärztlichen Zeugnisses und mit eingeschriebener Post. Wichtige Voraussetzung ist dabei, dass der richtige Mangel gerügt wird. Der Käufer kann die 2-jährige Gewährleistungsfrist mittels Klage oder durch Einleitung der Betreibung unterbrechen. Für Mängel, die der Käufer erst nach 2 Jahren entdeckt, haftet der Verkäufer nur, wenn er die Haftung ausdrücklich für eine längere Zeit übernommen hat (Art. 210 Abs. 1 OR) oder wenn der Verkäufer den Erwerber absichtlich getäuscht hat (Art. 28 OR).

Merke

Für das Vieh, d. h. für Pferde, Esel, Maultiere, Rindvieh, Schafe, Ziegen und Schweine, gilt nur eine 9-tägige Mängelrügefrist und die Währschaft gilt nur dann, wenn sie schriftlich vorliegt. Anzumerken ist, dass immer wieder Mängelrügen vor Gericht keine Anerkennung finden, weil die Währschaft nicht schriftlich vorliegt. Sie – die Währschaft oder das Garantieversprechen – ist zu verlangen bzw. zu geben.

Wandelung, Minderung und Nachbesserung

Grundsätzliche Regelungen

Auf einen Blick

Möglichkeiten, sofern die Währschaft nicht erfüllt ist:

- Wandelung (Rückgabe des Tieres)
- Minderung (Reduktion des Kaufpreises)
- Nachbesserung (Kauf auf Kosten des Verkäufers nachbessern); gleichzeitig Währschaftsverlängerung
- Währschaftsverlängerung

Bei rechtzeitiger und berechtigter Rüge steht dem Käufer grundsätzlich das Recht zu, entweder das Tier zurückzugeben (Wandelung), den Kaufpreis angemessen zu reduzieren (Minderung), den Kauf nachzubessern (Nachbesserung) oder dann die Währschaft zu verlängern (Währschaftsverlängerung). Soll der Kauf nachgebessert werden, ist gleichzeitig die Währschaft zu verlängern.

Der Käufer kann bei Vorliegen eines wesentlichen Mangels oder bei Fehlen einer zugesicherten Eigenschaft die **Wandelung** (Rückgabe des Tieres gegen Rückerstattung des Kaufpreises) verlangen (OR Art. 208). Ebenso kann er, falls es sich beim Kauf des Tieres um eine Gattungsschuld handeln sollte, ein mangelfreies „Ersatztier" verlangen. Im Endeffekt müssen nach einer Wandelung beide Parteien finanziell so gestellt werden, wie wenn der Kauf des Tieres nie erfolgt wäre. Das bedeutet, dass der Verkäufer auch für sog. Mangelfolgeschäden einzustehen hat, d. h. für Auslagen, die dem Erwerber eines „mangelhaften" Tieres erwachsen (Tierarztkosten, Transportspesen, Prozessauslagen usw.). Im Gegenzug obliegt dem Käufer die sog. Schadenminderungspflicht, was bedeutet, dass er seine Auslagen möglichst klein halten muss. Wandelungsansprüche können selbst dann geltend gemacht werden, wenn ein als gesund gekauftes Tier infolge eines Mangels stirbt.

Bei der **Minderung** (Kaufpreisreduktion) stellt sich die schwierige Frage nach der Höhe der Kaufpreisreduktion und bei der Nachbesserung auch nach deren Umfang. Falls es zum Prozess kommt, hat der Richter einen großen Ermessensspielraum. Zu berücksichtigen sind – v. a. bei der Nachbesserung – die zu erwartenden Heilungskosten. Ob dem Käufer darüber hinaus ein eigentlicher Schadenersatzanspruch zusteht, ist umstritten. In solchen Fällen ist den Parteien zu empfehlen, einen Vergleich abzuschließen, denn mit einer Einigung können die mit einem Zivilprozess gewöhnlich verbundenen Kosten und Ärgernisse gespart werden. Außerdem ist die Angelegenheit rasch abgeschlossen, während der Ausgang eines Prozesses vorerst ungewiss bleibt.

Viehkauf

Beim Kauf von Vieh (d. h. bei Pferden, Eseln, Maultieren, Rindvieh, Schafen, Ziegen und Schweinen) gelten dagegen, wie bereits erwähnt, betreffend Gewährleistung bzw. Währschaft abweichende Vorgaben (OR Art. 198, ▸ **Tab. 3.1**). Eine Pflicht des Verkäufers zur Gewährleistung beim Vieh besteht nur bei schriftlicher Zusicherung von Eigenschaften oder bei absichtlicher Täuschung durch den Verkäufer.

Der Verkäufer steht dafür ein, dass das Tier **gesund und recht** ist. Gesund bedeutet das Freisein von Erkrankungen, recht, dass das Tier keine Fehler aufweist, die den vorausgesetzten Gebrauch hindern oder schmälern. Unerhebliche Mängel, augenfällige Mängel, bekannte Mängel oder spezielle Eigenschaften, z. B. die Höhe der Milchleistung, eine Trächtigkeit oder die Zusicherung auf Bankwürdigkeit beim Schlachtvieh, sind nicht Teil der allgemeinen Garantie.

Die **Schriftlichkeit der Währschaft** muss gefordert und bei Vertragsabschluss gegeben werden. Die Unterschrift erfolgt eigenhändig, Vertretung ist möglich. Bei einem allfälligen Wiederverkauf, selbst innerhalb der Währschaftsfrist, muss die Garantie bzw. Währschaft erneuert werden..

Die **Währschaft beginnt** mit dem Vertragsabschluss, außer es besteht eine andere schriftliche Vereinbarung. Sie dauert 9 Tage, wobei der Kauftag Tag 0 ist. Fällt der letzte Tag auf einen Feiertag, gilt der nächste Arbeitstag als Tag 9. Eine allfällige **Verlängerung der Währschaft** muss innerhalb der Frist von 9 Tagen und schriftlich erfolgen. Die kurze Frist gilt nicht für die Trächtigkeitszusage (Art. 202 OR).

Ist die **Währschaft nicht erfüllt**, ist in erster Linie eine Einigung zwischen Käufer und Verkäufer anzustreben. Dabei ist es wichtig, dass die Rüge hieb- und stichfest erfolgt, der richtige Mangel gerügt wird, die Formalitäten erfüllt sind (9 Tage, schriftlich), der Mangel durch eine Fachperson schriftlich bestätigt ist und die Mängelrüge nachweislich beim Verkäufer deponiert wurde.

Gelingt keine Einigung, ist das Vorverfahren am Bezirksgericht, in welchem das Tier steht, einzuleiten. Falls das Vorverfahren nicht zum Ziel führt, ist das Hauptverfahren einzuleiten. Das Hauptverfahren erfolgt an dem Bezirksgericht, in welchem der Verkäufer Wohnsitz hat. Weitere Details zum Vor- und Hauptverfahren regelt die Verordnung betreffend das Verfahren bei Gewährleistung im Viehhandel vom 14. November 1911, Stand am 1. Januar 2011 (Art. 5 bis Art. 16).

▸ **Tab. 3.1** Die 6 Währschaftsregeln beim Handel mit Vieh*.

Nr.	Regel
1	gesund und recht
2	Währschaft in **schriftlicher** Form
3	Haftung auch für nicht bekannte Mängel, sofern bei Vertragsabschluss vorhanden
4	Beginn der Währschaft bei Vertragsabschluss (außer bei anderer schriftlicher Vereinbarung)
5	Dauer der Währschaft 9 Tage (außer bei allfälliger und rechtzeitiger Verlängerung in schriftlicher Form)
6	Verlängerung der Währschaft möglich, sofern diese innerhalb der Gewährfrist und in **schriftlicher** Form erfolgt

* Vieh = Pferde, Esel, Maultiere, Rindvieh, Schafe, Ziegen und Schweine

Rechtsgewährleistung

Der Verkäufer haftet dem Käufer nicht nur für ein mängelfreies Tier, sondern auch dafür, dass das Tier in das Eigentum des Käufers übergeht. Veräußert er ein Tier, das ihm nicht gehört, muss unterschieden werden, ob das Tier ihm vom eigentlichen Eigentümer anvertraut wurde, also sich mit dessen Einverständnis in seiner Obhut befand, oder nicht. War das Tier dem Verkäufer anvertraut, kann der ursprüngliche Eigentümer es nicht mehr vom Käufer zurückverlangen, da dieser nun Eigentümer geworden ist. Befand sich das Tier zum Zeitpunkt des Kaufes jedoch ohne das Einverständnis des eigentlichen Eigentümers in der Obhut des Verkäufers, muss der Tierkäufer das Tier dem wirklichen Eigentümer zwar herausgeben, kann sich aber gemäß Art. 934 Abs. 2 ZGB beim Verkäufer schadlos halten und den Kaufpreis samt Zins sowie Ersatz für allfälligen weiteren Schaden zurückfordern (OR Art. 193 bis Art. 196).

Form des Kaufvertrags

Der Fahrniskauf (= Kauf von beweglichen Sachen, z. B. von Tieren) ist grundsätzlich formfrei gültig, kann also auch mündlich abgeschlossen werden (OR Art. 11). Eine Ausnahme von diesem Grundsatz gilt, wie bereits erwähnt, für die Gewährleistungsansprüche beim Viehhandel. OR Art. 198 bestimmt, dass Zusicherungen über bestimmte Eigenschaften von Pferden, Eseln, Maultieren, Rindvieh, Schafen, Ziegen und Schweinen nur in schriftlicher Form rechtsgültig sind.

Aus Beweisgründen empfiehlt es sich jedoch, auch beim Kauf eines Heimtiers – insbesondere bei hohem Kaufpreis – den Kaufvertrag und damit das Garantieversprechen schriftlich abzufassen.

In schriftlich vorformulierten Kaufverträgen, v. a. von professionellen Hunde- oder Katzenzüchtern, aber auch von Pferde- und Viehhändlern, finden sich oft standardisierte Vertragsbestimmungen. Dabei ist stets eine sorgfältige Überprüfung der Verträge zu empfehlen. Besonders der Haftungsausschluss ist heikel, da er gemäß OR Art. 199 nur dann ungültig ist, wenn der Verkäufer dem Käufer die Gewährsmängel arglistig verschweigt. Dies dürfte in der Praxis nur selten vorkommen bzw. kaum beweisbar sein. Daher ist tendenziell davon abzuraten, einen Kaufvertrag abzuschließen, welcher einen Haftungsausschluss enthält. Ebenso ist davon abzuraten, einen Kaufvertrag abzuschließen, der eine Wandelung, d. h. die Rücknahme des Tieres und die Rückerstattung des Kaufpreises, ausschließt und stattdessen bei Rücknahme einen Umtausch des Tieres vorsieht. Auch vertraglich vorbestimmte Nachbesserungen bei Auftreten von Mängeln, z. B. beim Auftreten von Eutergesundheitsstörungen, sind abzulehnen.

Merke

Schriftlich abgefasste Kaufverträge brechen das OR, d. h. die darin festgehaltenen Vereinbarungen sind höher gewichtet als das OR.

Kauf von Hunden aus dem Ausland

Die im November 2015 erschienene Broschüre „Stolpersteine und Gefahren beim Welpenkauf" und die im Februar 2016 erschienene Broschüre „Augen auf beim Hundekauf" beschäftigen sich speziell mit dem Kauf von Hunden, v. a. auch mit dem Kauf von Hunden aus dem Ausland. Herausgeber der ersten Publikation sind die Schweizerische Tierärztliche Vereinigung für Tierschutz – eine Sektion der GST – und der Schweizer Tierschutz STS; Herausgeber der zweiten Publikation sind das Bundesamt für Lebensmittelsicherheit und Veterinärwesen BLV und der Schweizer Tierschutz STS.

Quellenangaben

Internetquellen

[87] Zürcher Tierschutz. Tierkauf. Im Internet: http://www.tierrecht.ch/tierkauf.html; Stand: Juli 2020

Rechtsgrundlagen

[88] https://www.admin.ch/gov/de/start/bundesrecht/systematische-sammlung.html

[89] Bundesgesetz betreffend die Ergänzung des Schweizerischen Zivilgesetzbuches. Fünfter Teil: Obligationenrecht, OR vom 30. März 1911, Stand am 1. April 2020. Im Internet: https://www.admin.ch/opc/de/classified-compilation/19110009/index.html; Stand: Juli 2020

[90] Schweizerisches Zivilgesetzbuch, ZGB, vom 10. Dezember 1907, Stand am 1. Januar 2020. Im Internet: https://www.admin.ch/opc/de/classified-compilation/19070042/index.html; Stand: Juli 2020

[91] Tierschutzgesetz, TSchG, vom 16. Dezember 2005, Stand am 1, Mai 2017. Im Internet: https://www.admin.ch/opc/de/classified-compilation/20022103/index.html; Stand: Juli 2020

[92] Tierschutzverordnung, TSchV, vom 23. April 2008, Stand am 27. November 2018. Im Internet: https://www.admin.ch/opc/de/classified-compilation/20080796/index.html; Stand: Juli 2020

[93] Verordnung betreffend das Verfahren bei der Gewährleistung im Viehhandel vom 14. November 1911, Stand am 1. Januar 2011. Im Internet: https://www.admin.ch/opc/de/classified-compilation/19110032/; Stand: Juli 2020

[94] Bundesamt für Lebensmittelsicherheit und Veterinärwesen. Im Internet: https://www.blv.admin.ch/blv/de/home.html; Stand: Juli 2020

[95] Bundesamt für Lebensmittelsicherheit und Veterinärwesen und Schweizer Tierschutz. Augen auf beim Hundekauf (2016). Im Internet: https://www.hundekauf.ch/index.html; Stand: Juli 2020

[96] lookout4dogs.ch. Stolpersteine und Gefahren beim Welpenkauf (2015). Im Internet: http://lookout4dogs.ch, Stand: Juli 2020

[97] Schweizerische Tierärztliche Vereinigung für Tierschutz (GST). Im Internet: www.stvt.ch; Stand: Juli 2020

[98] Schweizer Tierschutz (STS). Im Internet: www.tierschutz.com; Stand: Juli 2020

3.2.3 Österreich

Regina Binder

Mitgeschöpf und Wirtschaftsgut: Der rechtliche Status von Tieren

Personen und Sachen

Das österreichische Zivilrecht unterscheidet zwischen Personen (Rechtssubjekten) und Sachen (Rechtsobjekten), wobei unter Sache im rechtlichen Sinn alles zu verstehen ist, „was von der Person verschieden ist, und zum Gebrauche der Menschen dient […]" (§ 285 ABGB).

§ Gesetzliche Grundlagen

Durch das Bundesgesetz vom 10.03.1988 über die Rechtsstellung von Tieren wurde § 285a in das ABGB eingefügt; darin heißt es: „Tiere sind keine Sachen; sie werden durch besondere Gesetze geschützt. Die für Sachen geltenden Vorschriften sind auf Tiere nur insoweit anzuwenden, als keine abweichenden Regelungen bestehen."

Daraus folgt, dass Tiere weder Personen noch Sachen sind und somit einen unklaren Rechtsstatus haben; § 285a ABGB wurde daher als (negatives) „Denkmal zeitgenössischer Gesetzgebungskunst" bezeichnet [117]. Nach der herrschenden Lehre handelt es sich bei § 285a ABGB um eine programmatische Bestimmung, die der Bewusstseinsbildung dient, der jedoch keine normative Kraft innewohnt [111], [112].

Zwar werden Tiere nach wie vor in den meisten Fällen und insbesondere im Geschäftsverkehr wie Sachen behandelt, doch lenkt § 285a ABGB die Aufmerksamkeit auf die als „abweichende Regelungen" bezeichneten tierspezifischen Sonderbestimmungen, die z. T. im Zivilrecht, v. a. aber im öffentlichen Recht – insbesondere im Tierschutzrecht, aber auch in den sicherheitspolizeirechtlichen Bestimmungen zur „Gefahrenabwehr" – verankert sind. Während die zivilrechtlichen Sonderbestimmungen für Tiere, z. B. § 1320 ABGB (Tierhalterhaftung), § 1332a ABGB (Ersatz von Heilungskosten für ein verletztes Tier) und § 250 Abs. 1 Z 4 Exekutionsordnung (EO; Unpfändbarkeit bestimmter Haustiere), entweder dem Schutz von Menschen vor der sog. „Tiergefahr" dienen oder primär die Gefühle des Tierhalters und lediglich mittelbar das Tier selbst schützen (indirekter oder anthropozentrischer Tierschutz), besteht das Ziel des Tierschutzrechts darin, das Tier als Mitgeschöpf, d. h. als empfindungsfähiges Lebewesen, um seiner selbst willen vor der Zufügung ungerechtfertigter Belastungen zu bewahren (direkter oder originärer Tierschutz) [103].

Obwohl auch das Primärrecht der Europäischen Union Tiere seit 1997 (Protokoll über den Tierschutz und das Wohlergehen der Tiere zum Vertrag von Amsterdam) als „fühlende Lebewesen (sentinent beings)" anerkennt und sowohl die Union als auch die einzelnen Mitgliedstaaten grundsätzlich dazu verpflichtet, ihrem Wohlergehen in vollem Umfang Rechnung zu tragen (Art. 13, Vertrag über die Arbeitsweise der Europäischen Union, AUEV), sind Tiere bewegliche körperliche Sachen im Sinne der Richtlinie (RL) 1999/44/EG (Verbrauchsgüterkauf-RL) [105], durch die das Gewährleistungsrecht der Mitgliedstaaten harmonisiert wurde.

Tierschutzrechtliche Verfügungs- und Verkehrsbeschränkungen

Merke

Eine wesentliche Wirkung von Tierschutzvorschriften besteht darin, die dem Eigentümer eingeräumte, grundsätzlich unbeschränkte Verfügungsmacht über die ihm gehörenden Sachen im Hinblick auf Tiere Restriktionen zu unterwerfen [101].

Was die Rechtfertigung der dadurch bewirkten Einschränkungen der verfassungsrechtlich gewährleisteten Grundrechte auf Unverletzlichkeit des Eigentums und auf Freiheit der Erwerbsbetätigung (Art. 5 bzw. 6 Staatsgrundgesetz, StGG) betrifft, so ist insbesondere bei der Beurteilung der Verhältnismäßigkeit zu berücksichtigen, dass die Rechtsgemeinschaft das Anliegen des Tierschutzes zunehmend höher bewertet und dass das Rechtsgut Tierschutz seit 01.07.2013 ein Staatsziel darstellt (§ 2 Bundesverfassungsgesetz über die Nachhaltigkeit, den Tierschutz, den umfassenden Umweltschutz, die Sicherstellung der Wasser- und Lebensmittelversorgung und die Forschung) sowie als „bedeutendes öffentliches Interesse" anerkannt wird [103].

Gemäß § 362 ABGB ist der Eigentümer berechtigt, „[...] frey über sein Eigenthum zu verfügen, [...] der vollständige Eigenthümer [kann] i. d. R. seine Sache nach Willkühr benützen oder unbenützt lassen; er kann sie vertilgen, ganz oder zum Theile auf Andere übertragen, oder unbedingt sich derselben begeben, das ist, sie verlassen." Als ein gegenüber jedermann durchsetzbares Herrschaftsrecht berechtigt das Eigentumsrecht den Alleineigentümer somit, mit einer ihm gehörenden Sache willkürlich zu verfahren und jeden anderen von ihrer Nutzung auszuschließen (§ 354 ABGB). Während der Eigentümer einer Sache somit grundsätzlich berechtigt ist, diese zu beschädigen oder zu zerstören, sie nach Belieben zu verändern, unsachgemäß zu lagern und bis zum Verschleiß zu benutzen sowie sie wegzuwerfen bzw. zu entsorgen, ist es nach dem Tierschutzrecht u. a. verboten, Tiere roh zu misshandeln oder ihnen unnötige Qualen bzw. ungerechtfertigte Schmerzen, Leiden (einschließlich schwerer Angst) oder Schäden zuzufügen (Verbot der Tierquälerei, § 222 Abs. 1 Z 1 Strafgesetzbuch, StGB, bzw. § 5 Abs. 1 Tierschutzgesetz, TSchG), ein (Wirbel-)Tier mutwillig oder ohne vernünftigen Grund zu töten (§ 222 Abs. 3 StGB bzw. § 6 Abs. 1 TSchG) und Eingriffe vorzunehmen bzw. vornehmen zu lassen, um das Tier nach eigenen ästhetischen Vorstellungen, z. B. durch das Kupieren der Rute oder Ohren, zu verändern (§ 7 Abs. 1 TSchG). Auch dürfen Tiere nicht unter beliebigen Bedingungen gehalten, sondern müssen den tierschutzrechtlichen Anforderungen entsprechend untergebracht und betreut werden. Das Tierschutzrecht überträgt dem Halter eines Tieres (unabhängig davon, ob er Eigentümer ist oder nicht) ein Bündel von Pflichten, deren er sich nicht etwa nach Belieben (z. B. durch Aussetzen oder Zurücklassen des Tieres), sondern nur dann entschlagen darf, wenn er für eine anderweitige geeignete Haltung sorgt, das Tier also z. B. bei einem geeigneten Halter oder in einem Tierheim unterbringt (§ 12 Abs. 2 TSchG).

Das österreichische TSchG enthält darüber hinaus eine Reihe von Vorschriften, die den Rechtsverkehr mit Tieren bzw. bestimmte Verkaufsmodalitäten einschränken:

- Tiere dürfen, außer im Rahmen einer gemäß § 23 TSchG bewilligten Veranstaltung, auf öffentlich zugänglichen Plätzen nicht feilgeboten und verkauft werden; auch das Feilbieten von Tieren im Umherziehen ist verboten (§ 8a Abs. 1 TSchG). Das öffentliche Feilhalten, Feil- oder Anbieten von Tieren zum Kauf oder zur Abgabe ist nur unter bestimmten Voraussetzungen, z. B. im Rahmen einer gewerblichen Tätigkeit oder durch gemeldete Züchter, zulässig; diese Einschränkung gilt auch für das Anbieten in Printmedien (Inseraten), durch Anschläge an öffentlich zugänglichen Orten (z. B. in Supermärkten) und im Internet [103].
- Hunde und Katzen dürfen seit der TSchG-Novelle BGBl. I Nr. 86/2018 in Zoofachhandlungen und vergleichbaren Einrichtungen nicht mehr zum Zweck des Verkaufs gehalten und ausgestellt werden (§ 31 Abs. 5 TSchG). Der Verfassungsgerichtshof (VfGH) hatte dieses bereits in der Stammfassung des TSchG verankerte, 2008 jedoch wieder aufgehobene Verbot als sachlich begründete, erforderliche und verhältnismäßige Beschränkung der Verkaufsmodalitäten beurteilt und somit einen unzulässigen Eingriff in das durch Art. 6 StGG verfassungsgesetzlich ge-

währleistete Recht auf Freiheit der Erwerbsbetätigung verneint (VfGH G 73/05–6 v. 07.12.2005).

- Tiere, für die das Weiterleben mit nicht behebbaren Qualen verbunden wäre, dürfen zu keinem anderen Zweck als zur unverzüglichen schmerzlosen Tötung weitergegeben, veräußert oder erworben werden. Der Erwerber eines solchen Tieres ist verpflichtet, dieses unverzüglich schmerzlos zu töten oder töten zu lassen (§ 8 i. V. m. § 6 Abs. 4 Z 4 TSchG).
- Tiere mit Qualzuchtmerkmalen dürfen nicht importiert, erworben, vermittelt, weitergegeben oder ausgestellt werden (§ 5 Abs. 2 Z 1 TSchG).
- Hunde, die nach dem 01.01.2008 geboren wurden, dürfen nicht importiert, erworben, vermittelt, weitergegeben oder ausgestellt werden, wenn an ihren Körperteilen Eingriffe vorgenommen wurden, die in Österreich verboten sind (§ 7 Abs. 5 TSchG). In Zoofachhandlungen und vergleichbaren Einrichtungen dürfen auch andere Tiere, an denen verbotene Eingriffe vorgenommen wurden, nicht zum Verkauf angeboten werden (§ 7 Abs. 2 TSch-SV).
- An minderjährige Personen, die das 16. Lebensjahr noch nicht vollendet haben, dürfen Tiere nur mit Einwilligung eines Erziehungsberechtigten abgegeben werden (§ 12 Abs. 3 TSchG).

Kaufrecht

§ Gesetzliche Grundlagen

Die für Kaufverträge maßgeblichen Bestimmungen sind im ABGB verankert; für Verbrauchergeschäfte, d. h. für Verträge, die zwischen einem Unternehmer und einer Privatperson abgeschlossen werden, gelten darüber hinaus die Sonderbestimmungen des Konsumentenschutzgesetzes (KSchG). Tiere werden im Kaufrecht wie bewegliche körperliche Sachen behandelt [122]. Als Rechtsgeschäft und Konsensualvertrag ermöglicht es der Kaufvertrag den Vertragsparteien, ihre Rechtsbeziehungen innerhalb der gesetzlichen Grenzen einvernehmlich frei zu gestalten (Grundsatz der Privatautonomie). Verstößt ein Kaufvertrag gegen ein ausdrückliches gesetzliches Verbot, z. B. gegen eine der oben angeführten Verfügungs- bzw. Verkehrsbeschränkungen, oder gegen die guten Sitten, so ist der Vertrag grundsätzlich nichtig (§ 879 Abs. 1 ABGB).

Der Kaufvertrag ist ein 2- bzw. mehrseitiges, eigentumsübertragendes Rechtsgeschäft, welches durch die Einigung der Vertragsparteien über Ware und Preis zustande kommt (vgl. zum Kaufvertrag ausführlich [99], [126]). Da für Verbrauchergeschäfte die Bestimmungen des KSchG gelten, ist es v. a. im Zusammenhang mit der Gewährleistung maßgeblich, ob (ein Tier) von einem Unternehmer (z. B. Pferde- oder Viehhändler) oder von einer Privatperson gekauft wird.

! Merke

Obwohl auch mündliche Kaufverträge gültig sind (Grundsatz der Formfreiheit), sollte der Kaufvertrag nicht zuletzt im Hinblick auf mögliche Gewährleistungsansprüche stets schriftlich geschlossen werden.

Beim Abschluss von Kaufverträgen über Pferde z. B. ist es zweckmäßig, neben den allgemeinen Vertragsinhalten, insbesondere der genauen Spezifizierung des Pferdes durch Beschreibung und Angabe der Lebensnummer sowie der Festlegung des Kaufpreises, auch den Gesundheitszustand und ggf. den Ausbildungsstand des Tieres sowie seine Tauglichkeit für den beabsichtigten Verwendungszweck anzuführen. Im Hinblick auf die Anwendbarkeit des KSchG ist es hilfreich anzugeben, ob es sich beim Verkäufer und Käufer um Unternehmer oder um Privatpersonen handelt [119]. Diese Ausführungen gelten sinngemäß auch für den Kauf anderer (Begleit- bzw. Heim-)Tiere [104].

Im Zusammenhang mit dem Kauf bzw. Verkauf eines Pferdes wird häufig eine Ankaufsuntersuchung durch einen Tierarzt durchgeführt; diese kann vom Käufer, aber auch vom Verkäufer beauftragt werden. In Ermangelung einer anderslautenden Vereinbarung sind die dafür anfallenden Kosten von der die Untersuchung beauftragenden Vertragspartei zu tragen. Der Umfang der Untersuchung sollte genau abgeklärt und das Ergebnis im Detail protokolliert werden (vgl. Mustervertrag und Untersuchungsprotokoll der Vereinigung der Österreichischen Pferdetierärzte (VÖP) et al., 2018). Der durchführende Tierarzt unterliegt der Aufklärungspflicht, gibt aber keine Kaufempfehlung ab [119].

Der Kaufvertrag verpflichtet den Verkäufer zur Übergabe und Übereignung des Kaufgegenstandes und den Käufer zur Zahlung des Kaufpreises. Beide Leistungen sind grundsätzlich Zug um Zug zu erbringen. Bei Vereinbarung eines Übergabezeitpunkts gelten für die Berechnung der Frist die Grundsätze der §§ 902 ff. ABGB. Sofern keine besondere Vereinbarung getroffen wird, ist der Übergabeort bei beweglichen körperlichen Sachen der Wohnsitz des Schuldners im Zeitpunkt des Vertragsabschlusses. Besondere Arten von Kaufverträgen sind z. B. der Kreditkauf (§ 1063 ABGB), der Kauf auf Probe (§ 1080 ABGB) und der Kauf mit Umtauschvorbehalt; vgl. zu typischen Sondervereinbarungen wie dem Vorkaufs- und dem Wiederkaufsrecht sowie zur Berittvereinbarung mit dem Verkäufer [119].

Gewährleistungsrecht

Im Rahmen des Gewährleistungsrechts-Änderungsgesetzes 2001 (GewRÄG) wurden die im ABGB und im KSchG verankerten Bestimmungen über die Mängelhaftung an die Vorgaben der Verbrauchsgüterkauf-RL angepasst. Das Sondergewährleistungsrecht für Viehmängel blieb dabei unverändert; dies gilt für die Vermutungsregeln über den Zeitpunkt des Vorliegens des Mangels (§§ 925–927 ABGB), die einstweilige Verfügung über den gerichtlichen Verkauf von Tieren während des Rechtsstreits über die Aufhebung des Vertrags wegen eines Viehmangels (§ 932a ABGB) und die Gewährleistungsfrist (§ 933 ABGB).

Verschuldensunabhängige Mängelhaftung

Unter „Gewährleistung" ist die Pflicht zum Einstehen des Verkäufers für Mängel des Kaufgegenstandes zu verstehen (§ 922 ABGB). Der Verkäufer haftet unabhängig vom Verschulden für die als Erfolg geschuldete Qualität und Quantität sowie für die Freiheit von Rechtsmängeln [122]. Die Haftung setzt voraus, dass der Mangel bereits im Zeitpunkt der Übergabe vorhanden, jedoch nicht erkennbar war (§ 928 ABGB).

Mangelhaftigkeit

Die Gewährleistungspflicht umfasst Sach- und Rechtsmängel. Ganz allgemein haftet der Übergeber dafür, dass die Sache dem Vertrag entspricht.

Definition

Ein **Sachmangel** liegt vor, wenn der Kaufgegenstand nicht die gewöhnlich vorausgesetzten oder ausdrücklich vereinbarten Eigenschaften aufweist, d. h., dass der Kaufgegenstand so beschaffen sein muss, dass er entsprechend der Natur des Geschäfts oder der getroffenen Vereinbarung verwendet werden kann.

Gemäß § 922 Abs. 1 Satz 2 ABGB werden jedenfalls die **gewöhnlich vorausgesetzten Eigenschaften** des Kaufgegenstands geschuldet; behauptet der Übergeber, dass eine geringere Qualität vereinbart wurde, so trägt er dafür die Beweislast.

Besondere Eigenschaften, wie etwa Trächtigkeit oder Milchertrag, bedürfen einer ausdrücklichen Zusage ([122]). Auch ein bestimmter Ausbildungsstand muss grundsätzlich explizit vereinbart werden, doch kann die Tauglichkeit des Kaufgegenstands für einen bestimmten Zweck (z. B. Einsatz als Reit- oder Turnierpferd) u. U. auch aus der Natur des Geschäfts oder aus anderen Umständen, wie etwa der Höhe des Kaufpreises, abgeleitet werden [122]. Angaben in Inseraten oder Katalogen (z. B. „verladefrommes Reitpferd", „kinderfreundlicher Hund") bewirken grundsätzlich eine schlüssige Zusage dieser Eigenschaft [122]. Die Vereinbarung besonderer Eigenschaften hat der Übernehmer zu beweisen.

Grundsätzlich ist zwischen **Krankheiten** und sonstigen Mängeln zu unterscheiden, wobei im Hinblick auf bestimmte Tierkrankheiten („Viehmängel") auf Verordnungsebene eine verkürzte Vermutungsfrist (S. 70) festgelegt wird. Auch bei den als weitere Beispiele für Sachmängel angeführten **Verhaltensstörungen** (wie etwa beim Koppen) handelt es sich um eine vorwiegend haltungsbedingte, durch mangelnde Beschäftigung verursachte psychische Erkrankung, sodass vereinzelt zutreffend auf die Problematik der Definition des veterinärmedizinischen Begriffs „Krankheit" im rechtlichen Kontext hingewiesen wird [105].

Abgesehen von **Abstammungsmängeln** werden, soweit ersichtlich, bislang weder in der Lehre noch in der Judikatur Qualzuchtmerkmale i. S. d. § 5 Abs. 2 Z 1 TSchG als möglicherweise haftungsbegründende Mängel thematisiert, obwohl die davon betroffenen Tiere zuchtbedingt klinische

Symptome aufweisen, die im Übergabezeitpunkt häufig nicht erkennbar sind, jedoch z. B. zu wesentlichen Auswirkungen auf die Gesundheit oder zu einer erhöhten Verletzungsgefahr führen (z. B. Lahmheiten bzw. schmerzhafte Einschränkungen der Bewegung als Folge von chronisch degenerativen Gelenkserkrankungen im Zusammenhang mit extremen Körperformen wie Riesen- oder Zwergwuchs; Missbildungen der Schädeldecke, wie z. B. persistierende Fontanellen bei Zwerghunderassen und brachycephalen Rassen oder eine extrem dünne Schädeldecke bei Zwerghunderassen, vgl. Regierungsvorlage und Materialien zur Novellierung des TSchG 2008, 3f.).

Definition

Ein **Rechtsmangel** liegt schließlich dann vor, wenn der Übergeber dem Übernehmer nicht die vertraglich vereinbarte Rechtsposition verschafft, z. B. weil er eine fremde Sache als seine eigene oder eine mit einem Pfandrecht belastete Sache als lastenfrei verkauft [122].

Beweislast (Vermutungsfrist)

Generell gilt die Vermutung, dass ein Mangel bereits bei Übergabe vorhanden war, wenn er innerhalb der ersten 6 Monate ab dem Zeitpunkt der Übergabe bemerkt und geltend gemacht wird. Um den Gewährleistungsanspruch abzuwenden, muss der Verkäufer beweisen, dass dies nicht der Fall war (Beweislastumkehr, § 924 ABGB).

Bei bestimmten Tiermängeln sind jedoch die **Sondergewährleistungsbestimmungen** gemäß § 925ff. ABGB zu beachten.

Gesetzliche Grundlagen

Die auf der Grundlage des § 925 ABGB erlassene Verordnung (VO) über die **Vermutungsfrist** bei Tiermängeln, BGBl. 1972/472, regelt, in welchen Fällen die widerlegbare Vermutung eintritt, dass ein Tier schon bei Übergabe krank war, wenn innerhalb einer festgelegten Frist bestimmte Krankheiten auftreten (▸ Tab. 3.2).

▸ **Tab. 3.2** Übersicht über Vermutungsfristen bei Viehmängeln (nach [128]).

Mangel	Vermutungsfrist
Pferd, Esel, Maultier, Maulesel	
Dämpfigkeit	14 d
Dummkoller	14 d
Aufsetzkoppen	14 d
Freikoppen	7 d
Kehlkopfpfeifen	7 d
innere Augenentzündung	7 d
Rind	
Leukose	150 d
Tuberkulose	21 d
Finnen	21 d
Lungenwurmseuche	21 d
Scheidenvorfall	14 d
Zungenschlagen	14 d
Schaf	
allgemeine, durch Parasiten bedingte Wassersucht	21 d
Räude	7 d
Ziege	
Tuberkulose	21 d
Schwein	
Leukose	60 d
Finnen	21 d
Muskeltrichinen	7 d
Grabmilbenräude (Sarcoptes-Räude)	7 d
Kaninchen	
Myxomatose	10 d
Ohrräude	7 d
Huhn	
Marekscher Krankheit	28 d
Leukose	21 d
Zitterkrankheit (aviäre Encephalomyelitis)	10 d
Geflügelpocken (Pockendiphteroid)	7 d
atypische Geflügelpest (Newcastle-Krankheit)	5 d

Die konkrete Verwendung des Tieres als landwirtschaftliches Nutztier oder als „Hobbytier" ist dabei unbeachtlich [128]. Die Sonderregelung soll dem Käufer den gerade bei Tierkrankheiten schwierigen Beweis erleichtern, dass der Mangel bereits im Zeitpunkt der Übergabe vorhanden war. Der Beweis, dass die Krankheit innerhalb der Vermutungsfrist ausgebrochen ist, obliegt dem Käufer, der den Mangel gemäß § 926 ABGB „sogleich nach seiner Entdeckung" dem Verkäufer bzw. in dessen Abwesenheit dem Gemeindevorsteher anzeigen muss; alternativ kann der Käufer das Tier von einem Sachverständigen untersuchen lassen oder die gerichtliche Beweisaufnahme zur Sicherung des Beweises beantragen [128].

Bei Krankheiten, die nicht unter die Vermutungsfristen der auf der Grundlage des § 925 ABGB erlassenen VO fallen, stellt die Rechtsprechung auf den üblichen Zeitraum zwischen dem Beginn der jeweiligen Erkrankung und dem Auftreten wahrnehmbarer Symptome bzw. – bei Infektionskrankheiten – auf die Dauer der Inkubationszeit ab. Der OGH spricht sich für eine flexible Anwendung des § 924 Satz 2 ABGB aus und stellt auf den konkreten Zeitpunkt des Hervorkommens sowie der Art und Wurzel der jeweiligen Erkrankung ab (4 Ob 104/07 h JBl 2007, 787 zum Kissing Spine-Syndrom und Verkalkungen eines Reitpferdes im Bereich des Nackens). Die gesetzliche Vermutung greift lt. OGH jedenfalls dann ein, wenn eine erstmals nach Übergabe festgestellte Erkrankung bereits im Zeitpunkt der Übergabe vorhanden gewesen sein kann [123].

Gewährleistungsfrist

Die Gewährleistungsfrist für bewegliche Sachen beträgt seit dem Inkrafttreten des GewRÄG am 01.01.2002 entsprechend den Vorgaben des Art. 5 der RL 1999/44/EG sowohl für Sach- als auch für Rechtsmängel grundsätzlich 2 Jahre (§ 933 Abs. 1 ABGB).

§ Gesetzliche Grundlagen

Da die Zweijahresfrist beim Viehkauf im Zusammenhang mit der durch § 924 ABGB angeordneten Beweislastumkehr zu lange erschien, hat sich der österreichische Gesetzgeber dazu entschlossen, für Viehmängel die bereits zuvor geltende Gewährleistungsfrist von 6 Wochen beizubehalten (§ 933 Abs. 2 ABGB); diese gilt nur für Sach-, nicht hingegen für Rechtsmängel. Die **verkürzte Gewährleistungsfrist** kommt allerdings nur unter der Voraussetzung zur Anwendung, dass das Tier von einem Unternehmer (z. B. Viehhändler) entgeltlich erworben wurde (§ 9 Abs. 2 KSchG). Bei Verbrauchergeschäften, d. h. bei Verträgen zwischen einem Unternehmer und einem Konsumenten, wird die Anwendbarkeit der Sonderbestimmungen für Viehmängel ausgeschlossen (§ 9 KSchG; [114]), da die kurze Gewährleistungsfrist von 6 Wochen mit der Verbrauchsgüterkauf-RL unvereinbar ist [128].

Die Streitfragen, ob unter dem Begriff „Vieh" nur landwirtschaftliche Nutztiere zu verstehen sind und ob der Begriff „Viehmängel" alle Sachmängel eines Tieres oder nur Krankheiten umfasst, wurden durch das GewRÄG nicht geklärt. Der OGH vertritt die Auffassung, dass unter dem Begriff „Vieh" nur Nutztiere zu verstehen sind, während die herrschende Lehre alle Tiere unter diesen Begriff subsumieren will und dies mit der ratio legis begründet [131].

Der Lauf der Gewährleistungsfrist beginnt bei beweglichen körperlichen Sachen und Tieren grundsätzlich ab der körperlichen Übergabe des Kaufgegenstands, bei Rechtsmängeln ab jenem Zeitpunkt, an dem diese dem Gewährleistungsberechtigten bekannt werden. Bei Mängeln, für die eine Vermutungsfrist i. S.d. VO über die Vermutungsfrist bei Tiermängeln besteht, beginnt die Gewährleistungsfrist erst nach deren Verstreichen zu laufen.

Ausschluss der Gewährleistung und Verkürzung der Gewährleistungsfrist

Bei Kaufverträgen zwischen Unternehmern kann die Gewährleistung einvernehmlich verkürzt und grundsätzlich auch ganz ausgeschlossen werden. Die Gewährleistungsansprüche eines Verbrauchers können hingegen nicht ausgeschlossen und grundsätzlich auch nicht eingeschränkt werden; lediglich beim Kauf einer gebrauchten Sache kann die Gewährleistungsfrist auch beim Verbrauchergeschäft im Einvernehmen von Käufer und Verkäufer rechtswirksam auf 1 Jahr verkürzt werden, wobei unklar ist, ab wann ein Tier als „gebraucht" anzusehen ist [119].

Bei Auktionskäufen sind die Versteigerungsbedingungen zu beachten; sie enthalten häufig Haftungsausschlüsse, die beim Verbrauchergeschäft allerdings grundsätzlich unwirksam sind; lediglich bei einer gerichtlichen Versteigerung im Rahmen eines Exekutionsverfahrens bestehen auch gegenüber Verbrauchern keine Gewährleistungsansprüche [119].

Gewährleistungsbehelfe

Ein Anspruch auf Gewährleistung kann zunächst durch Verbesserung oder Austausch (primäre Gewährleistungsbehelfe), danach durch Minderung oder Wandlung (sekundäre Gewährleistungsbehelfe) geltend gemacht werden. Die Gewährleistungsbehelfe sind in der genannten Reihenfolge in Anspruch zu nehmen, d. h., dass eine Minderung des Kaufpreises oder eine Wandlung (Aufhebung des Vertrags) erst dann in Frage kommt, wenn eine Verbesserung (z. B. durch eine tierärztliche Behandlung) oder – bei Gattungsschulden – ein Austausch nicht möglich ist (§ 932 ABGB). Ein sekundärer Gewährleistungsbehelf kann allerdings sofort in Anspruch genommen werden, wenn den Übergeber ein Verschulden an der Mangelhaftigkeit trifft [122], [124]; vgl. zu den einzelnen Gewährleistungsbehelfen ausführlich [124], [129].

Das Recht auf Gewährleistung muss vom Gewährleistungsberechtigten durch außergerichtliche Einigung, Klage oder Einrede geltend gemacht werden. Zur Sonderregelung über den gerichtlichen Verkauf von Tieren während eines Rechtsstreites über die Vertragsaufhebung wegen eines Viehmangels vgl. [130].

Auf den Punkt gebracht – Rechtsstellung von Tieren in Österreich

Da das (österreichische) Zivilrecht auch nach der Reform der Rechtsstellung des Tieres im Jahr 1988 nur zwischen Personen (Rechtssubjekten) und Sachen (Rechtsobjekten) unterscheidet, geht die herrschende Lehre weiterhin von einer als zwingend erachteten Zweiteilung [125], und eben nicht – wie vereinzelt behauptet – von einer „Zweieinhalbteilung der Welt" [127] aus. Ob dem ABGB deshalb unterstellt werden kann, dass es „dem Tierschutz ablehnend gegenüberstehe", sei dahingestellt; der diesem (fiktiven) Vorwurf entgegengehaltenen Auffassung, wonach Tierschutz keine Aufgabe des bürgerlichen, sondern des öffentlichen Rechts und des (Justiz-)Strafrechts wäre [110], ist jedenfalls insofern entgegenzutreten, als es der Grundsatz der „Einheit der Rechtsordnung" gebietet, Widersprüche zwischen verschiedenen Rechtsgrundlagen und -materien zu vermeiden bzw. zu beseitigen oder zumindest zu minimieren [116].

Ein besonders deutliches Beispiel für einen solchen Widerspruch ist die Diskrepanz zwischen dem zivilrechtlichen und öffentlich-rechtlichen Status von Tieren [118], [115]. Durch § 285a ABGB hat der Gesetzgeber immerhin klargestellt, dass Tiere (auch rechtlich) keine Sachen sind, da es „ein verständliches Anliegen [ist], auch im ABGB den Unterschied zwischen Tieren und anderen Sachen herauszuarbeiten [...] und deutlich zu machen, dass Tiere nicht allgemein den Regelungen unterliegen wie leblose Gegenstände" (Ausschussbericht des Nationalrates 1988, 1). Wenngleich diese Bestimmung keine materiellrechtliche Änderung der Rechtsstellung von Tieren bewirkt, sondern lediglich auf die tierspezifischen Sondervorschriften verweist, so macht sie doch deutlich, dass Tiere nicht in vollem Umfang der mit dem Eigentumsrecht grundsätzlich verbundenen willkürlichen Verfügungsgewalt unterliegen; die Bestimmung kann daher zutreffend als bloß deklaratorisch bezeichnet, jedoch keinesfalls als „legistischer Scherz" [122] abgetan werden.

Obwohl das österreichische Gewährleistungsrecht versucht, der Besonderheit von Tieren als Lebewesen, die einer raschen Zustandsveränderung unterliegen (können), durch Sonderbestimmungen für Viehmängel Rechnung zu tragen [131], wird das Gewährleistungsrecht insgesamt weder den Tieren als Lebewesen noch der Mensch-Tier-Beziehung gerecht. Trotz der in vielen Fällen bereits bestehenden emotionalen Bindung ist das gekaufte Tier bei Inanspruchnahme des Rechtsbehelfs der Wandlung dem Übergeber gegen Erstattung des Kaufpreises zurückzustellen und auch die Vorstellung von „gebrauchten Tieren" mutet befremdlich an. Andererseits scheint das Potenzial des Gewährleistungsrechts zur Geltendmachung von Haftungsansprüchen wegen qualzuchtbedingter Krankheiten und daraus resultierender Behandlungskosten noch weitgehend unberücksichtigt.

Auf supranationaler Ebene wurde das Gewährleistungsrecht vor Kurzem neuerlich reformiert. Die RL (EU) 2019/771 (Warenkauf-RL), die grundsätzlich eine weitgehende Vollharmonisierung anstrebt [113], [120], [121], muss in den Mitgliedstaaten bis 01.01.2021 umgesetzt werden, das abgeleitete Recht ist ab 01.01.2022 anzuwenden. Da die neue RL keine tierspezifischen Bestimmungen umfasst, sondern die Mitgliedstaaten dazu ermächtigt, lebende Tiere aus dem Anwendungsbereich des abgeleiteten Rechts auszuschließen (Art. 3 Abs. 5 lit. b RL (EU) 2019/771), unterstreicht sie die Sonderstellung von Tieren. Es liegt somit an den nationalen Gesetzgebern, den durch die Warenkauf-RL eröffneten Spielraum zu nutzen, um Bestimmungen zu erlassen, die der Sonderstellung von Tieren besser gerecht werden als die geltende Rechtslage.

Vor allem in der Rechtstheorie des angloamerikanischen Sprachraums wurden in diesem Zusammenhang z. T. sehr weitreichende Reformvorschläge entwickelt. So fordert etwa G.L. Francione, Distinguished Professor of Law an der Rutgers School of Law und ein Hauptvertreter des Abolitionismus, das Eigentumsrecht an Tieren abzuschaffen, da es die Wurzel ihrer Ausbeutung darstelle [102], [108], [109].
D. Favre, Professor am College of Law der Michigan State University, hingegen plädiert für eine mit dem geltenden Rechtssystem grundsätzlich kompatible Lösung, wenn er anregt, dem veränderten Stellenwert von Tieren im Zivilrecht durch die Einführung einer Eigentumskategorie sui generis („living property") Rechnung zu tragen [106], [107]. Diese Lösung würde die Weichen für eine längst überfällige Dreiteilung des juristischen Universums stellen und die Diskrepanz zwischen dem zivilrechtlichen und dem öffentlich-rechtlichen Status von Tieren wenn schon nicht beseitigen, so doch verringern.

Quellenangaben

Literatur

[99] Aicher J. § 1053 ABGB. In: Rummel P, Lukas M: ABGB Kommentar. 4. Aufl. Wien: Manz'sche Verlags- und Universitätsbuchhandlung; 2017 (Stand 1.5.2018, rdb.at)

[100] Aicher J. § 1054 ABGB. In: Rummel P, Lukas M: ABGB Kommentar. 4. Aufl. Wien: Manz'sche Verlags- und Universitätsbuchhandlung; 2017 (Stand 1.5.2018, rdb.at)

[101] Binder R. Tierschutz beginnt dort, wo die Freiheit des Tierhalters endet: Tierschutzrecht im Spannungsfeld zwischen Grundrechten und Grundfreiheiten. 4. Tagung der Plattform Österreichische TierärztInnen für Tierschutz. Veterinärmedizinische Universität Wien; 2013:5–14

[102] Binder R. Animal Welfare Regulation: Shortcomings, Requirements, Perspectives. The Case for Regulating the Human – Animal Relationship. In: Peters A, Stucki S, Boscardin L (Hrsg). Animal Law: Reform or Revolution? Zürich, Basel, Genf: Schulthess Juristische Medien; 2015:67–86

[103] Binder R. Das österreichische Tierschutzrecht. 4. Aufl. Wien: Manz'sche Verlags- und Universitätsbuchhandlung; 2019

[104] Binder R. Hund und Kaufrecht. Ein juristischer Leitfaden für alle, die sich einen Vierbeiner anschaffen wollen. 2. Aufl. Wien: Tierschutzombudsstelle Wien; 2019

[105] Dobretsberger G. § 924 ABGB bei Tiermängeln. In: AnwBl 2003; 19:539–546

[106] Favre D. Living Property: A New Status for Animals within the Legal System 2010; http://works.bepress.com/david_favre/1 (accessed: 10.05.2020)

[107] Favre D. Animal Ownership. In: Favre D. Animal Law. Welfare, Interests, and Rights. 2nd ed. Frederick: Wolters Kluwer Law & Business; 2011:29–94

[108] Francione GL. Animals, Property & the Law. Philadelphia: Temple University Press; 1995

[109] Francione GL, Charlton AE. Animal Law: A Proposal for a New Direction. In: Peters A, Stucki S, Boscardin L (Hrsg). Animal Law: Reform or Revolution? Zürich, Basel, Genf: Schulthess Juristische Medien; 2015:33–66

[110] Gimpel-Hinteregger M. Das Tier als Sache und Ersatz der Heilungskosten für ein verletztes Tier. ÖJZ 1989; 65–71

[111] Helmich E. § 285a ABGB. In: Kletecka A, Schauer M. ABGB-ON Kommentar zum Allgemeinen bürgerlichen Gesetzbuch. Wien: Manz'sche Verlags- und Universitätsbuchhandlung; 2018 (Stand: 1.7.2018, rdb.at)

[112] Holzner C. § 285a ABGB. In: Rummel P, Lukas M. ABGB Kommentar, 4. Aufl. Wien: Manz'sche Verlags- und Universitätsbuchhandlung; 2016 (Stand 1.7.2016, rdb.at)

[113] Kodek G, Leupold P. Gewährleistung NEU. Ausgewählte Auslegungsfragen und Umsetzungsoptionen. Wien: Manz'sche Verlags- und Universitätsbuchhandlung; 2019

[114] Krejci H. § 9 KSchG. In: Rummel P, Lukas M. ABGB. 4. Aufl. Wien: Manz'sche Verlags- und Universitätsbuchhandlung; 2002 (Stand 1.1.2002, rdb.at)

[115] Lennkh S. The Animal: A Subject of Law? A Reflection on Aspects of the Austrian and German Juridical Systems. Int J Semiot Law 2011; 24(3):307–329

[116] Lindner JF. Der Grundsatz der Einheit der Rechtsordnung. In: Hellwege P, Soniewicka M (Hrsg.): Die Einheit der Rechtsordnung. Annäherungen – Bestandsaufnahme – Reflexionen. Tübingen: Mohr Siebeck 2020; 15–26

[117] Lippold R. Über Tiere und andere Sachen – § 285a ABGB als Beispiel zeitgenössischer Gesetzgebungskunst. ÖJZ 1989; 335–340

[118] Maier EM. Zwischen Verdinglichung und Personenwürde? Das Tier in der aktuellen rechtsethischen Diskussion. JPR 2006; 3:196–205

[119] Ollinger N. Pferdekauf. Zentrale Rechtsfragen – praktisch dargestellt. Mit Musterteil. Wien, Graz: Neuer Wissenschaftlicher Verlag; 2016

[120] Parapatits F, Stabentheiner J. Ausgewählte Fragen zum neuen europäischen Gewährleistungsrecht – Vertragskonformität, Fristen, Geltendmachung. ÖJZ 2019; 23–24:1041–1061

[121] Parapatits F, Stabentheiner J. Ausgewählte Fragen zum neuen europäischen Gewährleistungsrecht – Beweislast und das System der Abhilfen. ÖJZ 2020; 3:101–123

[122] Reischauer R. § 923 ABGB. Fälle der Gewährleistung. In: Rummel P, Lukas M. ABGB, Kommentar. 4. Aufl. Wien: Manz'sche Verlags- und Universitätsbuchhandlung; 2018 (Stand 1.5.2018, rdb.at)

[123] Reischauer R. § 925 ABGB. Fälle der Gewährleistung. In: Rummel P, Lukas M. ABGB, Kommentar, 4. Aufl. Wien: Manz'sche Verlags- und Universitätsbuchhandlung; 2018 (Stand 1.5.2018, rdb.at)

[124] Reischauer R. § 932 ABGB. Rechte aus der Gewährleistung. In: In: Rummel P, Lukas M. ABGB, Kommentar, 4. Aufl. Wien: Manz'sche Verlags- und Universitätsbuchhandlung; 2018 (Stand 1.5.2018, rdb.at)

[125] Saria G. Tiere als Güter. Zum Einfluss der §§ 285a, 1332a ABGB auf die Auslegung des Begriffs. ÖJZ 2001; 5:161–169

[126] Verschraegen B. § 1053 ABGB. In: Kletecka A, Schauer M. ABGB-ON Kommentar zum Allgemeinen bürgerlichen Gesetzbuch. Wien: Manz'sche Verlags- und Universitätsbuchhandlung; 2019 (Stand: 1.3.2019, rdb.at)

[127] Weber K. Ist der „Ötzi" ein Denkmal? Kulturgüterschutzrechtliche Aspekte von archäologischen Funden. ÖJZ 1992; 673–680

[128] Zöchling-Jud B. § 927 ABGB. In: Kletecka A, Schauer M. ABGB-ON Kommentar zum Allgemeinen bürgerlichen Gesetzbuch. Wien: Manz'sche Verlags- und Universitätsbuchhandlung; 2016 (Stand: 1.1.2016, rdb.at)

[129] Zöchling-Jud B. § 932 ABGB. In: Kletecka A, Schauer M. ABGB-ON Kommentar zum Allgemeinen bürgerlichen Gesetzbuch. Wien: Manz'sche Verlags- und Universitätsbuchhandlung; 2016 (Stand: 1.1.2016, rdb.at)

[130] Zöchling-Jud B. § 932a ABGB. In: Kletecka A, Schauer M. ABGB-ON Kommentar zum Allgemeinen bürgerlichen Gesetzbuch. Wien: Manz'sche Verlags- und Universitätsbuchhandlung; 2016 (Stand: 1.1.2016, rdb.at)

[131] Zöchling-Jud B. § 933 ABGB. In: Kletecka A, Schauer M. ABGB-ON Kommentar zum Allgemeinen bürgerlichen Gesetzbuch. Wien: Manz'sche Verlags- und Universitätsbuchhandlung; 2016 (Stand: 1.1.2016, rdb.at)

Rechtsgrundlagen

Internationales und supranationales Recht

[132] RL 1999/44/EG des Europäischen Parlaments und des Rates vom 25. Mai 1999 zu bestimmten Aspekten des Verbrauchsgüterkaufs und der Garantien für Verbrauchsgüter, ABl. L 171 v. 07.07.1999

[133] RL (EU) 2019/771 des Europäischen Parlaments nd des Rates vom 20. Mai 2019 über bestimmte vertragsrechtliche Aspekte des Warenkaufs, zur Änderung der Verordnung (EU) 2017/2394 und der Richtlinie 2009/22/EG sowie zur Aufhebung der Richtlinie 1999/44/EG, ABl. L 136/28 v. 22.05.2019

[134] Vertrag über die Arbeitsweise der Europäischen Union (Konsolidierte Fassung), ABl. C 326/49 v. 26.10.2012

Österreichisches Recht

[135] Allgemeines bürgerliches Gesetzbuch (ABGB), JGS Nr. 946/1811 idF BGBl. I Nr. 161/2017

[136] BG, mit dem das Gewährleistungsrecht im Allgemeinen Bürgerlichen Gesetzbuch und im Konsumentenschutzgesetz sowie das Versicherungsvertragsgesetz geändert werden (Gewährleistungsrechts-Änderungsgesetz – GewRÄG), BGBl I 48/2001

[137] BG über den Schutz der Tiere (Tierschutzgesetz – TSchG), BGBl. I Nr. 118/2004, Artikel 2 idF BGBl. I Nr. 148/2017

[138] BG vom 8. März 1979, mit dem Bestimmungen zum Schutz der Verbraucher getroffen werden (Konsumentenschutzgesetz – KSchG), BGBl. Nr. 140/1979 idF BGBl. I Nr. 58/2018

[139] BundesverfassungsG über die Nachhaltigkeit, den Tierschutz, den umfassenden Umweltschutz, die Sicherstellung der Wasser- und Lebensmittelversorgung und die Forschung, BGBl. I Nr. 111/2013 idF BGBl. I Nr. 82/2019

[140] G vom 1. August 1895, über das gerichtliche Verfahren in bürgerlichen Rechtsstreitigkeiten (Zivilprozessordnung – ZPO), RGBl. Nr. 113/1895 idF BGBl. I Nr. 109/2018

[141] G vom 27. Mai 1896, über das Exekutions- und Sicherungsverfahren (Exekutionsordnung – EO), RGBl. Nr. 79/1896 idF BGBl. I Nr. 16/2020

[142] StaatsgrundG vom 21. December 1867, über die allgemeinen Rechte der Staatsbürger für die im Reichsrathe vertretenen Königreiche und Länder, RGBl. Nr. 142/1867 idF BGBl. Nr. 684/1988

[143] VO über Mindestanforderungen zum Schutz von Tieren in besonderen Haltungen (Tierschutz-Sonderhaltungsverordnung – TSch-SV), BGBl. II Nr. 139/2018

[144] VO des BM für Justiz vom 28. November 1972 über die Vermutungsfristen bei Tiermängeln, BGBl. Nr. 472/1972

Materialien

[145] Ausschussbericht des Nationalrates, 497 der BlgNR, XVII. GP

[146] Regierungsvorlage und Materialien zur Novellierung des TSchG, 291 der BlgNR, XXIII GP https://www.parlament.gv.at/PAKT/VHG/XXIII/I/I_00291/index.shtml; Stand: Juli 2020

[147] Vereinigung der Österreichischen Pferdetierärzte (VÖP), Veterinärmedizinische Universität Wien (Universitätsklinik für Pferde) und Österreichische Tierärztekammer (2018): Vertrag über die Untersuchung eines Pferdes. https://www.pferdemedizin.at/pages/downloads.php; Stand: Juli 2020

4 Rechtliche Aspekte der Fort- und Weiterbildung

Andreas Pospischil, Martin Reifinger, Peter Rüsch, Axel Wehrend

4.1 Definitionen

Axel Wehrend

Fortbildung in der Veterinärmedizin umfasst alle Maßnahmen, die dazu geeignet sind, die tierärztliche, berufsbezogene Kompetenz zu erhalten und weiterzuentwickeln mit dem Ziel der kontinuierlichen Verbesserung der Berufsausübung. Da sich durch wissenschaftliche Erkenntnisse, gesellschaftliche Entwicklungen und technischen Fortschritt die Anforderungen an den Tierarzt stetig verändern, kann der Prozess der Fortbildung nie zu Ende sein. Dabei müssen die Inhalte der Fortbildung nicht primär auf veterinärmedizinische Tätigkeiten ausgerichtet sein, sondern können auch die Gebiete der sozialen Kompetenz und der Praxisführung umfassen. Fortbildung ist zwar auf die oben formulierten Ziele hin ausgerichtet, es gibt aber keine in einer Fortbildungsordnung definierten Titel oder Zertifikate, die durch eine Prüfung erworben werden könnten. In diesem Punkt unterscheidet sich die tierärztliche Definition der Fortbildung in Deutschland von der Fortbildung, wie sie im Berufsbildungsgesetz definiert ist. Die Fortbildung gehört zu den Berufspflichten.

Im Gegensatz zur Fortbildung ist das Ziel der **Weiterbildung** klar definiert. Weiterbildung gehört nicht zu den Berufspflichten. Es handelt sich um eine freiwillige Spezialisierung.

Zwischen Fort- und Weiterbildung gibt es eine Reihe von Schnittstellen. So können Fortbildungsveranstaltungen zur Weiterbildung geeignet sein und umgekehrt.

4.2 Situation in Deutschland

Axel Wehrend

4.2.1 Akademie für Tierärztliche Fortbildung

Die Akademie für Tierärztliche Fortbildung (ATF) ist die Fortbildungsorganisation der Bundestierärztekammer (BTK), die 1974 gegründet wurde. Ihre Aufgaben liegen in der Sicherung der Qualität von tierärztlicher Fortbildung, die von unterschiedlichen Organisationen angeboten wird, der Gestaltung eigener Veranstaltungen allein oder in Kooperation und Beratung von Tierärzten auf allen Gebieten der Fortbildung.

Die Qualitätssicherung umfasst den Fortbildungsinhalt, die Qualifikation der Referenten und die Dauer der Fortbildung. Sind die Kriterien erfüllt, wird dies in ATF-Stunden ausgedrückt, wobei 1 Stunde 60 Minuten Fortbildungszeit entspricht. Die Kriterien der Anerkennung sind öffentlich zugänglich und für jeden Fortbildungsanbieter gültig (https://www.bundestieraerztekammer.de/atf/anerkennung).

Pro Jahr werden durchschnittlich 3000 Präsenz-Fortbildungsveranstaltungen und 200 Nicht-Präsenz-Fortbildungen durch die ATF zertifiziert (Stand 2019). Die gegenseitige Anerkennung tierärztlicher Fortbildungen zwischen Deutschland, Österreich und der Schweiz ist seit Jahren geregelt.

Jährlich bietet die ATF zwischen 60–80 eigene Fortbildungen an, wobei ein Schwerpunkt auf der Förderung von Rand- und Nischengebieten sowie berufspolitisch bedeutenden Themen liegt, die von den großen Fortbildungsträgern nicht oder nur selten berücksichtigt werden.

4.2.2 Rechtliche Grundlagen

§ Gesetzliche Grundlagen
Grundlage der **Fortbildungspflicht** sind die Heilberufe-Kammergesetze der einzelnen Bundesländer sowie die Berufsordnungen der Landestierärztekammern.

Die Kammern definieren in ihrem Kammerbereich den Umfang der jährlich abzuleistenden Fortbildungsstunden, der vom Qualifizierungsgrad des Kammermitglieds abhängt. So müssen generell Tierärzte ohne eine Weiterbildungsqualifikation weniger Stunden besuchen als Fachtierärzte oder Tierärzte mit Zusatzbezeichnung. Der Inhalt einer Fortbildung muss von der Landestierärztekammer oder der ATF als anrechenbar klassifiziert werden. Das föderale Prinzip mit einer Bundestierärztekammer und 17 Landestierärztekammern hat zu einer heterogenen Situation in der Fortbildung geführt. Neben der ATF-Anerkennung gibt es Fortbildungspunkte und Fortbildungszertifikate einzelner Landestierärztekammern, die nur teilweise miteinander verrechnet werden können. Auch unterscheiden sich die Anerkennungskriterien einzelner Landestierärztekammern von denen der ATF für Fortbildungsinhalte. In jedem Kammerbereich gilt jedoch die ATF-Anerkennung von Fortbildungsstunden.

§ Gesetzliche Grundlagen
Der Ablauf der freiwilligen **Weiterbildung** ist durch die Berufsordnungen der Landestierärztekammern und die Heilberufe-Kammergesetze der Bundesländer geregelt. Zu diesem Zweck haben die Landestierärztekammern Weiterbildungsordnungen erlassen, die Dauer, Inhalt und die Art der Prüfung, die zu einer Zusatzqualifikation führt (z. B. Gebietsbezeichnung/Fachtierarzt, Zusatzbezeichnungen), festlegen.

Da sich die Anforderungen an die Weiterbildungsstätten und die Leistungen, die zur Prüfungszulassung zu erbringen sind, auf Kammerebene teilweise stark unterscheiden, wurde von der Bundestierärztekammer der Bundesweiterbildungsarbeitskreis mit der Aufgabe der Harmonisierung gegründet.

Im Gegensatz zum Diplomatestatus der Europäischen Colleges, der eine internationale Weiterbildungsqualifikation darstellt, wird in Deutschland ein einmal erreichter Weiterbildungsabschluss nicht rezertifiziert. Es verändert sich nur der Umfang und Inhalt der Fortbildungspflicht.

4.2.3 Rechtliche Bedeutung der Fort- und Weiterbildung

Der Tierarzt ist bei seiner Berufsausübung zum Handeln nach dem jeweils gültigen tiermedizinischen Standard (S. 86) verpflichtet. Dieser ändert sich mit der Zeit durch Erkenntnisgewinn, sodass durch die Fortbildungspflicht eine Anpassung der erworbenen beruflichen Qualifikation an den sich wandelnden tiermedizinischen Standard erfolgt.

! Merke
Im Rahmen der Überprüfung in einem Konfliktfall, ob der tiermedizinische Standard beachtet wurde, kann eine Nichterfüllung der Fortbildungspflicht negativ bewertet werden.

Der zu erwartende tiermedizinische Standard ist bei einem Tierarzt, der über eine entsprechende Weiterbildungsqualifikation für das bezeichnete Fachgebiet verfügt, höher anzusetzen als bei einem Tierarzt ohne diese Zusatzqualifikation. Dies drückt sich formal durch eine höhere festgeschriebene Fortbildungsstundenzahl und die Festlegung einer Stundenzahl mit fachbezogenem Fortbildungsinhalt auf dem Gebiet der Zusatzqualifikation aus. Die Überprüfung der Fortbildungspflicht obliegt den Kammern, die dazu unterschiedliche Modelle entwickelt haben.

! Merke
Der Kammerangehörige hat auf Anforderung der Kammer seine Pflichterfüllung nachzuweisen.

So werden beispielsweise Kammermitglieder nach dem Zufallsprinzip oder nach örtlichen Kriterien (z. B. Postleitzahlen) zur Überprüfung ausgewählt. Die Nichterfüllung der Fortbildungspflicht wird von den Landestierärztekammern gemaßregelt. In erster Stufe wird meist ein Zeitraum vorgegeben, in dem die fehlenden Fortbildungsstunden nachzuholen sind. In nächster Stufe kann die Verhängung einer Disziplinarmaßnahme oder eines Ordnungsgeldes erfolgen. Eine weitere Stufe stellt die Aberkennung eines Weiterbildungsgrades dar.

4.2.4 Quellenangaben

Literatur

[148] Adolphsen J. Das Veterinärhaftungsrecht. In: Terbille M, Clausen T, Schroeder-Printzen (Hrsg.). Münchener Anwalts Handbuch – Medizinrecht. 3. Aufl. München: C.H. Beck; 2020

[149] Bleckwenn E. Die Haftung des Tierarztes im Zivilrecht. MedR Schriftenreihe Medizinrecht. Berlin, Heidelberg: Springer; 2014

[150] Hebeler D, Wehrend A. 40 Jahre Akademie für Tierärztliche Fortbildung. Gegenwart und zukünftige Entwicklung. Deutsches Tierärzteblatt 2014; 12:1716–1719

[151] Weiterbildungsverordnungen der Landestierärztekammern (aktuell über das Internet abzurufen)

4.3 Situation in Österreich

Martin Reifinger

4.3.1 Vetakademie der österreichischen Tierärztekammer

Die Vetakademie der Österreichischen Tierärztekammer (ÖTK) wurde 2005 mit dem Ziel gegründet, das österreichweite Bildungsangebot für Tierärzte zu koordinieren und die Qualität der Fort- und Weiterbildung zu sichern. Als inhaltliche Schwerpunkte wurden das öffentliche Gesundheitswesen, Nutztiere und Praxismanagement festgelegt.

Entsprechende Fortbildungsveranstaltungen der Vetakademie und zertifizierter externer Veranstalter werden in der Zeitschrift Vetjournal, auf der Homepage der Tierärztekammer und in einem eigenen Newsletter bekannt gegeben und mit entsprechenden Bildungsstunden (BS) für Tierärzte ohne bzw. mit Fachtierarzttitel versehen.

4.3.2 Rechtliche Grundlagen

§ Gesetzliche Grundlagen

Grundlage der erforderlichen Fort- und Weiterbildung von **Tierärzten ohne und mit Fachtierarzttitel** ist eine aufgrund § 12 Tierärztekammergesetz (TÄKamG, BGBl. I Nr. 86/2012) erlassene Verordnung der Österreichischen Tierärztekammer (ÖTK) vom 07.07.2017 (**Bildungsordnung (BO) der Österreichischen Tierärztekammer**).
Rechtliche Grundlage für die Weiterbildung zur **Erlangung eines Fachtierarzttitels** ist § 14 **Tierärztegesetz** (TierÄG).
Für **Tierärzte des Tiergesundheitsdienstes** (TGD) gelten die Bestimmungen der **TGD-Verordnung** (BGBl II Nr. 434/2009).

Die BO enthält genaue Voraussetzungen, nach denen BS für Veranstaltungen sowohl im In- als auch im Ausland zuerkannt werden; erworbene BS werden für jeden BS-pflichtigen Tierarzt in einer Bildungsdatei der ÖTK dokumentiert.

Tierärzte ohne Fachtierarzttitel haben jährlich 20 BS nachzuweisen; ein Ausgleich über 5 Jahre ist möglich. Nach Erreichen der vorgeschriebenen BS stellt der Vorstand der ÖTK dem jeweiligen Tierarzt ein Fortbildungsdiplom aus. Negative Konsequenzen bei Nichterfüllung der vorgeschriebenen Fortbildung seitens der Berufsorganisation sind in der BO nicht vorgesehen.

Voraussetzungen für die **Erlangung eines Fachtierarzttitels** sind die Befugnis zur Ausübung des tierärztlichen Berufes in Österreich, der Abschluss einer fachspezifisch-praktischen, fachspezifisch-theoretischen und fachspezifisch-wissenschaftlichen Weiterbildung sowie eine erfolgreich abgelegte Prüfung vor der entsprechenden FTA-Kommission. Der jeweilige Umfang der Weiterbildung wird auf Vorschlag der FTA-Kommission von der Delegiertenversammlung der Österreichischen Tierärztekammer per Verordnung festgelegt und variiert zwischen den verschiedenen Fachgebieten.

Tierärzte mit Fachtierarzttitel müssen zusätzlich zur allgemeinen Fortbildungsverpflichtung mindestens 10 fachspezifische BS pro Jahr erwerben, wobei die BS-Zahl für einzelne Veranstaltungen durch den Vorstand der TÄK auf Vorschlag der FTA-Kommission festgelegt wird; ein Ausgleich über 5 Jahre ist möglich. Der Vorstand der ÖTK überprüft die Anzahl der erworbenen BS; bei Nichterreichen der geforderten BS wird die zuständige FTA-Kommission verständigt. Wird das Defizit an BS auf Aufforderung der FTA-Kommission ohne Angabe von Gründen nicht innerhalb eines Jahres nachgeholt, ist der FTA-Titel abzuerkennen. In begründeten Fällen kann die FTA-Kommission eine Nachfrist von 3 Jahren gewähren.

Tierärzte des Tiergesundheitsdienstes (TGD) sind zum Erwerb von insgesamt 30 BS innerhalb von 4 Jahren verpflichtet. Erworbene BS sind der TÄK zu melden; diese dokumentiert die Fortbildung und übermittelt die Daten zum Jahresende dem jeweiligen TGD. Die Erfüllung der Fortbildungspflicht wird behördlich kontrolliert und kann bei Unterlassung trotz Aufforderung zur Mängelbehebung zum Ausschluss vom TGD führen.

4.3.3 Rechtliche Bedeutung der Fort- und Weiterbildung

Die rechtliche Bedeutung der Fort- und Weiterbildung von Tierärzten deckt sich mit jener in Deutschland mit der Ausnahme, dass der österreichischen TÄK derzeit keine rechtlichen Instrumente zur Verfügung stehen, die Fortbildung von Tierärzten ohne Fachtierarzttitel zu erzwingen.

4.3.4 Fort- und Weiterbildung von Gerichtssachverständigen in Österreich

Rechtliche Grundlage

§ 6 des Sachverständigen- und Dolmetschergesetzes (SDG) sieht eine Befristung des Eintrags in die Sachverständigenliste von 5 Jahren vor. Auf Antrag kann der Eintrag durch Rezertifizierung um jeweils 5 Jahre verlängert werden. Diese Rezertifizierung zielt auf eine laufende Qualitätskontrolle der Gerichtssachverständigen (GSV) ab und beinhaltet in Abs. 3 neben einer Prüfung der zurückliegenden GSV-Tätigkeit eine Überprüfung von Fortbildungsaktivitäten.

Zu diesem Zweck wurde vom Hauptverband der allgemein beeideten und gerichtlich zertifizierten Sachverständigen Österreichs ein Bildungspass eingeführt, in den alle einschlägigen Fortbildungsaktivitäten (wissenschaftliche Publikationen, Vorträge, Seminare, Besuch von Fortbildungsveranstaltungen etc.) des SV eingetragen werden.

Evaluierungskommissionen der jeweiligen Landesverbände bewerten die vom GSV belegten Fortbildungsaktivitäten nach konkreten Bewertungsrichtlinien und stellen den Bildungspass für das Rezertifizierungsverfahren zur Verfügung.

4.4 Situation in der Schweiz

Andreas Pospischil, Peter Rüsch

Die Situation in der Schweiz entspricht im Grundsatz jener in Deutschland.

Eine Pflicht zur Fortbildung besteht. Diese gilt allerdings nur für Tierärzte, die in eigener fachlicher Verantwortung oder im Bereich des öffentlichen Veterinärdienstes ihren Beruf ausüben. Im Bereich der Weiterbildung besteht dagegen eine Pflicht zur Weiterbildung lediglich für amtlich tätige Tierärzte, d. h. für Tierärzte, die im öffentlichen Veterinärwesen tätig sind.

Privatrechtliche Weiterbildungstitel werden von der GST angeboten (Fachtierarzt FVH GST). Es handelt sich dabei um privatrechtliche Titel, die nach Abschluss eines strukturierten Weiterbildungsprogramms und bestandener Prüfung von der GST verliehen werden. Titelträger werden im Medizinalberuferegister (Medreg, s. Art. 33a Abs. 1 Bst. a sowie Art. 51 MedBG) aufgeführt.

4.4.1 Rechtliche Grundlagen

§ Gesetzliche Grundlagen

Auf Stufe Bund regeln 1 Gesetz und 2 Verordnungen die Aus-, Weiter- und Fortbildung von universitären Medizinalberufen, d. h. auch von Tierärzten, nämlich
- das Bundesgesetz über die universitären Medizinalberufe (Medizinalberufegesetz, MedBG) vom 23. Juni 2006, Stand am 1. Februar 2020,
- die Verordnung über Diplome, Ausbildung, Weiterbildung und Berufsausübung in den universitären Medizinalberufen (Medizinalberufeverordnung, MedBV) vom 27. Juni 2007, Stand am 1. Februar 2020
- und die Verordnung über die Aus-, Weiter- und Fortbildung der Personen im öffentlichen Veterinärwesen vom 16. November 2011, Stand 1. Juni 2012.

Art. 3 MedBG definiert sowohl die Ausbildung als auch die Weiter- und Fortbildung. Die Definitionen lauten dabei folgendermaßen:
- **Ausbildung:** „Die universitäre Ausbildung vermittelt die Grundlagen zur Berufsausübung im betreffenden Medizinalberuf (Art. 3 Abs. 2 MedBG)."
- **Weiterbildung:** „Die berufliche Weiterbildung dient der Erhöhung der Kompetenz und der Spezialisierung im entsprechenden Fachgebiet (Art. 3 Abs. 3 MedBG)."
- **Fortbildung:** „Die lebenslange Fortbildung gewährleistet die Aktualisierung des Wissens und der beruflichen Kompetenz (Art. 3 Abs. 4 MedBG)."

Das 3. Kapitel MedBG regelt die universitäre Ausbildung (allgemeine Ziele), das 4. Kapitel die Weiterbildung (Ziele, Dauer, Zulassung und Erteilung/Anerkennung) und das 6. Kapitel die Berufsausübung und Fortbildung.

Die Medizinalberufeverordnung (MedBV) regelt dazu die Einzelheiten, z. B. im 1. Abschnitt, Art. 2, die eidgenössischen Weiterbildungstitel, die erteilt werden: „Eidgenössische Weiterbildungstitel sind ausschließlich praktischen Ärzten, Fachärzten, Fachzahnärzten, Fachchiropraktoren und Fachapothekern vorbehalten, nicht aber Tierärzten oder Fachtierärzten (Art. 2 Abs. 1 MedBV)." In diesem Zusammenhang ist anzumerken, dass Ärzte, Chiropraktiker und Apotheker einen eidgenössischen Weiterbildungstitel benötigen, wenn sie ihren Beruf in eigener fachlicher Verantwortung ausüben wollen (Art. 36 Abs. 2 MedBG).

Betreffend **Weiterbildung** von Tierärzten besteht – wie eingangs erwähnt – eine Ausnahme, die nicht in der Medizinalberufeverordnung aufgeführt ist. Sie betrifft amtlich tätige Tierärzte, d. h. Tierärzte, die nach der Grundausbildung im öffentlichen Veterinärwesen tätig sind. Grundsätze sowie Ziele der Aus-, Weiter- und Fortbildung sind im 2. Kapitel in der Verordnung über die Aus-, Weiter- und Fortbildung der Personen im öffentlichen Veterinärwesen festgehalten. Neben den amtlich tätigen Tierärzten werden in dieser Verordnung auch die Anforderungen an die Bildung von amtlichen Fachexperten, amtlichen Fachassistenten der Schlachttier- und Fleischuntersuchung oder für weitere Aufgaben, z. B. Tierschutzkontrollen, festgelegt (Art. 1 der Verordnung).

Neben den Vorgaben des Bundes regeln jeweils die entsprechenden kantonalen Erlasse die Ausführungen, die für den jeweiligen Kanton gelten. In der Regel handelt es sich dabei um das kantonale Gesundheitsgesetz oder Veterinärgesetz sowie um entsprechende Verordnungen, z. B. im Kanton Zürich die kantonale Verordnung über die universitären Medizinalberufe vom 28. Mai 2008. Sie regeln v. a. auch den Umfang an jährlich zu absolvierender Fortbildung.

4.4.2 Rechtliche Bedeutung der Fort- und Weiterbildung

Fortbildung

Art. 40 MedBG nennt die Berufspflichten für Personen, die in eigener fachlicher Verantwortung einen universitären Medizinalberuf ausüben. Art. 40 Bst. b regelt dabei die Pflicht zur Fortbildung: „Sie – die Personen – vertiefen, erweitern und verbessern ihre beruflichen Kenntnisse, Fähigkeiten und Fertigkeiten im Interesse der Qualitätssicherung durch lebenslange Fortbildung."

Der Bund delegiert dabei die Aufsicht darüber, dass Art. 40 MedBG eingehalten wird, an die einzelnen Kantone, die eine Behörde zur Kontrolle der Pflicht zur Fortbildung zu bezeichnen haben. Im Kanton Zürich z. B. ist das kantonale Veterinäramt für diese Kontrolle zuständig.

So müssen Tierärzte, die in eigener fachlicher Verantwortung ihren Beruf ausüben, bei einem Gesuch zur Erneuerung der Bewilligung zur selbstständigen Berufsausübung – i. d. R. nach 10 Jahren – eine Liste mit Fortbildungsnachweisen der letzten 3 Jahre beilegen. Für diese Liste besteht eine Vorlage, die auf der Webseite des Veterinäramtes des Kantons Zürich (www.veta.zh.ch) verfügbar ist, die den rechtlichen Bezug nennt (Art. 40 Bst. b MedBG) und den Umfang vorgibt. Dabei wird festgehalten, dass für die letzten 3 Jahre mindestens 5 Halbtage oder 15 Stunden fachbezogene Fortbildung pro Jahr gemäß Vorlage nachzuweisen sind und dass dies dem Erwerb von mindestens je 5 Bildungspunkten (BP, vergleichbar mit den 5 Bildungspunkten pro Jahr für Allgemeinpraxis ohne Spezialtitel gemäß GST). Weiter wird festgehalten, dass sich die Bildungspunkte (BP) nach dem Reglement über die Vergabe von Bildungspunkten der GST im Rahmen der Bildungsordnung der GST (BO, Kapitel IV 7, R-BPBO) richten. Diese besagt, dass pro Jahr 8 Stunden (ohne FVH-Titel) bzw. 16 Stunden mit FVH-Titel für Selbststudium angerechnet werden und dass 0,5 BP 2 Stunden entsprechen.

§ Gesetzliche Grundlagen

Bei Verletzung der Berufspflichten, der Vorschriften des MedBG oder von Ausführungsbestimmungen zum MedBG, z. B. in Sachen Pflicht zur Fortbildung, kann die Aufsichtsbehörde verschiedene Disziplinarmaßnahmen anordnen: eine Verwarnung, einen Verweis, Bußen bis zu CHF 20 000, ein befristetes oder definitives Verbot der Berufsausübung (Art. 43 MedBG).

Weiterbildung

§ Gesetzliche Grundlagen

Staatlich vorgegebene Weiterbildung ist nur für die Ausübung einer Tätigkeit im öffentlichen Veterinärwesen angesagt. Sie ist Voraussetzung zum Erwerb eines Fähigkeitszeugnisses, das zur Ausübung der Tätigkeit als amtlicher Tierarzt berechtigt.

Grundsätze der Weiterbildung und Weiterbildungsstätten werden in der bereits erwähnten Verordnung über die Aus-, Weiter- und Fortbildung der Personen im öffentlichen Veterinärwesen festgehalten (Art. 7 und 8), Details zur Weiterbildung im Anhang 1 dieser Verordnung.

Die von der GST im Sinn einer Weiterbildung angebotenen Fachtierarzttitel, Fähigkeitsausweise oder Fertigkeitszeugnisse sind privatrechtlicher Natur. Sie können nur von Mitgliedern der GST erworben werden. Dabei ist anzumerken, dass die Mitgliedschaft der GST für Tierärzte nicht obligatorisch ist. Diese strukturierten Weiterbildungen und ebenso die Mitgliedschaft bei der GST haben keine direkte Bedeutung die Berufsausübungsbewilligung betreffend, außer dass sie zur Beibehaltung des Titels gemäß Merkblatt, FVH Fortbildungskontrolle der GST, eine obligatorische Fortbildungspflicht vorgeben. Umfang und Art der Fachtierarzttitel GST, Fähigkeitszeugnisse GST oder Fertigkeitszeugnisse GST sind auf der Webseite der GST (www.gstsvs.ch) aufgelistet. Details regelt die Bildungsordnung der GST. Sie ist auf der Geschäftsstelle der GST, Brückfeldstrasse 18, CH-3012 Bern, +41 31 307 35 35 erhältlich oder auf der Webseite elektronisch verfügbar.

4.4.3 Quellenangaben

Internetquellen

[152] GST. GST-Bildungsordnung, Reglemente der Bildungsordnung, Merkblatt FVH Fortbildungskontrolle. Im Internet: https://www.gstsvs.ch/de/bildung/bildungsordnung-reglemente.html; Stand: Juli 2020

[153] GST. Weiterbildungstitel GST. Im Internet: https://www.gstsvs.ch/de/bildung/weiterbildungstitel-der-gst.html; Stand Juli 2020

[154] Kanton Zürich. Website. Im Internet: https://www.zh.ch/de.html; Stand: Juli 2020

[155] Kanton Zürich. Merkblatt Selbstständige Tätigkeit als Medizinalperson: Gesuch betreffend eine tierärztliche Berufsausübungsbewilligung, erstmaliges Gesuch und Gesuch Erneuerung Bewilligung. Im Internet: https://www.zh.ch/de/umwelt-tiere/tiere/bewilligungen-tieraerzte-heilmittel.html; Stand: Juli 2020

[156] Kanton Zürich. Merkblatt Selbstständige Tätigkeit als Medizinalperson: Gesuch betreffend eine tierärztliche Berufsausübungsbewilligung, Informationen zu den Beilagen. Im Internet: https://www.zh.ch/de/umwelt-tiere/tiere/bewilligungen-tieraerzte-heilmittel.html; Stand: Juli 2020

[157] Veterinäramt Kanton Zürich (VETA). Website. Im Internet: https://www.veta.zh.ch; Stand Juli 2020

Rechtsgrundlagen

[158] Bundesgesetz über die universitären Medizinalberufe (Medizinalberufegesetz, MedBG) vom 23. Juni 2006, Stand am 1. Februar 2020. Im Internet: https://www.admin.ch/opc/de/classified-compilation/20040265/index.html; Stand: Juli 2020

[159] Formular Tierärztinnen und Tierärzte: Fortbildungsnachweis für Veranstaltungen ohne Bildungspunkteinreihung der GST und für Selbststudium. Im Internet: www.gstsvs.ch; Stand: Juli 2020

[160] Gesundheitsgesetz, GesG vom 2. April 2007 des Kanton Zürich, Nr. 810.1, Stand vom 2. April 2007. Im Internet: http://www2.zhlex.zh.ch/appl/zhlex_r.nsf/0/F9850B7EB3CA2B46C12577E1003B0567/$file/810.1_2.4.07_71.pdf; Stand: Juli 2020

[161] Verordnung über die Aus-, Weiter- und Fortbildung der Personen im öffentlichen Veterinärwesen vom 16. November 2011, Stand am 1. Juli 2012. Im Internet: https://www.admin.ch/opc/de/classified-compilation/20101056/index.html; Stand: Juli 2020

[162] Verordnung über die universitären Medizinalberufe (MedBV des Kanton Zürich vom 28. Mai 2008), Nr. 811.11. Im Internet: https://www.zh.ch/de/politik-staat/gesetze-beschluesse/gesetzessammlung/zhlex-ls/erlass-811_11-2008_05_28-2008_07_01-109.html; Stand: Juli 2020

[163] Verordnung über Diplome, Ausbildung, Weiterbildung und Berufsausübung in den universitären Medizinalberufen (Medizinalberufeverordnung MedBV vom 27. Juni 2007, Stand 1. Februar 2020). Im Internet: https://www.admin.ch/opc/de/classified-compilation/20062285/index.html; Stand: Juli 2020

5 Gutachtenerstellung

Jens Adolphsen, Thomas Buyle, Andreas Pospischil, Martin Reifinger, Peter Rüsch, Thomas Steidl, Alexander Tritthart

5.1 Standardszenarien für die Gutachtenerstellung

Jens Adolphsen, Thomas Buyle, Andreas Pospischil, Peter Rüsch, Alexander Tritthart

5.1.1 Einführung

Die Erstellung veterinärmedizinischer Gutachten stellt seit jeher eine häufig nachgefragte tierärztliche Leistung dar, hat jedoch in den letzten Jahren – bedingt durch eine steigende Klagebereitschaft der Tierhalter – noch an Bedeutung gewonnen. Aber nicht nur in Gerichtsverfahren, sondern auch außergerichtlich wird dabei auf die Fachexpertise von Veterinärmedizinern zurückgegriffen. In Österreich ist die Erstattung von Gutachten Teil des tierärztlichen Berufsvorbehalts und somit eine tierärztliche Tätigkeit im Sinne des Berufsrechts und setzt eine aufrechte Berufsausübungsberechtigung voraus.

Merke
Nicht jede schriftliche Ausführung stellt auch ein Gutachten dar.

Insgesamt werden folgende tierärztliche Schriftstücke unterschieden:

- **Protokoll (tierärztliche Niederschrift):** Dabei werden Sachverhaltsfeststellungen dokumentiert, ohne dass daraus Schlüsse gezogen werden; v. a. im Rahmen von gerichtlichen Befundaufnahmen bzw. beim Lokalaugenschein von Bedeutung.
- **Befundbericht:** Ergebnis eines zumeist mit technischen Hilfsmitteln erhobenen Befundes (Labor, Röntgen, Ultraschall etc.). Es werden keine Schlussfolgerungen gezogen.
- **Zeugnis/Attest:** Ergebnis einer Untersuchung oder tierärztlichen Feststellung; wird schriftlich festgehalten.
- **Krankengeschichte:** Tierärztliche Dokumentation über Untersuchungen, Behandlungen, Operationen und Aufklärung.
- **Gutachten:** Hierbei wird zwischen dem Gutachten im weiteren Sinne und dem Gutachten im engeren Sinne unterschieden. Das Gutachten im weiteren Sinne setzt sich aus folgenden Teilen zusammen: Deckblatt, Einleitung, ggf. mit Hinweis auf die aufrechte Zertifizierung gemäß § 86 Gerichtsorganisationsgesetz, Auftragsdurchführung, Befund und Gutachten im engeren Sinne sowie einer Kurzzusammenfassung der Ergebnisse.

Nach § 19 Tierärztegesetz dürfen Zeugnisse und Gutachten nur nach gewissenhafter Erhebung und Untersuchung und unter genauer Beachtung der Regeln, Erkenntnisse und Erfahrungen der Veterinärmedizin nach bestem Wissen und Gewissen abgefasst werden. Nach Eingang eines Auftrags zur Erstellung eines Sachverständigengutachtens ist zunächst zu prüfen, ob der Auftrag vom Sachverständigen ohne die Zuhilfenahme weiterer Sachverständiger bearbeitet werden kann und ob der Auftrag vollständig oder nur teilweise in das Fachgebiet des Sachverständigen fällt. In einem zweiten Schritt ist zu prüfen, ob Tatsachen vorliegen, die die Annahme einer Befangenheit des Sachverständigen rechtfertigen können, etwa Verwandtschaft, Geschäftsbeziehungen mit den Parteien oder eine bereits erfolgte Involvierung in den Fall. Sollten die erwähnten Umstände zutreffen, ist das Gericht umgehend davon in Kenntnis zu setzten und der Auftrag ggf. abzulehnen. Falls Hilfspersonen für die Gutachtenerstellung erforderlich sind, sind diese dem Gericht gegenüber zu benennen, sofern sie nicht lediglich untergeordnete Hilfestellung leisten. Abschriften von Zeugnissen und Gutachten sind vom Tierarzt in Österreich nach § 19 Abs. 3 Tierärztegesetz eigenhändig zu unterfertigen, wobei der Name des Tierarztes in Blockbuchstaben der Unterschrift beizusetzen ist. Darüber hinaus sind Zeugnisse und Gutachten vom Tierarzt 7 Jahre aufzubewahren.

Praxistipp

Unabhängig von der Art des Gutachtens ist es unerlässlich, als Gutachter auf konkrete Fragestellungen des Auftraggebers zu drängen und in weiterer Folge auch nur diese Fragen zu beantworten.

Immer wieder aber kommt es vor, dass dem Gutachter ein Gerichtsakt vorgelegt wird, ohne dass ein konkreter Gutachtensauftrag i. S.v. konkreten Fragestellungen übermittelt wird. Da sich die veterinärfachlichen Fragen aber aus den dem Fall zugrunde liegenden juristischen Fragestellungen ergeben, müssen die Fachfragen vom Richter formuliert werden.

Praxistipp

Die Gutachten sind dem Auftraggeber in der gewünschten Anzahl auszuhändigen. Bei Gerichtsgutachten muss in Deutschland innerhalb von 3 Monaten die Honorarnote gestellt werden, ansonsten verfallen sämtliche Honoraransprüche. Zur Abrechnung von Gutachten siehe Gebührenanspruch (S. 90).

Unter Berücksichtigung des Auftraggebers werden Gerichts-, Privat-, Versicherungs- sowie Behördengutachten unterschieden.

5.1.2 Gerichtsgutachten

Gerichtsgutachten erfolgen im Auftrag eines Zivil- oder Strafgerichts. Die dazu herangezogenen Gutachter sind dabei einerseits Hilfsorgane des Gerichts, andererseits aber auch Beweismittel. Als Hilfsorgane ergänzen sie die fehlende Sachkenntnis des Gerichts, als Beweismittel stellen sie Tatsachen fest. Im Gegensatz zum Amtssachverständigen stellt der Gerichtsgutachter jedoch kein staatliches Organ dar, sodass nur der Sachverständige selbst für ein falsches Gutachten haftet. Voraussetzung für die Tätigkeit als Gerichtsgutachter ist daher eine entsprechende Haftpflichtversicherung, deren Bestehen nachzuweisen ist.

Bestellung des Gutachters in Deutschland

In Deutschland folgt das Auswahlermessen aus § 404 Abs. 1 ZPO, ist jedoch gemäß Abs. 3 dahingehend begrenzt, dass falls Sachverständige für gewisse Arten von Gutachten öffentlich bestellt sind, grundsätzlich diese ausgewählt werden sollen.

Merke

Wenn sich die Parteien auf einen Sachverständigen einigen, hat das Gericht dieser Einigung zu folgen (§ 404 Abs. 5 ZPO).

Die Parteien können als Ausfluss des Grundsatzes rechtlichen Gehörs (Art. 103 GG) vor der Ernennung angehört werden (§ 404 Abs. 2 ZPO), es handelt sich um gebundenes Ermessen des Gerichts. Ziel der Regelung ist es, die Beteiligungsrechte der Parteien zu stärken und die Tatsachengrundlage des Gerichts für die Auswahl des Sachverständigen zu verbessern. Den Anhörungszeitpunkt kann der Richter frei bestimmen, sofern zeitlich ausreichend Gelegenheit zur Stellungnahme besteht. Das Gericht hat die Tätigkeit des Sachverständigen zu leiten und kann ihm für Art und Umfang seiner Tätigkeit Weisungen erteilen (§ 404a Abs. 1 ZPO). Soweit es die Besonderheit des Falles erfordert, soll das Gericht den Sachverständigen vor Abfassung der Beweisfrage hören, ihn in seine Aufgabe einweisen und ihm auf Verlangen den Auftrag erläutern. Diese Kommunikation wird in der Praxis sinnvollerweise telefonisch erfolgen, was allerdings häufig z. T. an schlechter Erreichbarkeit des zuständigen Richters, z. T. aber auch am Willen des Gutachters scheitert, die Kommunikation einzufordern. Das Gericht setzt bei schriftlichem Auftrag eine Frist zur Übermittlung (§ 411 Abs. 1 ZPO) und kann bei Überschreitung nach Androhung ein Ordnungsgeld bis 3000 € festsetzen (§ 411 Abs. 2 ZPO).

Bestellung des Gutachters in Österreich

Die Bestellung der Gutachter erfolgt von Amts wegen, wobei den Parteien lediglich ein Anhörungsrecht zukommt. Eine Nichtbeachtung dieses Anhörungsrechts stellt allerdings keinen Verfahrensmangel dar. Dennoch wird von den Gerichten zumeist das Einvernehmen über den zu bestellenden

Sachverständigen gesucht. Grundsätzlich kann jede Person mit besonderem Fachwissen zum Sachverständigen bestellt werden, wobei der Zertifizierung für einzelne Fachgebiete gewisse Indizwirkung zukommt, sodass in den allermeisten Fällen auf die in die Liste eingetragenen Sachverständigen zurückgegriffen wird. Eine Ablehnung des Sachverständigen ist nur aus den gleichen Gründen möglich wie bei Richtern. Es sind dies die Ablehnungsgründe nach § 19 Jurisdiktionsnorm (JN). Der Sachverständige selbst hat schließlich seine Unbefangenheit zu prüfen und ein Fehlen derselben dem Gericht unverzüglich mitzuteilen.

Bestellung des Gutachters in der Schweiz

Bestellung, Rechte und Pflichten

Bestellung, Rechte und Pflichten der von einem Gericht beauftragten Sachverständigen bzw. der Gutachter und sachverständigen Zeugen im Rahmen eines gerichtlichen Verfahrens sind in der Schweiz sowohl in der Schweizerischen Zivilprozessordnung (ZPO vom 19. Dezember 2008, Stand am 1. Januar 2020) als auch in der Schweizerischen Strafprozessordnung (StPO vom 5. Oktober 2007, Stand am 1. Februar 2020) geregelt.

Art. 175 ZPO regelt das Hinzuziehen eines sachverständigen Zeugen und im 5. Abschnitt, Gutachten, sind die Grundsätze, die Rechte und Pflichten der sachverständigen Person, der Auftrag, die Abklärungen der sachverständigen Person, die Erstattung des Gutachtens, Säumnis und Mängel sowie Schiedsgutachten festgehalten (Art. 183–189 ZPO).

In der StPO regelt das 5. Kapitel, Sachverständige, die Voraussetzungen für den Beizug einer sachverständigen Person, die Anforderungen an die sachverständige Person, die Ernennung und den Auftrag, die Ausarbeitung des Gutachtens, die stationäre Begutachtung, die Form des Gutachtens, die Stellungnahme der Parteien, die Ergänzung und Verbesserung des Gutachtens, die Entschädigung und das Pflichtversäumnis (Art. 182–191 StPO).

Allgemein gilt, dass Sachverständige bzw. Gutachter über die entsprechende Fachkompetenz zu verfügen haben, unabhängig sein müssen, unter Strafandrohung zur Wahrheit verpflichtet sind, das Gutachten fristgerecht abzuliefern haben, Anrecht auf Entschädigung haben und vorgängig zur Bestellung beide Parteien angehört werden müssen.

Vorgängig eingeholte Gutachten

Vorgängig durch Polizeibehörden oder Staatsanwälte eingeholte Gutachten, Beurteilungen durch Sachverständige oder Personen, denen in einem Verfahren volle oder beschränkte Parteirechte eingeräumt wurden, sind durch Verwaltungsvorschriften der Kantone geregelt. Nachdem Tiere naturgemäß nicht in der Lage sind, ihre Interessen in Rechtsverfahren vor Behörden und Gerichten selbst zu vertreten, fällt die Wahrnehmung ihrer Anliegen in erster Linie in die Zuständigkeit der Verwaltung, die dieser Aufgabe in der Praxis namentlich mithilfe verschiedener Bewilligungs- und Aufsichtsbehörden nachkommt. Auch in Strafverfahren wegen Verstößen gegen die Tierschutzgesetzgebung werden die Belange der betroffenen Tiere fast ausschließlich von den staatlichen Untersuchungsbehörden wahrgenommen. Gemäß Art. 104 Abs. 2 StPO können Bund und Kantone Behörden, die öffentliche Interessen wahren, volle oder beschränkte Parteirechte einräumen. Als öffentliches Interesse gilt grundsätzlich auch der wirksame Vollzug der Tierschutzgesetzgebung. Der Kanton Zürich weist in § 17 des kantonalen Tierschutzgesetzes der zuständigen Direktion volle Parteirechte zu. Auf dieser Grundlage nimmt seit Kurzem das kantonale Veterinäramt die Interessenvertretung der Tiere in Tierschutzstrafverfahren wahr.

Quellenangaben

[164] Kantonales Tierschutzgesetz des Kantons Zürich, TSchG ZH, vom 2. Juni 1991. Im Internet: http://www2.zhlex.zh.ch/appl/zhlex_r.nsf/0/1FB1850DADC16DB0C12577E30036D7FC/$file/554.1_2.6.91_71.pdf; Stand: Juli 2020

[165] Schweizerische Strafprozessordnung, StPO, vom 5. Oktober 2007, Stand am 1. Februar 2020. Im Internet: https://www.admin.ch/opc/de/classified-compilation/20052319/index.html; Stand: Juli 2020

[166] Schweizerische Zivilprozessordnung, ZPO, vom 19. Dezember 2008, Stand am 1. Januar 2020. Im Internet: https://www.admin.ch/opc/de/classified-compilation/20061121/index.html; Stand: Juli 2020

[167] Stiftung für das Tier im Recht. Lexikon Tierschutzrecht. Im Internet: https://www.tierimrecht.org/de/recht/lexikon-tierschutzrecht/; Stand: Juli 2020

Vor Gericht relevante Standardszenarien

Behandlungsfehler und/oder Aufklärungsfehler

Im Vergleich zum früher vielfach verwendeten Begriff des Kunstfehlers spricht man heute vom **Behandlungsfehler**. Dieser beinhaltet nicht nur den Therapie-, sondern auch den Anamnese- und den Diagnosefehler sowie Fehler bei der Prophylaxe und der Nachsorge.

Definition

Es handelt sich beim Behandlungsfehler um die Nichteinhaltung der im konkreten Einzelfall gebotenen Sorgfalt, wodurch beim Tierhalter ein Schaden entsteht, für welchen der Tierarzt (bei Vorliegen der übrigen Voraussetzungen) zu haften hat.

Der Tierarzt schuldet aus dem Behandlungsvertrag (S.48) grundsätzlich eine tierärztliche Leistung nach dem Stand der Veterinärmedizin. Dies ergibt sich aus dem Behandlungsvertrag sowie in Österreich auch aus §21 Abs. 2 Tierärztegesetz. Bleibt die Maßnahme hinter den in Fachkreisen anerkannten Standards zurück, so haftet der Tierarzt für die eingetretenen Schäden.

Zuständiges Gericht. Wird vom Tierhalter ein Behandlungsfehler behauptet und kommt es zu keiner außergerichtlichen Einigung mit dem betroffenen Tierarzt, dann steht dem Tierhalter der Weg zum sachlich und örtlich zuständigen Gericht offen. In **Österreich** richtet sich die Zuständigkeit (Wertzuständigkeit) in diesen Fällen nach dem Streitwert. So sind bis zu einem Streitwert von 15 000 € die Bezirksgerichte, darüber die jeweiligen Landesgerichte zur Entscheidung in erster Instanz berufen. Abhängig vom zuständigen Erstgericht ändert sich auch der Instanzenzug. Bei einem Streitwert bis 15 000 € ist in zweiter Instanz das jeweilige Landesgericht und in weiterer Folge der Oberste Gerichtshof zuständig. Bei Verfahren, die in erster Instanz vor dem Landesgericht verhandelt wurden, geht der Instanzenzug zum Oberlandesgericht und dann zum Obersten Gerichtshof.

In **Deutschland** wird die **sachliche Zuständigkeit** der Gerichte durch das Gerichtsverfassungsgesetz (GVG) geregelt (§ 1). Vorrangiges Kriterium der Verteilung der erstinstanzlichen Zuständigkeit zwischen Amtsgericht und Landesgericht ist die Höhe des sog. Streitwerts. Die entsprechenden Regelungen sind in §§23, 71 GVG enthalten. Dabei ist §71 GVG letztlich die Grundnorm: Sachlich zuständig ist das Landesgericht, wenn nicht das Amtsgericht zuständig ist. Die Zuständigkeit des Amtsgerichts ergibt sich v.a. aus §23 Nr. 1 GVG: Danach gehören alle Ansprüche, deren Gegenstand an Geld oder Geldeswert 5000 € nicht übersteigt, vor die Amtsgerichte, alle höheren also vor die Landesgerichte.

Ist erstinstanzlich das Amtsgericht zuständig, erfolgt die Berufung (wenn die Voraussetzungen gegeben sind) an das Landesgericht (§72 GVG), die Revision an den Bundesgerichtshof (§133 GVG). Ist erstinstanzlich das Landesgericht zuständig (§71 GVG), ist Berufungsinstanz das Oberlandesgericht (§119 Abs. 1 Nr. 2 GVG). Auch hier ist für die Revision der Bundesgerichtshof zuständig (§133 GVG). In §566 ZPO ist die Möglichkeit einer Sprungrevision geregelt.

Die **örtliche Zuständigkeit** folgt aus den §§12 ff. ZPO. Der allgemeine Gerichtsstand (§§12, 13, 17 ZPO) ist für alle Klagen gegen die Person gegeben, unabhängig von dem konkreten Streitgegenstand, also auch, wenn der Streitgegenstand im konkreten Fall nicht mit dem Forum (Gerichtsstand) verbunden ist. Die besonderen Zuständigkeiten (z.B. der Gerichtsstand der unerlaubten Handlung §32 ZPO) sind dagegen nur in Bezug auf den konkreten Streitgegenstand eröffnet.

Wie immer im Zivilrecht spielt auch bei Haftungsprozessen gegenüber Tierärzten der Sachverständige eine zentrale Rolle, soll aber Beweis- und Hilfsmittel für den Richter bleiben.

Merke

Keinesfalls darf das Gutachten das Urteil vorwegnehmen oder rechtliche Subsumtionen beinhalten. Die Aufgabe des Gutachters beschränkt sich auf die Erhebung von Befunden und das Ziehen von Schlüssen daraus, also auf die Erstellung eines Gutachtens.

Einhaltung der gebotenen Sorgfalt. Im Zusammenhang mit Behandlungsfehlern stellt sich zumeist die Frage nach der Einhaltung der gebotenen Sorgfalt. Dahinter verbirgt sich die Frage, ob die „lex artis“ eingehalten wurde, weil der Tierarzt aufgrund des tierärztlichen Behandlungsvertrags eine Untersuchung und Behandlung nach dem Stand der Lehre und Wissenschaft, also der „lex artis" bzw. dem „state of the art" schuldet.

Für den Tierarzt in Österreich gilt dabei der erhöhte Sorgfaltsmaßstab nach § 1299 ABGB. Sachverständig ist jeder, der sich „öffentlich zu einem Amt, einer Kunst, einem Gewerbe oder Handwerk bekennt", so der Wortlaut in § 1299 ABGB. Jeder Tierarzt ist somit Sachverständiger auf dem Gebiet der Veterinärmedizin und hat den entsprechenden Sorgfaltsmaßstab einzuhalten.

Nach der ständigen Rechtsprechung des Obersten Gerichtshofes (OGH) wird durch § 1299 ABGB der Sorgfaltsmaßstab auf den Standard der jeweiligen Berufsgruppe erhöht (1Ob35/92; 4Ob1518/95; 7Ob513/96; 7Ob247/02b). Demnach müssen Tierärzte die durchschnittlichen Fähigkeiten ihres Berufsstandes aufweisen.

Merke

Bei der Beurteilung der Einhaltung der Sorgfaltspflichten ist auf die Maßfigur des verantwortungsbewussten und gewissenhaften Tierarztes zurückzugreifen.

Es ist also auf einen „Durchschnittstierarzt" abzustellen und nicht darauf, ob möglicherweise an einigen anderen Stellen ein höherer Standard möglich wäre, oder aber ob das dem Standard widersprechende Handeln subjektiv entschuldbar erscheinen mag. Es ist also nicht das Maß an Sorgfalt, das der jeweilige Tierarzt individuell aufzubringen in der Lage ist, ausschlaggebend, sondern der Tierarzt wird immer an der Sorgfalt des erfahrenen und gewissenhaften Fachvertreters gemessen. In der Veterinärmedizin wird das ius practicandi in **Österreich** bereits durch den Studienabschluss erworben, eine weitere Ausbildung ist nicht vorgeschrieben. Dies bedeutet, dass junge und unerfahrene Tierärzte ebenfalls am Maßstab des durchschnittlichen, also erfahrenen, Tierarztes zu messen sind.

In **Deutschland** ist das Verschulden zwar Ausdruck einer subjektiven Vorwerfbarkeit, es wird allerdings für die Fahrlässigkeit objektiviert. Es wird auf den jeweiligen Verkehrskreis und die beteiligten Personengruppen abgestellt (MüKo-BGB/Wagner, § 823 Rn. 38). Der Veterinär schuldet in erster Linie den Einsatz der von einem gewissenhaften Veterinärmediziner zu erwartenden tiermedizinischen Kenntnisse und Erfahrungen. Ein Behandlungsfehler ist die Nichterbringung dieses Verhaltens (BGH, Urteil vom 18.3.1980 – VI ZR 39/79 = NJW 1980, 1904). In der Veterinärmedizin sind – wie auch in der Humanmedizin – horizontale Abstufungen der Standards denkbar, weil es ebenfalls Stätten der Maximalversorgung (veterinärmedizinische Kliniken der Universitäten) und stark unterschiedlich ausgestattete Tierarztpraxen gibt.

Sorgfaltsmaßstab. Die (sachverständige) Beurteilung, ob das Handeln eines Tierarztes dem jeweils geltenden Sorgfaltsmaßstab entsprochen hat oder nicht, hat dabei aber jedenfalls **ex ante** zu erfolgen. Dies deshalb, weil eine nachträgliche Änderung des veterinärmedizinischen Standards dem betroffenen Tierarzt nicht angelastet werden kann (vgl. diesbezüglich OGH 10 Ob 50/15y). Der Sachverständige hat also im Gerichtsverfahren den jeweils zum Zeitpunkt der Schadensverursachung geltenden Standard als Maßstab heranzuziehen und nicht jenen, der zum Zeitpunkt der Gutachtenerstellung gilt.

Merke

Wesentlich ist es, dass bei der Beurteilung des Sorgfaltsmaßstabes der jeweilige Verkehrskreis, dem der Tierarzt angehört, heranzuziehen ist.

Ist nämlich beispielsweise der Maßstab zu beurteilen, den ein Fachtierarzt für Pferde zu vertreten hat, so ist auf die durchschnittlichen Fähigkeiten eines Fachtierarztes für Pferde abzustellen und nicht auf jene eines „praktischen" Tierarztes. In diesem Zusammenhang sei darauf hingewiesen, dass in der Veterinärmedizin grundsätzlich für Tierärzte ein generelles ius practicandi besteht. Gemäß § 14 a Abs. 1 Tierärztegesetz darf jeder Tierarzt alle tierärztlichen Tätigkeiten auch dann ausüben, wenn er einen Fachtierarzttitel nicht führen darf, und umgekehrt geht der Erwerb des Fachtierarzttitels nicht mit einer Einschränkung der Berufsausübungsbefugnis einher. Eine Sonderfachbeschränkung, wie dies § 31 Abs. 3 Ärztegesetz für den Bereich der Humanmedizin vorsieht, gibt es im Bereich der Veterinärmedizin in Österreich nicht. Wird also ein Tier von einem „praktischen" Tierarzt behandelt und handelt es sich dabei um eine Tätigkeit, welche auch von einer Fachtierarztdisziplin umfasst wird, so gilt es zu beachten, dass es für ein und dieselbe Tätigkeit, welche in einem Fall von einem Fachtierarzt, im anderen Fall aber von einem „praktischen" Tierarzt durchgeführt wird, keinen unterschiedlichen Sorgfaltsmaßstab geben kann. Wenn also ein „praktischer" Tierarzt in einem Bereich tätig wird, der einem Fachtierarztgebiet zugehört, so ist dies selbstverständlich möglich und erlaubt, er muss jedoch denselben Sorgfaltsmaßstab erfüllen, wie ihn ein Fachtierarzt erfüllen müsste.

Dies wird allerdings dann nicht der Fall sein, wenn ein Tierarzt zu einem **Notfall** gerufen wird, welcher ein Fachgebiet betrifft, in welchem der jeweilige Tierarzt im Normalfall nicht tätig ist (z. B. wenn ein Tierarzt, der v. a. Rinder behandelt, am Wochenende zu einer Kolik bei einem Pferd gerufen wird). In diesen Fällen findet sich der Tierarzt im Spannungsfeld zwischen Pflicht zur Erste-Hilfe-Leistung (vgl. dazu § 21 Abs 3. Tierärztegesetz) und der Pflicht zur Einhaltung der objektiv gebotenen Sorgfalt.

Merke

Immer dann, wenn es um eine Erste-Hilfe-Leistung durch „fach- oder speziesfremde" Tierärzte geht, ist der Maßstab ein deutlich geringerer.

In diesem Zusammenhang ist auch auf die sog. Übernahmefahrlässigkeit (in Deutschland Übernahmeverschulden) zu verweisen. Eine solche liegt immer dann vor, wenn der Tierarzt eine Tätigkeit übernimmt, von der er erwarten oder erkennen kann, dass er ihr nicht gewachsen ist. Eine solche kann sich auch aus den gegebenen personellen und/oder apparativen Strukturen ergeben. Der Punkt aber, an welchem der Tierarzt eine Übernahmefahrlässigkeit begeht, kann jedoch beim praktischen Tierarzt ein anderer sein als beim Fachtierarzt. Es handelt sich also um ein dynamisches System, welches vom Tierarzt, dem Stand der Lehre und dem jeweiligen Einzelfall beeinflusst wird.

Immer wieder kommt es vor, dass – insbesondere an großen und gut ausgestatteten Kliniken – neuere Methoden zur Anwendung kommen. Daran darf der Einzelfall aber jedenfalls nicht gemessen werden, sofern die gewählte Methode eine ist, die von der Wissenschaft und Lehre anerkannt ist. Zwar trifft den Tierarzt eine gesetzlich normierte Pflicht zur Fortbildung (S. 76) sowie dazu, sich mit dem letzten Stand der Veterinärmedizin vertraut zu machen (§ 20 Abs. 3 Tierärztegesetz); daraus kann aber nicht abgeleitet werden, dass der Tierarzt verpflichtet ist, alle wissenschaftlichen Publikationen zu kennen und neue Behandlungsmethoden sofort anzuwenden. Vielmehr wird hier auf die veterinärmedizinische Standardliteratur und den Stand der Lehre auf dem jeweiligen Gebiet abzustellen sein. Alles andere würde den Bogen weit überspannen und tierärztliches Handeln außerhalb von Universitäten unmöglich machen. Der OGH hat in diesem Zusammenhang in der Entscheidung OGH 8 Ob 525/88 ausgeführt, dass „ein Arzt dann nicht fahrlässig handelt, wenn die von ihm gewählte Behandlungsmethode einer Praxis entspricht, die von angesehenen, mit dieser Methode vertrauten Medizinern anerkannt ist, selbst wenn ebenfalls kompetente Kollegen eine andere Methode bevorzugt hätten." „Eine Behandlungsmethode kann grundsätzlich so lange als fachgerecht angesehen werden" – so der OGH weiter – „wie sie von einer anerkannten Schule medizinischer Wissenschaft vertreten wird." Dieser Grundsatz ist sicherlich auch auf die Veterinärmedizin umzulegen.

Tierhaltung und Tierschutz

Mit der sich ändernden Stellung der Tiere in der Gesellschaft haben auch tierschutzrelevante Fragestellungen an Bedeutung gewonnen. Die einschlägigen Rechtsnormen wie auch die Bereitschaft zur Anzeige von Tierschutzvergehen sowie die Anzahl der Prozesse wegen Tierquälerei haben in den letzten Jahren ständig zugenommen. Daraus ergibt sich zugleich eine erhöhte Nachfrage nach veterinärmedizinischen Gutachten sowohl zu Fragestellungen der Tierhaltung als auch des Tierschutzes. Gerade bei Letzterem ist die veterinärfachliche Perspektive außerordentlich wichtig. Die in derartigen Verfahren erstellten Gutachten sind Grundlage für das Ergebnis strafrechtlicher Verfahren. Dem veterinärmedizinischen Gutachter kommt dabei eine weitreichende Verantwortung zu.

Besonders bei Fragen zur Tierquälerei besteht aber die Schwierigkeit, zwischen veterinärfachlichen und juristischen Fragen bzw. einer rechtlichen Subsumtion zu unterscheiden. Aufgabe des Gutachters ist, wie bereits oben ausgeführt, lediglich die Beantwortung von fachlichen Fragestellungen und nicht die rechtliche Beurteilung eines Sachverhaltes. Die von den Gerichten häufig an den veterinärmedizinischen Gutachter gestellte Frage, ob im konkreten Verfahren ein Fall von Tierquälerei vorliegt, kann und darf vom Gutachter gar nicht beantwortet werden. Der Sachverständige kann beurteilen, ob dem Tier beispielsweise Schmerzen, Leiden oder Schäden zugefügt wurden; ob dadurch der Tatbestand der Tierquälerei erfüllt ist, hat aber das Gericht zu beurteilen.

Nichtsdestoweniger bedarf es gerade im Zusammenhang mit Gutachten zu Fragen der Tierhaltung bzw. des Tierschutzes profunder Kenntnisse der einschlägigen Bestimmungen. Dies einerseits deshalb, weil diese schon bei der Befundaufnahme durch den Gutachter zu berücksichtigen sind, und andererseits die im österreichischen Recht getroffene Unterscheidung zwischen einer strafrechtlichen und einer verwaltungsrechtlichen Tierquälerei (S. 20) zu beachten ist.

Tierkauf

Immer wieder werden tierärztliche Gutachter im Zusammenhang mit dem Kauf von Tieren zur Befundung und zur Beurteilung veterinärmedizinischer Fragestellungen herangezogen. Vielfach werden einige Zeit nach der Übergabe des Tieres Einschränkungen im Nutzen behauptet, die in einem Zusammenhang mit gesundheitlichen Einschränkungen stehen würden. Wichtig ist dabei die Feststellung, ob es sich überhaupt um einen pathologischen Befund handelt, was in vielen Fällen eine Untersuchung des Patienten durch den Sachverständigen voraussetzt. Sollte ein solcher Befund tatsächlich vorliegen, ist zu prüfen, ob es sich dabei um einen Befund handelt, der die behauptete Nutzungseinschränkung tatsächlich begründet; hier sind beispielsweise Röntgenbefunde besonders kritisch zu sehen (S. 223).

Die Untersuchungsbefunde sollen es dem Gericht ermöglichen, die Feststellung eines vorliegenden Mangels (S. 53) zu treffen. Die Frage, ob ein Mangel vorliegt, ist eine Rechtsfrage, deren Beantwortung alleine dem Gericht, nicht aber dem Sachverständigen obliegt, auch wenn in gerichtlichen Beweisbeschlüssen vielfach nach dem Vorliegen eines Mangels gefragt wird. Ferner geht es um die Frage, ob ein Mangel bereits zum Zeitpunkt der Übergabe des Tieres an den Käufer vorhanden war oder erst später entstanden ist. Ist eine derartige Aussage aus veterinärfachlicher Sicht nicht zu treffen, dann ist diese Tatsache als Ergebnis der fachlichen Beurteilung entsprechend auszuführen. Es liegt in der Natur der Sache, dass nicht alle Fragestellungen des Gerichts auch fachlich seriös beantwortet werden können.

5.1.3 Privatgutachten

Privatgutachten werden von Privatpersonen beauftragt und dienen zumeist dem qualifizierten Parteienvorbringen oder aber im Vorfeld einer möglichen gerichtlichen Auseinandersetzung der Abschätzung des Prozessrisikos. Wird ein solches Privatgutachten im Gerichtsverfahren vorgebracht, so gilt es als Privaturkunde i. S.d. ZPO und die inhaltliche Richtigkeit unterliegt der freien Beweiswürdigung. Der gerichtlich bestellte Gutachter muss sich jedoch mit den Inhalten des Privatgutachtens auseinandersetzen. Nach deutschem Recht ist eine Verwertung des Privatgutachtens als Sachverständigengutachten gemäß §§ 402 ff. ZPO nicht generell ausgeschlossen, hängt aber von der Zustimmung beider Parteien ab. Bei sich widersprechenden Privatgutachten der Parteien ist die Einholung eines gerichtlichen Sachverständigenbeweises notwendig (MüKo-ZPO/Zimmermann, § 402 Rn. 9).

Eine Sonderform des Privatgutachtens stellt die Kaufuntersuchung (S. 223) dar.

5.1.4 Versicherungsgutachten

Versicherungsgutachten werden im Auftrag einer (zumeist) Haftpflichtversicherung erstellt und dienen der Beurteilung der Frage, ob eine Versicherungsleistung zu erfolgen hat. Grundsätzlich gilt bei Versicherungsgutachten derselbe Sorgfaltsmaßstab für Gutachter wie bei Gerichtsgutachten, sodass auch hier eine neutrale fachliche Beurteilung zu erfolgen hat.

Auch Versicherungsgutachten werden deshalb in Auftrag gegeben, um ein etwaiges Prozessrisiko des Versicherers abzuschätzen bzw. um die Höhe der Versicherungsleistung zu beurteilen.

5.1.5 Behördengutachten

Behördengutachten werden im Auftrag einer Verwaltungsbehörde erstellt und kommen immer dann zum Einsatz, wenn die Behörde mit ihren Amtssachverständigen nicht das Auslangen findet. Vor allem im Bereich der Tierhaltung und des Tierschutzes sowie im Zusammenhang mit Umweltverträglichkeitsprüfungen wird dabei immer wieder auf die tierärztliche Fachkompetenz zurückgegriffen.

5.2 Gebührenanspruch

Andreas Pospischil, Martin Reifinger, Peter Rüsch, Thomas Steidl

5.2.1 Deutschland

Thomas Steidl

Allgemein

Tiermedizinische Gutachten sind medizinische Gutachten und als solche zu berechnen. Darauf sollte das beauftragende Gericht stets vor der Übernahme eines Auftrags durch den Sachverständigen (SV) hingewiesen werden.

In den letzten Jahren gab es in Deutschland bei einigen Gerichten nach der Novellierung des Gesetzes über die Vergütung von Sachverständigen, Dolmetscherinnen und Dolmetschern, Übersetzerinnen und Übersetzern sowie die Entschädigung von ehrenamtlichen Richterinnen, ehrenamtlichen Richtern, Zeuginnen, Zeugen und Dritten (Justizvergütungs- und -entschädigungsgesetz – JVEG) 2016 die Auslegung, dass tiermedizinische Gutachten keine medizinischen Gutachten darstellten, sondern gemäß der Honorargruppe „Tiere" (S. 91) zu vergüten seien.

Nach mehrmaligem Einspruch, auch seitens der Bundestierärztekammer, gibt es hierzu eine Stellungnahme des Bundesministeriums für Justiz und Verbraucherschutz vom 13.01.2016: „... werden tierärztliche Sachverständigenleistungen wohl ganz überwiegend – in unmittelbarer oder entsprechender Anwendung der Regelungen des JVEG für medizinische Gutachten – nach den Honorargruppen M 1 bis M 3 vergütet" (so u. a. das Oberlandesgericht Köln). Da das OLG Düsseldorf bezüglich der Honorargruppierung offensichtlich schon einmal anders entschieden hat, empfiehlt es sich, bei der Beanspruchung der Honorargruppe M 3 gegenüber dem beauftragenden Gericht diese ministerielle Darstellung zu zitieren und vor jeder Annahme eines Gutachterauftrags darauf hinzuweisen, dass dieses Gutachten ein medizinisches ist und deshalb nach der Honorargruppe M abgerechnet wird.

Praxistipp

Es ist empfehlenswert, das Gericht vor Übernahme des Gutachtenauftrags um eine schriftliche Bestätigung der Vergütung nach Honorargruppe M zu bitten.

Mit der Übersendung der Akte an den Sachverständigen wird i. d. R. vom Gericht ein Vorschuss von den Parteien angefordert, der die Kosten des Gutachtens decken soll. Vor der Übernahme des Auftrags sollte der SV abschätzen, wie hoch der Aufwand seines Gutachtens sein könnte und ob der vom Gericht eingeforderte Vorschuss die voraussichtlichen Kosten des Gutachtens deckt. Ist dies nicht der Fall, sollte der SV das Gericht umgehend davon in Kenntnis setzen.

Merke

Alle Vereinbarungen über die Kostenhöhe sollten schriftlich, ggf. per E-Mail, dokumentiert werden.

Mündliche Vereinbarungen bezüglich der Gebührenhöhe erweisen sich häufig als nicht zuverlässig, selbst wenn sie mit einem Gericht oder Richter vereinbart wurden. Aus eigener Erfahrung wechseln die vorsitzenden Richter des Öfteren, sodass sich diese nicht mehr an die mündlichen Vereinbarungen mit ihren Vorgängern erinnern können.

Ist das Gutachten aufwendiger und teurer als zu Beginn der Auftragsübernahme vorhergesagt, zieht dies immer Diskussionen nach sich und endet oft mit einer Kürzung des Honorars.

Sofern bei der Übernahme des Gutachtens bestimmte **Fristen** gesetzt wurden, so gilt es, diese unbedingt zu beachten und einzuhalten. Eine Überschreitung der Fristen („Verfristung") führt stets zu Problemen, finanziellen Einbußen oder gar Strafgeldern.

Zusammenfassung des JVEG unter tiermedizinischen Aspekten

§ Gesetzliche Grundlagen

Tierärztliche Gutachten werden in Deutschland nach dem JVEG in Rechnung gestellt. Es gilt also nicht die Gebührenordnung für Tierärzte (GOT).

Im Folgenden wird besonders auf diejenigen Paragrafen des JVEG eingegangen, die für die Liquidation tiermedizinischer Gutachten von Bedeutung sind.

Die Grundlage des Gebührenanspruchs ist das JVEG, ein für jedermann zugänglicher Text.

Die Erfahrung zeigt jedoch, dass die mangelhafte Kenntnis des JVEG häufig dazu führt, dass die Gebührenansprüche vom Gericht gekürzt werden. Um dem Gutachter zu ermöglichen, seinen Gebührenanspruch auf Augenhöhe zu begründen, fokussiert und interpretiert der Verfasser im Folgenden Paragrafen des JVEG, die für tierärztliche Belange von besonderer Bedeutung sind.

Gliederung des JVEG

Das JVEG ist wie folgt gegliedert:

- §§ 1–4 Allgemeine Vorschriften
- §§ 5–7 Gemeinsame Vorschriften
- §§ 8–14 Vergütung von Sachverständigen, Dolmetschern und Übersetzern

Paragrafen des JVEG

§ 1

Vergütung wird **nur nach diesem Gesetz** gewährt und steht dem zu, der **beauftragt** worden ist. Wenn ein Unternehmen beauftragt worden ist, so gilt dies auch für dessen Mitarbeiter.

§ 2

Der **Vergütungsanspruch** erlischt, wenn er nicht **binnen 3 Monaten** bei der Stelle, die beauftragt hat, geltend gemacht wurde. Beginn der Frist ist die Vernehmung bzw. der Eingang des Gutachtens.

Ausnahme: Glaubhaftmachung, dass kein eigenes Verschulden vorliegt (schwierig!).

§ 3

Ein **Vorschuss** kann beantragt werden bei erheblichen Fahrtkosten oder Aufwendungen oder Teilleistungen von über 2000 €.

§ 4

Die Festsetzung der Vergütung erfolgt durch Beschluss des Gerichts, das den SV heranzieht. Dieses Gericht ist ebenso zuständig für mögliche Beschwerden des SV.

§ 4c

Rechtsbehelf

§ 5

Regelt den **Fahrtkostenersatz** für SV und Dolmetscher: 0,30 €/km + Parkentgelte, erste Wagenklasse der Bahn plus Reservierungskosten.

§ 6

Betrifft **Entschädigungen**, Tagegeld, das die tatsächlich entstandenen, beruflich veranlassten Mehraufwendungen im Inland abgilt und sich nach dem Einkommensteuergesetz bemisst.

Auswärtige Übernachtungen werden nach dem Bundesreisekostengesetz vergütet.

§ 7

Beschreibt **sonstige Aufwendungen**, wie

- notwendige Vertretungen und notwendige Begleitpersonen
- Kopierkosten, die ersten 50 Seiten 0,50 €/Seite, danach 0,15 €/Seite

§ 8

Grundsatz der Vergütung

SV erhalten als Vergütung:

- Honorar (§§ 9–11)
- Fahrtkostenersatz (§ 5)
- Entschädigung für Aufwand (§ 6)
- Ersatz für sonstige und für besondere Aufwendungen (§§ 7, 12)
- Stundensätze gelten für die erforderliche Zeit einschließlich notwendiger Reise- und Wartezeiten.

§ 8a

Wegfall/Beschränkung des Vergütungsanspruchs

Der Vergütungsanspruch wird beschränkt oder fällt ganz weg, sofern die Leistung des SV bestimmungsgemäß nicht verwertbar ist, u. a. bei:

- Verstößen gegen die Zivilprozessordnung
- mangelhafter Leistung
- grober Fahrlässigkeit, z. B. Vorsätzlichkeit, die beispielsweise zur Befangenheit führt
- Der SV hat trotz Festsetzung eines weiteren Ordnungsgeldes die Leistung nicht vollständig erbracht.
- **Wenn das Gericht die Leistung berücksichtigt, gilt sie als verwertbar.**
- Bei Diskrepanz der Leistung im Verhältnis zum Wert des Streitgegenstands muss der Berechtigte auf diesen Umstand hinweisen (ZPO § 407) – Kostenvoranschlag des Gerichts lesen!

§ 9

JVEG, Honorargruppen

Die Honorargruppen sind die **Essenz**, das „Eingemachte" des JVEG. Diese Honorargruppen richten sich nach den Fachgebieten, aus denen die SV stammen, und decken ein weites Spektrum ab von „Kapitalleistungen", „Kfz-Wesen", „Vermessungstechnik" über „Tiere" bis zu „medizinischen und psychologischen" Gutachten.

Die Einteilung der Vergütungsansprüche in den einzelnen Honorargruppen bildet die gesellschaftliche Wertigkeit der Leistungen und sicherlich auch eine mehr oder weniger erfolgreiche Lobbyarbeit der einzelnen Berufsgruppen ab. So gibt es die Honorargruppe „Vermessungstechnik" mit dem Anspruch von 65 €/Stunde oder die Honorargruppe „Kapitalanlagen/private Finanzierung" mit 125 €/Stunde.

Medizinische und psychologische Gutachten fallen in die Honorargruppe M.

§ 9, Anlage 1

JVEG Honorargruppen

Für **medizinische und psychologische Gutachten** gelten die Honorargruppen **M 1, M 2 und M 3**.

M 1 (65 €/Stunde): u. a. Gutachten zu Gebührenrechtsfragen

M 2 (75 €/Stunde): nach standardisiertem Schema ohne Erörterung spezieller Kausalzusammenhänge mit einfacher medizinischer Verlaufsprognose und mit durchschnittlichem Schwierigkeitsgrad

M 3 (100 €/Stunde): Gutachten mit hohem Schwierigkeitsgrad

- Begutachtung spezieller **Kausalzusammenhänge** und/oder
- **differenzialdiagnostischer** Probleme und/oder
- Beurteilung der **Prognose** und/oder
- Beurteilung strittiger **Kausalitätsfragen**

Merke

In der Regel handelt es sich bei medizinischen und tiermedizinischen Gutachten um Gutachten mit hohem Schwierigkeitsgrad, also M 3.

Es empfiehlt sich, bei der Argumentation gegenüber dem Gericht, warum der SV beabsichtigt nach M 3 abzurechnen, den o. a. Wortlaut des JVEG zu wählen bzw. zu zitieren.

Nach dem anfänglichen Studium der Akte muss der SV beurteilen

- in welche Honorargruppe sein Gutachten fällt und
- welchen Zeitaufwand das Gutachten erfordert.

Zeitaufwand x Honorargruppe ergibt die ungefähren Kosten für das Gutachten.

§ 12

Besondere Aufwendungen

§ 12 ist für nahezu jede Rechnungsstellung eines jeden Gutachtens von Bedeutung, wird häufig übersehen und damit dem Gericht „geschenkt". Insbesondere handelt es sich dabei um Ersatz für besondere Aufwendungen wie z. B.:

- bei schriftlichen Gutachten Schreibgebühr: 0,90 €/1000 Anschläge
- besondere Kosten, z. B. Übersetzungen (§ 11), Fotos sowie für eine Untersuchung benötigte Stoffe und Werkzeuge
- falls der SV steuerbar ist: plus Umsatzsteuer

Rechnungsbeispiele für tierärztliche Gutachten gemäß JVEG

Rechnungsbeispiel schriftliches GA, allgemein

Honorar (§§ 9–11, Anlage 1) im Stundensatz

- Aktenstudium (Gerichtsakte plus Literatur)
- Erstellung des Gutachtens
- Diktat und Durchsicht

Schreibgebühr (§ 12, 3) 0,90 €/1000 Anschläge
Kopien (§ 7), auch für (3) Mehrstücke 0,50 €/Seite
Umsatzsteuer (§ 12, 4)

Rechnungsbeispiel schriftliches GA, detailliert

Für das Gutachten Meier/Müller, 5 C 1234/16 erlaube ich mir gemäß JVEG Honorargruppe M3, wie bereits vor Übernahme des GA am XXXX schriftlich begründet und von Ihnen am XXX bestätigt, zu liquidieren:

- Aktenstudium 3 Stunden à 100 €
- Erstellung des Gutachtens 4 Stunden à 100 €
- Diktat und Durchsicht 2,5 Stunden à 100 €
- Schreibgebühr 29455 Anschläge, ges. 29 × 0,90 €
- Kopierkosten für 3 Mehrstücke 45 Seiten: 45 × 0,50 €
- Umsatzsteuer (§ 12, 4)

Anmerkung: In der letzten Zeit verlangen deutsche Gerichte zunehmend eine minutengenaue Abrechnung der Arbeitszeiten und verweigern eine Aufrundung. Es empfiehlt sich deshalb, Datum und aufgewandte Arbeitszeit zu dokumentieren. Wird vom Gericht die Höhe des Arbeitsaufwands bestritten, ist man durch den Nachweis in einer sicheren Position.

Rechnungsbeispiel, mündliches Gutachten vor Gericht

- Honorar (§§ 9–11, Anlage 1) im Stundensatz (Beginn Abfahrt von zu Hause, Ende Ankunft zu Hause). Wichtig ist die schriftliche Bestätigung des Richters, wann der SV entlassen wurde. Dies wird häufig auf der Ladung vermerkt, kann aber auch formlos vom Richter auf Bitte des SV ausgestellt werden.
- Aktenstudium (Akten unbedingt vorher anfordern!). Der SV sollte zu dem Zeitpunkt abwägen, ob das streitgegenständliche Tier aufgrund eines möglicherweise geänderten Beweisbeschlusses persönlich in Augenschein genommen werden sollte. Auch die persönliche Inaugenscheinnahme und Untersuchung muss gemäß JVEG in Rechnung gestellt und dieser zusätzliche Kostenaufwand zuvor mit dem Gericht abgeklärt werden.
- Vortrag vor Gericht inkl. notwendiger Reise- und Wartezeiten (Anlage 3, 2)
- Fahrtkostenersatz (§ 5), 1. Wagenklasse bzw. 0,30 €/km im eigenen PKW, Parkgebühren
- Entschädigung Aufwand (§ 6), Verpflegungspauschale, Mehraufwand, Praxisvertreter?
- sonstige und besondere Aufwendungen (§ 7, § 12), z. B. Stoffe und Werkzeuge
- Umsatzsteuer (§ 12, 4)

5.2.2 Österreich

Martin Reifinger

§ Gesetzliche Grundlagen

Grundlage für die Honorierung von Gerichtsgutachten ist das „Bundesgesetz über die Gebühren der Zeugen und Zeuginnen, Sachverständigen, Dolmetscher und Dolmetscherinnen, Geschworenen, Schöffen und Schöffinnen“ (Gebührenanspruchsgesetz – GebAG; BGBl. Nr. 136/1975).

Dem Sachverständigen (SV) steht für seine gutachterliche Tätigkeit vor Gericht eine „Gebühr" zu, die am Ende jeder gutachterlichen Tätigkeit geltend zu machen ist. Dieser Gebührenanspruch (GA) ist nach GebAG zu gliedern und dem zuständigen Gericht innerhalb von 14 Tagen nach „Ende der Tätigkeit" vorzulegen.

Der GA setzt sich zusammen aus den notwendigen Reise- und Aufenthaltskosten, Kosten für Hilfskräfte und Materialien, einer Entschädigung für Zeitversäumnis sowie einer Gebühr für Mühewaltung (= Gebühr für Aktenstudium, Befundaufnahme, Teilnahme an der Gerichtsverhandlung und Erstattung des Gutachtens).

Die Bestimmung der Gebühr erfolgt durch richterlichen Beschluss auf Basis der vorgelegten Gebührennote (S. 94); dagegen können der SV, die Parteien und der Revisor (bei Gericht für die Kontrolle von Sachverständigengebühren zuständig) innerhalb von 14 Tagen Einspruch beim übergeordneten Gerichtshof erheben.

Die im Gesetz festgelegten Gebühren und Entschädigungen werden laufend angepasst, zuletzt im Rahmen einer Novelle 2014.

Merke
Privatgutachten (nicht vom Gericht oder von der Staatsanwaltschaft, sondern von sonstigen natürlichen/juristischen Personen in Auftrag gegeben) sind bezüglich der Honorierung frei.

Gebührensplitting

Die im GebAG festgesetzten Tarife für Mühewaltung (Kosten für Befundaufnahme und Erstattung des Gutachtens) enthalten reduzierte Beträge, die in all den Fällen zur Anwendung kommen, in denen der Staat für die Gebühr aufkommt: Strafsachen, Sozialrechtssachen, Insolvenzverfahren, Fälle, in denen der Zahlungspflichtige Anspruch auf Verfahrenshilfe hat u. a.

In allen anderen Fällen richtet sich der Gebührenanspruch für Mühewaltung nach den außergerichtlichen Einkünften des SV für gleichwertige Tätigkeiten (diese Einkünfte sind im Zweifel glaubhaft zu machen).

§ 46 GebAG enthält o. a. reduzierte Beträge für Tierärzte, taxativ nach verschiedenen Tätigkeiten aufgeschlüsselt. Tätigkeiten, die nicht angeführt sind, sind entsprechend vergleichbaren Tätigkeiten anzusetzen.

Bezüglich des Gebührenanspruchs nach GebAG ist die Höhe des Honorars vorerst begrenzt, und zwar durch einen von den Streitparteien im Zivilprozess hinterlegten Kostenvorschuss oder, mangels eines solchen, durch den Streitwert oder 2000 €, in Verfahren vor dem Landesgericht und im Ermittlungsverfahren der Staatsanwaltschaft durch 4000 €. Den Gutachter trifft eine Warnpflicht, sobald eine betragsmäßige Überschreitung dieser Grenzen für ihn erkennbar ist.

In diesem Fall ist er verpflichtet, den Auftraggeber (das Gericht) über die zu erwartenden Kosten (d. h. Kostenvoranschlag erforderlich) in Kenntnis zu setzen und eine diesbezügliche Entscheidung abzuwarten.

Der Auftrag wird nun entweder im Sinn einer Kostenreduktion geändert oder es erfolgt eine Zusage der Kostenübernahme gemäß dem konkreten Kostenvoranschlag. Dieser Kostenvoranschlag darf allerdings später nicht mehr überschritten werden (Neuerungsverbot).

Merke
Missachtet der SV seine Warnpflicht oder hält er sich nicht an den nachträglichen Kostenvoranschlag, so wird sein Gebührenanspruch um den über den Kostenvorschuss bzw. Kostenvoranschlag hinausgehenden Betrag gekürzt.

Gebührennote

Praxistipp
Beispiel für eine Gebührennote nach GebAG (▶ Tab. 5.1)
Name, Anschrift des SV
An das Bezirksgericht
Betrifft: Aktenzeichen … Rechtssache/Strafsache

▶ **Tab. 5.1** Gebührennote für Gutachten vom … nach GebAG 1975.

Posten	Betrag
Gebühr für Aktenstudium (§ 36), aufgeschlüsselt	… €
Reisekosten (§ 28 Abs. 2), aufgeschlüsselt	… €
Aufenthaltskosten (§ 29), aufgeschlüsselt	… €
Kosten für Beiziehung von Hilfskräften (§ 30), aufgeschlüsselt	… €
Entschädigung für Zeitversäumnis (§§ 32 Abs. 1, 33), aufgeschlüsselt	… €
Gebühr für Mühewaltung für Befund und Gutachten (§§ 34, 35, 37), aufgeschlüsselt	… €
Kosten für Reinschreiben von Befund und Gutachten (§ 31 Abs. 1 Z 3), aufgeschlüsselt	… €
Porto (§ 31 Abs. 1 Z 5), aufgeschlüsselt	… €
Zwischensumme	**… €**
Umsatzsteuer	**… €**
Gesamtsumme	**… €**
abgerundet auf volle Euro (§ 39 Abs. 2)	**… €**

Ich ersuche um Überweisung der Gebühr auf mein Konto bei der …, IBAN …, lautend auf …
Datum, Unterschrift

5.2.3 Schweiz

Andreas Pospischil, Peter Rüsch

Grundlagen

Der Gebührenanspruch für sachverständige Personen, die mit der Erstellung von Gutachten beauftragt werden, ist unbestritten.

§ Gesetzliche Grundlagen

Der Gebührenanspruch ist in verschiedenen Gesetzen und Verordnungen des Bundes und der Kantone festgehalten, z. B. auf Stufe Bund im Bundesgesetz betreffend die Ergänzung des Schweizerischen Zivilgesetzbuches, Fünfter Teil: Obligationenrecht, OR vom 30. März 1911, Stand am 1. Januar 2020, je nach Prozessart in der Schweizerischen Strafprozessordnung, StPO vom 5. Oktober 2007, Stand am 1. Februar 2020, im Reglement des Bundesstrafgerichts über die Kosten, Gebühren und Entschädigungen in Bundesstrafverfahren (BStKR) vom 31. August 2010, Stand am 1. Januar 2019, in der Schweizerischen Zivilprozessordnung, ZPO vom 19. Dezember 2008, Stand am 1. Januar 2020, im Bundesgesetz über das Verwaltungsverfahren (Verwaltungsverfahrengesetz, VwVG) vom 20. Dezember 1968, Stand am 1. Januar 2015, im Reglement über die Kosten und Entschädigungen vor dem Bundesverwaltungsgericht (VGKE) vom 21. Februar 2008, Stand am 1. April 2010, oder auf Stufe Kantone in kantonalen Verordnungen und Erlassen, z. B. in der Verordnung der obersten kantonalen Gerichte über die Entschädigung der Zeugen und Zeuginnen, Auskunftspersonen und Sachverständigen (Entschädigungsverordnung der obersten Gerichte) vom 11. Juni 2002 des Kantons Zürich.

Gemäß OR, Art. 394, Abs. 3, ist für einen erteilten Auftrag eine Vergütung zu leisten, wenn sie verabredet oder üblich ist.

Sowohl die StPO als auch die ZPO bestätigen diesen Grundsatz. Gemäß StPO, Art. 190, hat der Gutachter bzw. die sachverständige Person Anrecht auf eine angemessene Entschädigung, und gemäß ZPO, Art. 184, hat der Gutachter Anrecht auf eine Entschädigung. Dabei legt das Gericht die Höhe der Entschädigung fest, wobei dieser Entscheid anfechtbar ist (ZPO, Art. 184, Abs. 3). Auch das Bundesgesetz über den Zivilprozess vom 4. Dezember 1947, Stand am 1. Mai 2013, hält unter Kapitel d) Sachverständige, Art. 61, fest, dass Sachverständige Anspruch auf Vergütung ihrer Auslagen sowie auf ein Honorar nach freiem Ermessen des Richters haben.

Im Weiteren gilt, dass die Verfahrenskosten – dazu gehören die Kosten für sachverständige Personen – von den Behörden festgelegt werden, die das Verfahren führen. Für die Bundesbehörden regelt es der Bund, für die kantonalen Behörden regeln es die einzelnen Kantone. Dies führt dazu, dass zwar überall der Grundsatz betreffend Anspruch auf Entschädigung gilt, die Höhe der Entschädigung von sachverständigen Personen aber nicht einheitlich gehandhabt wird. Im Kanton Zürich z. B. regelt die im Abschnitt „Gesetzliche Grundlagen" erwähnte Verordnung der obersten kantonalen Gerichte über die Entschädigung der Zeugen und Zeuginnen, Auskunftspersonen und Sachverständigen (Entschädigungsverordnung der obersten Gerichte) vom 11. Juni 2002 die Entschädigung von Sachverständigen.

Gebührenanspruch im Einzelnen

Gebührenanspruch auf Ebene Bund

Gemäß Art. 19, Abs. 1 des Reglements des Bundesstrafgerichts über die Kosten, Gebühren und Entschädigungen in Bundesstrafverfahren (BStKR vom 31. August 2010, Stand am 1. Januar 2019) werden Sachverständige grundsätzlich **nach Aufwand** entschädigt. Der Ansatz richtet sich nach den erforderlichen Fachkenntnissen und der Schwierigkeit der Auftragserfüllung, bei freiberuflich tätigen Sachverständigen i. d. R. nach den üblichen Ansätzen der jeweiligen Branche oder nach Vereinbarung. Die Entschädigung wird aufgrund der von der sachverständigen Person eingereichten **Honorarnote** festgesetzt. Der **Stundenansatz** dürfte dabei in Anlehnung an Art. 12, Abs. 1 BStKR, der die Entschädigung für Anwälte der Verteidigung nennt, zwischen CHF 200 und 300 liegen. Gemäß Auskunft der GST liegt der übliche Stundenansatz für erfahrene selbstständig tätige Tierärzte zwischen CHF 150 und 250.

Die Verfahrensleitung kann vor Erteilung des Gutachterauftrags einen **Kostenvoranschlag** verlangen (Art. 19, Abs. 2 BStKR).

Merke
Erscheint die Rechnung als übersetzt, so kann die Verfahrensleitung die Entschädigung herabsetzen. Pflichtversäumnisse der sachverständigen Person werden gemäß Art. 191 StPO sanktioniert (Art. 19, Abs. 3 BStKR).

Für **Reise- und Verpflegungsentschädigung** sowie für **weitere Auslagen** der Sachverständigen gelten sinngemäß die Ansätze gemäß Art. 13 BStKR, soweit nichts anderes vereinbart wird (Art. 19, Abs. 4. BStKR, Art. 19, Abs. 4 nimmt Bezug auf Art. 13 BStKR). Art. 13 BStKR hält u. a. fest, dass die Spesen aufgrund der tatsächlichen Kosten, für Reisen in der Schweiz die Kosten eines Halbtax-Bahnbilletts erster Klasse, für Flugreisen aus dem Ausland ein Flugbillett der Economy-Klasse oder für Mittag- und Nachtessen, die Beträge gemäß Art. 43 der Verordnung des Eidgenössisches Finanzdepartements (EFD) vom 6. Dezember 2001 zur Bundespersonalverordnung (VBPV), vergütet werden. Art. 43 VBPV, Vergütung von Mahlzeiten, legt für das Frühstück CHF 14, für ein Mittag- oder Nachtessen CHF 27.50 fest und Art. 44 VBPV, Vergütung von Übernachtungen, legt für eine Übernachtung inkl. Frühstück CHF 180, in begründeten Fällen bis maximal CHF 250 fest.

Die detaillierten Ausführungen gelten für Honoraransprüche im Bundesstrafverfahren. Sie dürften mit jenen im Bundeszivilprozess und im Bundesverwaltungsverfahren vergleichbar sein. Bezüglich Bundesverwaltungsverfahren regelt das Reglement über die Kosten und Entschädigungen vor dem Bundesverwaltungsgericht, VGKE, vom 21. Februar 2008, Stand am 1. April 2010, die Details.

Merke
Die Honorare und die Auslagen verstehen sich exklusive Mehrwertsteuer (Art. 19, Abs. 5 BStKR).

Gebührenanspruch auf Ebene Kanton

Vergleichbare Regelungen finden sich auch in verschiedenen kantonalen Verordnungen, z. B. im Kanton Zürich, wie bereits erwähnt, in der Verordnung der obersten kantonalen Gerichte über die Entschädigung der Zeugen und Zeuginnen, Auskunftspersonen und Sachverständigen (Entschädigungsverordnung der obersten Gerichte) oder in der Verordnung über die Gebühren, Auslagen und Entschädigungen der Strafverfolgungsbehörden (GebV StV vom 24. November 2010, Kapitel C. Auslagen und Entschädigungen, § 11 bzw. § 4).

Sowohl die Entschädigungsverordnung der obersten Gerichte vom 11. Juni 2002 als auch die GebV StV vom 24. November 2010 regeln im Abschnitt IV bzw. Abschnitt C die Entschädigung von Sachverständigen.

Merke
Die Regelungen zur Entschädigung von Sachverständigen auf Ebene der Kantone entsprechen und ergänzen sich. Sie entsprechen grundsätzlich jenen des Bundes.

So halten § 9 Abs. 1 der Entschädigungsverordnung und § 11 Abs. 1 GebV StV fest, dass Sachverständige i. d. R. nach Aufwand entschädigt werden, der Ansatz sich nach den erforderlichen Fachkenntnissen und der Schwierigkeit der Leistung, bei freiberuflich tätigen Sachverständigen i. d. R. nach den Ansätzen des jeweiligen Berufsverbandes richten. Im Weiteren werden die Reise- und Verpflegungskosten sowie weitere Auslagen geregelt (§ 9 Abs. 2 Entschädigungsverordnung bzw. § 11 Abs. 2 GebV StV mit Verweis auf § 4 Entschädigungsverordnung). Letztlich wird festgelegt, dass wenn für das Gutachten mit einem erheblichen Aufwand zu rechnen ist, der Auftrag aufgrund eines Kostenvoranschlags zu erteilen ist (Entschädigungsverordnung § 9 Abs. 3 bzw. § 11 Abs. 3 GebV StV), und dass wenn für ein Gutachten mit Kosten von mehr als CHF 30 000 zu rechnen ist, eine schriftliche Genehmigung der Aufsichtsbehörde einzuholen ist (§ 11 Abs. 4 GebV StV).

Zusammenfassung

Da ein Tierarzt seinen Beruf gewerbsmäßig betreibt, ist in den meisten Fällen klar, dass er Anspruch auf eine Entschädigung hat. Der Auftraggeber schuldet dem Beauftragten die Auslagen und Verwendungen, die dieser in richtiger Ausführung des Auftrages gemacht hat, samt Zinsen zu ersetzen und ihn von den eingegangenen Verbindlichkeiten zu befreien (OR, Art. 402 Abs. 1). Zudem wird ein Honorar geschuldet. Die Höhe der Kosten liegt weitgehend im Ermessen des Tierarztes. Weil die schweizerische Kartellgesetzgebung jegliche Preisabsprachen verbietet, existieren für Tierarzthonorare heute keine Tarif- oder Gebührenordnungen mehr. Die früher noch anwendbaren Minimal- oder später Richttarife, Empfehlungen und Kalkulationshilfen der GST 9) sind aus wettbewerbsrechtlichen Gründen heute ausdrücklich verboten.

Zusammenfassend ist festzuhalten, dass tierärztliche Gutachter Anrecht auf Entschädigung haben und – mit gewissen Einschränkungen – die Höhe der Kosten festlegen können. So halten Art. 19 Abs. 3 BStKR und § 10 Abs. 1 und 2 der Entschädigungsverordnung der obersten Gerichte fest, dass die Entschädigung aufgrund der vom Sachverständigen eingereichten Honorarnote festgesetzt wird, und dass wenn die Rechnung als übersetzt erscheint oder den Kostenvoranschlag übersteigt, die Entschädigung herabgesetzt werden kann. Dabei erfolgt das Verfahren für die Parteien kostenlos, sofern die Herabsetzung von Amtes wegen erfolgt. In den übrigen Verfahren erfolgt die Herabsetzung nach Anhörung der Parteien.

Quellenangaben

Literatur

[168] Säcker FJ, Rixecker R, Oetker H (Hrsg.). Münchner Kommentar zum Bürgerlichen Gesetzbuch. 8. Aufl. München: C.H.Beck; 2018

[169] Tritthart A, Aigner G. Die „lex artis“ als Sorgfaltsmaßstab tierärztlichen Handelns. WTM 2016; 103: 225–229

Rechtsgrundlagen

[170] Bundesgesetz betreffend die Ergänzung des Schweizerischen Zivilgesetzbuches. Fünfter Teil: Obligationenrecht, OR vom 30. März 1911, Stand am 1. April 2020. Im Internet: https://www.admin.ch/opc/de/classified-compilation/19110009/index.html; Stand: Juli 2020

[171] Bundesgesetz über das Verwaltungsverfahren, VwVG, vom 20. Dezember 1968, Stand am 1. Januar 2015. Im Internet: https://www.admin.ch/opc/de/classified-compilation/19680294/201501010000/172.021.pdf; Stand: Juli 2020

[172] Bundesgesetz über den Zivilprozess vom 4. Dezember 1947, Stand am 1. Mai 2013. Im Internet: https://www.admin.ch/opc/de/classified-compilation/19470259/history.html; Stand: Juli 2020

[173] Reglement des Bundesstrafgerichts über die Kosten, Gebühren und Entschädigungen in Bundesstrafverfahren, BStKR vom 31. August 2010, Stand am 1. Januar 2019. Im Internet: https://www.admin.ch/opc/de/classified-compilation/20102290/index.html; Stand: Juli 2020

[174] Reglement über die Kosten und Entschädigungen vor dem Bundesverwaltungsgericht, VGKE, vom 21. Februar 2008, Stand am 1. April 2010. Im Internet: https://www.admin.ch/opc/de/classified-compilation/19680294/202004010000/172.021.pdf; Stand: Juli 2020

[175] Schweizerische Strafprozessordnung, StPO, vom 5. Oktober 2007, Stand am 1. Februar 2020. Im Internet: https://www.admin.ch/opc/de/classified-compilation/20052319/index.html; Stand: Juli 2020

[176] Schweizerische Zivilprozessordnung, ZPO, vom 19. Dezember 2008, Stand am 1. Januar 2020. Im Internet: https://www.admin.ch/opc/de/classified-compilation/20061121/index.html; Stand: Juli 2020

[177] Verordnung der obersten Gerichte über die Entschädigung der Zeugen und Zeuginnen, Auskunftspersonen und Sachverständigen; Entschädigungsverordnung der obersten Gerichte vom 11. Juni 2002 des Kantons Zürich. Im Internet: https://www.vfzh.ch/fileadmin/user_upload/Links/VO_Entschaedigung_Zeugen_211.12.pdf; Stand: Juli 2020

[178] Verordnung des EFD zur Bundespersonalverordnung, VBPV, vom 6. Dezember 2001, Stand am 1. Januar 2020. Im Internet: https://www.admin.ch/opc/de/classified-compilation/20010872/index.html; Stand: Juli 2020

[179] Verordnung über die Gebühren, Auslagen und Entschädigungen der Strafverfolgungsbehörden, GebV StV, vom 24. November 2010. Im Internet: http://www2.zhlex.zh.ch/appl/zhlex_r.nsf/WebView/FAAB2F479D 933A5FC 12581DF002A2F3A/$File/323.1_24.11.10_99.pdf; Stand: Juli 2020

6 Forensische Medizin und Pathologie

Andreas Pospischil, Martin Reifinger, Peter Rüsch

6.1 Forensische Pathologie

Andreas Pospischil, Martin Reifinger

6.1.1 Einleitung

Definition

Forensik ist ein Sammelbegriff für wissenschaftliche und technische Arbeitsgebiete, in denen kriminelle Handlungen systematisch untersucht werden. Der Begriff stammt vom lateinischen Wort forensis ab, „zum Forum, Markt(-platz) gehörig", da Gerichtsverfahren, Untersuchungen, Urteilsverkündungen sowie der Strafvollzug im antiken Rom öffentlich und meist auf dem Marktplatz durchgeführt wurden.

Forensische Medizin ist das Fachgebiet, das sich mit gerichtsmedizinischen Fragen beschäftigt. Sie unterstützt die Rechtsfindung durch objektive Gutachten bei medizinisch-rechtlichen Fragestellungen und umfasst ein großes Spektrum unterschiedlichster Disziplinen. Die Forensik nutzt zur Klärung von Fragestellungen Untersuchungsmethoden aus verschiedenen Wissenschaftsbereichen, wie z. B. Medizin, Sozialwissenschaften, Naturwissenschaften und verschiedene technische Wissenschaften [180].

6.1.2 Rechtsmedizin

Ein wesentliches Teilgebiet der Forensik ist die Rechtsmedizin, auch forensische Medizin oder Gerichtsmedizin genannt. In der Humanmedizin hat sich folgende Gruppierung der Untersuchungs- und Forschungsbereiche eingebürgert, die mit wenigen Einschränkungen auch für die Tiermedizin gilt:

- Thanatologie
- forensische Traumatologie
- Toxikologie
- forensische Molekularbiologie (z. B. DNA-Untersuchungen)
- Behandlungsfehlergutachten
- Haftpflichtfragen als Tierarzt oder als Tierhalter
- Abstammungsgutachten
- Versicherungsmedizin
- Fotografie und neue Medien
- Informationstechnologie und -management

In der Humanmedizin in den deutschsprachigen Ländern ist – im Gegensatz zur Tiermedizin – die Rechtsmedizin ein eigenes Fachgebiet mit spezialisierten Instituten. Die Ausbildung zum Rechts- bzw. Gerichtsmediziner in der Humanmedizin erfolgt z. B. in der Schweiz im Rahmen einer Nachdiplomausbildung, die sich an ein Medizinstudium anschließt und zu einem eigenen Facharzt führt [181].

In der Tiermedizin hingegen werden rechtsmedizinische Untersuchungen – je nach Fragestellung – von Fach- bzw. Spezialtierärzten verschiedener Fachrichtungen an den tierärztlichen Ausbildungsstätten, staatlichen Laboratorien bzw. an Amtsstellen des öffentlichen Veterinärdienstes oder auch von selbstständigen, fachlich ausgewiesenen Tierärzten im Auftrag von Polizei, Gerichten, Staatsanwaltschaften, Versicherungen, Tierärzten und auch Privatpersonen durchgeführt. Diese Institutionen verfügen im Allgemeinen über eine nationale oder europäische Akkreditierung, die z. B. in der Schweiz durch die Schweizerische Akkreditierungsstelle erfolgt [183]. Das Institut für Veterinärpathologie der Universität Zürich (IVPZ) beispielsweise ist als Prüflaboratorium unter der STS-Nummer 0255 wie folgt anerkannt:

- internationale Norm: ISO/IEC 17025:2005 [182]
- Schweizer Norm: SN EN ISO/IEC 17025:2005 [184]

Im Rahmen der Akkreditierung wurden formale Vorschriften für die Durchführung folgender Untersuchungen festgelegt:

- makroskopische und mikroskopische Untersuchungen von toten Tieren sowie von Organen toter Tiere

- Nachweis von pathologischen (krankhaften) Veränderungen (struktureller, funktioneller, qualitativer, quantitativer Art) bei Tieren durch Erkennen von Abweichungen von physiologischen (normalen) Zuständen

In der allgemeinen Beschreibung der akkreditierten Untersuchungen heißt es sinngemäß, dass zur Untersuchung nur solche Methoden zur Anwendung kommen sollen, die in der Wissenschaft als geeignet angesehen werden. Sollten sogenannte nicht validierte Untersuchungsmethoden zur Anwendung kommen, müssen diese durch geeignete Verfahren auf ihre Eignung überprüft werden.

Die Qualität der Untersuchung, Befunderhebung und Diagnosestellung wird regelmäßig im Rahmen von externen Qualitätskontrollen überprüft. Die intern und extern durchgeführte Aus- und Weiterbildung von Mitarbeitern sowie regelmäßig stattfindende Kontrollen gewährleisten eine hohe fachliche Kompetenz der Mitarbeiter am Institut für Veterinärpathologie der Universität Zürich (IVPZ) und dadurch eine hohe Qualität der Befunderhebung. Die Untersuchungen und alle für den Fall wichtigen Informationen werden in Fallprotokollen bzw. auf Untersuchungsanträgen und in Laborkontrollbüchern dokumentiert. Die Arbeitsabläufe sind aufgrund dieser Dokumentation nachverfolgbar. Die Untersuchungsergebnisse werden in einem schriftlichen Bericht zusammengestellt und dem Auftraggeber (und nach Rücksprache mit diesem evtl. auch weiteren Personen) übermittelt. Die Proben werden so gekennzeichnet, dass sie jederzeit eindeutig identifizierbar sind und keine Verwechslungen auftreten können. Die Lagerung der Proben bis zur Untersuchung und die anschließende Aufbewahrung erfolgen unter optimalen Bedingungen. Sind Unteraufträge notwendig, die nicht im Labor erledigt werden können, so beauftragt dieses nur fachlich qualifizierte Untersuchungsstellen. Diese sollten ebenfalls ein Qualitätsmanagement-System unterhalten.

Diese Vorschriften ersetzen für die Tiermedizin die in der Rechtsmedizin der Humanmedizin geltenden Vorschriften aus der Schweizerischen Strafprozessordnung (StPO vom 5. Oktober 2007, Stand am 1. März 2019, in Kraft ab 1. Januar 2011). Darin sind die bisherigen 26 kantonalen Strafprozessordnungen, die Strafprozessordnung über das Militärstrafrecht (MStP), die Bundesstrafprozessordnung (BStP) und die Strafprozessordnung über das Verwaltungsstrafrecht (VStrR) in einem Bundesgesetz vereint [186].

Generell lässt sich das Vorgehen bei rechtsmedizinischen Untersuchungen in der Tiermedizin mit den Begriffen Beweissicherung und Auswertung umschreiben (▸ **Abb. 6.1**).

Dabei beginnt die Untersuchung bestenfalls am Tatort und wird dann im Labor fortgesetzt. Die langjährige Beschäftigung mit derartigen Fällen zeigt jedoch, dass in der Tiermedizin der Beginn einer Untersuchung am Tatort eher die Ausnahme darstellt. In der Mehrzahl der Fälle gelangt das Untersuchungsmaterial (der Tierkörper oder ein Teil/Teile davon) direkt, d. h. ohne vorgängige Möglichkeit zur Besichtigung des Tatorts, in ein untersuchendes Labor. Dieses Vorgehen verunmöglicht eine exakte Spurensicherung, was bei der Anwendung molekularbiologischer Methoden einen erheblichen Nachteil darstellen kann.

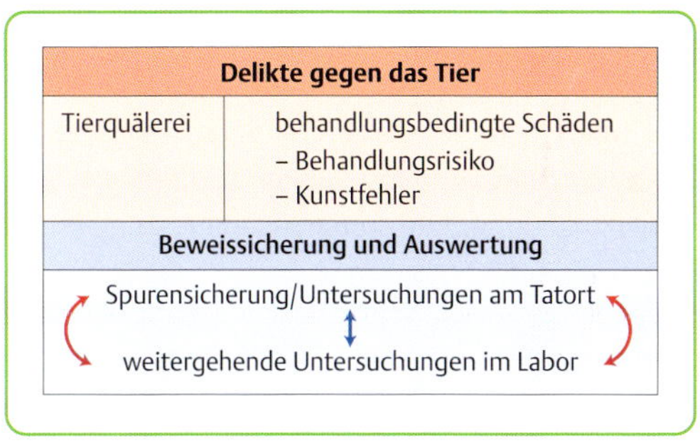

▸ **Abb. 6.1** Schematisches Vorgehen bei einer rechtsmedizinischen Untersuchung in der Tiermedizin.

6.1.3 Praktische Durchführung rechtsmedizinischer Untersuchungen in der Tiermedizin

Merke

Der Schlüssel zum Erfolg einer forensischen Untersuchung liegt in der korrekten Dokumentation der Ergebnisse der Untersuchungen durch fotografische oder schriftliche Aufzeichnungen.

Dazu ist im Allgemeinen die Anwesenheit mindestens einer weiteren Person bei der Untersuchung sinnvoll. Je nach Fragestellung ist ein vorgängiger Kontakt mit einem Experten empfehlenswert. Dies hat sich u. a. bei der Beurteilung von Schussverletzungen als sehr hilfreich erwiesen, da z. B. ballistische Kenntnisse eher selten zum Fachwissen von untersuchenden Tierärzten gehören.

6.1.4 Forensische Obduktion in der Tiermedizin

Die Durchführung einer forensischen Obduktion im weiteren Sinn gliedert sich in folgende Schritte:

- Studium der Anamnese und Identifizierung der Fragestellung
- Feststellung der Identität der Leiche
- Feststellung des Todes
- Feststellung der Todesursache
- Feststellung der Todesart
- Feststellung des Todeszeitpunkts
- Befunderhebung, Beschreibung und Dokumentation aller äußeren und inneren Veränderungen
- Sicherstellung und Untersuchung von Spuren und Organen
- Erstellung eines schriftlichen Befundberichtes mit oder ohne gutachterliche Stellungnahme

Studium der Anamnese und Identifizierung der Fragestellung

Nicht in jedem Fall enthält die Anamnese ausreichende Informationen zur Vorgeschichte des zu untersuchenden Falles, d. h., dass bei der forensischen Obduktion häufig ein Vorgehen nötig ist, das über die vorgefundenen Befunde erst zur Vervollständigung der Anamnese führt.

Feststellung der Identität der Leiche

Zur Feststellung der Identität einer Leiche sind folgende Informationen zu protokollieren: Tierart, Rasse, Geschlecht, Alter, Farbe, Abzeichen, Körpergewicht, erworbene Kennzeichen, z. B. eine Ohrmarke (▶ **Abb. 6.2**), ein Brandzeichen (▶ **Abb. 6.3a**), eine Tätowierung (▶ **Abb. 6.3b**) oder ein Mikrochip (▶ **Abb. 6.3c**). In besonderen Fällen ist die Entnahme einer Gewebe- oder Blutprobe für eine spätere DNA-Untersuchung erforderlich. Die Probe muss in jedem Fall eindeutig gekennzeichnet werden.

Nach dem Eingang des Untersuchungsmaterials (Tierkörper oder Teile davon) im Labor ist eine Untersuchungsnummer zu vergeben, unter der die einzelnen Schritte der Untersuchung nachvollzogen werden können. Diese Untersuchungsnummer erscheint auch auf dem abschließenden Bericht oder Gutachten. Besonders geeignet sind dazu Systeme, die Barcodes vergeben, die sich dann auch bei den fotografischen Dokumentationen einsetzen lassen (▶ **Abb. 6.4**).

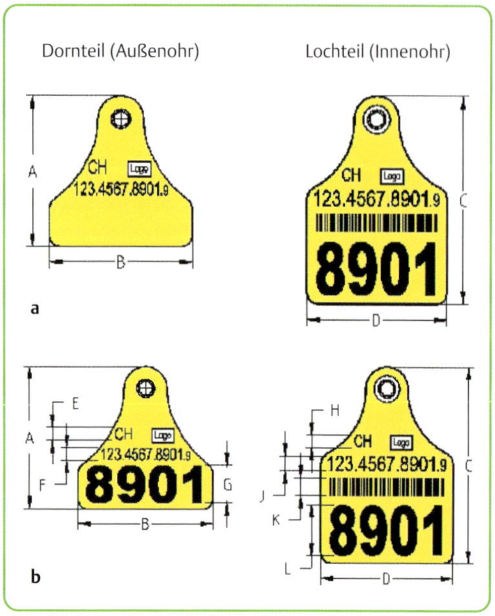

▶ **Abb. 6.2** Ohrmarken für große und kleine Wiederkäuer.
a Ohrmarke für kleine Wiederkäuer.
b Ohrmarke für große Wiederkäuer.

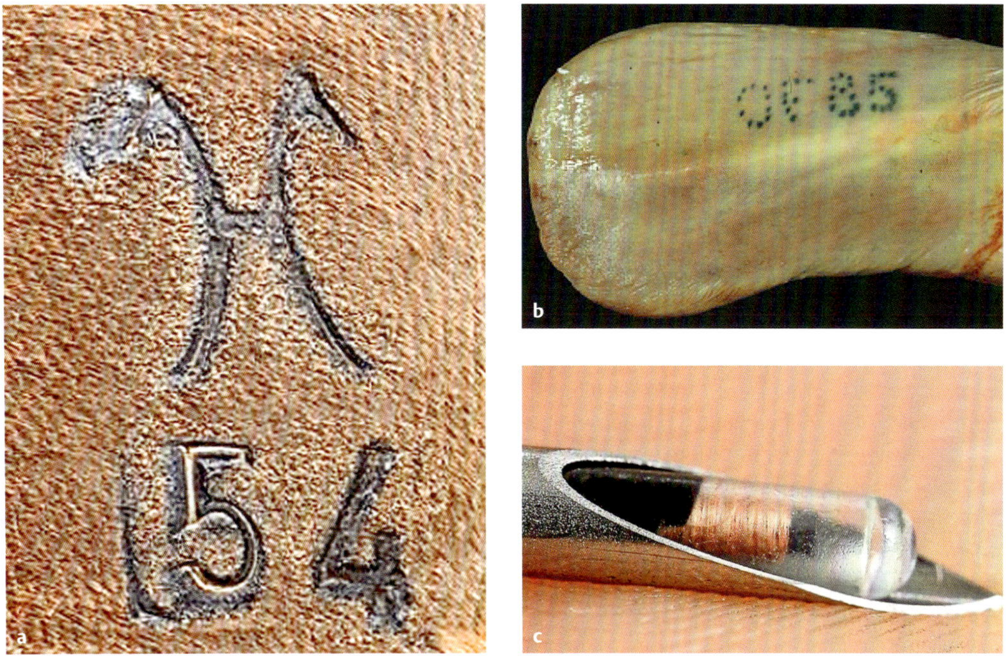

▶ **Abb. 6.3** Kennzeichnung von Tieren.
a Brandzeichen Pferd.
b Tätowierung auf der Unterseite der Zunge.
c Mikrochip zur Markierung von Tieren.

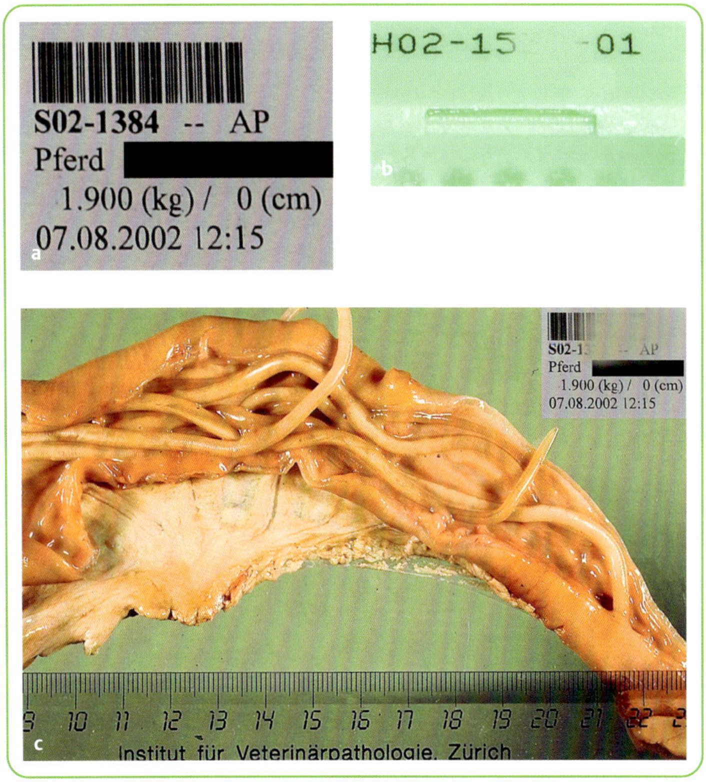

▶ **Abb. 6.4** Die einzelnen Schritte der Obduktion müssen lückenlos und unter Angabe der Untersuchungsnummer dokumentiert werden.
a Untersuchungsnummer mit Barcode für eine forensische Obduktion.
b Verwendung der Untersuchungsnummer auf einem Paraffinblock zur Herstellung histologischer Schnitte.
c Verwendung der Untersuchungsnummer zur Beschriftung bei der Fotodokumentation.

Feststellung des Todes

Todeszeichen

Merke
Zur Feststellung des Todes unterscheiden die Human- und Tiermedizin unsichere von sicheren Todeszeichen.

Bei den unsicheren Zeichen, die manchmal auch mit dem Begriff Scheintod in Verbindung gebracht werden, handelt es sich um Auskühlung des Tierkörpers (cave: vorgängige Lagerung in einem Kühlraum, wechselwarme Tiere), Areflexie, fehlender Puls und weit gestellte Pupillen. Zu den sicheren Todeszeichen (Signa mortis) gehört u.a. der Hirn- bzw. Organtod.

Bei einer forensischen Obduktion von Tieren kann man sich auf folgende makroskopisch erkennbare Todeszeichen stützen: Totenflecken. Diese sind jedoch nur bei Tieren mit nicht pigmentierter Haut zu erkennen, z.B. beim Schwein (▸ **Abb. 6.5**). Wenn Totenflecken (Livores) vorhanden sind, gelten sie als das früheste sichere Todeszeichen.

Totenstarre

Allmählich starr werdende Muskulatur entsteht durch postmortalen Zerfall von Adenosintriphosphat (ATP) im Muskel. Der Körper gleicht sich der Unterlage an und erstarrt in dieser Position.

Das Auftreten, Fortschreiten und die Lösung der Totenstarre sind stark von der Umgebungstemperatur abhängig, da es sich um einen chemischen Zerfallsprozess handelt. Bei tiefen Außentemperaturen verläuft der Prozess langsamer (cave: Kühlraum), bei hohen Temperaturen rascher.

Bei Leichen von großen oder adipösen bzw. durch Wolle/Haarkleid gut isolierten Tieren tritt die Totenstarre häufig rascher auf als bei kleinen, mageren oder schlecht isolierten Tieren, da die Abkühlung des Tierkörpers langsamer erfolgt. Fehlende Totenstarre findet man nicht selten bei Leichen aus fließenden Gewässern, da die Leiche dauernd bewegt wird und sich die Starre nicht ausbilden kann. Eine Totenstarre kann bei gehetzten Tieren (z.B. bei Wildtieren) deutlich rascher eintreten, da mit der noch intra vitam erfolgten Muskelarbeit ein ATP-Verlust in den Zellen beschleunigt wird. Im Normalfall tritt die Totenstarre nach ca. 6–8 Stunden ein und löst sich nach 2–3 Tagen.

Späte Leichenerscheinungen

Als **Fäulnis** (▸ **Abb. 6.7**) bezeichnet man die anaerobe Gewebezersetzung durch bakterielle Enzyme mit der Entwicklung typischer, faulig riechender Gase. Der rote Blutfarbstoff Hämoglobin wird in schwarzes Sulfmethämoglobin (▸ **Abb. 6.6**) umgewandelt.

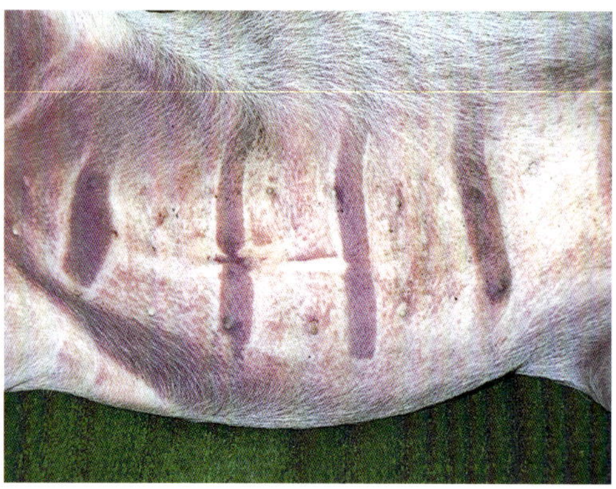

▸ **Abb. 6.5** Totenflecken (Livores) auf der Bauchhaut eines Schweines (streifenförmige Hyperämie im Bereich von Bodenspalten).

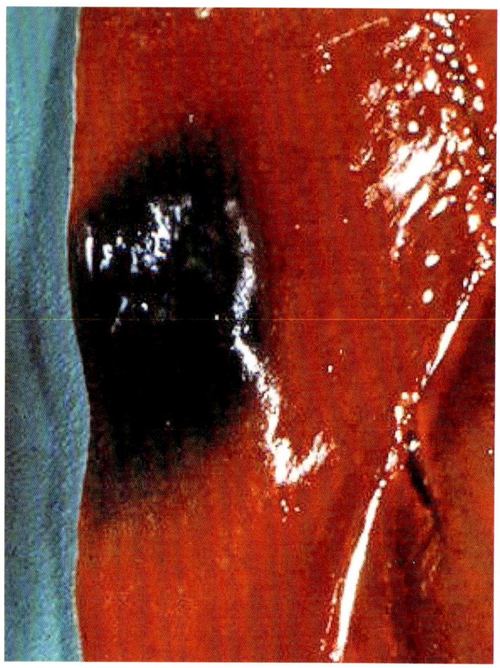

▸ **Abb. 6.6** Punktförmige Bildung von Sulfmethämoglobin an der Leber.

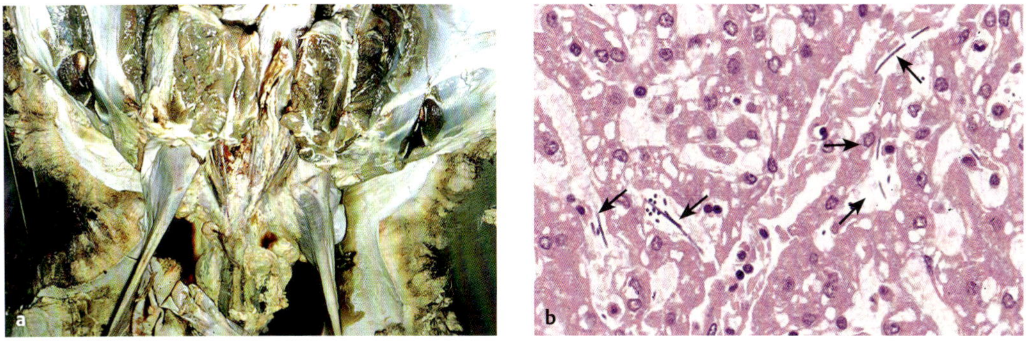

▶ **Abb. 6.7** Fäulnis als späte Leichenerscheinung.
a Eröffneter Tierkörper eines Schafes im Stadium der Fäulnis.
b In diesem Stadium sind in den histologischen Präparaten der Gewebe sog. „Fäulnisbakterien" (Pfeile) nachweisbar (HE-Färbung, mittlere Vergrößerung).

▶ **Abb. 6.8** In der Serengeti verendete Oryxantilope mit teilweiser Mumifizierung und Skelettierung.

Als **Autolyse** bezeichnet man die Zersetzung der Eiweiße durch körpereigene Enzyme.

Auf die Fäulnis und Autolyse folgt die aerobe **bakterielle Zersetzung** des Körpers.

Als **Mumifikation** bezeichnet man eine Gewebekonservierung durch Wasserverlust – sozusagen eine Aus- oder gar Vertrocknung. Diese beginnt in trockenem Milieu bereits nach wenigen Tagen und führt im Weiteren auch zur Skelettierung, die entweder durch Gewebezerfall oder Tierfraß hervorgerufen werden kann (▶ **Abb. 6.8**).

Als **Mazeration** bezeichnet man die Quellung oder Aufweichung von Gewebe, die bei längerem Kontakt bzw. bei der Durchtränkung mit einer Flüssigkeit, z. B. Harn oder Fruchtwasser, entsteht. Kommen zu diesem Prozess pyogene Mikroorganismen hinzu, entsteht eine eitrige Mazeration.

Feststellung der Todesart

Bei der Feststellung der Todesart ist man – mit Ausnahme von Fällen mit schweren Verletzungen – häufig auf Angaben in der Anamnese angewiesen. Ob ein Tier euthanasiert wurde, ist morphologisch oft nicht nachweisbar. In Ausnahmefällen können bei der Anwendung von Barbituraten oder T61 zur Euthanasie silbrig-weiße Ablagerungen von Barbituratsalzen auf dem Endokard (▶ **Abb. 6.9**) oder feinkörnige, dunkelbraune Massen in den Herzventrikeln nachgewiesen werden.

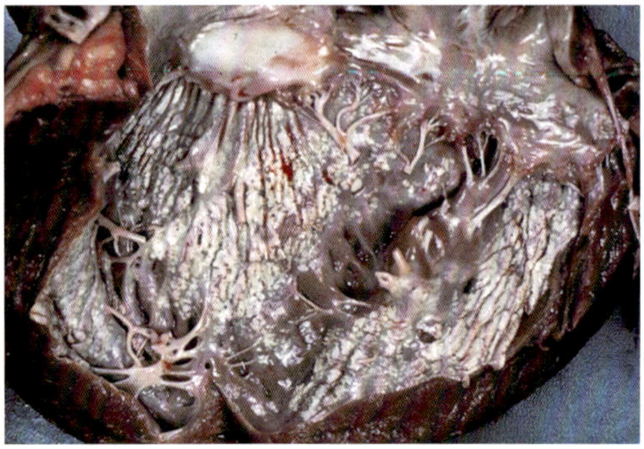

► **Abb. 6.9** Silbrig-weiße Ablagerung von Barbituratsalzen auf dem Endokard eines Kalbes, das mit einer maximalen Überdosierung eines barbitursäurehaltigen Präparats euthanasiert wurde.

Feststellung des Todeszeitpunkts

Praxistipp

Der Todeszeitpunkt eines Tieres ist dann von Bedeutung, wenn beispielsweise das Alibi eines Verdächtigen überprüft oder der Zeitraum eingegrenzt werden soll, in dem die Betreuung eines größeren Tierbestands vernachlässigt wurde (z. B. Tierhortung, engl. animal hoarding).

Grundsätzlich gilt, dass der Todeszeitpunkt umso genauer bestimmbar ist, je kürzer das postmortale Intervall (PMI) bzw. je besser der Erhaltungszustand der Leiche ist.

Die Ausbildung von Leichenflecken (S. 102) durch Hypostase (nur an nicht pigmentierter, schwach behaarter Haut zu sehen) ist nach 1–2 Stunden voll entwickelt. Durch das Absinken des Blutes innerhalb der Gefäßbahn entstehen hyperämische Zonen auf der Liegeseite (nicht jedoch an Auflageflächen), die sich noch etwa 1–2 Tage wegdrücken lassen – danach sind sie fixiert.

In den ersten Stunden post mortem lässt auch die **Körperkerntemperatur** Rückschlüsse auf das PMI zu. Als Faustregel gelten rektal gemessene Temperaturabnahmen von 0,5–1,5 °C je Stunde bis zur Erreichung der Umgebungstemperatur. Das große Spektrum an Tieren verschiedener Größe, den unterschiedlichen Nährzustand und wechselnde isolierende Körperbedeckung bzw. das mikroklimatische Umfeld berücksichtigend, können diese Werte nur als grobe Anhaltspunkte gelten.

Innerhalb von 0–48 (96) Stunden post mortem gibt auch die Ausprägung der **Totenstarre** Hinweise auf das PMI. Die Geschwindigkeit ihrer Ausbreitung und Auflösung wird zwar von vielen Faktoren wie Körpertemperatur, Umgebungstemperatur, körperliche Belastung vor dem Tod, ATP-Reserven etc. beeinflusst, die Nysten-Regel (sie trifft beim Menschen in rund 50 % der Fälle zu) erlaubt jedoch eine grobe Orientierung. Tendenziell breitet sich die Totenstarre nach dieser Regel von kranial nach kaudal und von proximal nach distal aus (in derselben Reihenfolge löst sie sich wieder): Eintritt an den Augenlidern nach 1–2 Stunden, an der Kaumuskulatur nach 2–4 Stunden, innerhalb von 6–18 Stunden volle Ausprägung an den Extremitäten (zuerst an den proximalen, dann an den distalen Gelenken). Die vollständige Auflösung ist nach 48–96 Stunden erreicht; künstliches Brechen nach 8–9 Stunden ist reversibel, Brechen nach vollständigem Eintritt ist irreversibel.

Postmortale Intervalle über längere Zeiträume können nur sehr ungenau bestimmt werden und variieren stark je nach umgebendem Milieu (Casper-Regel: Erhaltungszustand nach 1 Woche an der Luft = 2 Wochen in Wasser = 8 Wochen in der Erde) und Umgebungstemperatur.

Wichtige Indikatoren aus forensischer Sicht sind hier anfangs **Fliegenmaden**, später auch **Käferlarven**. Bei Bedarf sollten an der Leiche und in der näheren Umgebung befindliche Larven in verschiedenen Entwicklungsstadien sichergestellt werden, um sie der forensischen Entomologie zuzuführen. Es empfiehlt sich, Larven sowohl lebend als auch in 96 %igem Alkohol fixiert zu sichern und mit Fundort und Datum zu kennzeichnen.

Unter Berücksichtigung der Umgebungstemperaturen (kumulierte Tagesmittelwerte) über den zurückliegenden Zeitraum lässt sich selbst bei verwesten und weitgehend skelettierten Leichen ein grobes PMI bestimmen. Dabei wird der **Verwesungszustand** von verschiedenen Körperregionen in einem Score-System erfasst und zu den zurückliegenden Tagestemperaturmittelwerten in Beziehung gesetzt (► **Abb. 6.10**). Insgesamt muss hier aber mit großen Schwankungen in Abhängigkeit von verschiedenen Umweltfaktoren gerechnet werden.

▶ **Abb. 6.10** Abschätzung des postmortalen Intervalls (PMI) anhand des Verwesungszustands und unter Berücksichtigung der Umgebungstemperatur.

a Die Bestimmung des PMI für die beiden abgebildeten Rinderleichen ergab eine Zeitspanne von 8–44 Tagen. (Quelle: Polizeiinspektion Gleinstätten, Österreich)

b Das PMI für ein weitgehend skelettiertes Rind aus demselben Bestand ergab ein Minimum von 102 Tagen. (Quelle: Polizeiinspektion Gleinstätten, Österreich)

Durchführung einer Obduktion am Beispiel von Fleischfressern

Definition

Eine Obduktion bedeutet die fachgerechte Zerlegung eines toten Lebewesens. Sie wird auch als Autopsie oder Sektion bezeichnet.

Bezüglich der technischen Durchführung einer Obduktion gibt es zwar unterschiedliche Lehrmeinungen, aber letztlich doch nur geringe Unterschiede. Bei forensischen Obduktionen hat die Obduktion nach den im jeweiligen Labor geltenden, in den Akkreditierungsunterlagen festgehaltenen Vorgaben zu erfolgen.

Lagerung

Für die Obduktion von Fleischfressern soll der Tierkörper nach vorgängiger detaillierter Inspektion des Äußeren in Rückenlage gelagert und ventral enthäutet sein. Der Kopf liegt für den Rechtshänder links vom Sezierenden. Gegebenenfalls sind Penis und Skrotum abzutrennen und zurückzulegen (▶ **Abb. 6.11**).

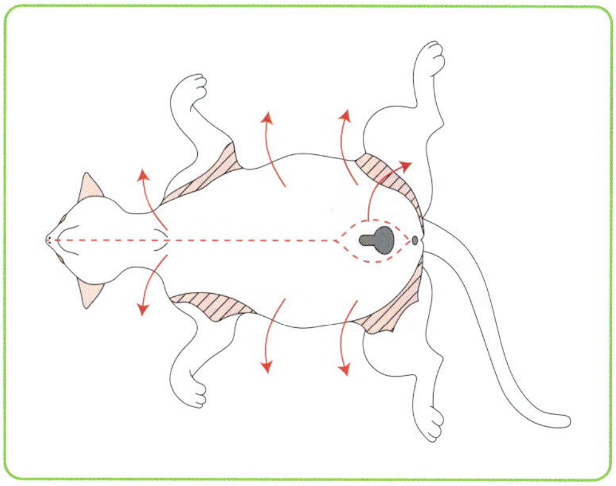

▶ **Abb. 6.11** Lagerung des Tierkörpers zur Obduktion und Schnittführung zur Abtrennung der Haut ventral am Tierkörper.

Eröffnung von Bauch- und Beckenhöhle

Längsschnitt neben der Medianlinie vom Schaufelknorpel bis zur Beckensymphyse; Abtrennen der Bauchdecke beiderseits entlang des Rippenbogens (ggf. um den Nabelbereich herum schneiden). Dabei möglicherweise vorhandenen abnormen und/oder fremden Inhalt und die Lage der inneren Organe beurteilen. Stand des Zwerchfells beurteilen und anschließend die Organe der Bauchhöhle entnehmen und einzeln beurteilen. Als Nächstes erfolgt nach Absetzen des Beckenbodens die Entnahme der Harn- und Geschlechtsorgane im Zusammenhang mit den Nieren.

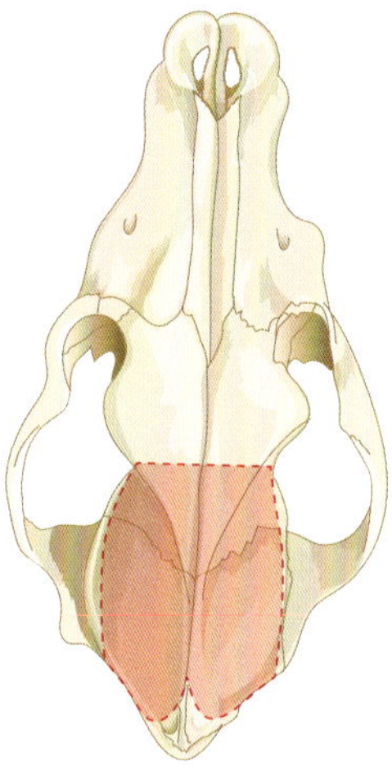

▸ **Abb. 6.12** Schema zur Eröffnung der Schädelkapsel durch vorsichtige Sägeschnitte.

Brusthöhle und Hals

Durch das Absetzen des Sternums beiderseits auf Höhe der Knorpel- und Knochengrenze der Rippen wird die Brusthöhle eröffnet. Auch hier gilt es, abnormen und/oder fremden Inhalt und die Lage der Organe zu beurteilen. Nach dem Absetzen der Halsmuskulatur und des Zwerchfells erfolgt die Entnahme der Brust- und Halsorgane im Zusammenhang.

Kopf und Wirbelsäule

Der Kopf wird im Atlantookzipitalgelenk von der Halswirbelsäule abgesetzt. Die Nasenhöhle und Nasennebenhöhlen werden durch Absetzen des Nasendaches eröffnet.

Untersuchung des Zentralnervensystems

Nach der Freilegung des Schädeldachs durch das Abpräparieren der Musculi temporales wird durch 3 vorsichtige Sägeschnitte die Schädelkapsel durch Abheben des Schädeldaches eröffnet (▸ **Abb. 6.12**).

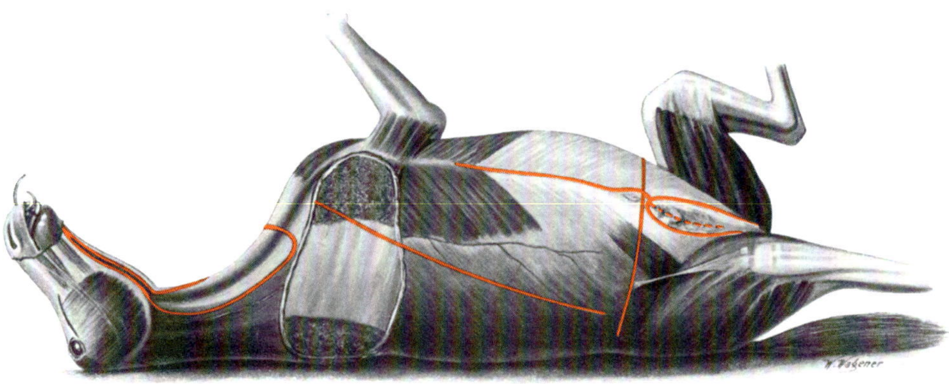

▸ **Abb. 6.13** Schnittführung zur Eröffnung der Bauchhöhle beim Pferd. (Quelle: Schmey M. Sektionstechnik der Haustiere für Tierärzte und Studierende der Tierheilkunde. Stuttgart: Enke; 1911)

Durchführung einer Obduktion bei anderen Tierarten

Die Obduktion anderer Tierspezies folgt den bei den Fleischfressern dargestellten Prinzipien und wird im Folgenden durch Abbildungen der Obduktion eines Pferdes erläutert (▸ Abb. 6.13, ▸ Abb. 6.14, ▸ Abb. 6.15, ▸ Abb. 6.16).

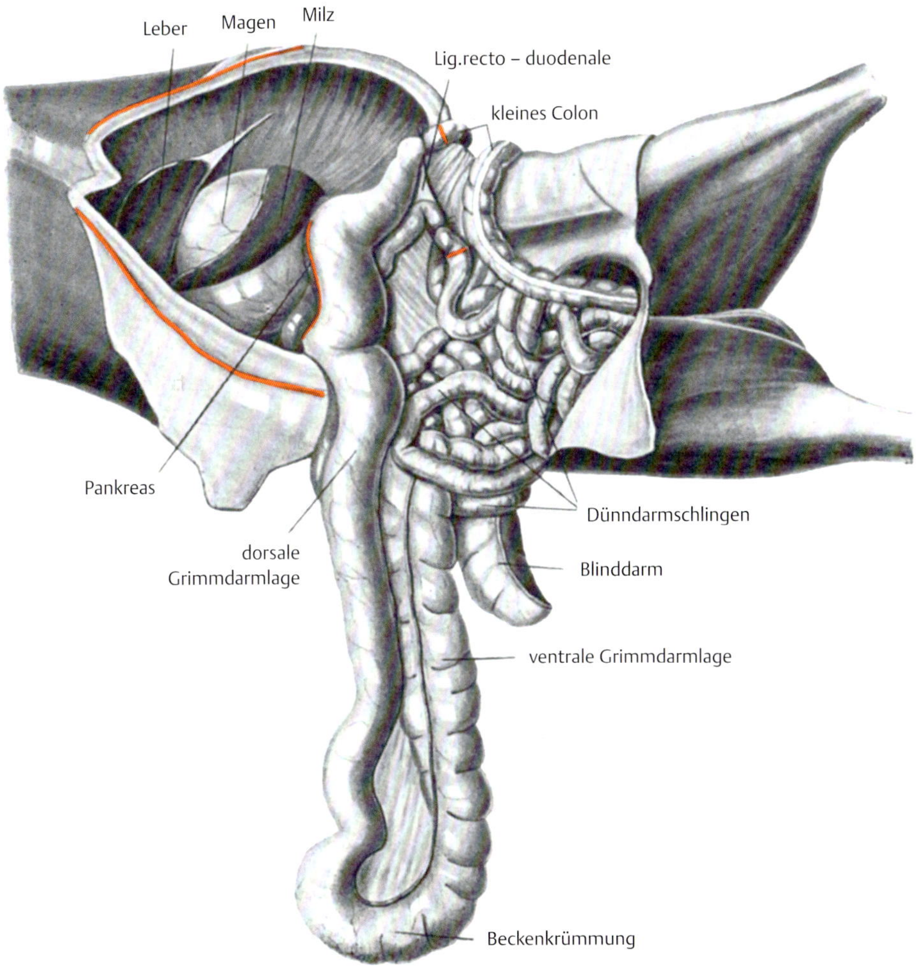

▸ **Abb. 6.14** Situs nach Eröffnung der Bauchhöhle und Lagerung von Dickdarm, Zäkum und Teilen des Dünndarms. (Quelle: Schmey M. Sektionstechnik der Haustiere für Tierärzte und Studierende der Tierheilkunde. Stuttgart: Enke; 1911)

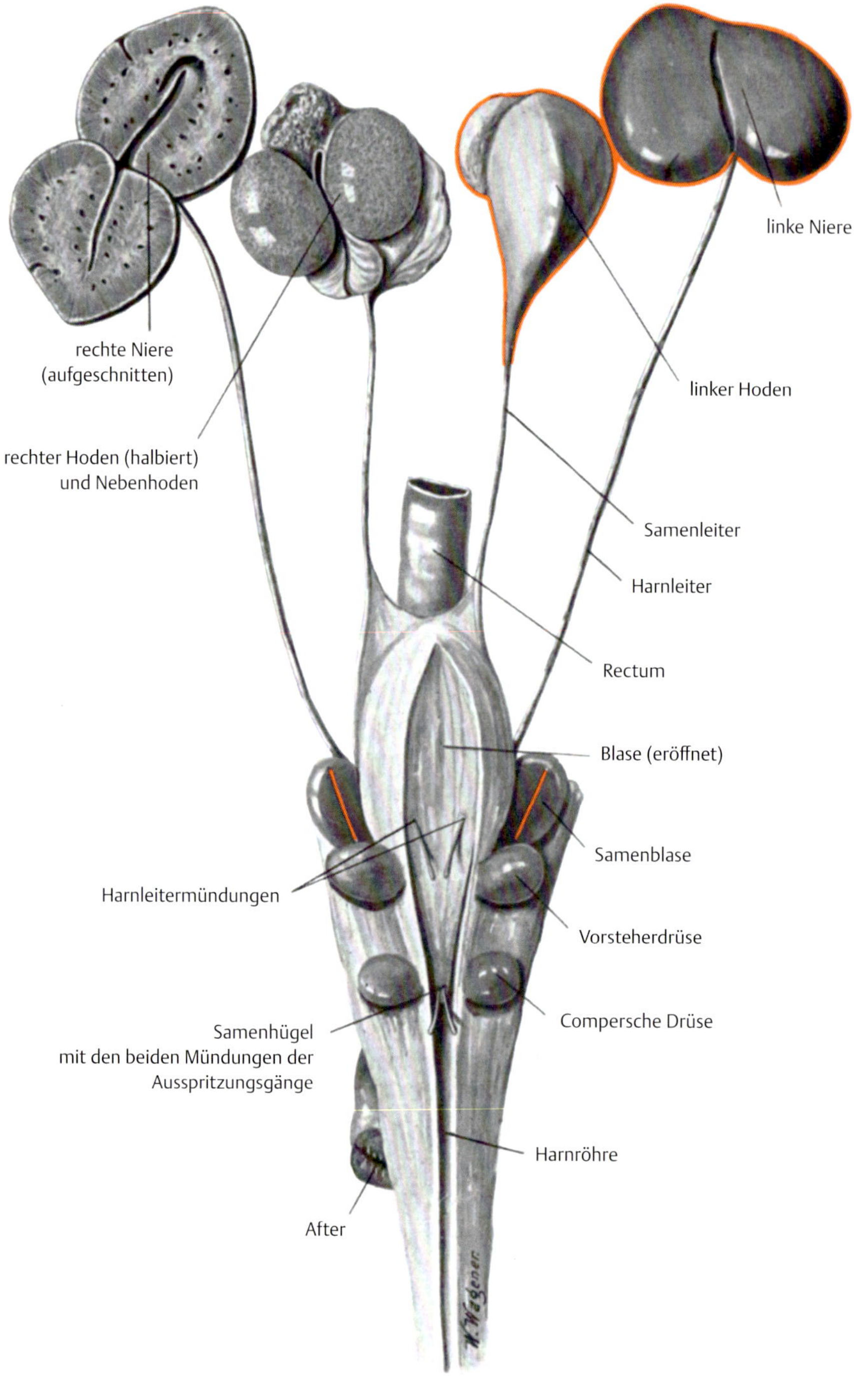

▸ **Abb. 6.15** Beckenorgane des Hengstes. (Quelle: Schmey M. Sektionstechnik der Haustiere für Tierärzte und Studierende der Tierheilkunde. Stuttgart: Enke; 1911)

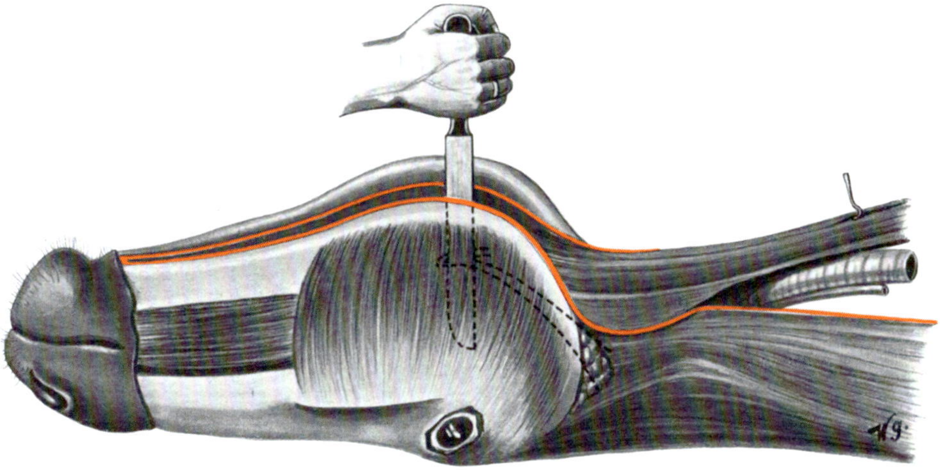

▸ **Abb. 6.16** Vorbereitung zur Entnahme der Halsorgane beim Pferd. (Quelle: Schmey M. Sektionstechnik der Haustiere für Tierärzte und Studierende der Tierheilkunde. Verlag Ferdinand Enke. 1911. Stuttgart)

Ausgewählte Fallbeispiele

Im Folgenden sollen exemplarisch einige Fälle besprochen werden, die Anlass zu einer forensischen Obduktion eines Tieres geben.

Stumpfe Gewalt

Definition

Als **stumpfes Trauma** bezeichnet man die mechanische Einwirkung von Zug-, Druck-, Scher- und Torsionskräften auf eine mehr oder minder begrenzte Fläche des Tierkörpers (z. B. Schlag, Sturz, Tritt).

Die Folgen der Einwirkung stumpfer Gewalt sind abhängig vom Ort der Einwirkung am Tierkörper. Sie sind bei der äußeren Besichtigung meist nicht erkennbar. Die Folgen eines stumpfen Traumas sind auch abhängig von der Heftigkeit der einwirkenden Kräfte, vom Gewicht, der Beschaffenheit der Oberfläche und der Struktur des einwirkenden Gegenstandes, der Einwirkungsfläche und von der Richtung der Einwirkung.

Wichtige **rechtsmedizinische Fragestellungen** nach der Einwirkung von stumpfer Gewalt auf einen Tierkörper lauten wie folgt:

- Handelt es sich um die Folge einer Selbstverletzung (z. B. durch Sturz) oder um eine Fremdverletzung?
- Gibt es Hinweise auf ein Tatwerkzeug?
- Wann ist die Verletzung entstanden? (Diese Frage ist nur durch eine histopathologische Altersbestimmung der Veränderungen zu beantworten.)
- Besteht eine kausale Beziehung zwischen Verletzung und Tod?
- Ist eine Reihenfolge verschiedener Verletzungen erkennbar und damit eine Rekonstruktion des Tatablaufs möglich? (Diese Frage ist nur durch eine histopathologische Altersbestimmung der Veränderungen zu beantworten.)
- Welche der vorgefundenen Verletzungen hat zum Tod geführt?

Folgende Befunde als **Folge stumpfer Traumata** unterscheidet man:

- Dislokation: Verlagerung eines Organs oder eines Organteils (Hernie, Zwerchfellruptur)
- Distorsion: Verstauchung
- Luxation: Verrenkung

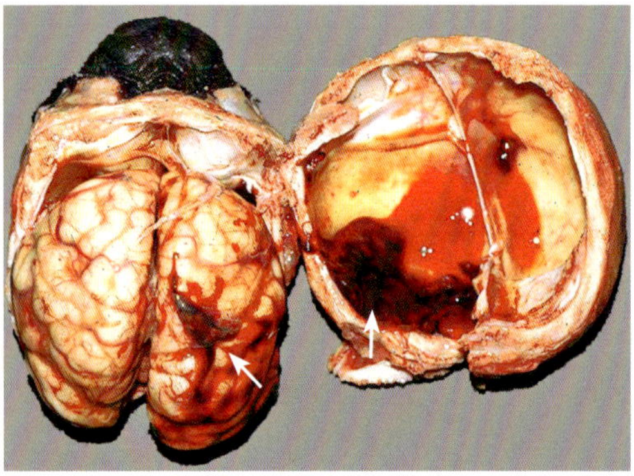

▶ **Abb. 6.17** Folgen eines stumpfen Traumas auf den Schädel eines 2 Wochen alten, nicht menschlichen Primaten mit Coup-Contrecoup-Blutung auf den Meningen und an der Schädelkapsel.

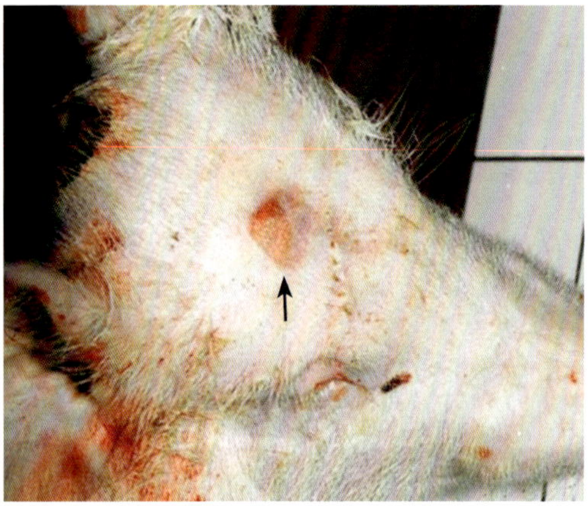

▶ **Abb. 6.18** Stumpfes Trauma auf den Schädel eines Schweines (Pfeil) mit einem Vorschlaghammer.

- Exkoriation: Epidermis und Teile des Koriums abgeschürft
- Décollement: Epidermis, Lederhaut, evtl. Teile der Subkutis abgeschürft bzw. abgelöst (muss keine offene Wunde sein, d. h., kann auch gedeckt sein)
- Lazeration: Rissquetschwunde
- Kontusion: Prellung, Quetschung des Gewebes (bei intakter Haut); am Kopf im Bereich der Aufschlagstelle Blutung, auf der Gegenseite „Contrecoup-Blutungen" (▶ **Abb. 6.17**)
- Commotio cerebri: Gehirnerschütterung

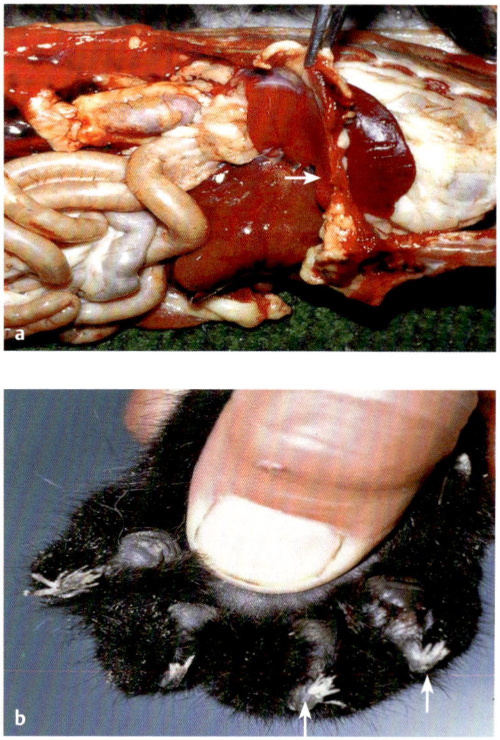

▶ **Abb. 6.19** Einwirkung stumpfer Gewalt bei einem Verkehrsunfall.
a Zwerchfellhernie (Pfeil) bei einer Katze als Folge eines Autounfalls. Ein Teil der Leber ist durch die Hernienöffnung in die Brusthöhle verlagert worden.
b Aufgesplitterte Krallen (Pfeile) bei einer Katze als Hinweis auf einen möglichen Autounfall.

Weitere Beispiele sollen stumpfe Traumata erläutern:

- Die unsachgemäße, tierschutzwidrige Betäubung eines Schlachtschweines mit einem Vorschlaghammer führt zu einem stumpfen Trauma auf die Schädelregion mit einer nachfolgenden Fraktur (▶ **Abb. 6.18**).
- Zwerchfellhernie mit Verlagerung von Teilen der Leber in die Brusthöhle bei einer Katze als Folge eines stumpfen Traumas durch einen Verkehrsunfall (▶ **Abb. 6.19a**). Bei der äußeren Besichtigung lagen im Bauchbereich keine Veränderungen vor. Bei Verkehrsunfällen von Katzen kann die genaue Beurteilung der Krallen (an allen Extremitäten) manchmal hilfreich sein. Ein Fluchtversuch von Katzen vor einem Fahr-

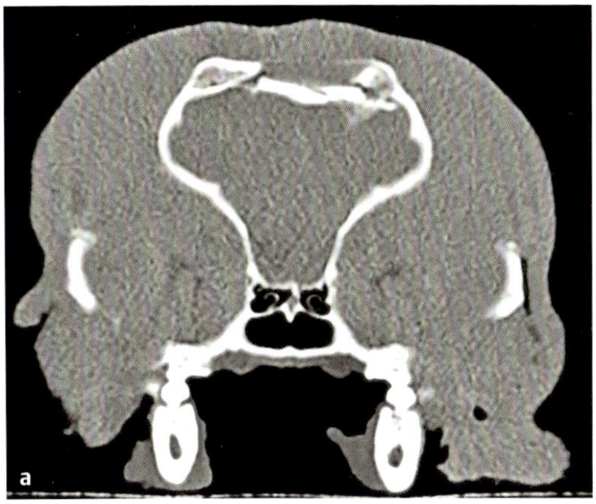

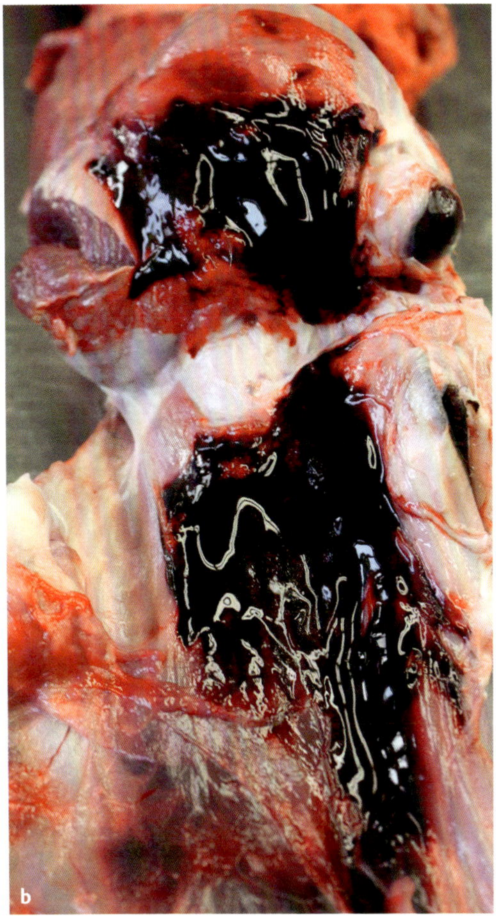

◀ ▶ **Abb. 6.20** Stumpfes Trauma auf den Schädel eines Kleinhundes mit einem Knüppel.

a Computertomografische Darstellung einer durch einen Schlag hervorgerufenen Schädelfraktur, die zu einem Einbruch des Os parietale geführt hat.

b Zustand bei der forensischen Obduktion des Kopfes. Im Frakturbereich ist es zu einer ausgedehnten Blutung gekommen. Details der Frakturlinien sind nicht klar zu erkennen.

zeug führt auf einer harten Straßenoberfläche manchmal zur Aufsplitterung der Krallen (▶ **Abb. 6.19b**).

- Mit den heute verfügbaren bildgebenden Verfahren (CT, MRT) ist die Diagnose eines Schädel-Hirn-Traumas häufig einfacher zu stellen als über eine forensische Obduktion, wie dieser Fall eines Kleinhundes zeigt, der mit einem Knüppel erschlagen wurde (▶ **Abb. 6.20**).

Spitze Gewalt

Definition

Spitze Traumata führen als Folge von Stichen, Schnitten, Bissen oder Schüssen zu perforierenden Verletzungen der Haut und des darunterliegenden Gewebes.

Bei Tieren ist in der großen Mehrzahl der Fälle ursächlich von Fremdeinwirkung auszugehen. In ganz seltenen Fällen kann eine durch das Tier selbst verursachte Stichverletzung nachgewiesen werden (▶ **Abb. 6.21**). Auch Zitzenverletzungen bei Kühen können unter bestimmten Umständen durch die Tiere selbst verursacht werden.

Stich- und Schnittverletzungen

Stich- und Schnittverletzungen können Tieren von Menschen **in böswilliger Absicht** zugefügt werden. Differenzialdiagnostisch ist bei Großtieren, insbesondere Pferden, immer eine **Selbstverletzung** durch Stacheldraht (▶ **Abb. 6.22**), zerbrochenes Glas o. Ä. auszuschließen. Da in den meisten Fällen der Tatort oder der Ort, an dem die Verletzung eingetreten ist, kaum zu ermitteln ist, bleibt auch der Nachweis eines Täters i. d. R. aus. Derartige Fälle führen nicht selten zu einem erheblichen Echo in den Medien, in denen es dann heißt: „Ein Tierschänder hat wieder zugeschlagen!"

▶ **Abb. 6.21** Durch das Horn einer Kuh verursachte Stichverletzung am Auge.

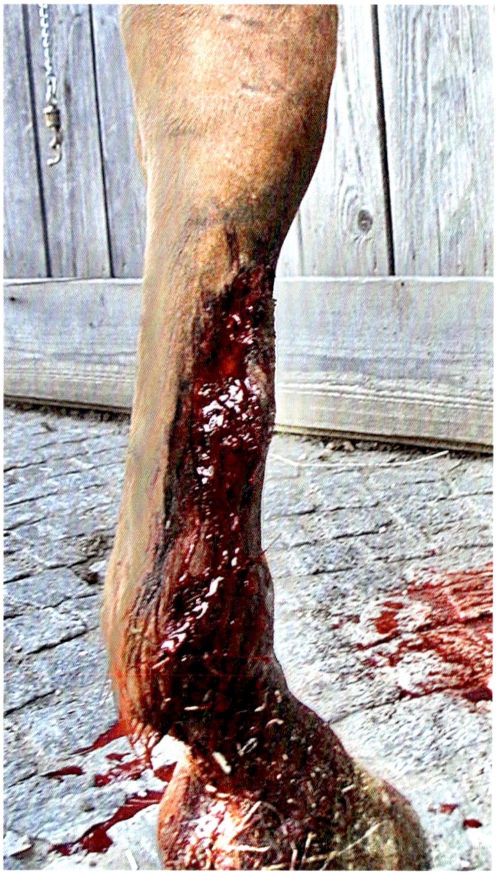

▶ **Abb. 6.22** Risswunde am Bein eines Pferdes, die durch intensiven Kontakt mit einem Stacheldraht hervorgerufen wurde.

Bissverletzungen

Bissverletzungen, die Tiere sich gegenseitig zufügen, treten immer wieder auf. Besondere Beachtung verdienen Bissverletzungen mit Hunden als Täter. Opfer sind u. a. andere **Hunde** oder kleine Wiederkäuer, insbesondere Schafe. In der Schweiz hat in den vergangenen 2 Jahrzehnten die Zahl von Wolfsrissen bei Schafen stark zugenommen (▶ **Abb. 6.23a**). Nachdem Bund und Kantone den betroffenen Landwirten eine finanzielle Entschädigung für die Verluste der Schafe ausrichten, muss offiziell nachgewiesen werden, dass der Riss tatsächlich durch einen **Wolf** und nicht durch einen Hund erfolgt ist. Dies lässt sich durch den Nachweis von DNA-Spuren aus der Rissstelle am Schaf beweisen. Dazu werden mit sterilen Tupfern Proben aus der direkten Umgebung der Rissstelle genommen (▶ **Abb. 6.23b**, ▶ **Abb. 6.23c**) und in ein für den DNA-Nachweis mithilfe von PCR spezialisiertes Labor gesandt. Damit ist ggf. auch der Nachweis von Hunde-DNA-Spuren möglich, die zum Vergleich mit einem verdächtigen Hund verwendet werden können.

Bisse können aber auch durch **Schlangen** erfolgen. In der Schweiz sind dafür im Freiland Kreuzottern oder Aspisvipern verantwortlich. Bei jungen Tieren kann das durchaus zum Tod führen. Ein Nachweis der Bissstelle ist häufig schwierig. Damit kann jedoch eine andere Fremdeinwirkung ausgeschlossen werden.

Merke

Eine Entnahme von Tupferproben für eine Feststellung von DNA-Spuren ist auch dann sinnvoll, wenn der Verdacht auf Zoophilie/Sodomie besteht (▶ Abb. 6.24).

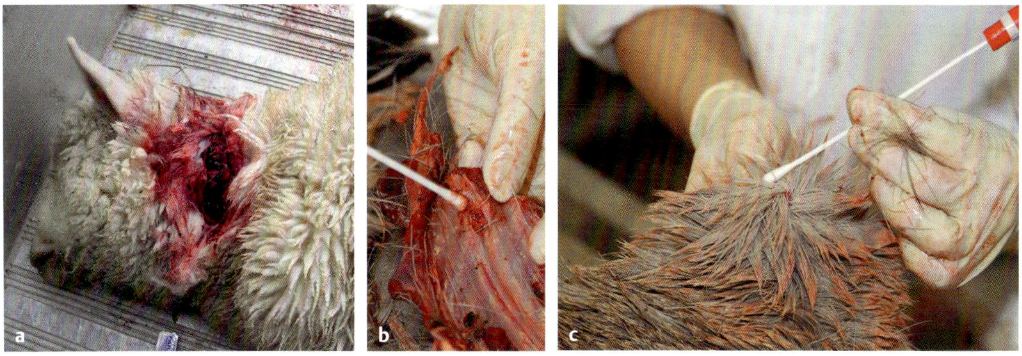

▶ **Abb. 6.23** Nachweis eines Wolfsrisses.
a Schaf, das von einem Wolf gerissen wurde, charakteristisch ist der Biss am Hals.
b Entnahme von Tupferproben aus der Bisswunde.
c Entnahme von Tupferproben aus der direkten Umgebung der Rissstelle.

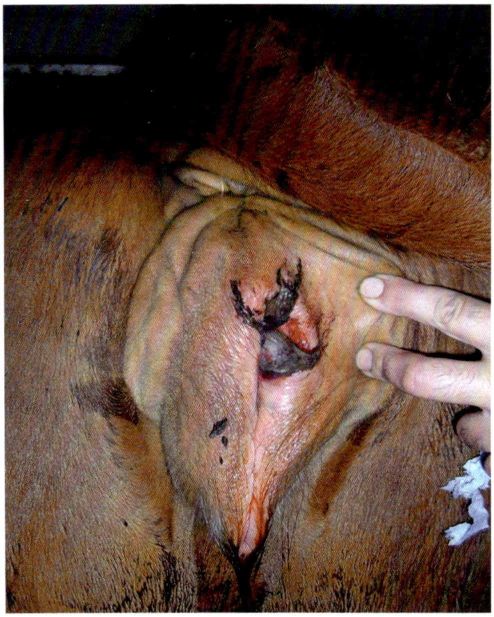

▶ **Abb. 6.24** Kuh mit Verletzungen im Genitalbereich, Verdacht auf Sodomie.

In diesen Proben können dann möglicherweise zur Beweissicherung menschliche DNA-Spuren nachgewiesen werden. Bei der Entnahme solcher Proben ist aufgrund einer möglichen Kontamination mit anderer menschlicher DNA extreme Sorgfalt geboten.

Schussverletzungen

Schussverletzungen bei Tieren sind in aller Regel durch menschliche Einwirkung verursacht. Bei der Untersuchung derartiger Verletzungen ist in mehrfacher Hinsicht Vorsicht geboten.

Praxistipp

Bei Schussverletzungen empfiehlt sich vor dem Beginn einer forensischen Obduktion eine radiologische Untersuchung, um möglicherweise ein noch im Tierkörper befindliches **Projektil** zu lokalisieren und danach für eine weitere Untersuchung zu **asservieren**.

Untersuchungen, die zu der Spur der Waffe führen können, erfolgen in den kriminaltechnischen Laboratorien der Polizeibehörden, die dafür um Unterstützung ersucht werden sollen. Handelt es sich um einen Fall, bei dem Richtung und Entfernung der Schussabgabe zu bestimmen sind, wie das bei jagdlichen Untersuchungen der Fall sein kann, muss ebenfalls bei **Ballistikern der humanmedizinischen Institute oder der lokalen Polizeibehörden** Unterstützung in Auftrag gegeben werden. Dies gilt im Übrigen auch für Untersuchungen zur Bestimmung der Ein- bzw. Austrittsstelle eines Projektils am Tierkörper.

Alle übrigen Befunde am Tierkörper und an den inneren Organen sind zu protokollieren. Zudem ist eine Fotodokumentation zu erstellen (▶ **Abb. 6.25**).

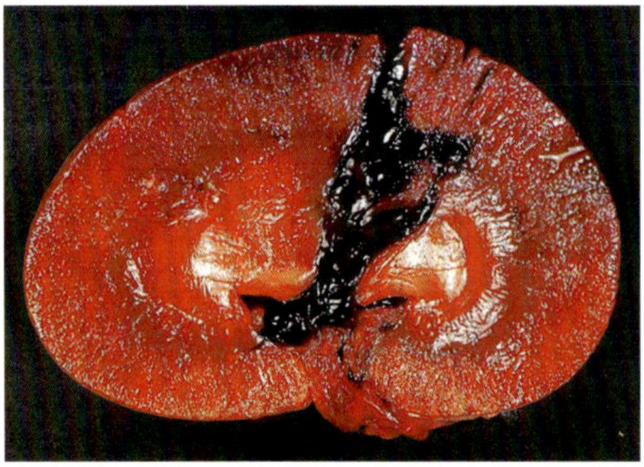

▶ **Abb. 6.25** Schussverletzung der Niere eines Hundes.

▶ **Abb. 6.26** Projektil (Diabolo) eines Luftgewehrs, eingebettet in ein Granulationsgewebe unter der Haut einer Katze.

In seltenen Fällen erfolgt der überraschende Nachweis einer Schussverletzung in einer Gewebeprobe, hier in der Hautprobe einer Katze, die als Umfangsvermehrung unter der Haut mit Tumorverdacht zur Untersuchung eingesandt wurde (▶ **Abb. 6.26**).

Durch den Nachweis einer postmortalen Schussverletzung an einem enthäuteten Kopf eines Schafes konnte ein Fall einer in der Schweiz illegalen, tierschutzwidrigen Schächtung nachgewiesen werden (▶ **Abb. 6.27**).

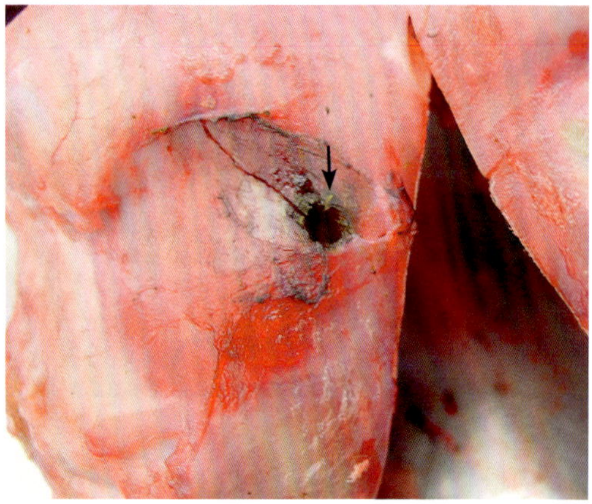

▶ **Abb. 6.27** Einschussloch mit Schmauchspuren (Pfeil) direkt auf dem Periost eines Schädelknochens. Damit konnte nachgewiesen werden, dass der Schuss nach der Schächtung des Schafes erfolgt ist.

Schädigung durch Licht, Hitze bzw. Kälte

Fotodermatitis

Beim Wiederkäuer von Bedeutung ist die mit **UV-A-Strahlen** – z. T. auch mit sichtbarem Licht – assoziierte Fotodermatitis aufgrund einer Fotosensibilität. Bei Vorliegen einer Fotosensibilität treten Erkrankungen bereits nach normalerweise unschädlichen Strahlendosen auf. Abhängig von der Quelle der **fotodynamischen Substanz** werden primäre Fotosensibilität (Aufnahme einer präformierten fotodynamischen Substanz), hepatogene Fotosensibilität (Verminderung der Ausscheidung von fotodynamisch wirksamem Phytoporphyrin aufgrund einer Leberschädigung), Porphyrie (genetisch bedingte Störung der Hämsynthese) und Fotosensibilität unbekannter Genese unterschieden. Die fotodynamischen Substanzen stammen aus Pflanzen und werden im Allgemeinen oral aufgenommen. Sie erreichen die Haut und unter Einwirkung der UV-A-Strahlen entwickelt sich eine Fotodermatitis **an unbehaarten und wenig pigmentierten Körperteilen**, wie z. B. am Euter (▶ **Abb. 6.28**) oder an der Vulva.

In der Schweiz sind hauptsächlich von Bedeutung: Echtes Johanniskraut (*Hypericum perforatum*, ▶ **Abb. 6.29a**) mit den aktiven Substanzen Hypericin und Pseudohypericin sowie Buchweizen (*Fagopyrum esculentum*, ▶ **Abb. 6.29b**) mit der aktiven Substanz Fagopyrin.

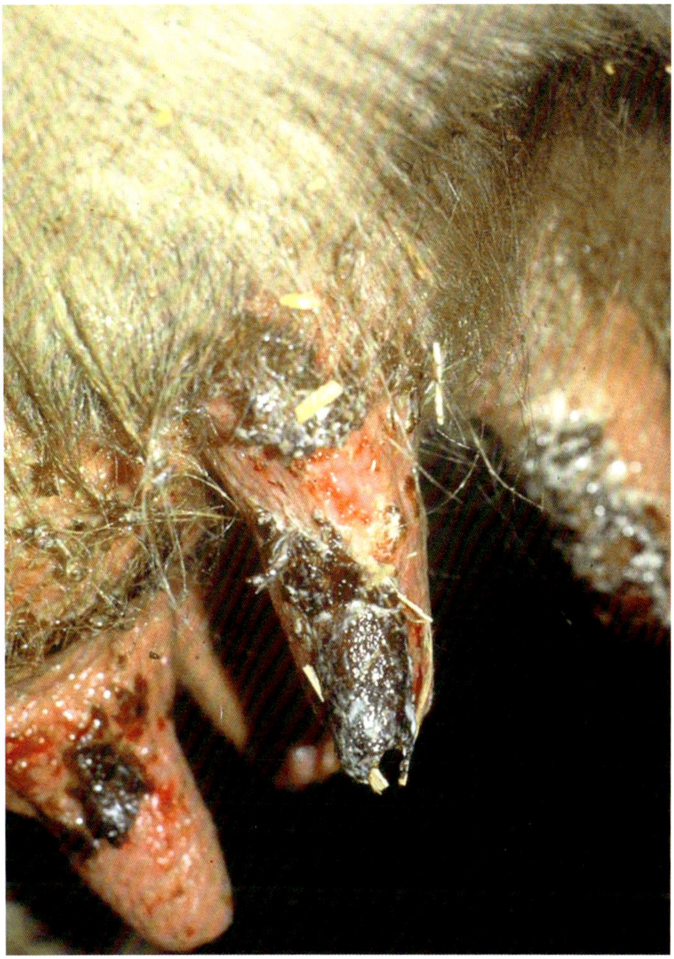

▸ **Abb. 6.28** Fotodermatitis am Euter eines Rindes, ausgelöst durch größere Mengen von Buchweizen (*Fagopyrum esculentum*).

▸ **Abb. 6.29** Pflanzen mit fotodynamisch wirksamen Substanzen.

a Namensgebendes perforiertes Blatt des Johanniskrauts (*Hypericum perforatum*).

b Echter Buchweizen (*Fagopyrum esculentum*).

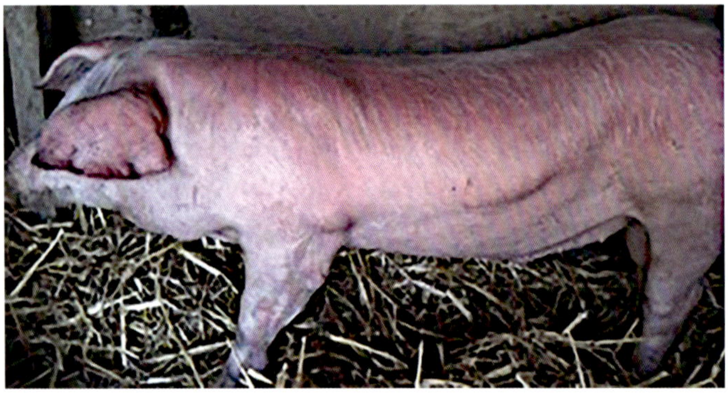

▶ **Abb. 6.30** Sonnenbrand (Dermatitis solaris) bei einem Schwein.

Sonnenbrand

Bei der Weidehaltung von Schweinen kann es durch intensive Sonneneinstrahlung zum Entstehen eines Sonnenbrands (Dermatitis solaris) kommen (▶ **Abb. 6.30**), sofern kein schattiger Bereich auf der Weide vorhanden ist. Allein diese Tatsache ist aus tierschützerischen Gründen ein Vergehen. Deshalb wird Sonnenbrand nur ausnahmsweise beobachtet.

In allen Fällen muss differenzialdiagnostisch an eine äußere Applikation von reizenden Substanzen gedacht werden, was u. U. ebenfalls tierschutzrechtlich von Bedeutung ist.

Allgemeine Hypothermie

Definition

Bei einer Senkung der Körpertemperatur unter 35 °C spricht man von einer allgemeinen Hypothermie.

Der Organismus verfügt über eine Reihe von Adaptationsmechanismen, um sich an eine niedrige Umgebungstemperatur anzupassen (▶ **Tab. 6.1**).

▶ **Tab. 6.1** Anpassungsmechanismen des Körpers von Tieren an niedrige und hohe Temperaturen.

Effektoren	Säuger	Vögel
Kältezittern	++	++
zitterfreie Thermogenese	+	(?)
Pilomotorik	+	++
Vasomotorik	++	+
Wärmehecheln	++	++
Schwitzen	+	–
Verhalten	++	++

Der Tod tritt bei einer Absenkung der Körpertemperatur auf 20–26 °C ein. Morphologisch zeigen sich ischämische Nekrosen im Myokard und eine Verfettung von Leber und Niere. Diese Befunde sind als eher unspezifisch und wenig aussagekräftig anzusehen. Für eine rechtsmedizinische Beurteilung ist man zwingend auf Angaben aus der Anamnese angewiesen.

Eine Erkrankung, die bei stark erniedrigter Umgebungstemperatur im Abferkelstall eintritt, verdient es erwähnt zu werden. Da in diesen Fällen ursächlich die Wärmelampe über dem Ferkelnest ausfällt, handelt es sich – wenn es zu Todesfällen bei den Ferkeln in der ersten Lebenswoche kommt – um ein Vergehen im Sinne des Tierschutzgesetzes, da die Betreuung der Tiere mangelhaft ist. Bei einer forensischen Obduktion der Ferkel findet man im Bereich der Nierenpapillen eine Ablagerung von weißlichem, trockenem Material (Harnsäure, ▶ **Abb. 6.31a**). Diese Befunde sind mit denjenigen der Gicht beim Menschen vergleichbar.

Hypotherme Ferkel versuchen, durch Kältezittern ihre Körpertemperatur zu halten bzw. zu erhöhen. Dadurch kommt es zu einem Abbau von Muskelprotein. Da bei Ferkeln in den ersten Lebenswochen die für den Abbau von Proteinen mitverantwortlichen Organellen in der Leber (▶ **Abb. 6.31b**) noch nicht vollständig entwickelt sind, unterbleibt der letzte Syntheseschritt von der Harnsäure zum wasserlöslichen Harnstoff. Die Harnsäure lagert sich in Form von Kristallen in der Niere ab.

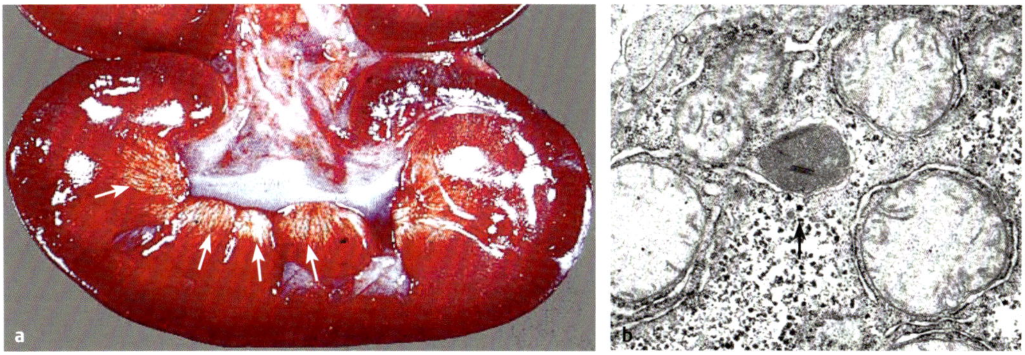

▶ **Abb. 6.31** Folgen allgemeiner Hypothermie.
a Ablagerung von Harnsäure in den Nierenpapillen (Pfeile) eines einwöchigen Ferkels.
b Elektronenmikroskopischer Ausschnitt aus dem Zytoplasma einer Leberzelle mit Mitochondrien und einem Peroxisom (Pfeil).

▶ **Tab. 6.2** Einteilung von Erfrierungen.

Grad	Lokale Veränderungen	Allgemeine Störungen
1	lokale Ischämie der Haut, Erythem und leichte Hyperästhesien, Frostbeulen (Perniones)	keine
2	Blasenbildung	keine, evtl. Infektion, Juckreiz
3	ischämische Nekrosen (Sauerstoffmangel); Nekrosen von Intima und Media der Arterien; Frostgangrän	meist Infektionen, Kreislaufkollaps
4	Vereisung des Gewebes	meist Infektionen

▶ **Tab. 6.3** Beispiele für den wind chill factor bei verschiedenen Temperaturen und Windgeschwindigkeiten.

Windgeschwindigkeit	(Gefühlte) Temperatur in °C					
ohne Wind	+2	0	–5	–10	–12	–15
8 km/h	1	-5	-7	–13	–15	–20
16 km/h	-5	–10	–12	–18	–22	-25
24 km/h	–10	–12	–16	–20	–24	–27
38 km/h	–11	–13	–18	–23	–27	–30
40 km/h	–13	–15	–22	–26	–29	–33
48 km/h	–14	–20	–23	–27	–32	–37
56 km/h	–15	–21	–24	–28	–32	–37
64 km/h	–16	–23	–25	–29	–33	–38
72 km/h	–17	–24	–26	–30	–34	–39

Lokale Hypothermie

Eine lokale Hypothermie ist durch Erfrierungen an peripheren Körperteilen wie Ohren, Schwanz, Skrotum, Präputium, Augenlider, Zitzen usw. gekennzeichnet. Analog zur Humanmedizin teilt man auch in der Tiermedizin die Erfrierungen in verschiedene Grade ein (▶ **Tab. 6.2**).

Funktionell kommt es durch die Abkühlung im betroffenen Gewebe zu einer Ischämie, die durch eine Vasokonstriktion ausgelöst wird. Die Folgen sind beginnende Nekrosen von Gewebe bis hin zum trockenen Brand. Darüber hinaus werden aus dem erfrorenen Gewebe beim Wiederauftauen größere Mengen an zellulären Abbauprodukten freigesetzt, die sekundär Leber und Niere belasten.

In Mitteleuropa werden solche Fälle, im Gegensatz zu den großen Ebenen im Mittleren Westen der USA und in Kanada, allenfalls in den Bergen beobachtet. Neben den tiefen Temperaturen kann eine hohe Windgeschwindigkeit zu als deutlich niedriger empfundenen Temperaturen führen (wind chill factor, ▶ **Tab. 6.3**).

> **Merke**
> **Erfrierungen sind als Zeichen einer unsachgemäßen Haltung von Tieren tierschutzrechtlich relevant.**

Allgemeine Hyperthermie

Neben dem Fieber, das rechtsmedizinisch wenig relevant ist, unterscheidet man eine exogen von einer endogen bedingten Hyperthermie.

Von rechtsmedizinischer Bedeutung im Sinne des Tierschutzes ist im Fall der **exogen bedingten Hyperthermie** das Verbleiben von Tieren in einem Fahrzeug, das intensiv von der Sonne bestrahlt wird. Oft handelt es sich dabei um Hunde. Eine hohe Umgebungstemperatur in Verbindung mit erhöhter Luftfeuchtigkeit führt bei den betroffenen Tieren zu einem Hitzekollaps oder auch Hitzschlag. Agonal zeigen sich sog. Hitzekrämpfe. Post mortem lassen sich histologisch degenerative Veränderungen in den Zellen des Myokards, von Niere und ZNS nachweisen.

Analog zum wind chill factor hat sich in den USA ein sog. heat index etabliert (▶ **Abb. 6.32**).

Für die **endogen bedingte Hyperthermie** werden folgende Faktoren verantwortlich gemacht, die rechtsmedizinisch aber eher selten relevant sind:

- neurogene Hyperthermie durch Zerstörung von Anteilen des Hypothalamus
- Infektion mit Herpesvirus suis 1 (Aujeszky-Virus)
- Vergiftung mit Levamisol oder Dinitrophenol
- Vergiftung mit Mykotoxinen von *Claviceps purpurea* (epidemische Hyperthermie durch Mutterkorn)
- maligne Hyperthermie, die auch beim Hund und Pferd auftreten kann; fand sich in der Schweiz häufig bei Schweinerassen mit einem hohen Anteil von Pietrain-Genen in der Form des Porzinen Stress-Syndroms oder auch bei der Verwendung von Inhalationsnarkotika (z. B. Halothan) und ist heute aufgrund züchterischer Maßnahmen weitgehend verschwunden.

US-Heat Index (metrische Version)

Temperatur in °C

relative Luftfeuchte in %	27	28	29	30	31	32	33	34	35	36	37	38	39	40	41	42	43
40	27	28	29	30	31	32	34	35	37	39	41	43	46	48	51	54	57
45	27	28	29	30	32	33	35	37	39	41	43	46	49	51	54	57	
50	27	28	30	31	33	34	36	38	41	43	46	49	52	55	58		
55	28	29	30	32	34	36	38	40	43	46	48	52	55	59			
60	28	29	31	33	35	37	40	42	45	48	51	55	59				
65	28	30	32	34	36	39	41	44	48	51	55	59					
70	29	31	33	35	38	40	43	47	50	54	58						
75	29	31	34	36	39	42	46	49	53	58							
80	30	32	35	38	41	44	48	52	57								
85	30	33	36	39	43	47	51	55									
90	31	34	37	41	45	49	54										
95	31	35	38	42	47	51	57										
100	32	36	40	44	49	54											

Vorsicht
erhöhte Vorsicht
Gefahr
erhöhte Gefahr

▶ **Abb. 6.32** Hitzeindex (heat index) zur Beschreibung der gefühlten Temperatur auf Basis der gemessenen Lufttemperatur sowie der relativen Luftfeuchtigkeit.

▶ **Tab. 6.4** Einteilung von Verbrennungen.

Grad	Örtliche Erscheinung	Allgemeine Störung
1	Hautrötungen, Erythem, Ödem	i. d. R. keine
2	Blasen in der Epidermis mit seröser Flüssigkeit, nach Platzen der Blase Infektionsgefahr	Fieber, Nierenschäden geringer Intensität
3	Verschorfung der Epidermis, später Geschwüre, schlechte Heilung	Intoxikation, evtl. Kreislaufkollaps; Nierenschäden, sekundäre Infektionen
4	Verkohlung, Akren (Pfoten, Nase, Ohren, Gelenke) offen, Muskelkontraktionen	schwerste Intoxikationen, die rasch zum Tode führen, Organe wenig betroffen

Lokale Hyperthermie

Bei Verbrennungen oder Verbrühungen kommt es bei einer Temperatur von über 56 °C zum Zell- bzw. Gewebetod und zur Ausbildung einer Koagulationsnekrose. Die Einteilung von Verbrennungen bzw. Verbrühungen in verschiedene Grade zeigt ▶ **Tab. 6.4**.

Entscheidend für das weitere Schicksal des betroffenen Patienten ist der Grad und die Ausdehnung der Verbrennung bzw. Verbrühung auf der Körperoberfläche (▶ **Abb. 6.33**).

Verbrennungen und Verbrühungen sind in der großen Mehrzahl der Fälle durch Einwirkung von Dritten entstanden. Daher sind viele dieser Fälle rechtsmedizinisch zu begutachten.

Schädigung durch elektrischen Strom/Blitz

Elektrischer Strom kann einen Organismus schädigen (thermisch und spezifisch), wenn es zu einem Stromfluss durch den Körper kommt. Voraussetzungen dafür sind eine Stromquelle, mindestens zwei Kontaktstellen (Übertrittsstellen) am Körper, von denen mindestens eine mit der Stromquelle verbunden ist, und ein Spannungsgefälle (Potenzialdifferenz) zwischen den Kontaktstellen (z. B. an der Steckdose 230 V und 0 Volt bei Erdung). Das Ausmaß der Gefährdung hängt u. a. vom Weg des Stromes durch den Körper ab. Querdurchfluss des Körpers (Vorderextremität zu Vorderextremität) oder Längsdurchfluss (Vorderextremität zu Hinterextremität) sind sehr gefährlich, weil dann das Herz vom Stromdurchfluss betroffen sein kann.

Die Auswirkung verschiedener Stromstärkenbereiche auf den Körper zeigt ▶ **Tab. 6.5**.

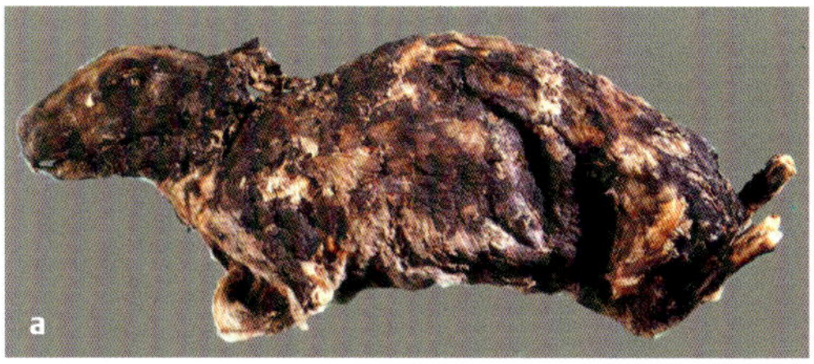

▶ **Abb. 6.33** Verbrennungen.
a Verbrennung 4. Grades bei einem Kaninchen nach einem Stallbrand.
b Lokale Verbrennung 3. Grades an der Sohle eines Reptils durch überhöhte Temperatur einer Wärmeplatte, auf die das Tier nach einer Narkose verbracht wurde.

Thermische Schädigung

Die Durchtrittsstelle wird bei einer hohen lokalen Stromdichte erhitzt. Damit entsteht ein Hitzeschaden in Form von Blasen oder einer trichterförmig eingesunkenen Verbrennung, bezeichnet als Strommarke (▶ **Abb. 6.34**), die beide morphologisch gut nachweisbar sind.

▶ **Tab. 6.5** Auswirkungen verschiedener Stromstärkenbereiche auf den Körper.

Bereich	Gleichstrom		Wechselstrom	
	Stromstärke (mA)	**Folgen**	**Stromstärke (mA)**	**Folgen**
I	0–80	keine Elektrolytverschiebung möglich	0–9	keine
II	> 80	Kammerflimmern	9–5	Verkrampfung der Skelett-/Atemmuskulatur, Atemstillstand möglich
III			25–80	Herzbeteiligung, Reizleitungsstörungen, Kammerflimmern, Strommarken, Hitzeschaden
IV	bis 200 000	Blitzfiguren	ab 3000	Verbrennungen an der Kontaktstelle

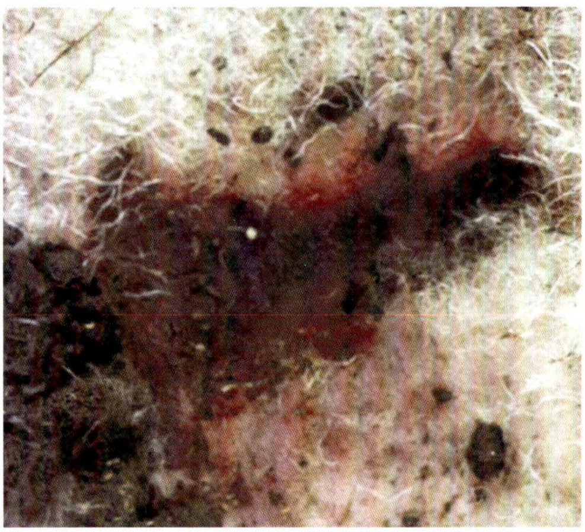

▶ **Abb. 6.34** Strommarke in der Haut eines Schafes.

Spezifische Stromwirkung

Die spezifische Wirkung von Strom beruht auf einer Depolarisation von glatter und quergestreifter Muskulatur und Nerven. Die Auswirkungen auf das Reizleitungssystem des Herzens sind problematisch. Es kommt zum Kammerflimmern und in der Folge rasch zum Tod. In diesen Fällen ist ein morphologischer Nachweis kaum möglich.

Bei Blitzschlag entstehen Spannungen bis zu mehreren 100 000 000 Volt und Stromstärken bis 100 000 Ampere. Betroffen sind Tiere im Freien, häufig auf einer Alp in den Bergen. Bei direkter Einwirkung des Blitzes entstehen dendritisch verästelte Hautveränderungen, die als „Blitzfigur" bezeichnet werden und nur durch eine sehr genaue äußere Inspektion des Tierkörpers zu finden sind.

Schädigung durch Gift

Bei unklaren und plötzlichen Todesfällen von Tieren wird von den Tierbesitzern oder Überbringern sehr häufig der Verdacht auf das Vorliegen einer Vergiftung geäußert und nicht selten auch eine bestimmte Person verdächtigt. Damit beginnt formal eine forensische Obduktion des zu untersuchenden Tieres. Drei wesentliche Ziele stehen zu Beginn der Untersuchung im Vordergrund:

- **Feststellung von Ursachen für den plötzlichen Tod des Tieres, die nicht auf die Einwirkung eines Giftes zurückzuführen sind:** Typische Beispiele dafür sind u. a. das Vorliegen einer Magendrehung beim Hund (▶ **Abb. 6.35**), Missbildungen bei neugeborenen Tieren, wie z. B. eine Atresie im Verdauungstrakt (▶ **Abb. 6.36a**), Volvulus von Teilen oder des gesamten Dünndarms (▶ **Abb. 6.36b**), Verlagerungen des Dickdarms (▶ **Abb. 6.37**) oder Fremdkörper im Darm (▶ **Abb. 6.38**).
- **Nachweis von giftigen Substanzen im Verdauungstrakt:** Dabei kann es sich um Pflanzenteile (▶ **Abb. 6.39**), Tablettenreste, Giftweizen, Schneckenkorn usw. handeln.
- **Einleitung einer toxikologischen Untersuchung:** Die Art und Menge toxischer Substanzen ist unüberschaubar [185]. Ergeben sich im Verlauf einer forensischen Obduktion keine Hinweise auf eine Todesursache ohne Giftwirkung, so ist eine toxikologische Untersuchung angezeigt. Da derartige Untersuchungen in einem externen Labor ohne Einschränkung des Untersuchungsspektrums einen erheblichen finanziellen Aufwand verursachen, verzichten die Auftraggeber nicht selten auf eine weitere Untersuchung.

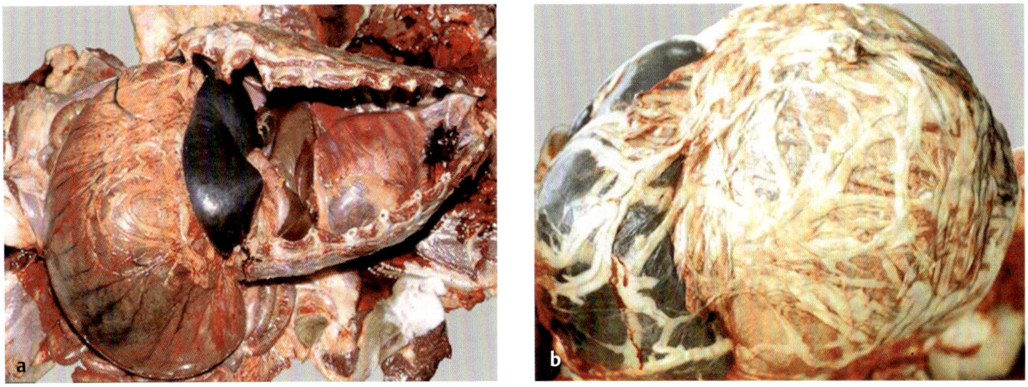

▶ **Abb. 6.35** Magendrehung bei einem Hund.
a Magendrehung um circa 90° im Uhrzeigersinn mit Verlagerung der Milz.
b Magendrehung um 180° unter Beteiligung des Netzes, das den Magen umgibt.

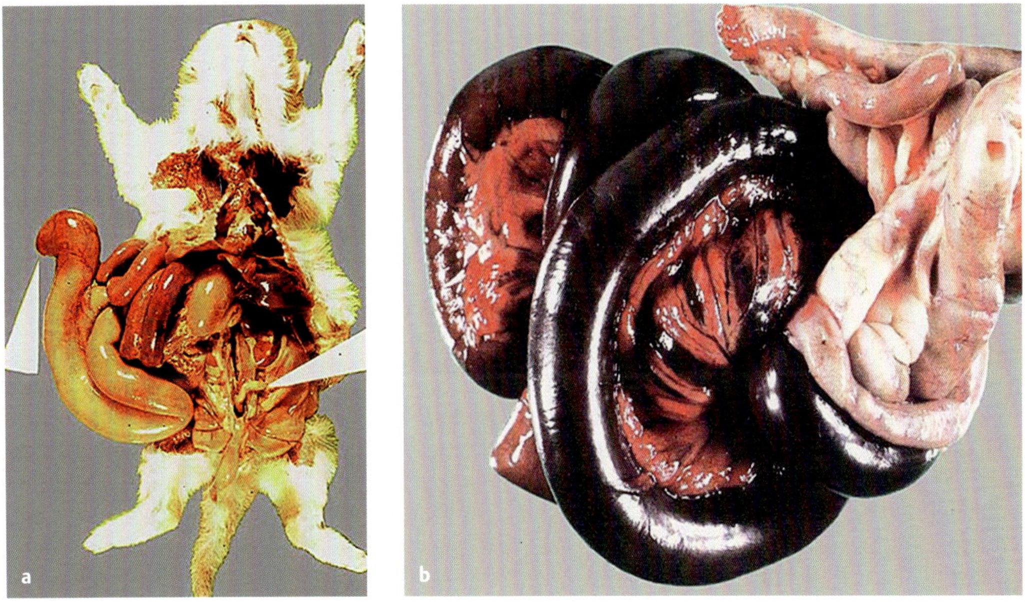

▶ **Abb. 6.36** Darmmissbildungen und -verlagerungen.
a Atresia coli bei einem wenige Tage alten Katzenwelpen.
b Volvulus mit hämorrhagischer Infarzierung des Dünndarms bei einem Schwein.

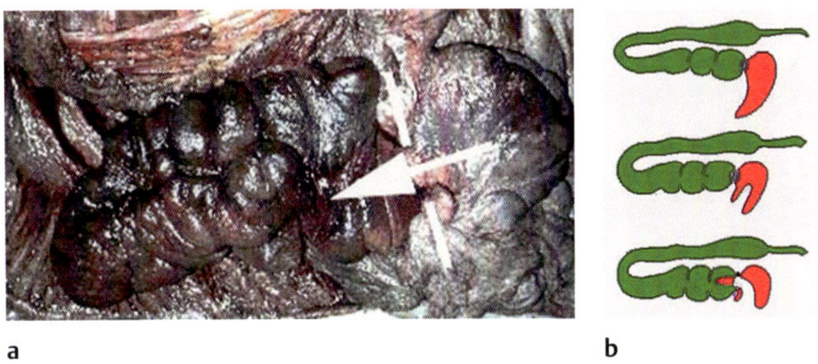

▶ **Abb. 6.37** Verlagerung des Dickdarms.
a Einstülpung der Zäkumspitze durch das Foramen ileocaecocolicum in das Kolon bei einem Pferd.
b Schema.

▶ **Abb. 6.38** Fremdkörper im Duodenum bei einem Hund.

▶ **Abb. 6.39** Anteile von größeren Mengen von Pflanzen, hier Eibe (*Taxus baccata*), im Pansen einer Kuh, die an einer Eibenvergiftung verstorben ist.

Zur Durchführung einer toxikologischen Untersuchung ist im Verlauf einer forensischen Obduktion folgendes Untersuchungsmaterial in Plastiksäcken zu asservieren und – mit Ausnahme von Blut, das kühl gelagert werden muss – einzufrieren:

- Leber
- Niere
- Nierenfett
- Mageninhalt (Darminhalt ist nutzlos)
- Blut (Herzkammerinhalt)
- Urin
- Futter und anderes verdächtiges Material

Im Zweifelsfall ist ein vorgängiger Kontakt mit dem toxikologischen Labor angezeigt.

Nachweis tierschutzrelevanter Mängel der Haltung, Betreuung und Pflege landwirtschaftlicher Nutztiere

Nicht zuletzt durch das gestiegene öffentliche Interesse am Tierschutz haben Mängel bei der Haltung, Betreuung und Pflege landwirtschaftlicher Nutztiere zu einer deutlichen Zunahme von Aufträgen für forensische Obduktionen geführt. In der Mehrzahl der Fälle handelt es sich dabei um sog. Teilsektionen von Körperteilen, die an einem Schlachthof oder auf dem Weg dorthin von Amtstierärzten, praktizierenden Tierärzten und/oder Fleischbeschauern beschlagnahmt werden und zur Untersuchung gelangen. Die weitere Abwicklung erfolgt dann über Polizeibehörden oder Staatsanwälte, die verpflichtet sind, mögliche Vergehen gegen das Tierschutzgesetz zu verfolgen. Als Beispiel sei hier ein extremer Fall von vernachlässigter Klauenpflege gezeigt (▶ **Abb. 6.40**). Daneben ist eine ganze Reihe anderer einschlägiger Veränderungen zu beobachten.

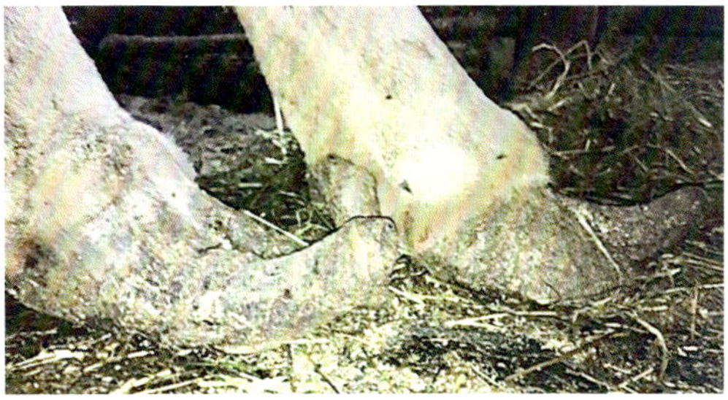

▶ **Abb. 6.40** Tierschutzrelevante Anzeichen einer vernachlässigten Klauenpflege bei einem Rind.

Forensische Altersbestimmung von entzündlichen/reaktiven Prozessen

Im Zusammenhang mit Gewährleistungsansprüchen stellt sich oft die Frage, ab welchem Zeitpunkt eine (bei der Übergabe nicht erkennbare) Verletzung/Entzündung bestanden hat bzw. ob dem Käufer Gewährleistungsansprüche zustehen, weil der Mangel bereits zum Zeitpunkt der Leistungserfüllung bestanden hat.

Merke
Diese Frage lässt sich mit relativ großer Genauigkeit innerhalb der ersten Stunden mit biochemischen, danach über einen Zeitraum von 4 Wochen mit histologischen Methoden klären.

Insbesondere bei der histologischen Altersbestimmung ist es wichtig, mehrere Proben aus dem Entzündungsbereich zu untersuchen und sämtliche morphologische Kriterien zur Altersbestimmung zu nutzen. Die unten angegebenen Zeiträume sind jeweils die kürzesten, innerhalb derer die beschriebenen Phänomene auftreten können.

Humorale und vaskuläre Phase (0–8 Stunden nach Reizeinwirkung)

Innerhalb der ersten 8 Stunden nach Einwirkung einer Noxe (eines Entzündungsreizes) lassen sich **biochemische Mediatoren** im geschädigten Gewebe nachweisen, die Rückschlüsse auf das posttraumatische Intervall zulassen (▶ **Tab. 6.6**).

Resorptive und proliferative Phase (8 Stunden–10 Tage nach Reizeinwirkung)

Der zeitliche Ablauf dieser Wundheilungsphase wird von zahlreichen Faktoren beeinflusst, u. a. von:

- Spezies (intensiverer Stoffwechsel beim Vogel, Kleinsäuger)
- Alter (Heilungsverlauf mit zunehmendem Alter langsamer)
- Art, Größe und Lokalisation der Wunde (Zitzenwunden heilen langsamer als andere Hautwunden, Schleimhautwunden heilen schneller als Hautwunden)
- Art des Traumas
- Erkrankungen (z. B. Diabetes)
- immunsuppressive Therapien

▶ **Tab. 6.6** Biochemische Mediatoren zur Abschätzung des posttraumatischen Intervalls.

Zeitspanne nach Einwirkung einer Noxe	Mediator
nach 5 min	Anstieg von Serotonin (aus Thrombozyten freigesetzt) im geschädigten Gewebe
nach 10–20 min	Anstieg von Histamin (aus Mastzellen stammend) im geschädigten Gewebe (Konzentrationsvergleich mit der Umgebung nötig, um natürliche Schwankungen auszuschließen: Ein Unterschied von 2:1 gilt als beweisend; Differenzen bleiben 30 min lang bestehen.)
nach 10 min	Konzentration von TGF-α in der an die Läsion angrenzenden Epidermis und TGF-β im angrenzenden Bindegewebe nimmt zu (Maximalwerte nach 30–60 min)
nach 1 h	Enzymaktivitäten im Zentrum der Läsion erlöschen (Nekrose = „negative Vitalreaktion")
nach 4 h	Anstieg der Konzentration von sauren Phosphatasen
nach 8 h	Anstieg der Konzentration von alkalischen Phosphatasen

Abk.: min = Minuten, h = Stunden, TGF = transforming growth factor

In ▸ Tab. 6.7 finden sich Zeitangaben zum frühestmöglichen Auftreten **histologisch nachweisbarer Phänomene** im Entzündungsgebiet nach Schädigung.

Beispiele für die histologische Rückdatierung akuter entzündlicher Veränderungen zeigen ▸ Abb. 6.41 und ▸ Abb. 6.42.

Reifungsphase (21–28 Tage nach Reizeinwirkung)

In der Heilungsphase (Vernarbung) werden folgende Phänomene zur Bestimmung des Mindestalters einer Entzündungsreaktion genutzt:

- 21 Tage: Ausreifung, d. h. Doppelbrechung von Kollagenfasern (▸ Abb. 6.43b)
- 28 Tage: elastische Fasern (Tunica elastica kleiner Arterien)

▸ **Tab. 6.7** Histologisch nachweisbare Phänomene zur Abschätzung des posttraumatischen Intervalls.

Zeitspanne nach Einwirkung einer Noxe	Histologisch nachweisbare Veränderungen
nach 8 h	• neutrophile Granulozyten • hyalinschollige Muskeldegeneration
nach 10–15 h	• eitrige Demarkation mit Beteiligung von Makrophagen und Fibroblasten • Verhältnis neutrophile Granulozyten zu Makrophagen = 5:1
nach 20 h	• Verhältnis neutrophile Granulozyten zu Makrophagen = 1:1
nach 24 h	• Proliferation von Fibroblasten, Angioblasten, basalen Epidermiszellen
nach 2 d	• Phagozytose von Erythrozyten • Abbau von Hämoglobin zu Hämosiderin
nach 3 d	• kanalisierte Kapillaren • ungerichtete Gitter- und Kollagenfasern
nach 5 d	• Lymphozyten im Wundgebiet
nach 6 d	• Myotuben, d. h. Muskelfaserregenerate nachweisbar
nach 7 d	• Faserrichtung parallel zur Oberfläche • Fremdkörper-Riesenzellen nachweisbar
nach 8 d	• Hämatoidin (eisenfreies hämoglobinogenes Pigment) nachweisbar
nach 10 d	• Plasmazellen nachweisbar

Abk.: h = Stunden, d = Tage

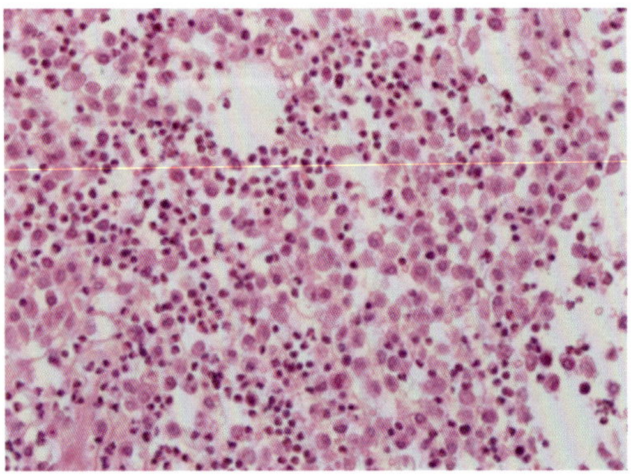

▸ **Abb. 6.41** Hund, weiblich, kastriert, 1,5 Jahre, mit chronischer Fistel an einer Impfstelle: Entzündliches Infiltrat aus Makrophagen und neutrophilen Granulozyten im Verhältnis ca. 1:1 (= 20 Stunden). Andere Probenlokalisationen zeigten ein Alter von mindestens 10 Tagen (= reichlich Plasmazellen).

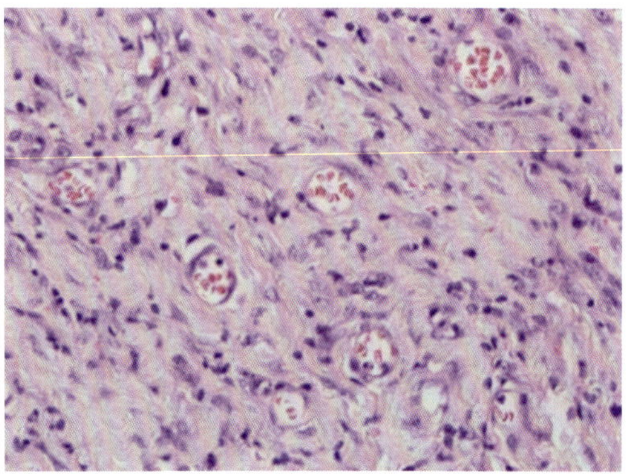

▸ **Abb. 6.42** Hund, 12 Jahre, Magenwandabszess: Älteres Granulations-/zellreiches Narbengewebe an der Serosaseite mit parallel ausgerichteten Kollagenfasern (mindestens 7 Tage alt) und kanalisierten Kapillaren (mindestens 3 Tage alt).

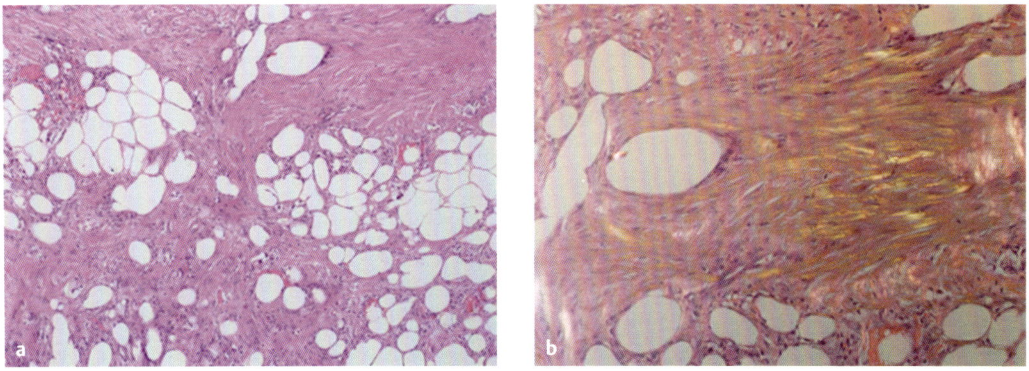

▶ **Abb. 6.43** Labrador Retriever, männlich, 7 Jahre 10 Monate, Perinealhernie.
a Zellreiches (d. h. noch nicht voll ausgereiftes) Narbengewebe im Unterhautfettgewebe.
b Rechter oberer Quadrant aus ▶ **Abb. 6.43a** mit neu gebildeten, doppelbrechenden Kollagenfasern (dargestellt im polarisierten Licht) im subkutanen Fettgewebe, d. h. Mindestalter 21 Tage.

Für den Zeitraum zwischen 10 und 21 Tagen nach Schädigung gibt es keine qualitativen histomorphologischen Kriterien für die Rückdatierung. Hier kann nur anhand der Menge an Plasmazellen und am zunehmenden Faser- und abnehmenden Zellreichtum des reaktiven Gewebes auf ein Alter von mehr als 10 Tagen geschlossen werden. Bei Weichteilwunden liegt die Obergrenze des rückdatierbaren Zeitraums bei 28 Tagen.

▶ **Abb. 6.43a** und ▶ **Abb. 6.43b** zeigen ein Beispiel für die Datierung einer chronischen entzündlichen Veränderung.

Asservierung von Untersuchungsmaterial für die histologische Untersuchung

Merke
Zur histologischen Abklärung von unklaren makroskopischen Befunden und zur Altersbestimmung von Läsionen ist es sehr wichtig, Gewebeproben möglichst rasch zu fixieren.

Nicht fixierte Proben werden je nach Umgebungstemperatur innerhalb kurzer Zeit durch Auto- und Heterolyse für die mikroskopische Untersuchung unbrauchbar.

Die Fixierung sollte in 4 %igem, neutral gepuffertem Formol (optimales Mengenverhältnis Probe zu Formol = 1:10) erfolgen. Weniger günstig für die histologische Beurteilung, aber noch akzeptabel ist die Fixierung in 96 %igem Alkohol oder Einfrieren (Gefrierartefakte); Kühlung im Eiskasten hilft nur kurzzeitig dabei, Proben in geeignetem Zustand zu halten.

6.1.5 Quellenangaben

Internetquellen

[180] Wikipedia. Forensik. Im Internet: https://de.wikipedia.org/wiki/Forensik; Stand: Juli 2020

[181] https://www.siwf.ch/files/pdf20/rechtsmedizin_version_internet_d.pdf

[182] https://www.sas.admin.ch/sas/de/home/ablaufakkreditierung/normenuebersicht17.html

[183] Schweizerische Akkreditierungsstelle SAS. Im Internet: https://www.sas.admin.ch/sas/de/home.html; Stand: Juli 2020

[184] Schweizerische Akkreditierungsstelle SAS. Normen. Die grundlegenden Normen für die Akkreditietung von Konformitätsbewertungsstellen. Im Internet: https://www.sas.admin.ch/sas/de/home/ablaufakkreditierung/normenuebersicht17.html; Stand: Juli 2020

[185] Institut für Veterinärpharmakologie und -toxikologie der Universität Zürich. CliniPharm, CliniTox. Arzneipflanzen und Giftpflanzen. Im Internet: https://www.vetpharm.uzh.ch/giftdb/pflanzen/0054_tox.htm; Stand: Juli 2020

Rechtsgrundlagen

[186] Schweizerische Strafprozessordnung, StPO, vom 5. Oktober 2007, Stand am 1. Februar 2020. Im Internet: https://www.admin.ch/opc/de/classified-compilation/20052319/index.html; Stand: Juli 2020

[187] Schweizerische Strafprozessordnung, StPO, vom 5. Oktober 2007, Stand am 1. Februar 2020. Im Internet: https://www.admin.ch/opc/de/classified-compilation/20052319/index.html; Stand: Juli 2020

6.2 Klinische forensische Medizin

Peter Rüsch

6.2.1 Einleitung

Die klinische forensische Medizin ist Teil der Rechtsmedizin. Dies gilt sowohl für die Human- als auch für die Veterinärmedizin.

Der Begriff „klinisch“ leitet sich vom altgriechischen Wort „klinê“, „Bett, Liege“ ab. Es weist 3 Wortbedeutungen auf, nämlich

1. krankhaft, pathologisch, von der Norm abweichend,
2. hygienisch, kalt und
3. zu einer Klinik gehörig, in einer Klinik befindlich.

Im vorliegenden Kapitel nimmt der Begriff „klinisch“ einerseits Bezug auf die Bedeutung „pathologisch, krankhaft, von der Norm abweichend“ und zum anderen auf die Bedeutung „zu einer Klinik gehörig, in einer Klinik befindlich“.

Der Begriff „forensisch“ bedeutet gerichtlichen oder kriminologischen Zwecken dienend, im Dienste der Rechtspflege stehend, gerichtlich. Weitergehende Erläuterungen zum Begriff „Forensik“ sind in den Kapiteln Forensische Pathologie, Einleitung (S. 98) und Rechtsmedizin (S. 98) zu finden.

Die klinische forensische Medizin umfasst einen wesentlich geringeren Teil der Rechtsmedizin insgesamt als vergleichsweise die forensische Pathologie (S. 98).

Im Lehrbuch „Rechtsmedizin“ von Dettmeyer et al. [189] besetzt die eigentliche klinische forensische Medizin (Kapitel 7) lediglich 8 von insgesamt 361 Seiten. Kapitel wie die Thanatologie (Wissenschaft vom Tod, vom Sterben und der Bestattung), die Leichenschau, die Obduktion, Tod im Wasser, Verkehrsmedizin oder die forensische Alkohologie und Toxikologie werden wesentlich umfangreicher abgehandelt.

Im Unterschied zur forensischen Pathologie befasst sich die klinische forensische Medizin bzw. Veterinärmedizin mit den Abklärungen und **Untersuchungen am lebenden Tier**, bei denen missbräuchliche, rechtswidrige, kriminelle und/oder nicht der Sorgfaltspflicht entsprechende Handlungen vermutet werden.

Beispiele in der Veterinärmedizin sind:

- Tierquälereien wie Missbräuche und -handlungen, Vernachlässigungen, unnötige Überanstrengungen von Tieren oder die Verletzung ihrer Würde
- Widerhandlungen im Verkehr mit Tieren und Tierprodukten
- die Durchführung von verbotenen Eingriffen am Tier
- Widerhandlungen betreffend Tierhaltung, Zucht, Einsatz oder Schlachtung
- Beurteilung der Gewährleistung und des Alters beim Kauf von Tieren
- die Beurteilung von Verletzungen der tierärztlichen Sorgfaltspflicht

So sind gemäß eidgenössischer Tierschutzverordnung (TSchV vom 23. April 2008, Stand am 1. Januar 2020) z. B. folgende Handlungen verboten, gemäß

- Art. 16 Bst. f das Aussetzen oder Zurücklassen eines Tieres in der Absicht, sich seiner zu entledigen,
- Art. 17 Bst. b TSchV der Wasserentzug beim Trockenstellen von Rindern oder
- Art. 73 Abs. 3 TSchV der Einsatz von hochträchtigen oder säugenden Hündinnen bei Wagen- oder Schlittenhunderennen.

Bei den Abklärungen und Untersuchungen von missbrauchten, verletzten und/oder beschädigten Tieren müssen nicht nur Veränderungen, Verletzungen oder Schäden versorgt und der Zustand des Tieres berücksichtigt und fachgerecht bewertet werden, sondern es sollte daneben auch eine gerichtsfeste objektive Dokumentation der klinischen, radiologischen, sonografischen, computertomografischen und/oder labortechnischen Befunde nebst adäquater Spurensicherung gewährleistet werden. Dazu gehört bei berechtigtem Verdacht auf eine rechtswidrige Situation eine aussagekräftige Fotodokumentation, allenfalls eine Videoaufzeichnung, sowie eine umfassende und gezielte Befragung des Tierhalters, allenfalls unter Einbezug seines Umfelds.

Wie bereits im Kapitel Forensische Pathologie (S. 98) erwähnt, hängt bei der Durchführung einer klinischen forensischen Untersuchung der Erfolg auf eine adäquate bzw. gerechte Beurteilung gleichermaßen und entscheidend von einer korrekten Dokumentation der Ergebnisse der Untersuchungen und Befragungen durch schriftliche und zusätzlich fotografische Aufzeichnungen ab. Dazu ist im Allgemeinen neben dem Tierhalter die Anwesenheit mindestens einer weiteren Person bei der Untersuchung sinnvoll, z. B. eines tierärztlichen Assistenten oder eines veterinärmedizinischen Praxisassistenten, sowie je nach Fragestellung ein rechtzeitiger Kontakt mit ausgewiesenen Fachexperten empfehlenswert.

Die Dokumentation ist letztlich entscheidend – das A und O, damit ein Missstand umfassend beurteilt, adäquat und allenfalls zu Recht verfolgt und geahndet werden kann.

6.2.2 Die Bedeutung der klinischen forensischen Medizin

Die Bedeutung der klinisch forensischen Medizin in der Humanmedizin

Das interdisziplinäre Werk aus der Humanmedizin „Klinisch-forensische Medizin" von Grassberger et al. [192] beleuchtet im Geleitwort I von Richard Dirnhofer, Rechtsmediziner von 1991 bis 2005 an der Universität Bern, im Geleitwort II von Sabine Rückert, Gerichtsreporterin der ZEIT, und im Vorwort der Herausgeber die Bedeutung der klinischen Rechtsmedizin, der Rechtsmedizin für Lebende.

Die Herausgeber und die Verfasser der Geleitworte weisen u. a. auf die Wichtigkeit der transdisziplinären Zusammenarbeit zwischen klinisch tätigen Ärzten, dem Pflegepersonal und den Organen der Rechtspflege oder auf die moderne klinische forensische Bildgebung hin, die eine objektive Dokumentation der Befunde zulässt. Sie betonen zudem die Wichtigkeit, dass Widerhandlungen nicht nur möglichst frühzeitig, sondern unvoreingenommen und mit der unabdingbar nötigen Fachkompetenz, objektiv und umfassend dokumentiert werden. Nur so können z. B. Misshandlungen oder Gewaltanwendungen angemessen geahndet werden.

Grassberger et al. schreiben in ihrem Vorwort, dass sich in der Praxis bzw. Klinik eine gewisse Kluft v. a. zwischen 2 Gruppen ergibt: auf der einen Seite die Vertreter des Rechtes, allen voran Staatsanwälte und Richter, die sich täglich mit der Beauftragung von Untersuchungen sowie mit der Rechtsprechung in einer Materie konfrontiert sehen, in der sie nur unzureichend ausgebildet wurden; auf der anderen Seite alle Vertreter der kurativ ausgerichteten medizinischen und sozialen Dienste, die sich im Altag mit der für viele verwirrenden gesetzlichen Lage auseinandersetzen müssen. Weiter weisen die Autoren darauf hin, dass Unkenntnis in dieser Materie leider allzu häufig zu diagnostischem und therapeutischem Nihilismus führt, mit allen nachteiligen Konsequenzen für Betroffene und auch für die, die letztlich darüber urteilen sollen. Die Herausgeber Grassberger et al. weisen zudem darauf hin, dass diverse Aspekte der klinischen forensischen Medizin von Kindesmisshandlungen und -missbrauch, Gewalt gegen alte Menschen, häuslicher und sexualisierter Gewalt, Folter bis hin zur forensischen Altersdiagnostik beim Lebenden spezielles Fachwissen voraussetzen, weil gerade juristische Fragestellungen, die nur mit ärztlichen Vorkenntnissen beantwortet werden können, einen wesentlichen Teil des gerichtlichen Alltags darstellen. Sie betonen, dass es sich i. d. R. um alltägliche Phänomene handelt, von denen menschliche Schicksale abhängen, deren Erkennung und Behandlung im weitesten Sinn aber vom Engagement und Sachverstand einzelner Personen lebt, und dass letztlich Kontaktpersonen, z. B. Ärzte, bereits in der Phase des Erstkontakts ihren optimalen Beitrag zu einer adäquaten Vorgehensweise im Sinn der Opfer zu leisten haben. Der Rechtsmediziner Dirnhofer weist abschließend auf ein Zitat von Horst Leithoff, Professor für

Gerichtsmedizin von 1967 bis 1985 an der Universität Mainz, hin, das an Aktualität nicht verloren hat und besagt, dass ein richtiges Gutachten ebenso viel wert sein kann, wie ein richtiges Medikament. Anzufügen ist: Ein richtiges Gutachten, das auf einer umfassenden, aussagekräftigen und nachvollziehbaren Dokumentation basiert.

Diese grundsätzlichen Ausführungen zur Bedeutung der klinischen forensischen Medizin aus der Humanmedizin können gleichermaßen auf die Veterinärmedizin bzw. klinische forensische Veterinärmedizin übertragen werden.

Die Bedeutung der klinischen forensischen Medizin in der Veterinärmedizin

Im Unterschied zur Rechtsmedizin in der Humanmedizin kommt der Forensik in der klinischen Veterinärmedizin bisher nicht die gleiche Bedeutung zu.

Ausdruck für die zurzeit noch geringere Bedeutung ist, dass für die Rechtsmedizin in der Humanmedizin nicht nur bestens ausgerüstete Institute mit in der Disziplin Rechtsmedizin kompetent aus- und weitergebildeten Fachleuten, sondern auch entsprechend aktuelle Fachliteratur zur Verfügung stehen. In der Veterinärmedizin dagegen fehlen sowohl eigene Institute als auch speziell aus- und weitergebildete Fachleute und entsprechende Fachliteratur im Bereich Forensik weitgehend. Im Weiteren ist anzufügen, dass im Lehrplan der Veterinärmedizinischen Fakultäten bzw. Universitäten das Fach Forensik lediglich am Rande wahrgenommen wird.

Das Buch „Gerichtliche Tierheilkunde“ von Fröhner [191], auf das in der Lehre wiederholt verwiesen wird, ist als Nachdruck des Originals von 1915 zwar aktuell verfügbar, behandelt aber lediglich die Währschaftsgesetzgebung, die Gewährmängel bei verschiedenen Tierarten, z. B. beim Pferd oder Rind, sowie die Haftpflicht des Tierarztes und die des Tierhalters. Es genügt den heutigen Anforderungen an die Forensik in der Veterinärmedizin nicht mehr.

Anzumerken ist, dass sich gemäß Hochmeister et al. [194] die forensische Medizin insgesamt in den letzten 20 Jahren stark gewandelt und sich international vom „Detektiv mit dem Skalpell“ zu einer multidisziplinären High-Tech-Wissenschaft entwickelt hat, die äußerst vielfältig ist und viele Möglichkeiten bietet. Das Spektrum in Wissenschaft und Praxis reicht von der Aufklärung plötzlicher Todesfälle und der Beurteilung von Körperverletzungen bis zur Begutachtung medizinischer Behandlungsfehler. Die chemisch-toxikologischen Untersuchungen von Alkohol, Suchtmitteln, Medikamenten und Giften sowie die DNA-Analyse biologischer Spuren sind dabei ebenso bedeutsam wie die Obduktion. Inwieweit diese Wandlung auch für die Veterinärmedizin von Bedeutung ist und Schub für eine adäquate Berücksichtigung des Faches Forensik in der Veterinärmedizin verleihen wird, bleibt im deutschen Sprachraum offen.

Ausdruck dieses Schubs, allerdings im englischen Sprachraum, ist das Werk aus den USA „Veterinary Forensics“ von Rogers und Stern [196]. Das Buch behandelt verschiedenste Themen der klinisch forensischen Veterinärmedizin, z. B. die Untersuchung von misshandelten Tieren im Zusammenhang mit menschlichem Fehlverhalten, Abklärungen am Tatort oder von Blutspuren, die klinische forensische Untersuchung sowohl von Hund und Katze als auch von Großtieren, die Beurteilung von Bissverletzungen, die Interpretation von Verhaltensstörungen, den sexuellen Missbrauch von Tieren und die Anforderungen an den tierärztlichen Gutachter, das Auftreten des Gutachters im Gerichtssaal und das korrekte Abfassen eines Gutachtens.

Die unterschiedliche Bedeutung der Rechtsmedizin zwischen Human- und Veterinärmedizin dürfte aber auch auf die unterschiedlichen Fragestellungen und die Brisanz der Fragestellungen zurückzuführen sein.

Während sich die klinische forensische Medizin in der Humanmedizin schwerpunktmäßig mit Gewaltopfern, Sexualstraftaten, Kindesmisshandlungen und -missbrauch, Schussverletzungen, der DNA-Analyse oder Folgen von Verkehrsunfällen auseinanderzusetzen hat, spielen diese Themen in der Veterinärmedizin eine geringe oder nur ausnahmsweise eine Rolle. Im Vordergrund der Veterinärmedizin dürften v. a. Verstöße gegen die Tierschutzgesetzgebung stehen. Im Weiteren stehen Beurteilungen der Währschaft bzw. Garantieleistung „gesund und recht“ beim Kauf von Tieren und schließlich die Beurteilung von Verletzungen der tierärztlichen Sorgfaltspflicht zur Diskussion.

Bei den Missbräuchen und Misshandlungen von Tieren sind neben Vergiftungen stumpfe oder dann spitze Gewaltanwendungen wie Stich-, Schnitt-, Biss- und Schussverletzungen und bei den Vernachlässigungen von Tieren Schädigungen durch Licht, Hitze oder Kälte, z. B. eine Photodermatitis, eine endogene Photosensibilität, Sonnenbrand, allgemeine und lokale Hypothermie, exogene und endogene Hyperthermie sowie Schädigungen durch Strom oder Blitze in Betracht zu ziehen (S. 109).

Als Vernachlässigung steht allenfalls auch eine starke Abmagerung als Folge einer Unterernährung eines Tieres zur Diskussion. Schließlich können Altersbestimmungen eine weitere Fragestellung sein, dies v. a. beim Verkauf bzw. Kauf von Tieren.

Letztlich gilt es, gelegentlich im Einzelfall über Speichel- oder andere geeignete Proben, z. B. mittels DNA-Analyse, die Probe einem bestimmten Tier zuzuordnen.

Bei Verdacht auf eine mutwillige Vergiftung von Tieren ist eine Kontaktaufnahme mit dem Fachexperten, d. h. mit dem Toxikologen, empfehlenswert. Die Tox Info Suisse [202] beispielsweise verfügt über langjährige Erfahrung mit Vergiftungen bei Tieren, kennt die Häufigkeit verschiedener Noxengruppen und einzelner Noxen, den Vergiftungsschweregrad für die einzelnen Noxen, die für den infrage kommenden Giftstoff charakteristische Symptomatik und auch die Nachweismöglichkeiten einer bestimmten Noxe. Im Jahr 2018 wurden 2183 Fälle bei Tieren beraten und ausgewertet. 1634 Fälle betrafen Hunde (74,8 %), 409 Fälle Katzen. Spitzenreiter bei den Vergiftungsfällen war die Vergiftung mit Rodentiziden.

6.2.3 Klinische Untersuchung aus forensischer Sicht

Klinische Untersuchung im Allgemeinen

Die klinische Untersuchung ist wesentlicher und zentraler Bestandteil der klinischen forensischen Medizin und entspricht den in den universitären Lehrgängen vermittelten Lehrinhalten und der Fachliteratur im Bereich der veterinärmedizinischen Propädeutik.

Zur Fachliteratur gehören z. B. Lehrbücher wie die „Klinische Propädeutik der Haus- und Heimtiere“ [188] oder „Die klinische Untersuchung des Rindes“ [190].

Durchführung

Die **allgemeine klinische Untersuchung** ist – zumindest bei der Erstuntersuchung jedes Patienten – vollständig durchzuführen. Anhand der erhobenen klinischen Befunde sind **weiterführende Untersuchungsgänge**, z. B. ein neurologischer oder ein gynäkologischer Untersuchungsgang, und/oder **spezielle Diagnoseverfahren**, z. B. eine Blut- oder Harnuntersuchung, eine radiologische oder sonografische Abklärung, angezeigt. Auf die Untersuchung in Ruhe ist je nach Patient und Fragestellung eine Untersuchung in der Bewegung sinnvoll und aussagekräftig.

Für die klinischen Untersuchungen existieren i. d. R. **Checklisten**, die die Vollständigkeit der Untersuchung garantieren. Sie sind vollständig abzuarbeiten.

Auf die klinische Untersuchung, auf die Begutachtung und Beurteilung, die Feststellung von Abweichungen, das Screening des Patienten, das Erstellen einer Problemliste und deren Gewichtung sowie die Erkennung von Krankheiten folgt die Diagnose, zumindest eine Verdachtsdiagnose, die eine prognostische Beurteilung (Prognose) zulässt, schließlich eine auf die Diagnose gestützte Therapie inkl. Wegleitung und letztlich eine gesundheitliche Überwachung (Evaluation).

Befunddokumentation

Die Ergebnisse der klinischen Untersuchung – die Untersuchungsbefunde – sind deskriptiv, chronologisch, vollständig, korrekt, verständlich – auch leserlich – in einer Krankengeschichte schriftlich oder, wie heute üblich, elektronisch festzuhalten. Dabei sind Abmachungen mit dem Tierhalter bzw. -besitzer ebenso wie die Befunde zu dokumentieren.

Die Befunde sind so zu dokumentieren, dass ein sachverständiger Leser sich selbst ein Bild über den Patienten machen kann. Die Befunddokumentation soll nur bedingt Interpretationen enthalten. Persönliche Anmerkungen zum oder über den Tierhalter bzw. -besitzer sind nach Möglichkeit zu unterlassen, da sie später allenfalls als nicht objektive und deshalb voreingenommene Untersuchung bzw. Beurteilung des Patienten gewertet werden können.

In der **Schweiz** sind nicht nur die Zielsetzung der tierärztlichen Ausbildung, sondern auch die Zulassung und die Ausübung des tierärztlichen Berufes gesetzlich geregelt. Dies dürfte auch für Deutschland und Österreich Gültigkeit haben. Damit nimmt die Gesetzgebung wesentlich Einfluss nicht nur auf die Zulassung zur tierärztlichen Berufsausübung, sondern auch auf die Art und den Umfang der klinischen Untersuchung, z. B. auf die Pflicht, eine Krankengeschichte zu erstellen bzw. zu führen.

In der Schweiz gibt der Bund über das eidgenössische Medizinalberufegesetz (MedBG) den Rahmen vor. Die Kantone regeln den Vollzug im Einzelnen, i. d. R. über das kantonale Gesundheitsgesetz, vereinzelt über das kantonale Veterinärgesetz oder dann andere kantonale Gesetze, die die Ausübung des Tierarztberufes vorgeben.

In Deutschland und Österreich entsprechen die Bundes-Tierärzteordnung bzw. das Tierärztegesetz sowie das Bundesgesetz vom 13. Dezember 1974 über den Tierarzt und seine berufliche Vertretung dem eidgenössischen MedBG und den entsprechenden kantonalen Vorgaben in der Schweiz.

In **Österreich** regelt das Tierärztegesetz sowohl die Zulassung als auch die Ausübung des tierärztlichen Berufs. Für die Zulassung zur Berufsausübung ist die Österreichische Tierärztekammer [199] zuständig.

In **Deutschland** ist gemäß Bundestierärztekammer e. V., BTK [197], die Bundes-Tierärzteordnung das einzige für die Tierärzteschaft wichtige Bundesgesetz. Dabei handelt es sich um eine Berufszugangsregelung und nicht um eine Berufsausübungsregelung. Detaillierte Darstellungen des tierärztlichen Berufs sind deshalb in den Berufsordnungen bzw. den Heilberufsgesetzen der Länder zu finden, z. B. in Bayern im Heilberufe- und Kammergesetz (HKaG vom 6. Februar 2020).

Die klinische Untersuchung aus forensischer Sicht

Die nachfolgenden Ausführungen lehnen sich an die Publikation von Ondruschka et. al., „Klinische Untersuchung aus forensischer Sicht – Schritt für Schritt“ [195], an. Die Darlegungen von Ondruschka et al. betreffen insbesondere Gewaltopfer, sind aber trotzdem auf die Veterinärmedizin übertragbar. Gewaltanwendungen beim Menschen sind bis zu einem gewissen Grad v. a. auch mit Widerhandlungen bei Tieren vergleichbar und zudem offenbar in Anlehnung an den Leitsatz der Links Group [201], einer Organisation aus England, die eine Welt ohne Missbrauch von Mensch und Tier zum Ziel hat, oft miteinander vergesellschaftet. Der Leitsatz besagt, dass wo Tiere missbraucht werden, Menschen in Gefahr sind, und wo Menschen missbraucht werden, Tiere in Gefahr sind. Die in der Schweiz bekannte Kaskade aus dem Bereich der Tiergesundheit und Lebensmittelsicherheit, „Gesunde Tiere – gesunde Menschen“, ergänzt durch „gesunde Tiere“, d. h. „Gesunde Tiere – gesunde Menschen – gesunde Tiere“, macht durchaus Sinn.

Warnsignale beachten

Der klinisch tätige Tierarzt und sein Fachpersonal gehören oft zu den ersten und teils einzigen Zeugen, die mit rechtswidrigen oder juristisch relevanten Handlungen an Tieren konfrontiert werden. Abgesehen von der Erstversorgung gilt es, die Grundlagen für eine professionelle Erstuntersuchung zu beachten und für möglicherweise auftretende Warnsignale sensibilisiert zu sein. Solche **Warnsignale auf rechtswidrige Handlungen** können sein:

- Widerspruch zwischen Anamnese und Befund
- zurückhaltende, ausweichende Auskunft durch den Tierhalter
- auffälliges, unangemessenes Verhalten – sowohl des Patienten als auch des Tierhalters
- verzögerte oder wiederkehrende Vorstellung des Patienten
- körperliche Verwahrlosung – sowohl des Patienten als auch des Tierhalters; Tierschutzfälle sind häufig vergesellschaftet mit Sozialfällen (gemäß Leitsatz der Link Group sind dort, wo Menschen misshandelt werden auch Tiere in Gefahr und umgekehrt oder die in der Schweiz bekannte Wortabfolge, dass gesunde Tiere gesunde Menschen ergeben und gesunde Menschen gesunde Tiere halten).

Wenn beim Erstkontakt keine adäquate **objektive und vollständige Befunderhebung** und ggf. keine **Spurensicherung** erfolgt, bleiben im Extremfall schwere Widerhandlungen unentdeckt. Sie können so später rechtlich nicht mehr geahndet werden, da entscheidende Befunde und Informationen fehlen und die Beweisführung nicht gelingt.

Andererseits ist zu beachten, dass die Möglichkeit einer Falschverurteilung besteht, wenn die Erstdokumentation zu pauschalisierend, beschränkt auf Hauptbefunde, voreingenommen, d. h. ohne kritische oder gar mit subjektiv beeinflusster Bewertung, erfolgt.

Inwieweit der Tierhalter bereits beim Erstkontakt mit dem Verdacht konfrontiert werden soll, ist Ermessenssache und von Fall zu Fall zu entscheiden. Eine vorzeitige Konfrontation mit dem Verdacht auf eine Widerhandlung könnte aber die Untersuchungsatmosphäre negativ beeinträchtigen und zu einem Vertrauensverlust führen, was wiederum eine mangelhafte, unvollständige Befunderhebung und nicht adäquate Beurteilung bewirken könnte.

Diagnostisches Vorgehen bei Verdacht auf eine Misshandlung

Grundsätzlich sollte sich das diagnostische Vorgehen bei Verdacht auf eine Widerhandlung nicht von dem diagnostischen Vorgehen im Normalfall bei Erstkontakt unterscheiden.

Während es in der kurativen Situation zunächst um die Sicherung der Vitalfunktionen und primär um die Versorgung der Hauptbefunde geht, ist die Untersuchung bei Verdacht auf das Vorliegen einer Misshandlung oder rechtlich relevanten Fragestellung zunächst wertungsfrei vorzunehmen. Dabei sind nicht nur die Hauptbefunde, sondern alle Besonderheiten zu untersuchen und zu dokumentieren.

Gerichtsfeste Befunderhebung und Dokumentation

Einer gerichtsfesten Befunderhebung und Dokumentation kommt eine äußerst wichtige und entscheidende Rolle zu. Ondruschka et al. [195] schreiben dazu, dass eine rechtssichere ärztliche Befunderhebung und -dokumentation sowie anschließende Spurensicherung eine wichtige Grundlage für die Durchsetzung juristischer Ansprüche darstellt, und dass auch retrospektiv, im Strafverfahren oft Monate oder Jahre später, die Befunddokumentation es ermöglichen muss, zu Verletzungsbildern und hieraus abzuleitender (potenzieller) Gefährdung für die Geschädigten sowie zur meist erforderlichen Plausibilitätsbegutachtung gutachterliche Aussagen treffen zu können.

Was für die Humanmedizin gilt, ist gleichermaßen für die Veterinärmedizin gültig. Patientendokumentation so, dass eine sachverständige Person sich ein Bild des Patienten machen kann, ist Pflicht und das Unterlassen dieser Pflicht eine Verletzung der tierärztlichen Sorgfaltspflicht. Gefälligkeiten gegenüber dem Tierhalter sind nicht angebracht. Das korrekte Ausfüllen von Krankengeschichten ist für den Berufsstand ein nicht zu unterschätzendes Markenzeichen und sollte nicht leichtfertig aufs Spiel gesetzt werden.

Für die **deskriptive Befunderhebung** eignen sich, wie bereits erwähnt, Checklisten sowie beim Vorliegen eines Verdachts auf eine Misshandlung eine Foto- oder auch Videodokumentation. Dabei ist die Einholung der Zustimmung des Tierhalters bzw. -besitzers empfehlenswert. Die Zustimmung sollte ebenso wie die übrigen Befunde dokumentiert werden. Die Foto- oder Videodokumentation ist dabei so zu gestalten, dass sie neben dem Datum der Aufnahme die Lokalisierung (Übersichts- und Detailaufnahme jeweils mit Maßstab und Patientendaten) sowie das Ausmaß des Schadens beim Erstkontakt, d. h. vor einer allfälligen chirurgischen Versorgung, eindeutig zu erkennen gibt.

Inwieweit der in der Humanmedizin wichtigen **Spurensicherung** auch in der Veterinärmedizin eine Bedeutung zukommt, ist von Fall zu Fall zu entscheiden. Dabei gilt grundsätzlich, dass allfällige Asservate mit Patientenetiketten zu versehen und eindeutig zu beschriften sind. Der Verbleib der Proben muss zudem nachvollziehbar dokumentiert werden.

Asservate können Hauttupfer, Projektile oder andere Fremdkörper sowie Blut-, Milch-, Harn- oder Kotproben sein. Bei der Entnahme von Tupferproben, Projektilen oder anderen Fremdkörpern ist darauf zu achten, dass keine Kontamination erfolgt. Bei der Asservierung von Blut-, Harn-, Kot- oder Milchproben sind der Entnahmezeitpunkt und ggf. die Probe beeinflussende Umstände festzuhalten.

Sofern lokal und auch zeitnah verfügbar, ist bereits beim Erstkontakt je nach Situation **rechts-**

medizinischer Konsil einzuholen, z. B. beim Veterinärpathologen, beim Toxikologen (Tox Info Suisse) oder beim Gynäkologen, damit die Befunderhebung und die Asservierung fachkompetent erfolgen sowie bei möglichen Vergiftungen die Symptomatik korrekt gedeutet und das für den Nachweis geeignete Medium untersucht werden kann.

Meldepflicht der Tierärzte gegenüber den Behörden

Grundsätzlich ist festzuhalten, dass Tierärzte sowohl in tierseuchenrechtlicher als auch in tierschutzrechtlicher Hinsicht gesetzlich verpflichtet sind, den Behörden Meldung zu erstatten – in tierseuchenrechtlicher Hinsicht bei Verdacht oder bei Vorliegen einer Tierseuche und in tierschutzrechtlicher Hinsicht lediglich bei erheblichen Bissverletzung von Hunden oder bei besonders aggressivem Verhalten eines Hundes.

Tierärzte sind dagegen nicht verpflichtet – aber berechtigt –, den zuständigen Behörden Wahrnehmungen zu melden, die auf eine Misshandlung oder ein Vergehen gegenüber dem Tier schließen lassen – dies auch ohne Zustimmung des Tierhalters. Im Unterschied zur Feststellung von oder bei Verdacht auf Tierseuchen, die neben vorsorglichen Maßnahmen unverzüglich dem amtlichen Tierarzt sowie dem zuständigen Amt zu melden sind (s. auch Veterinärgesetz des Kantons Graubünden vom 30. August 2007, Stand 1. Januar 2016, Art. 15 Abs. 1), besteht im Bereich Tierschutzgesetzgebung keine analoge gesetzliche Meldepflicht bei Widerhandlungen gegenüber der Tierschutzgesetzgebung, mit einer Ausnahme. Die Ausnahme betrifft Art. 78 TSchV, die Meldung, wie bereits im ersten Abschnitt erwähnt, von Vorfällen, bei denen ein Hund Menschen oder Tiere erheblich verletzt hat oder ein übermäßiges Aggressionsverhalten zeigt.

Die Meldepflicht bei Widerhandlungen gegenüber der Tierschutzgesetzgebung wird in der Schweiz zwar immer wieder von Tierschutzorganisationen gefordert, findet aber bisher v. a. aus Gründen des Interessenskonfliktes zwischen Tierhalter und behandelndem Tierarzt nicht Eingang in die Gesetzgebung.

Das eidgenössische Tierseuchengesetz (TSG vom 16. Dezember 2005, Stand 1. Januar 2020), im Art. 11, Sorgfalts- und Meldepflicht, Abs. 3, hält fest, dass für Tierärzte, Untersuchungsinstitute und Bieneninspektoren bei Ausbruch von Tierseuchen und seuchenverdächtigen Erscheinungen unverzüglich eine Meldepflicht an die im Kanton zuständige Stelle besteht und die Tierärzte alle notwendigen Maßnahmen zu treffen haben, um die Verschleppung der Seuche zu verhindern.

Diese Meldepflicht gilt z. B. auch für aus dem Ausland importierte Hunde oder Katzen ohne gültigen Impfstatus betreffend Tollwut oder anderen Tierseuchen, auch wenn dies allenfalls zu einem Interessenskonflikt oder zum Verlust eines Kunden führt. Die Gesundheit des Menschen geht bei ungenügendem Impfstatus betreffend Tollwut ohne Zweifel vor und verpflichtet den behandelnden Tierarzt, den Fall den Behörden ohne Verzug zu melden.

Wie bereits erwähnt, besteht in der Tierschutzgesetzgebung mit der oben angeführten Ausnahme (gefährliche Hunde) keine vergleichbare Meldepflicht bei Vorliegen eines Verstoßes gegen die Tierschutzgesetzgebung, weder für die Grundsätze des eidgenössischen Tierschutzgesetzes (TSchG vom 16. Dezember 2005, Stand 1. Mai 2017, Art. 4 TSchG), noch für Tierquälereien (Art. 26 TSchG), Widerhandlungen im Verkehr mit Tieren und Tierprodukten (Art. 27 TSchG), übrige Widerhandlungen wie Missachtungen von Vorschriften über die Tierhaltung oder vorschriftswidrige Schlachtungen, oder verbotene Handlungen bei Tieren gemäß Abschnitt 3 der eidgenössischen Tierschutzverordnung (TSchV vom 23. April 2008, Stand 1. Januar 2020, Art. 16–24 TSchV). So ist z. B. beim Pferd der sportliche Einsatz mit überempfindlich gemachter Haut an den Gliedmaßen, mit an den Gliedmaßen angebrachten schmerzverursachenden Hilfsmitteln, das Barren oder das Antreiben oder Bestrafen mit elektrisierenden Geräten, wie stromführenden Sporen, Gerten oder Viehtreibern, verboten. Tierärzte sind berechtigt, solche Verfehlungen den dafür zuständigen Behörden zu melden, auch wenn dies nicht im Interesse ihrer Kundschaft steht und zum Verlust eines Kunden führen kann. Letztlich ist es eine Ermessensfrage, ob das Tierwohl höher gewichtet wird als die Interessen des Tierhalters und die eigenen Interessen. Die Standesordnung der GST, die betreffend Berufszulassung und -ausübung nicht verbindlich ist, äußert sich dazu nicht explizit. Sie fordert aber ihre Mitglieder auf, dass die Kunden in verständlicher Form über den Befund, die beabsichtigten diagnostischen und therapeutischen Maßnahmen, deren Erfolgsaussichten, Risiken und Folgen aufgeklärt werden, auch in tierschutzrechtlicher Hinsicht (Standesordnung GST, Juni 2017, Kapitel 4, Verhaltenskodex, Unterkapitel 4.1, Verhalten bei der beruflichen Tätigkeit, [200]).

Auch wenn auf eine allfällige Tierschutzmeldung an die zuständigen Behörden verzichtet wird, ist zur Wahrung der Standeswürdigkeit zumindest eine entsprechende und korrigierende Aufklärung an die Adresse des Tierhalters angesagt. Hässig und Betschart berichten für das Rind [193],

- dass von festgestellten Verstößen gegen das Tierschutzgesetz nur in den wenigsten Fällen (8,7 %) eine Meldung durch den behandelnden Tierarzt an das zuständige Veterinäramt gemacht wurde,
- dass aber in den meisten Fällen (91,7 %) ein entsprechender Hinweis und eine Beratung bezüglich der Bereinigung des Missstands und der inskünftigen Umsetzung des Tierschutzgesetzes an den Tierhalter erfolgten.

Auch wenn diesbezüglich keine Meldepflicht besteht, sind die Gegebenheiten trotzdem ausführlich zu dokumentieren – auch im Hinblick auf eine mögliche spätere Nachfrage durch die Behörden. In Anbetracht des Leitsatzes der Organisation „The Links Group“, eine Organisation aus England, die eine Welt ohne Missbrauch von Mensch und Tier zum Ziel hat [201], scheint eine Reflexion zur offenbar eher zurückhaltenden Meldepflicht angebracht.

6.2.4 Quellenangaben

Literatur

[188] Baumgartner W, Wittek T. Klinische Propädeutik der Haus- und Heimtiere. 9. Aufl. Stuttgart: Enke; 2017

[189] Dettmeyer R, Veit F, Verhoff M. Rechtsmedizin. 3. Aufl. Berlin, Heidelberg: Springer 2019

[190] Dirksen G, Gründer HD, Stöber M. Die klinische Untersuchung des Rindes, begründet von Gustav Rosenberger. 4. Aufl. Stuttgart: Enke; 2012

[191] Fröhner E. Gerichtliche Tierheilkunde. Nachdruck des Originals von 1915, Paderborn: Aischines; 2014

[192] Grassberger M, Türk EE, Yen K. Interdisziplinärer Leitfaden für Ärzte, Pflegekräfte, Juristen und Betreuer von Gewaltopfern. Berlin, Heidelberg: Springer; 2013

[193] Hässig M, Betschart S. Ethik in der Nutztierhaltung: Die Rolle der Tierärzte im Tierschutz am Beispiel Rind. SAT 2020; 162(2):101–105

[194] Hochmeister M, Grassberger M, Stimpfl T. Forensische Medizin. 2. Aufl. Wien: Maudrich; 2013

[195] Ondruschka B, König C, Bayer R. Klinische Untersuchung aus forensischer Sicht – Schritt für Schritt. Notfallmedizin up2date 2018; 13:361–369

[196] Rogers ER, Stern AW. Veterinary Forensics. Boca Raton, Florida, USA: CRC Press; 2018

Internetquellen

[197] Bundestierärztekammer e. V., Arbeitsgemeinschaft der Deutschen Tierärztekammern ATE. Im Internet: https://www.bundestieraerztekammer.de/btk/; Stand: Juli 2020

[198] Bundes-Tierärzteordnung vom 17. Mai 1965, neugefasst 20.11.1981, zuletzt geändert 15. 08.2019. Im Internet: https://www.bundestieraerztekammer.de/tieraerzte/beruf/bundestieraerzteordnung; Stand: Juli 2020

[199] Österreichische Tierärztekammer. Im Internet: https://www.tieraerztekammer.at/oeffentlicher-bereich/die-kammer/oesterreichische-tieraerztekammer; Stand: Juli 2020

[200] Gesellschaft Schweizer Tierärztinnen und Tierärzte GST. Standesordnung; 2017. Im Internet: www.gstsvs.ch

[201] The Links Group. Im Internet: http://thelinksgroup.org.uk; Stand: Juli 2020

[202] Tox Info Suisse. Jahresbericht 2018. Im Internet: www.toxinfo.ch; Stand: Juli 2020

Rechtsgrundlagen

[203] Bundesgesetz vom 13. Dezember 1974 über den Tierarzt und seine berufliche Vertretung (Tierärztegesetz). Im Internet: https://www.tieraerztekammer.at/fileadmin/daten/downloads/Tierarztegesetz.pdf; Stand: Juli 2020

[204] Bundesgesetz über die universitären Medizinalberufe (Medizinalberufegesetz, MedBG) vom 23. Juni 2006, Stand am 1. Februar 2020. Im Internet: https://www.admin.ch/opc/de/classified-compilation/20040265/index.html; Stand: Juli 2020

[205] Gesundheitsgesetz, GesG, des Kantons Aargau vom 20. Januar 2009, Stand 1. Januar 2018, Nr. 301.100. Im Internet: https://gesetzessammlungen.ag.ch; Stand: Juli 2020

[206] Gesundheitsgesetz, GesG, vom 2. April 2007 des Kanton Zürich, Nr. 810.1, Stand vom 2. April 2007. Im Internet: http://www2.zhlex.zh.ch/appl/zhlex_r.nsf/0/F9850B7EB3CA2B46C12577E1003B0567/$file/810.1_2.4.07_71.pdf; Stand: Juli 2020

[207] Gesetz über die Berufsausübung, die Berufsvertretungen und die Berufsgerichtsbarkeit der Ärzte, Zahnärzte, Tierärzte, Apotheker sowie der Psychologischen Psychotherapeuten und der Kinder- und Jugendlichenpsychotherapeuten (Heilberufe-Kammergesetz – HKaG) in der Fassung der Bekanntmachung vom 6. Februar 2002. Im Internet: www.gesetze-bayern.de/Content/Document/BayHKaG; Stand: Juli 2020

[208] Schweizerisches Strafgesetzbuch, StGB, vom 21. Dezember 1937, Stand am 1. Februar 2020. Im Internet: https://www.admin.ch/opc/de/classified-compilation/19370083/index.html; Stand: Juli 2020

[209] Schweizerische Eidgenossenschaft, Tierschutzgesetz (TSchG) vom 16. Dezember 2005 (Stand am 1. Mai 2017). Im Internet: https://www.admin.ch/opc/de/classified-compilation/20022103/index.html; Stand Juli 2020

[210] Schweizerische Eidgenossenschaft, Tierschutzverordnung (TSchV) vom 23. April 2008 (Stand am 27. November 2018). Im Internet: https://www.admin.ch/opc/de/classified-compilation/20080796/index.html; Stand: Juli 2020

[211] Tierseuchengesetz, TSG, vom 1. Juli 1966, Stand am 1. Januar 2020. Im Internet: https://www.admin.ch/opc/de/classified-compilation/19660145/index.html; Stand: Juli 2020

[212] Verordnung über die Tierarzneimittel, Tierarzneimittelverordnung, TAMV, vom 18. August 2004, Stand 1. Januar 2020. Im Internet: https://www.admin.ch/opc/de/classified-compilation/20030705/index.html; Stand: Juli 2020

[213] Verordnung über die universitären Medizinalberufe, MedBV, des Kanton Zürich vom 28. Mai 2008, Nr. 811.11. Im Internet: http://www2.zhlex.zh.ch/appl/zhlex_r.nsf/0/804A078189654EF2C125746D0022FB11/$file/811.11_28.5.08_61.pdf; Stand: Juli 2020

[214] Veterinärgesetz, VetG, des Kantons Graubünden vom 30. August 2007, Stand 1. Januar 2016, Nr. 914.000. Im Internet: https://www.gr-lex.gr.ch/app/de/texts_of_law/914.000/versions/2547; Stand: Juli 2020

6.3 Weitere Adressen für veterinärforensische Fragestellungen

Folgende Kontaktstellen, deren Möglichkeiten über die von pathologischen Einrichtungen hinausgehen, bieten sich für forensische Fragestellungen an:

6.3.1 DNA-Analysen

Identifizierung von Hunden (z. B. Bissverletzung über Speichel- oder Haarprobe):
Prof. Dr. Martin Steinlechner
Institut für Gerichtliche Medizin,
Medizinische Universität Innsbruck
Tel.: + 43 512 9003–70640
Fax: + 43 512 9003–73600
E-Mail: martin.steinlechner@i-med.ac.at

Identifizierung von Tierarten (Haarproben, Körperflüssigkeiten etc.)
Eurofins Genomics
D-85560 Ebersberg
Tel: + 49 8092 8289–0
E-Mail: support-eu@eurofins.com

Identifikation v. a. von Wildtieren, aber auch bestimmten Haustierarten
Wildtiergenetik Senckenberg
D-63571 Gelnhausen
Tel: + 49 6051 61954–3111
E-Mail: sekretariat-gelnhausen@senckenberg.de

Identifikation von heimischen und exotischen Wildtieren
Doz. Dr. Elisabeth Haring
Zentrale Forschungslaboratorien Naturhistorisches Museum Wien
A-1010 Wien
Tel: +43 1 52177–332
Fax: +43 1 52177–578
E-Mail: elisabeth.haring@nhm-wien.ac.at
Prof. Dr. Tosso Leeb
Institut für Genetik
Universität Bern
Bremgartenstrasse 109a
CH-3001 Bern
Tel: +41 31 631 2326
Fax: +41 31 631 2640
www.genetics.unibe.ch

Zentrum für Fisch- und Wildtiermedizin
Universität Bern
Länggasstrasse 122
CH-3012 Bern
Tel: +41 31 631 2465 (Fische)
Tel: +41 31 631 2443 (Wildtiere)
https://www.fiwi.vetsuisse.unibe.ch

6.3.2 Toxikologische Untersuchungen

Institut für Pharmakologie der LMU München
D-80539 München
Tel: +49 89 2180–2663

Institut für Rechtsmedizin Universität Zürich
Winterthurerstr. 190
CH-8057 Zürich
Tel: +41 44 635 56 11
https://www.irm.uzh.ch/de.html

Laboratorium der Urkantone
Föhneneichstrasse 15
CH-6440 Brunnen
Tel: +41 41 825 41 41
https://www.laburk.ch/laboratorium-der-urkantone/

Interlabor Belp
Aemmenmattstrasse 16
CH-3123 Belp
Tel: +41 31 818 77 77
https://www.interlabor.ch/index.php/de/

UFAG Laboratorien
Kornfeldstrasse 4
CH-6210 Sursee
Tel: +41 58 434 43 00
Fax: +41 58 434 43 01
https://www.swisstestinglabs.ch/de/stl/mitglieder/ufag-laboratorien-ag-sursee-29.html

Teil 2
Spezieller Teil

7 Tierartenübergreifend

Regina Binder, Hartwig Bostedt, Thomas Buyle, Michael Düe, Jasmin-Lisa Himmelsbach, Michael Röcken, Thomas Steidl, Axel Wehrend, Peter Witzmann

7.1 Doping und verbotene Medikation im Pferdesport

Peter Witzmann, Michael Düe, Regina Binder

7.1.1 Historie, Definition von Doping und verbotene Medikation

Definition

Allgemein wird unter „Doping" eine unfaire (betrügerische) Beeinflussung von Teilnehmern (meist) sportlicher Wettbewerbe verstanden. Dabei kann es sich entweder um Menschen oder um Tiere – insbesondere um Pferde, aber z. B. auch um Wind- und Schlittenhunde oder Brieftauben – handeln. Eine andere Beschreibung von „Doping" lautet: die Verabreichung von verbotenen Substanzen oder die Anwendung von verbotenen Methoden mit dem Ziel einer Beeinflussung der natürlichen oder der aktuellen Leistungsfähigkeit.

Der Begriff „Doping" ist erstmals 1899 in einem englischen Wörterbuch nachgewiesen. Seinem Ursprung nach stammt er vom niederländischen „doop" ab, was so viel wie ein- bzw. untertauchen bedeutet.

Versuche, die sportliche Leistung zu manipulieren, sind bereits seit vorchristlicher Zeit bekannt. Beispiele sind die griechischen Olympioniken und die bei Wagenrennen eingesetzten Pferde im römischen Reich.

1666 wurde in England im Pferderennsport erstmals der Einsatz sog. „aufregender Substanzen" verboten; 1881 wurde in Preußen die Verabreichung alkoholischer Getränke an Pferde untersagt. Zu dieser Zeit spielte allerdings das leistungsmindernde Doping („nobbling") des Gegners die größere Rolle. Das die Leistung steigernde Doping („hobbling") hat seine Wurzeln in der sog. Neuen Welt und erreichte die „Alte Welt" um 1900. Wegen der zunehmenden Verbreitung wurde Doping 1903 zuerst in England, dann auch in Frankreich unter Strafe gestellt.

Ab 1910 war es möglich, im Speichel von Pferden einige Fremdsubstanzen nachzuweisen, daher wird dieses Jahr auch als Beginn der Ära der Dopinganalytik angesehen. Die erste Untersuchungsmatrix der Dopinganalytik war also Speichel.

In den Dreißigerjahren fand Urin als Analysesubstrat zunehmend Eingang in die Dopinganalytik. Pferdeurin wurde zur wichtigsten Untersuchungsmatrix, da man festgestellt hatte, dass die verbotenen Substanzen im Urin i. d. R. über einen längeren Zeitraum nachweisbar sind und die Gewinnung einer größeren Substratmenge in wasserlöslicher Form und höherer Konzentration im Unterschied zur Entnahme von Blutproben keine invasive Maßnahme voraussetzt.

Während heute Blutproben entsprechend den unterschiedlichen Regeln der einzelnen Sportverbände ebenfalls entweder obligat oder alternativ zur Analyse gelangen, werden Speichelproben nicht mehr routinemäßig untersucht. Aktuell wird auch (vereinzelt) der Nachweis verbotener Substanzen in Haaren als Teil des Kontrollsystems ein- und durchgeführt.

Im Jahr 1977 wurde auf der internationalen Dopingkonferenz eine für den Rennsport heute noch in ihren Grundzügen gültige Liste der Dopingmittel erarbeitet. Nach Ditz [223] war dies ein Meilenstein im Kampf gegen das Doping von Pferden.

Nachfolgend wird die Entwicklung der Verbotslisten am Beispiel der Regelwerke der Deutschen Reiterlichen Vereinigung e. V. (FN, Fédération Equestre Nationale) und der Internationalen Reiterlichen Vereinigung (FEI, Fédération Equestre Internationale) aufgezeigt.

Bis Anfang der Neunzigerjahre wurden gemäß Leistungs-Prüfungs-Ordnung (LPO, Regelwerk für den nationalen Turniersport der FN) Pferde zu Turnieren nicht zugelassen, denen – gegen die Bestimmungen der FEI oder der FN – eine verbotene Substanz verabreicht wurde. Die damalige, von der FN in ihre Regeln übernommene Bestimmung der FEI lautete: „Die verbotenen Substanzen umfassen jede stimulierend, depressiv, beruhigend, lokal anästhesierend wirkende oder verborgen machende Substanz, welche die Leistungen eines Pferdes zu beeinflussen vermag.“ Die frühere Unterscheidung zwischen positivem Doping (Doping auf Sieg) und negativem Doping (Doping auf Niederlage), welche Doping aus Sicht der Anwender beschreibt, ist als Folge dieser FN-/FEI-Bestimmung nicht mehr sinnvoll, auch weil mit vermeintlich „leistungsmindernden“ Substanzen (z. B. Anxiolytika, wie Acepromazin) leistungssteigernde Effekte, wie z. B. bei Dressurpferden, erzielt werden (können).

1994 hat die FN in ihrem Regelwerk die Liste der verbotenen Substanzen zum einen präzisiert und zum anderen aufgeteilt: in eine Liste der Dopingsubstanzen und eine Liste der im Wettkampf verbotenen Medikamente.

Die FEI hat, nach mehrmaligen Überarbeitungen ihrer ursprünglichen Liste, zuletzt 2012 eine ähnliche, in einigen Punkten allerdings nicht unerheblich divergierende Aufteilung in Dopingsubstanzen („banned substances“) und in im Wettkampf verbotenen Substanzen („controlled substances“) in ihre Regeln aufgenommen.

Für den Rennsport gibt es weltweit nach wie vor nur eine grundlegende Liste der verbotenen Substanzen. Eine ausdrückliche Unterscheidung zwischen Doping und verbotenen Substanzen findet hier nicht statt. Allerdings muss einschränkend gesagt werden, dass diese Verbotsliste auf den jeweiligen Kontinenten unterschiedlich gehandhabt wird.

7.1.2 Rahmenbedingungen für Doping und verbotene Medikation

Die Rahmenbedingungen für den Sport mit Pferden lassen sich 2 Rechtsbereichen zuordnen. Zum einen gibt es die **privatrechtlichen Bestimmungen** – gemeint sind hier die Regelwerke der einzelnen nationalen und internationalen Pferdesport- und Pferdezuchtverbände – zum anderen die diversen **öffentlich-rechtlichen Bestimmungen**, wie Gesetze, Verordnungen, Erlasse etc.

In den nachfolgenden Kapiteln werden in erster Linie die zum Zeitpunkt der Drucklegung dieses Buches gültigen Regelwerke der FN und der FEI aufgezeigt und einander gegenübergestellt. Insbesondere sollen dabei die Listen der verbotenen Substanzen Berücksichtigung finden. Zusätzlich werden die relevanten öffentlich-rechtlichen Bestimmungen aufgeführt.

Verbandsrecht und Unterschiede in den Verbänden

Die Bestimmungen zum Doping im Turniersport orientieren sich national und international an den Vorgaben des Humansports. Diese Orientierung geht u. a. aus der Mitgliedschaft des Reitsports im System des Olympischen Sports hervor. Ganz anders ist dies bei den Bestimmungen des Pferderennsports. Hier orientieren sich die nationalen Verbotslisten an gemeinsamen Vereinbarungen internationaler Verbände oder sie stimmen mit diesen überein.

Situation in Deutschland

Merke

Der nationale Turniersport in Deutschland wird geregelt durch die Leistungs-Prüfungs-Ordnung (LPO) der Deutschen Reiterlichen Vereinigung e. V. (FN, Fédération Equestre Nationale).

Im Abschnitt „Rechtsordnung der LPO“ sind die Anti-Doping- und Medikamentenkontroll-Regeln (ADMR) für den Pferdesport eingefügt, u. a. mit folgenden Inhalten:

- Verstöße, z. B. das Vorhandensein verbotener Substanzen
- Verantwortlichkeit bei festgestellten Verstößen
- Kontrollen und deren Durchführung
- Sanktionen
- Verbotslisten für den Pferdesport gemäß den Anhängen I–IV:
  - Im **Anhang I** werden Beispiele der im Wettkampf verbotenen Dopingsubstanzen gelistet, gegliedert nach Substanzgruppen mit ähnlicher Wirkung und den verbotenen Methoden. Außerdem sind Grenzwerte für einige körpereigene Substanzen angegeben.

- **Anhang II**, „unerlaubte Medikation", enthält Beispiele derjenigen Substanzen, die, auch als Arzneimittel eingesetzt, im Wettkampf verboten sind. Sie sind nach ihren Wirkungen auf die verschiedenen Organsysteme gegliedert. Außerdem sind Grenzwerte für einige körperfremde Substanzen angegeben. Ferner sind hier einige Substanzgruppen mit Organsystem übergreifenden bzw. systemischen Effekten gelistet.
- Im **Anhang III** werden Beispiele der im Training und im Wettkampf verbotenen Dopingsubstanzen und die im Training und im Wettkampf verbotenen Methoden gelistet. Außerdem sind Grenzwerte für einige körpereigene Substanzen angegeben.
- Der **Anhang IV** enthält die Liste der Ausnahmen, d. h. die Substanzen, die in zeitlichem Zusammenhang mit der Wettkampfteilnahme erlaubt sind.

Die Verbotslisten werden als grundsätzlich „offene Listen" geführt, d. h., nicht nur die namentlich und beispielhaft aufgeführten Substanzen sind verboten, sondern auch nicht gelistete Substanzen mit ähnlicher Struktur oder ähnlichen biologischen Wirkungen.

Situation in Österreich und in der Schweiz

Merke
In Österreich werden die Interessen des Pferdesports auf Verbandsebene vom Österreichischen Pferdesportverband (OEPS) wahrgenommen. Für nationale Turniere gilt die auf der Grundlage der Statuten des OEPS beschlossene Österreichische Turnierordnung (ÖTO).

Bestehen Zweifel an der Auslegung der ÖTO, so ist im Sinne des Reglements der FEI zu entscheiden. Gemäß § 25 Z 1 der Statuten der OEPS gelten in Österreich die Anti-Dopingregelungen der FEI. Der OEPS wendet die Verbotsliste der FEI an, sodass kein Unterschied zwischen nationaler und internationaler Ebene besteht.

Merke
In der Schweiz gilt das Regelwerk der FEI für nationale wie internationale Reitsportveranstaltungen.

Situation auf internationaler Ebene

Im internationalen Turniersport gelten die Bestimmungen der FEI; hierbei befassen sich u. a. die General Regulations (GR) sowie die Veterinary Regulations (VR) mit dem Thema Doping und kontrollierte Medikation. Zudem gibt es die Equine Anti-Doping and Controlled Medication Regulations (EADCMR) als eigenständiges Regelwerk.

Der Aufbau entspricht demjenigen der ADMR der FN, mit Ausnahme der gesondert geführten Liste der verbotenen Substanzen in der Equine Prohibited Substances List (EPSL), mit folgender Unterteilung:

- **Equine Prohibited Substances List – Banned Substances** (999 Substanzen): Diese Liste entspricht in etwa den Listen Anhang I (Dopingsubstanzen) und Anhang III (auch im Training verbotene Dopingsubstanzen) in den ADMR der FN. Sie unterscheidet sich u. a. dadurch, dass die Substanzen nicht nach ihrer (ähnlichen) Wirkung, sondern alphabetisch gelistet sind.
- **Equine Prohibited Substances List – Controlled Medication** (244 Substanzen): Diese stimmt formal mit der Liste Anhang II (verbotene Substanzen – unerlaubte Medikation) in den ADMR der FN überein. Auch hier sind die Substanzen nicht nach ihren Wirkungen auf die verschiedenen Organsysteme sortiert, sondern alphabetisch gelistet.

Im Gegensatz zu den ADMR sind Prohibited Methods (verbotene Methoden) – mit Ausnahme von Blut- und Gendoping – nicht in den Listen, sondern in den VR, Article 1004, enthalten.

Merke
Die EPSL wird grundsätzlich als „offene Liste" geführt, d. h., nicht nur die namentlich und beispielhaft aufgeführten Substanzen sind verboten, sondern auch nicht gelistete Substanzen mit ähnlicher Struktur oder ähnlichen biologischen Wirkungen.

Präzisierend zur EPSL heißt es in den Veterinary Regulations: Wenn für nicht gelistete Substanzen in der EPSL keine Substanzen mit ähnlicher Struktur oder ähnlichen biologischen Wirkung(en) geführt sind, ist der Einsatz dieser Substanzen gemäß VR in zeitlichem Zusammenhang mit der Wettkampfteilnahme erlaubt (nicht regelwidrig). Exemplarisch seien hier Ulkustherapeutika und antimikrobiell wirksame Substanzen („Antibiotika") aufgeführt.

Eine Auflistung der Ausnahmen (Substanzen, die im zeitlichen Zusammenhang mit der Wettkampfteilnahme erlaubt sind), wie im Anhang IV der Verbotslisten der ADMR, existiert in der EPSL nicht.

Ebenso wenig gibt es ein Äquivalent für den Anhang V (S. 143), Standard zur Durchführung von Trainingskontrollen, da die FEI keine solchen Kontrollen durchführt; vgl. hierzu auch die Vereinbarungen zwischen FN und Nationaler Anti-Doping-Agentur Deutschland, NADA (S. 143).

Welche Behandlungen vor und während des Wettkampfes erlaubt sind, regeln die VR durch die Veterinary Forms A und B sowie durch die Aufzählungen zu Non-Restricted und Restricted Supportive Therapies [248].

Zusätzlich werden in der EPSL 2019 gewisse verbotene Substanzen als „Specified Substances" benannt (vormals Food Contaminants [246]) sowie einige Substanzen als „Threshold Substances" (für diese existieren Grenzwerte [247]).

Tierschutzrecht und weitere Rechtsgebiete

Tierschutzrecht in Deutschland

In der Allgemeinen Verwaltungsvorschrift (AVV) zur Durchführung des **deutschen Tierschutzgesetzes** (TierSchG) lautet die Definition für Dopingmittel in Absatz 2.1, Verbot von Dopingmitteln und anderen leistungsbeeinflussenden Maßnahmen: „Dopingmittel sind pharmakologisch wirksame Stoffe, die einem Tier zur kurzfristigen Steigerung oder Minderung seiner Leistungsfähigkeit oder zum Überdecken eines vorliegenden Gesundheitsproblems mit dem Ziel verabreicht werden, das Ergebnis eines Wettkampfes zu beeinflussen."

Nach dieser Definition sind auch die verbotenen Substanzen der Liste Anhang II (unerlaubte Medikation [FN]/kontrollierte Medikation [FEI]) zu den Dopingsubstanzen zu zählen und müssten mit Blick auf das Verbandsrecht in gleicher Weise sanktioniert werden (S. 143).

Die 1992 verabschiedeten Leitlinien für Tierschutz im Pferdesport sprechen von einer Inkongruenz zwischen Verbandsbestimmungen und Tierschutzrecht. Die Leitlinie spricht davon, dass die Verbotsbestimmungen der Verbände über das Tierschutzrecht hinausreichten. Legt man jedoch die aktuell gültige Fassung des § 3 des TierSchG und die aktuell geltende Verwaltungsvorschrift zugrunde, so ist das „Dopingmittel" gemäß Tierschutzrecht in Deutschland heute weiterreichend und zutreffender definiert als durch die begriffliche Unterscheidung der Reitsportverbände in Doping und unerlaubte/kontrollierte Medikation.

Der zuvor genannte § 3 des TierSchG verbietet

- jegliche **Überforderung** eines Pferdes (§ 3 Abs. 1), unabhängig davon, zu welchem Zweck diese Leistung dem Pferd abgefordert wird; Beispiele:
  - Überforderung der physischen und psychischen Kräfte durch bestimmte Trainingsmethoden, z. B. Springen über Draht, Rollkur
  - Gemäß den Leitlinien für Tierschutz im Pferdesport gehören hierzu auch physische und psychische Überlastungen durch zu intensives und/oder zu einförmiges Training (z. B. zu schwere Reiter, zu langes Longieren in höheren Gangarten)
- **Leistungen nach bestimmten Behandlungen** abzufordern (§ 3 Abs. 1a); Beispiele: Abfordern von Leistungen nach bestimmten Eingriffen und Behandlungen zum Verdecken eines leistungsmindernden Zustands: z. B. Neurektomie, Analgetika bei Lahmheit, chemische Kastration, Unterdrückung der Rosse wegen unerwünschten Verhaltens
- **bestimmte Behandlungen im Training und im Wettkampf** (§ 3 Abs. 1b); dieses Verbot umfasst 2 eigenständige Alternativen:
  - „jegliche Maßnahme", die zu erheblichen Schmerzen, Leiden oder Schäden führt; Beispiele: Schläge mit der Peitsche, scharfe Gebisse, Hypersensibilisierung der Haut an den Gliedmaßen
  - Einsatz von Dopingmitteln

- **Weitere Verbotsbestimmungen**, wie z. B. das Verbot direkter Stromeinwirkung auf ein Tier bei Ausbildung und Training (§ 3 Abs. 11), folgen.

Tierschutzrecht in Österreich

Im **österreichischen Tierschutzgesetz** (TSchG) sind im Zusammenhang mit der Leistungsbeeinflussung von „Sporttieren" folgende Bestimmungen von Bedeutung:

Verbot der Zuführung von Reiz- oder Dopingmitteln zur Steigerung der Leistung (chemisches Doping auf Sieg; § 5 Abs. 2 Z 7 TSchG). Unter den Begriff „Dopingmittel" fallen alle pharmakologischen Substanzen, die direkt oder indirekt (z. B. durch Senkung der Schmerzschwelle) eine Leistungssteigerung bewirken. „Zuführen" umfasst jede Applikationsform (z. B. orale, intravenöse oder intramuskuläre Verabreichung), aber auch äußerliche Anwendungen wie das Auftragen von Salben (z. B. zur Hypersensibilisierung des Kronrandes der Vorderläufe zum Zweck der Erhöhung der Sprungleistung). Das Verbot der Zuführung leistungsbeeinflussender Mittel gilt insbesondere – keineswegs jedoch ausschließlich – bei sportlichen Wettkämpfen oder sonstigen Veranstaltungen, sodass auch chronisches Doping tatbestandsmäßig ist [216].

> **! Merke**
> **Das Verbot bezieht sich nur auf die Verabreichung leistungssteigernder Mittel und bezieht sich daher ausschließlich auf das positive Doping.**

Die Verabreichung leistungshemmender Substanzen ist nach der Generalklausel des Tierquälereiverbots (§ 5 Abs. 1 TSchG) strafbar, da dem Pferd durch die Applikation der Substanz (z. B. Injektion) i. d. R. Schmerzen zugefügt werden und die Schwächung seiner Leistungsfähigkeit einen Schaden im tierschutzrechtlichen Sinn darstellt [217], wobei der Zweck einer Leistungsbeeinflussung jedenfalls als ungerechtfertigt zu betrachten ist.

Verbot der Verwendung tierquälerischer Hilfsmittel (mechanisches Doping, § 5 Abs. 2 Z 3 TSchG). Zu den verbotenen Hilfsmitteln zählen u. a. elektrisierende Dressurgeräte (z. B. elektrische Gerten oder Sporen) sowie Geräte, Hilfsmittel oder Vorrichtungen, die darauf abzielen, das Verhalten eines Tieres durch Härte oder durch Strafreize zu beeinflussen.

Das Verbot elektrisierender und sonstiger tierquälerischer Hilfsmittel gilt generell, d. h. auch im Rahmen der Ausbildung und des Trainings.

Tierschutzrecht in der Schweiz

Das **Schweizer Tierschutzgesetz** (TSchG v. 16. Dez. 2005, Stand 1. Mai 2017) formuliert in Art. 4 folgende Grundsätze:

- Wer mit Tieren umgeht, hat ihren Bedürfnissen in bestmöglicher Weise Rechnung zu tragen und, soweit es der Verwendungszweck zulässt, für ihr Wohlergehen zu sorgen.
- Niemand darf ungerechtfertigt einem Tier Schmerzen, Leiden oder Schäden zufügen, es in Angst versetzen oder in anderer Weise seine Würde missachten.
- Das Misshandeln, Vernachlässigen oder unnötige Überanstrengen von Tieren ist verboten.

In der **Tierschutzverordnung** der Schweiz (TSchV v. 23. April 2008, Stand 27. Nov. 2018) folgen konkretisierende Aussagen im 3. Abschnitt, Verbotene Handlungen:

- **Art. 16 Verbotene Handlungen bei allen Tierarten**:
  - Das Misshandeln, Vernachlässigen oder unnötige Überanstrengen von Tieren ist verboten.
  - Ausdrücklich verboten im Hinblick auf Doping und Manipulation sind
    - das Verabreichen von Stoffen und Erzeugnissen zum Zweck der Leistungsbeeinflussung oder der Änderung der äußeren Erscheinung, wenn dadurch die Gesundheit oder das Wohlergehen der Tiere beeinträchtigt werden;
    - das Teilnehmen an Wettbewerben und sportlichen Anlässen mit Tieren, bei denen Stoffe oder Erzeugnisse eingesetzt werden, die nach den für die Sportverbände maßgebenden Listen oder nach der vom BLV in einer Verordnung festgelegten Liste verboten sind;
    - das Vornehmen oder Unterlassen von Handlungen am Tier im Hinblick auf Ausstellungen, wenn dadurch dem Tier Schmerzen oder Schäden zugefügt werden oder sein

Wohlergehen auf andere Weise beeinträchtigt wird;
  - das Verwenden von Zaunsystemen, die über ein Empfängergerät am Körper des Tieres elektrisierend wirken.
- Gesondert aufgeführt werden in **Art. 21 Verbotene Handlungen bei Equiden**:
  - das Kupieren der Schwanzrübe;
  - das Erzeugen einer unnatürlichen Hufstellung, das Verwenden schädlicher Hufbeschläge und das Anbringen von Gewichten im Hufbereich;
  - das Antreiben oder Bestrafen mit elektrisierenden Geräten, wie stromführenden Sporen, Gerten oder Viehtreibern;
  - der sportliche Einsatz von Equiden mit durchtrennten oder unempfindlich gemachten Beinnerven, mit überempfindlich gemachter Haut an den Gliedmaßen oder mit an den Gliedmaßen angebrachten schmerzverursachenden Hilfsmitteln;
  - das Entfernen der Tasthaare;
  - das Anbinden der Zunge;
  - das Barren;
  - Methoden, mit denen eine Überdehnung des Equidenhalses oder -rückens bewirkt wird (Rollkur).

Weitere Rechtsgebiete

Neben der Tierschutzgesetzgebung sind im Zusammenhang mit dem Doping weitere Rechtsgebiete, insbesondere die Anti-Doping-Gesetzgebung und das Arzneimittelrecht sowie das Strafrecht („Sportbetrug") und das Schadenersatzrecht, von Bedeutung [215], [216].

Grundsätzlich dienen nach Ungemach [239] das Dopingverbot und die verbotene Medikation folgenden Zielen:

- dem Schutz der trainierten und der am Wettkampf teilnehmenden Pferde gemäß Tierschutzgesetz
- dem (sport-)ethischen Grundsatz eines fairen, sportlichen Wettkampfs mit gleichen Voraussetzungen für alle Teilnehmer
- der Verhütung dopingbedingter Unfälle bei Teilnehmern und Pferden
- der Verhinderung einer falschen Zuchtauslese durch Vortäuschung eines unzutreffenden Leistungsstandards unter Einfluss von „Dopingmitteln"
- dem Schutz vor Täuschung des zahlenden und wettenden Publikums und der Sponsoren
- der Verfolgung von Tatbeständen mit möglicher strafrechtlicher Relevanz: eines Betrugstatbestands oder eines Verstoßes gegen das Arzneimittelrecht (Arzneimittelgesetz, AMG, Tierärztliche Hausapothekenverordnung, TÄHAV und/oder Betäubungsmittelgesetz, BtMG)

7.1.3 Überwachungsmaßnahmen der Verbände und der zuständigen Behörden, Probenentnahmen, Doping- und Medikationskontrollen

Die Überwachung basiert auf transparenten Regelwerken und wirksamen Kontrollmaßnahmen der Verbände. Einen weiteren Teil des Kontrollsystems stellt die Organisation der Durchführung dar mithilfe speziell ausgebildeter Verantwortlicher und eines jederzeit verfügbaren Equipments, einschließlich der Boxen zur Entnahme von Proben. Darüber hinaus bildet der Gesichtspunkt der Abschreckung einen entscheidenden Anteil des Systems, indem es jederzeit möglich ist, in eine Kontrolle zu geraten.

Kontrollen auf nationaler Ebene

In **Deutschland** unterliegen sämtliche Pferde, die an Pferdeleistungsschauen (PLS) teilnehmen, der Kontrolle durch die FN und die Landeskommission für Pferdeleistungsprüfungen (LK) bzw. durch ihre Beauftragten.

Alle Pferde, die vom Trainingskontrollprogramm der FN erfasst sind, unterliegen der Kontrolle durch die FN oder durch ihre Beauftragten (z. B. NADA). Die NADA wählt die für eine Probenentnahme infrage kommenden Pferde nach eigenem Ermessen aus. Vergleiche dazu „Anhang V", dieser enthält die von der FN und der NADA gemeinsam erarbeiteten Standards für die Durchführung von Medikationskontrollen bei Pferden im Training (Trainingskontrollen). Der Anhang V ist ein außerhalb der LPO niedergelegter, jedoch verbindlicher Teil der LPO und der ADMR.

Die FEI hat zu Medikationskontrollen außerhalb von Wettbewerben in ihren EADCMR Folgendes formuliert: „Alle Pferde, die bei der FEI oder einer nationalen Föderation registriert sind, sollen einem intelligenten Trainingskontrollprogram durch die FEI unterliegen. Nichts in diesen Regeln soll eine Nationale Föderation daran hindern, ein Trainingskontrollprogram gemäß Art. 13.1 einzuführen."

Medikationskontrollen können während einer von der LK bzw. der FN ausgewählten Veranstaltung, die gemäß LPO und/oder Wettbewerbsordnung (WBO) durchgeführt wird, jederzeit von der FN, der LK oder den zuständigen Richtern angeordnet werden. Die Auswahl der Pferde erfolgt grundsätzlich nach dem Zufallsprinzip, daneben sind Verdachtsproben jederzeit möglich, zuständig ist der LK-Beauftragte. Ferner sind von der FN/LK eigens für die Entnahme von Medikationskontrollen entsandte Tierärzte befugt, selbstständig Pferde zur Beprobung auszuwählen.

Medikationskontrollen werden vom jeweiligen Turniertierarzt oder von einem von der FN/LK bestellten Tierarzt (s. o.) gemäß Anleitung zur Probenentnahme in Gegenwart der verantwortlichen Person (VP) gewonnen und an das von der FN bestimmte Untersuchungslabor eingeschickt. Die Probenentnahme sollte im Beisein des FN-/LK-Beauftragten oder eines von diesen beauftragten erfolgen.

! Merke

Bei Abweichungen von Formvorschriften der Anleitung zur Probenentnahme wird eine Probe nur ungültig, wenn dadurch die Gültigkeit eines positiven Analyseergebnisses infrage gestellt ist.

Bei Tod oder Nottötung eines Pferdes im Rahmen einer Veranstaltung ist ebenfalls eine Medikationskontrolle vorzunehmen und durch den FN-/LK-Beauftragten eine Obduktion zu veranlassen. Dazu ist das Einverständnis des Pferdebesitzers einzuholen. Näheres hierzu regeln die LPO und ihre Durchführungsbestimmungen.

In **Österreich** werden Sonderbestimmungen für die Durchführung von Dopingkontrollen an Tieren, insbesondere auch die zur Mitwirkung verpflichteten Personen, durch § 20 Anti-Dopinggesetz 2007 (ADBG 2007) geregelt. Außer in Notfällen sind Tierärzte, die Tiere, welche für den Wettkampfeinsatz vorgesehen sind, veterinärmedizinisch betreuen, verpflichtet, den Sportler, den Tierhalter oder die für das Tier verantwortliche Person über die Verabreichung verbotener Arzneimittel oder die Anwendung unzulässiger Methoden zu informieren (§ 21 ADBG 2007). Zur Pferdekontrolle, Verfassungsprüfung und Dopinguntersuchung auf Verbandsebene vgl. § 56 ÖTO [254].

Die Abnahme der Dopingproben und ihre Untersuchung sind nach den Richtlinien der FEI durchzuführen.

In der **Schweiz** gilt das Regelwerk der FEI für nationale wie internationale Reitsportveranstaltungen.

Kontrolle auf internationaler Ebene

Die Absätze „Sampling" und „Selection of Horses" sind aus den VR der FEI wörtlich übersetzt [248].

Proben(-ent-)nahme (Sampling)

1. Das EADCM-Programm wird vom FEI Veterinär Department verwaltet und ausgeführt. Dieses Department wählt FEI Veranstaltungen aus, bei denen Medikationskontrollen durchgeführt werden. Es stellt „Testing Vets" ein und entscheidet über die Anzahl der zu testenden Pferde.
2. Wenn nötig, können auf FEI-Veranstaltungen Zielkontrollen („Target Testing") stattfinden.
3. Medikationskontrollen können auf jeder FEI-Veranstaltung stattfinden.
4. Medikationskontrollen werden von eigens dafür angestellten „Testing Vets" oder, wenn diese nicht anwesend sind, von „Vet Delegates" (Veterinärdelegierten) durchgeführt. Dabei können diese beiden von einem „Testing Technician" unterstützt werden. „Testing Vet" oder „Vet Delegate" sind abschließend verantwortlich für die auf FEI-Veranstaltungen durchgeführten Medikationskontrollen.
5. Medikationskontrollen müssen in einer dafür vorgesehenen „Testing Box" durchgeführt werden. In Ausnahmefällen kann der „Testing Vet" oder der „Vet Delegate" zulassen, dass die Kontrolle in der jeweiligen Box des Pferdes durchgeführt wird.
6. Die „Person Responsible" (verantwortliche Person) ist für das Pferd die ganze Zeit durchgehend verantwortlich.

Auswahl der Pferde (Selection of Horses)

Drei Methoden zur Auswahl der Pferde können angewandt werden:

a) **verbindliche Proben:** Während der Olympischen Spiele oder der Weltreiterspiele werden von Pferden wie folgt Proben genommen:
   a) in allen Finalen für Einzelwettkämpfe die Plätze eins bis drei; und
   b) in allen Mannschaftswettkämpfen ein Pferd aus jeder Mannschaft auf dem ersten bis dritten Platz

b) **gezielte Proben:** Aus einem bestimmten Grund oder durch die Umstände kann es angezeigt sein, von einem Pferd eine Probe zu nehmen. Der Grund muss im Bericht des „Vet Delegate" oder des „Testing Vet" angegeben sein.

c) **Zufallsproben:** Von Pferden können zufällig zu jeder Zeit – auch mehrfach – auf Basis der Abstimmung zwischen Ground Jury (GJ), Veterinary Commission (VC)/„Veterinary Delegate" (VD) und „Testing Vet" Proben genommen werden.

Gemäß Art. 1080 VR müssen bei verunfallten bzw. zu Tode gekommenen oder getöteten Pferden ebenfalls Proben genommen werden. Dies gilt insbesondere für Pferde, die im Zusammenhang mit dem Wettkampf behandelt wurden. Zudem verlangt Art. 1081 VR, dass bei jedem Pferd, das bei einer FEI-Veranstaltung zu Tode kommt, eine „post mortem"-Untersuchung durchgeführt wird.

Im **nationalen Analyselabor** werden von den 2 jeweils übersandten Flaschen mit Urin- oder Blutproben eine zur Untersuchung verwendet (A-Analyse), die zweite Flasche wird im Fall eines „positiven" Ergebnisses für die B-Analyse aufbewahrt. Wird bei der A-Analyse eine gemäß Liste Anhang I–III verbotene Substanz festgestellt, erfolgt die sofortige Information der FN, die wiederum die VP unterrichtet. Die unterrichtete VP kann binnen einer Woche nach Erhalt der Benachrichtigung die Kontrollanalyse (B-Analyse) sofort, spätestens jedoch binnen einer Woche beantragen. Die Kontrollanalyse wird binnen weiterer 14 Tage in dem Analyselabor durchgeführt, das auch die A-Analyse vorgenommen hat. Dem Antragsteller ist Gelegenheit zu geben, bei der Kontrollanalyse (B-Analyse) selbst anwesend zu sein oder sich von einem Beauftragten oder einem von ihm benannten Gutachter vertreten zu lassen. Ausnahmsweise kann die B-Analyse in einem anderen von der FN benannten Analyselabor durchgeführt werden.

Weist im Rahmen einer Medikationskontrolle das Analyseergebnis eine verbotene Substanz gemäß Liste Anhang I oder Liste Anhang III aus oder liegt eine Weigerung oder Umgehung einer zulässigen Probenentnahme vor, wird der Betroffene sofort suspendiert.

Weist die Kontrollanalyse (B-Analyse) ein negatives Ergebnis aus, wird die Suspendierung sofort aufgehoben.

Der Nachweis einer gemäß Liste Anhang I–III verbotenen Substanz kann auch als Verstoß gegen das Tierschutzgesetz und das Arzneimittelgesetz gewertet und nach diesen Vorschriften bestraft werden. Verstöße werden daher von der FN an die zuständige Behörde weitergeleitet.

Sanktionen bei Verstößen gegen nationales Verbandsrecht

In **Deutschland** wird durch die FN bei **Vorhandensein verbotener Dopingsubstanzen** oder **Anwendung verbotener Methoden** gemäß Liste Anhang I oder Liste Anhang III oder **Weigerung oder Umgehung einer zulässigen Probenentnahme** folgende Sperre (Ausschluss von der Teilnahme an PLS) verhängt:

- 1. Verstoß: im Regelfall 2 Jahre
- 2. Verstoß (Verstoß binnen 8 Jahren nach Benachrichtigung des 1. Verstoßes): Sperre bis zu 4 Jahre
- 3. Verstoß (Verstoß binnen 8 Jahren nach Benachrichtigung des 1. Verstoßes): Sperre mindestens 4 Jahre bis lebenslang

Zusätzlich wird eine Geldbuße bis zu 25 000,– Euro wegen des Verstoßes gegen die ADMR verhängt.

Bei Vorhandensein einer verbotenen Substanz gemäß Liste Anhang II (**unerlaubte Medikation**) wird folgende Sperre verhängt:

- 1. Verstoß: Sperre von mindestens 1 Monat bis zu 1 Jahr
- 2. Verstoß (Verstoß binnen 4 Jahren nach Benachrichtigung des 1. Verstoßes): Sperre nicht unter 1 Jahr
- 3. Verstoß (Verstoß binnen 4 Jahren nach Benachrichtigung des 1. Verstoßes): Sperre mindestens 2 Jahre

Zusätzlich wird eine Geldbuße bis zu 25 000,– Euro wegen des Verstoßes gegen die ADMR verhängt.

Ein Verstoß gegen die ADMR in zeitlichem Zusammenhang mit einer PLS führt automatisch zur Annullierung sämtlicher mit dem Pferd auf dem Turnier erzielter Ergebnisse mit allen daraus entstehenden Konsequenzen, einschließlich der Aberkennung von Medaillen, Punkten und Preisen.

In **Österreich** entscheidet die unabhängige Österreichische Anti-Doping Rechtskommission (ÖADR) im Auftrag des OEPS über Verstöße gegen Anti-Doping-Regelungen. Entscheidungen der ÖADR können bei der unabhängigen Schiedskommission angefochten werden. Die ÖADR ist nach Prüfantrag durch die NADA Austria für die erstinstanzliche Durchführung von Anti-Doping-Verfahren bzw. die Verhängung von Sicherungsmaßnahmen (z. B. Suspendierung) und Disziplinarmaßnahmen bei Verdacht auf Verstoß gegen die Anti-Doping-Bestimmungen zuständig.

In der **Schweiz** gilt das Regelwerk der FEI für nationale wie internationale Reitsportveranstaltungen.

Sanktionen bei Verstößen gegen internationales Verbandsrecht

Die EADCM-Regularien der FEI (S. 140) sind in 2 Teile geteilt. Der erste Teil enthält die Regeln zu Doping (Banned Substances, Banned Methods), der zweite Teil diejenigen zu kontrollierter Medikation (Controlled Medication Substances, Controlled Medication Method).

Beide Teile sind formal gleich aufgebaut und orientieren sich am Modell des WADA Anti-Doping Codes, wie auch die ADMR. Beide Teile formulieren die Sanktionen zu Verstößen jeweils in Artikel 10.

Bei (schuldhaften) **Dopingverstößen** wird der Betroffene mindestens 2 Jahre für internationale Veranstaltungen gesperrt. Der **Handel mit Dopingsubstanzen** zieht eine Mindestsperre von 4 Jahren nach sich.

Anders als im nationalen Sport steht dem Betroffenen bei Nachweis einer Substanz von der Liste der **kontrollierten Medikation** die Wahlmöglichkeit für ein sog. administratives Verfahren offen, zumindest beim Erstverstoß innerhalb einer vorgegebenen Zeitspanne. Die Disziplinarmaßnahme in diesen administrativen Verfahren besteht aus einem festgesetzten Bußgeld sowie der Übernahme der Verwaltungskosten für das Verfahren. Bei „Verzicht“ auf das administrative Verfahren bzw. bei Durchführung eines Disziplinarverfahrens soll beim ersten Verstoß eine Sperre von bis zu 6 Monaten und eine Geldstrafe von bis zu 15 000 CHF fällig werden.

Wie im nationalen Pferdesport folgt auch gemäß den beiden Regelwerken der FEI auf einen positiven Nachweis grundsätzlich die automatische Disqualifikation. Das heißt, es besteht hier kein Unterschied zwischen nationalem und internationalem Regelwerk.

Kontrollen und Sanktionen bei Verstößen gegen öffentlich-rechtliche Bestimmungen

Mit Blick auf das öffentliche Recht (S. 141) ist festzuhalten: Österreich und Deutschland unterscheiden in ihren jeweiligen Tierschutzgesetzen nicht zwischen Doping, kontrollierter Medikation und unerlaubter Medikation. Das Schweizer Tierschutzrecht orientiert sich zum Zeitpunkt der Drucklegung dieses Buches u. a. an den Verbotslisten der Sportverbände (FEI).

In **Deutschland** werden Verstöße gegen die entsprechenden öffentlich-rechtlichen Bestimmungen als **Ordnungswidrigkeiten** mit einer Geldbuße geahndet.

Überwachungsmaßnahmen der zuständigen Behörden bestehen in Deutschland in erster Linie darin, dass Pferdesport-Veranstaltungen gemäß Viehverkehrsverordnung § 4.1. angezeigt werden müssen. Gemäß Tierschutzgesetz § 16 Abs. (1) bis (3) dürfen die zuständigen Behörden jederzeit Tiere untersuchen und Proben, insbesondere Blut-, Harn-, Kot- und Futterproben, entnehmen.

In **Österreich** unterliegen Veranstaltungen mit Tieren einer Bewilligungspflicht (§ 23 i.V.m § 28 Abs. 1 TSchG). Die Überwachung der Einhaltung der tierschutzrechtlichen Vorschriften obliegt der örtlich zuständigen Bezirksverwaltungsbehörde, wobei Veranstaltungen mit Tieren stichprobenartig zu kontrollieren sind (§ 4 Abs. 3 TSch-Kontrollverordnung).

Das österreichische TSchG sieht für die Übertretung des in § 5 TSchG verankerten Verbots der

Tierquälerei – sofern die Handlung nicht gerichtlich strafbar ist – bei Erstbegehung eine **Verwaltungsstrafe** bis zu 7500 Euro bzw. im Wiederholungsfall bis zu 15 000 Euro vor (§ 38 Abs. 1 TSchG).

Gemäß Tierschutzverordnung der **Schweiz** kann die kantonale Behörde die Veranstalter von Wettbewerben und sportlichen Wettkämpfen dazu verpflichten, Dopingkontrollen bei den Tieren durchzuführen, oder beim nationalen Sportverband beantragen, dass solche Kontrollen durchgeführt werden. Die Kosten gehen zu Lasten der Veranstalter.

7.1.4 Analytik

Um als Analyselabor im Bereich der Kontrolle der unerlaubten Substanzen im Pferdesport tätig werden zu können, bedarf es einer Qualifikation und der Erfüllung gewisser Standards sowie Mindestanforderungen. Standards und Mindestanforderungen sind niedergelegt bei der Association of Official Racing Chemists (AORC), der International Laboratory Accreditation Cooperation (ILAC) und durch die Akkreditierung gemäß Internationaler Organisation für Normung (ISO-Akkreditierung).

Standards gelten bereits für den Umgang mit der Probe bei der Annahme im Labor. Es gibt sie für die Dokumentation sowie für die Aufarbeitung der Proben. Mindestanforderungen sind z. B. für die Nachweise bestimmter Substanzen bzw. Substanzgruppen formuliert. Weitergehende Informationen sind im Internet auf den entsprechenden Webseiten zu finden.

Das bei einer Pferdesportveranstaltung gewonnene Probenmaterial einer Medikationskontrolle wird ordnungsgemäß in dafür vorgesehene Probenbehältnisse verschlossen, aufgeteilt in Teil A und B, und vom Beauftragten des Pferdesportverbands an ein akkreditiertes Analyselabor zur Untersuchung verschickt. Dort wird die Probe zunächst einer Eingangskontrolle unterzogen, die in der Überprüfung der Unversehrtheit der Probe und der Vollständigkeit der Angaben im für das Analyselabor bestimmten Untersuchungsprotokoll besteht.

Analyse von Teil A:

1. Das stets erste, immer gleiche analytische Verfahren ist die „**Übersichtsanalyse**“, i. e., es kommen verschiedene Screening-Verfahren zum Einsatz, die der Erfassung einzelner relevanter Substanzen und Substanzgruppen dienen.
2. Bestätigungsverfahren: Zeigt sich bei der Screening-Analyse ein verdächtiges Signal, erfolgt mit demselben Substrat eine zweite, die sog. **Bestätigungs-Analyse** gezielt auf die verdächtige Substanz bzw. Verbindung. Durch diese Untersuchung wird der Erstbefund entweder bestätigt oder nicht bestätigt. Erfolgt eine Bestätigung des Ergebnisses der Screening-Untersuchung, gilt die Probe als positiv.
3. Die FN lässt alle Medikationsproben im Institut für Biochemie der Deutschen Sporthochschule in Köln analysieren. Somit ist sichergestellt, dass alle Proben in Deutschland nach dem gleichen analytischen Maßstab geprüft werden.
4. Qualitative, semi-quantitative und quantitative Methoden: Der Nachweis erfolgt grundsätzlich **qualitativ**, d. h. nach dem ja/nein-Prinzip. Ausnahmen bilden Substanzen, für die Grenzwerte festgelegt wurden. Hier erfolgt eine **quantitative** Analyse, die einen zusätzlichen analytischen Aufwand bedeutet. Weitere Ausnahmen bilden z. B. die von der International Federation of Horseracing Authorities (IFHA) festgelegten „residue limits“. Diese gelten für Substanzen, die als Kontaminanten in der Umwelt der Pferde festgestellt werden bzw. wurden. Für die „residue limits“ gelten **semi-quantitative** Anforderungen, d. h., die Konzentration der jeweiligen Substanz wird anhand der analytischen Standards abgeschätzt (S. 148).

Analyse von Teil B: Die Verbandsbestimmungen legen im Einzelnen das Vorgehen zur Durchführung der B-Analyse fest. Bei einzelnen Verbänden erfolgt die B-Analyse in jedem Fall, bei anderen nur auf Verlangen des Betroffenen. Es handelt sich um die Analyse desselben Materials, welches bei der Probenentnahme in zwei Probenbehältnisse aufgeteilt wurde.

Bei der B-Analyse kommt es darauf an, den in der A-Analyse geführten Nachweis zu wiederholen. Hierfür kann eine Analyse in demselben Labor erfolgen, welches die A-Analyse durchgeführt hat, oder in einem anderen Labor. Auch für die B-Analyse gibt es seitens der Verbände, aber auch seitens der Akkreditierungsorganisationen, Vorgaben zum Vorgehen.

7.1.5 Nulltoleranz, Wirkung, Nachweiszeiten, Karenzzeiten

Nulltoleranz und Nulllösung

Nulltoleranz und Nulllösung sind Begriffe, die vor dem Hintergrund der Zielsetzung von Verbandsnormen und der technischen Möglichkeiten des Nachweises zu erklären sind.

Definition

Aus der sog. Nulllösung ist im Verlauf der vergangenen Jahrzehnte die Nulltoleranz geworden. Während es zu Zeiten der Nulllösung hieß, nichts „Körperfremdes" – außer „Wasser, Heu und Hafer" – dürfe im Körper eines Pferdes während des Wettkampfes nachweisbar sein, heißt es heute, es dürfe nichts im Körper sein, was zum Zeitpunkt des Wettkampfs oder des Trainings eine Wirkung ausüben kann und könnte (= Nulltoleranz).

Ein Grund für diese Entwicklung dürfte in der Tatsache liegen, dass sich die Analytik in den vergangenen Jahrzehnten weiterentwickelt hat. Durch die verbesserten analytischen Möglichkeiten der Labore ist es möglich, im Untersuchungsmaterial Substanzen in deutlich geringeren Mengen und damit länger nachzuweisen als noch vor einigen Jahren. Die mithilfe der heutigen Analytik nachweisbaren Mengen liegen, insbesondere mit Blick auf die legitim einsetzbaren Therapeutika, unterhalb der Wirkgrenze von einzelnen Substanzen, d. h., diese Mengen entfalten im Körper keine Wirkung mehr.

Aus diesem Grund wird für ausgewählte Substanzen eine eingeschränkte Analytik angewandt. Das bedeutet, es wird eine Bestimmungsgrenze (screening limit, SL) festgelegt, die zwischen der absoluten Nachweisgrenze (kleinste Menge einer Substanz, die mit der jeweiligen Analytik detektiert werden kann) und der Wirkgrenze gezogen ist. Das heißt: Diese Substanzen führen nur dann zu einer positiven Probe, wenn die nachgewiesene Menge noch wirksam ist. Ein Wert unterhalb dieser Bestimmungsgrenze bedeutet demnach ein negatives Untersuchungsergebnis. Die häufig gemachte Aussage, dass man mit jeder noch so kleinen Menge einer Substanz grundsätzlich positiv getestet wird, stimmt für diese Substanzen nicht.

Allerdings gilt für alle Dopingsubstanzen jede nachweisbare Menge als Verstoß.

Nachweiszeiten

Die Nachweiszeit (NWZ) gibt an, wie lange eine bestimmte Substanz, in einer bestimmten therapeutischen Dosis und einer bestimmten Art verabreicht (i. v., oral, inhalativ etc.), bei einer kleinen Anzahl (ca. 2–10) gesunder Pferde nachweisbar gewesen ist. Die Festlegung von Nachweiszeiten orientiert sich an den zugehörigen Wirkstoffkonzentrationen der jeweiligen Substanz. Nachweiszeiten sind bisher für eine Reihe von Substanzen ermittelt worden, die in der Pferdepraxis häufig eingesetzt werden.

Karenzzeiten

Der oben beschriebene Modus zur Ermittlung der Nachweiszeiten an einer kleinen Pferdepopulation bedeutet, dass die eruierten Werte nicht auf jedes Pferd eins zu eins übertragbar sind. Eine Vielzahl von Faktoren nimmt Einfluss auf die Ausscheidung einer körperfremden Substanz. Im Folgenden sind einige Faktoren aufgelistet, die allesamt zur hohen Variabilität beitragen:

Die **Substanz betreffend** sind z. B. von Bedeutung:

- der Wirkstoff selbst
- die Galenik
- die Dosierung des Wirkstoffs
- die Häufigkeit der Applikation
- das Dosierungsintervall
- die Art der Applikation
- die Wechselwirkung mehrerer Wirkstoffe bei gleichzeitiger Verabreichung

Die **Analytik betreffend** sind z. B. von Bedeutung:

- die Art des Probenmaterials
- die Nachweismethode und Nachweisgrenzen

Das **Pferd betreffend** sind z. B. von Bedeutung:

- der Gesundheitszustand
- das Training
- die Kondition
- die Variabilität beim einzelnen Individuum
- die Variabilität von Pferd zu Pferd
- die Fütterung
- der pH-Wert des Harns
- die Stoffwechselleistung des Pferdes
- die langsamere Ausscheidung aus tiefen Kompartimenten

Um nach einer erforderlich gewordenen medikamentösen Behandlung eines Pferdes beim nächsten Start auf dem Turnier bei einer Medikationskontrolle nicht positiv getestet zu werden, ergibt sich aus obigen Gründen das Erfordernis, zur Nachweiszeit eine zeitliche Sicherheitsspanne hinzuzufügen. Die Summe aus Nachweiszeit und Sicherheitsspanne wird Karenzzeit genannt und ist die Zeitspanne von der letzten Gabe einer Substanz bis zum Einsatz auf dem Turnier:

Karenzzeit = Nachweiszeit + Sicherheitsspanne

Karenzzeiten lassen sich von Nachweiszeiten statistisch gesichert ableiten oder/und sie beruhen auf pharmakologischen Daten und veterinärmedizinischen Erkenntnissen. Mithilfe errechneter Konfidenzintervalle (Erwartungsbereiche nach Kietzmann) lässt sich die Sicherheit der Karenzzeiten abschätzen:

Merke

Statistisch betrachtet beträgt die Wahrscheinlichkeit, positiv getestet zu werden, 10 %, wenn man lediglich die NWZ zu einer bestimmten Substanz einhält. Sie halbiert sich, wenn man die NWZ verdoppelt. Sie geht gegen Null, wenn man die NWZ verdreifacht.

Die Karenzzeit darf nicht mit der Wartezeit eines Medikaments verwechselt werden. Die Wartezeit ist die arzneimittelrechtlich relevante Zeit, die im Hinblick auf die Anwendung einer Substanz bei Pferden, die der Lebensmittelgewinnung dienen, einzuhalten ist. Die von der FN veröffentlichten Karenzzeiten sind als Empfehlungen zu verstehen. Sie beinhalten großzügig angesetzte Sicherheitsaufschläge. Sie sind im Einzelfall keine absolute Garantie dafür, dass bei Berücksichtigung der Karenzzeit ein positives Ergebnis bei einer Medikationskontrolle verhindert wird.

Schlussbemerkungen

Aus forensischer Sicht handelt es sich beim Pferdesport und seinen Bestimmungen in erster Linie um private bzw. privatrechtliche Abläufe. Die Formulierung der Bestimmungen hat übergeordnetes Recht zu befolgen. Tierschutzrecht und Arzneimittelrecht sind in Zusammenhang mit dem Thema Doping und Medikation bei Pferden die vornehmlich relevanten öffentlich-rechtlichen Bestimmungen. Andere Rechtsvorschriften, wie z. B. das Anti-Doping-Gesetz, sind für das Pferd im Sport irrelevant. Wieder andere, z. B. zivilrechtliche, Bestimmungen zu Wettbewerbsverzerrung und Betrug haben aktuell eine zu vernachlässigende Bedeutung.

Zur Rolle des Tierarztes. Es stellt sich die Frage, welche Bedeutung diese Bestimmungen für den Tierarzt haben. Haben sie eine direkte oder eine indirekte Bedeutung? Anders gefragt: Ist der Tierarzt bei der Anwendung unerlaubter Substanzen Ausführender, Beteiligter oder Mitwisser?

Nach dem österreichischen Tierärztegesetz sowie gemäß Bundestierärzteordnung (BTÄO) ist der Tierarzt berufen, u. a. Krankheiten zu verhüten, zu lindern und zu heilen. Dies schließt die aktive und wissende Durchführung oder Beteiligung an Maßnahmen zur Manipulation im zeitlichen Zusammenhang mit dem Wettkampf oder im Training durch Arzneimittel oder Dopingsubstanzen aus.

Insbesondere vor diesem Hintergrund und im Sinne der Verhütung von Schmerzen, Leiden und Schäden kommt dem Tierarzt die Verpflichtung zu, zumindest die Regeln der Verbände sowie die genannten tierschutzrechtlichen Normen und arzneimittelrechtlichen Vorgaben zu kennen, zu respektieren und seine Klientel vor dem Hintergrund des aktuellen Wissensstandes aufzuklären.

Als Beteiligter im Pferdesport, z. B. als Turniertierarzt, als Veterinärdelegierter oder als Rennbahntierarzt, übernimmt der Tierarzt die Funktionen des Erfüllungsgehilfen, des Sachverständigen und des Turnierfachmanns. Damit ist sein Handeln durch die Bestimmungen des Pferdesports vorgegeben.

Als behandelnder Tierarzt, sei es als Haustierarzt, als Turniertierarzt oder als „Treating Vet" (gemäß FEI Regelwerk), agiert er im Auftrag des Pferdebesitzers und vor dem Hintergrund des jeweils geltenden Regelwerks.

Behandelt ein Tierarzt Pferde, die zu sportlichen Zwecken trainiert werden und/oder an Wettkämpfen teilnehmen sollen, so ist er verpflichtet, die aktuell geltenden Bestimmungen der jeweiligen Verbände zu kennen und seine Klientel entsprechend aufzuklären. Ein Nachweis über die entsprechende Aufklärung sollte schriftlich erfolgen. Ideal wäre ein Nachweis anhand eines unterschriebenen Informationsblatts.

Bei Verstößen gegen Anti-Doping- und Medikamentenkontroll-Regeln bzw. gegen das Tierschutzrecht sollten auch eine Meldung an die zuständige Einrichtung des Verbands und eine behördliche bzw. gerichtliche Anzeige erfolgen.

Unerlaubte oder notwendige Medikation? Mit dem Begriff Interessenkollision wird die Annahme umschrieben, dass Teilnehmer am Pferdesport, einschließlich der beauftragten Tierärzte, den Sieg im Wettkampf als übergeordnetes Interesse ansehen. Dabei werden häufig Bestimmungen diesem Interesse nachgeordnet und ignoriert. Schlupflöcher, die man kennt oder gar durch den Tierarzt vermittelt bekommt, und die eine Manipulation ermöglichen, wie zu hoch angesetzte Grenzwerte z. B. für Salizylsäure, werden genutzt. Diese Annahme in Abrede zu stellen, würde bedeuten, die Probleme nicht sehen zu wollen. Was nicht heißen soll, dass diese Annahme grundsätzlich zutrifft. Die wiederholten Vorkommnisse, sowohl im Humansport als auch im Pferdesport, sprechen allerdings dafür, dass Manipulationen im Sport systemimmanent sind.

Es ist, wie gesagt, sicherlich nicht die Haltung aller Beteiligten, dass man im Sport nur durch Manipulation gewinnen könne. Aber auch hier gilt es zu unterscheiden zwischen durchgehender, breiter Akzeptanz und vermeintlich kritischer oder gar vermeintlich fachlicher Auslegung bestimmter Regeln. Denn: „Doping will niemand, Behandlungen jedoch müssen möglich sein." Der Tierschutz wird nicht selten in verfälschender Weise als Hilfsargument bemüht, um sog. Therapien salonfähig zu machen bzw. um seitens der Pferdesportverbände Abweichungen von ihren Grundsätzen umzusetzen.

Hierzu gehört z. B. die nicht bestimmungsgemäße Anwendung von **Altrenogest** (auch als Dauermedikation) mit der Absicht, eine konstante

Leistung bei Stuten im Sport zu erzielen und unerwünschtes Verhalten in der Rosse medikamentös zu unterdrücken. Diese Anwendung verstößt sowohl gegen Tierschutz- als auch gegen Arzneimittelrecht.

Ähnliches gilt für die prophylaktische Behandlung von Magengeschwüren mit **Omeprazol** oder anderen Substanzen. Auch wenn es für Omeprazol eine arzneimittelrechtliche Zulassung für die prophylaktische Anwendung dieser Substanz gibt, so ist deren Anwendung, um trainieren oder am Wettkampf teilnehmen zu können, vor dem Hintergrund des Tierschutzrechts verboten.

Ebenso ist die Anwendung von **antimikrobiellen Substanzen** im zeitlichen Zusammenhang mit dem Wettkampf gemäß deutschem Tierschutzrecht verboten. Insbesondere verbietet sich gemäß Arzneimittelrecht die prophylaktische Anwendung dieser Substanzen zur Vermeidung des „shipping fevers".

Die Erlaubnis, Pferde im Sport einzusetzen, denen subkonjunktival Implantate mit **Ciclosporin A** appliziert wurden, um das Wiederauftreten der rezidivierenden Uveitis zu verhindern bzw. zu kontrollieren, ist eine der jüngsten Maßnahmen der FN und der FEI (sowie einzelner Rennsportorganisationen). Mit dieser Ausnahme von den sonstigen Verbotsbestimmungen handeln die Verbände nicht nur gegen ihren Grundsatz, wonach im Sport nur gesunde Pferde teilnehmen sollen, sie handeln zudem gegen das grundsätzliche Verbot der Überforderung (§ 3 Abs. 1 TierSchG) sowie gegen die nachfolgenden Tatbestände dieses Paragrafen.

Tierärzteschaft in der Verantwortung. Neben der Frage, ob die Verbände durch ihre Vorschriften, national und international, zum missbräuchlichen Einsatz dieser Substanzen anstiften, steht die Frage, inwiefern die Veterinärmedizin, sei es als fachliche Disziplin, sei es als Berufsstand oder als Praktiker, ihrer Verantwortung im Einzelnen nachkommt.

Wie unter der Überschrift „Rahmenbedingungen" (S. 139) dargestellt, sind die Bestimmungen des Pferdesports ausführlich und transparent: Jeder kann sich informieren.

Um die Bestimmungen durchzusetzen, gibt es stringente, zwingende Vereinbarungen und Verträge der Verbände mit den Beteiligten und Aktiven. Insbesondere der Rennsport schließt mit Trainern Verträge ab, die eine konsequente Durchsetzung der Regeln ermöglichen. Im Reitsport sollen Rahmenvereinbarungen dieses Ziel bei Kadermitgliedern erreichen. Für sonstige Turnierteilnehmer, die z. B. lediglich einen Reiterausweis beantragen, gibt es keine vertragliche Verpflichtung, sondern lediglich eine Verbindlichkeit gemäß LPO § 1 gegenüber dem Regelwerk. Mit Tierärzten haben die Verbände keine Vereinbarungen oder Verträge. Die zwischen Veranstalter und Tierarzt zur Betreuung von Veranstaltungen geschlossenen Verträge gelten nur für das jeweilige Ereignis.

In der Schweiz spricht sich die Tierärzteschaft für eine generelle Akzeptanz des Regelwerks der FEI aus, dieses wird auch vom dortigen Gesetzgeber in Sachen Tierschutz als angemessen angesehen. Es gibt somit in der Schweiz 2 Regelwerke, eines für den Rennsport und eines für den Reitsport.

In Deutschland werden nationale und internationale Bestimmungen für den Reitsport nebeneinander angewandt. Zusätzlich bestehen Unterschiede zwischen Renn- und Reitsport. Die vor einigen Jahren ergangene Aufforderung des zuständigen Bundesministeriums für Ernährung und Landwirtschaft (BMEL) an die nationalen Verbände, ihre nationalen Regeln anzugleichen, blieb bisher ohne Folgen.

Mit der Definition von Doping setzen die Verbände in ihrem eigenverantwortlichen Bereich den Maßstab bzw. Ausgangspunkt für ein effektives Kontrollsystem. Eine einfache, grundlegende Definition, wie sie seit jeher für den Rennsport gilt und bis in die Neunzigerjahre auch im Reitsport galt, wurde durch die Auflistung von Substanzen und Substanzgruppen ersetzt. Diese Verbotslisten, so wie sie heute vorliegen, sind Teil des Handlungsrahmens für Aktive und Tierärzte. Sie benennen, was im zeitlichen Zusammenhang mit dem Wettkampf oder im Training erlaubt bzw. was verboten ist.

Zwischen Dopingsubstanzen und unerlaubten Substanzen zu unterscheiden, erscheint nachvollziehbar, solange dies den Zweck verfolgt, zwischen illegitimen, illegalen Substanzen und Therapeutika zu unterscheiden. Da Letztere gleichermaßen zur Manipulation eingesetzt werden (können), erfordert es eine entsprechend sorgfältige Zuordnung der Substanzen und eine angemessene Ahndung bei Verstößen.

Man könnte fragen, ob die Unterscheidung zwischen Doping und verbotener Medikation lediglich das Ziel verfolgt, den Sport in einem besseren

Licht darzustellen und somit die eigentlichen Probleme des Sports zu verschleiern. Bei Betrachtung der jährlichen Statistiken der Verbände zur Durchführung von Medikationskontrollen ergibt sich: Über 60 % der positiven Proben sind der, in erster Linie symptomatischen, Behandlung von Schmerzen, Leiden und Schäden zuzuordnen. Diese geschieht mit legal und legitim einsetzbaren „Therapeutika"! Dient die Unterscheidung zwischen Manipulation, i. e. Doping, und Therapie damit durch entsprechende Zuordnung von Substanzen der vorab festgelegten Exkulpation? Dient diese Unterscheidung darüber hinaus dazu, durch zugeordnete verminderte Strafen, wie lediglich Bußgelder, eine höhere Akzeptanz und damit bessere Umsetzung der Verbotsbestimmungen zu erreichen?

Tierärzte wirken direkt, z. B. durch die Mitgliedschaft in Gremien der Verbände oder als Mannschaftstierärzte, und indirekt als „Meinungsbildner" über die Beziehung zu Aktiven und anderen Personen auf die Bildung des Regelwerks ein. Zu fragen ist deshalb, inwieweit sie ihren grundsätzlichen Aufgaben im Sinne des tierärztlichen Standesrechts sowie der Tierschutz- und Arzneimittelgesetzgebung nachkommen.

7.1.6 Quellenangaben

Literatur

[215] Ackermann S. Strafrechtliche Aspekte des Pferdeleistungssports. Beiträge zum Sportrecht, Bd. 28. Berlin: Duncker & Humblot; 2007

[216] Binder R. Das österreichische Tierschutzrecht. 4. Aufl. Wien: MANZ'sche Verlags- und Universitätsbuchhandlung; 2019: 47 ff

[217] Binder R. Das österreichische Tierschutzrecht. 4. Aufl. Wien: MANZ'sche Verlags- und Universitätsbuchhandlung; 2019: 37 ff

[218] Blüm M. Doping im Reitsport [Bachelorarbeit]. Hochschule Mittweida, University of Applied Sciences; 2015

[219] Cronau PF. Pferdesport wohin? München: BLV; 1995

[220] Cronau PF. Doping im Pferdesport. In: Sambraus HH, Steiger A. Das Buch vom Tierschutz. Stuttgart: Enke; 1997: 640–646

[221] Deutsche Reiterliche Vereinigung e. V. (FN). Fairer Sport. 6. Aufl. Warendorf: FNverlag; 2019

[222] Deutsche Reiterliche Vereinigung e. V. (FN). Leistungs-Prüfungs-Ordnung (LPO). Warendorf: FNverlag; 2018. Im Internet: https://www.pferd-aktuell.de/turniersport/regelwerke-und-merkblaetter/leistungs-pruefungs-ordnung; Stand:14.07.2020

[223] Ditz W. Doping im Pferderennsport – Eine kriminologisch-empirische Untersuchung zur Problematik der künstlichen Leistungsveränderung im Pferderennsport. Pfaffenweiler: Centaurus-Verlagsgesellschaft; 1986

[224] Eikmeier H, Fellmer E, Moegle H. Lehrbuch der Gerichtlichen Tierheilkunde. Berlin, Heidelberg: Paul Parey; 1990

[225] Hirt A, Maisack C, Moritz J. Tierschutzgesetz Kommentar. 3. Aufl. München: Franz Vahlen; 2016

[226] Kietzmann M, Düe M et al. Dopingrelevanz des Arzneimitteleinsatzes beim Pferd – Nulllösung oder Grenzwert? Pharmakokinetische Überlegungen. Der Praktische Tierarzt 2006; 9:698–702

[227] Kietzmann M, Düe M. Welche Arzneimittel benötigt der Tierarzt zeitnah zum Turniereinsatz aus pharmakologischer Sicht? Konsequenzen für das Reglement am Beispiel der „Medicine Box". Pferdeheilkunde 2009; 4:322–326

[228] Kietzmann M, Kluge K. Doping im Pferdesport. In: Dietz O, Huskamp B (Hrsg.). Handbuch Pferdepraxis. 4. Aufl. Stuttgart: Enke; 2017: 1186–1205

[229] Lünsch H. Doping im Sport. Erlangen: Perimed; 1991

[230] Müller D. Doping und dopingäquivalentes Verhalten in sportlichen und außersportlichen Handlungsfeldern. Eine transdisziplinäre Einführung in das Phänomen der Suche nach Leistungssteigerung, -optimierung und -konstanz [Dissertation]. Wien: Universität Wien; 2013

[231] Oexmann B. Die zivilrechtliche Haftung des Tierarztes bei Medikationen unter dem Aspekt des Dopings. Recht der Landwirtschaft 2012; 11:289–290

[232] Schlatterer B. Doping im Pferdesport. Stuttgart: Schattauer; 2014

[233] Schoene C. Doping beim Pferd. Stuttgart: Enke; 1996

[234] Schreiner B. Sportrechtliche Betrachtung des Pferdedopings [Diplomarbeit]. Graz: Rechtswissenschaftliche Fakultät der Universität Graz; 2006

[235] Senkel K. Wirksamkeitschancen des „Anti-Doping-Rechts" [Dissertation]. Saarbrücken: Philosophische Fakultät der Universität des Saarlandes; 2014

[236] Tobin T. Drugs and the Performance Horse. Springfield, Illinois, USA: Charles C. Thomas; 1981

[237] Tobin T, Brewer K, Stirling KH. World Rules for Equine Drug Testing And Therapeutic Medication Regulation. Open Library: Wind Publications; 2011

[238] Toutain PL, Lassourd V. Pharmacokinetic/pharmacodynamic approach to assess irrelevant plasma or urine drug concentrations in postcompetition samples for drug control in the horse. Equine Vet J 2002; 3:242–249

[239] Ungemach FR. Doping im Pferdesport. In: Thein P. Handbuch Pferd. München: BLV; 2005: 869–884

Internetquellen

[240] Anhang V. Standard für die Durchführung von Medikationskontrollen bei Pferden im Training (Trainingskontrollen) der Deutschen Reiterlichen Vereinigung e. V. (FN) in Warendorf und der Nationalen Anti Doping Agentur Deutschland (NADA) in Bonn Version 1.2, Stand 21. Juli 2016. Im Internet: https://www.nada.de/fileadmin/-DOWNLOADS-/Regelwerke/160721_Standard_fuer_Medikationskontrollen_bei_Pferden_im_Training.pdf; Stand: Juli 2020

[241] Association of Official Racing Chemists (AORC). Im Internet: http://www.aorc-online.org/home; Stand: Juli 2020

[242] Bundesministerium für Ernährung und Landwirtschaft. Leitlinien Tierschutz im Pferdesport. Bonn: BMEL; 1992 (aktuell in Überarbeitung). Im Inter-

net: https://www.bmel.de/DE/Tier/Tierschutz/Tierschutzgutachten/_texte/TierschutzPferdesport.html; Stand: Juli 2020

[243] Direktorium für Vollblutzucht und Rennen. Rennordnung (RO). Vom 1. März 1960 in der Neufassung vom 1. Januar 1991 mit Änderungen bis Mai 2019. Im Internet: https://www.german-racing.com/gr/service/downloads/rennordnung/; Stand: Juli 2020)

[244] Deutsche Reiterliche Vereinigung e. V. (FN). Grundregeln der Leistungs-Prüfungs-Ordnung (LPO). Im Internet: Im Internet: https://www.pferd-aktuell.de/turniersport/regelwerke-und-merkblaetter/leistungs-pruefungs-ordnung; Stand:Juli 2020

[245] FEI. General Regulations. 24th edition, 1 January 2020. Im Internet: https://inside.fei.org/fei/regulations/general-rules; Stand: Juli 2020

[246] FEI. Prohibited Substances List. Im Internet: https://inside.fei.org/fei/cleansport/ad-h/prohibited-list; Stand: Juli 2020

[247] FEI. Threshold Substances List. Im Internet: https://inside.fei.org/system/files/2019%20Threshold%20List.pdf; Stand: Juli 2020

[248] FEI. Veterinary Regulations. 14th Edition 2018, effective 1 January 2020. Im Internet: https://inside.fei.org/fei/regulations/veterinary; Stand: Juli 2020

[249] Hauptverband für Traberzucht e. V. (HVT). Satzung und Ordnungen des HVT. Im Internet: https://www.hvtonline.de; Stand: Juli 2020

[250] International Laboratory Accreditation Cooperation (ILAC). Im Internet: https://ilac.org/; Stand: Juli 2020

[251] International Agreement on Breeding, Racing and Wagering of Horses. Im Internet (in der jeweils aktualisierten Fassung): https://www.ifhaonline.org/resources/2018Agreement.pdf; Stand: Juli 2020

[252] Nationale Anti-Doping Agentur Austria GmbH (NADA Austria). Im Internet: https://www.nada.at/de; Stand: Juli 2020

[253] Österreichische Anti-Doping-Rechtskommission (ÖADR). Im Internet: https://www.oeadr.at/de; Stand Juli 2020

[254] Österreichische Turnierordnung 2020 (ÖTO). Im Internet: http://www.oeps.at/main.asp?VID=1&kat1=78&kat=495&NID=5359; Stand Juli 2020

[255] Österreichischer Pferdesportverband (OEPS). Satzung gültig ab 12.06.2018, beschlossen von der Generalversammlung am 12.06.2018. Im Internet: http://www.oeps.at/main.asp?VID=1&kat1=88&kat2=694; Stand: Juli 2020

[256] Österreichischer Pferdesportverband (OEPS). Österreichische Turnierordnung 2016 upd. 2017, 2018 und 2019. Im Internet: http://www.oeps.at/main.asp?kat1=87&kat2=575; Stand: Juli 2020

[257] World Anti-Doping Agency (WADA). World Anti-Doping Code. Im Internet: https://www.wada-ama.org; Stand: Juli 2020

Verzeichnis der Rechtsgrundlagen

Deutschland

[258] Allgemeine Verwaltungsvorschrift zur Durch. führung des deutschen Tierschutzgesetzes vom 9. Februar 2000. Im Internet: http://www.verwaltungsvorschriften-im-internet.de/bsvwvbund_09022000_32135220006.htm; Stand: Juli 2020

[259] Bundes-Tierärzteordnung in der Fassung der Bekanntmachung vom 20. November 1981 (BGBl. I S. 1193), zuletzt geändert am 15.8.2019. Im Internet: https://www.gesetze-im-internet.de/bt_o/BJNR004160965.html; Stand: Juli

[260] Gesetz über den Verkehr mit Arzneimitteln (Arzneimittelgesetz – AMG) Neugefasst durch Bek. v. 12.12.2005 I 3394; zuletzt geändert durch Art. 11 G v. 6.5.2019 I 646. Im Internet: https://www.gesetze-im-internet.de/amg_1976/AMG.pdf; Stand: Juli 2020

[261] Tierschutzgesetz in der Fassung der Bekanntmachung vom 18. Mai 2006 (BGBl. I S. 1206, 1313), das zuletzt durch Artikel 1 des Gesetzes vom 17. Dezember 2018 (BGBl. I S. 2586) geändert worden ist. Im Internet: https://www.gesetze-im-internet.de/tierschg/BJNR012770972.html; Stand: Juli 2020

Österreich

[262] Bundesgesetz über den Schutz der Tiere (Tierschutzgesetz – TSchG), BGBl. I Nr. 118/2004, Artikel 2, v. 28.9.2004, idF BGBl. I Nr. 86/2018. Im Internet: https://www.ris.bka.gv.at/GeltendeFassung.wxe?Abfrage=Bundesnormen&Gesetzesnummer=20003541; Stand: Juli 2020

[263] Bundesgesetz über die Bekämpfung von Doping im Sport (Anti-Doping-Bundesgesetz 2007 – ADBG 2007), BGBl. I Nr. 30/2007 idF BGBl. I Nr. 37/2018. Im Internet: https://www.ris.bka.gv.at/GeltendeFassung.wxe?Abfrage=Bundesnormen&Gesetzesnummer=20005360; Stand: Juli 2020

[264] Bundesgesetz vom 23. Jänner 1974 über die mit gerichtlicher Strafe bedrohten Handlungen (Strafgesetzbuch – StGB), BGBl. Nr. 60/1974 idF

BGBl. I Nr. 70/2018. Im Internet: https://www.ris.bka.gv.at/GeltendeFassung.wxe?Abfrage=Bundesnormen&Gesetzesnummer=10002296; Stand: Juli 2020

[265] Verbotsliste 2019 Welt-Anti-Doping-Code, BGBl. Nr. 451/1991 zuletzt geändert durch BGBl. III Nr. 223/2018. Im Internet: https://www.basg.gv.at/fileadmin/redakteure/A/Arzneimittel/FAQ_Arzneimittel/Verbotsliste_BGBl._III_._Nr._1-2019.pdf; Stand: Juli 2020

[266] Verordnung der Bundesministerin für Gesundheit und Frauen über die Kontrolle der Einhaltung von Tierschutzbestimmungen (Tierschutz-Kontrollverordnung – TSchKV), BGBl. II Nr. 492/2004 idF BGBl. II Nr. 220/2010. Im Internet: https://www.ris.bka.gv.at/GeltendeFassung.wxe?Abfrage=Bundesnormen&Gesetzesnummer=20003824; Stand: Juli 2020

Schweiz

[267] Schweizerische Eidgenossenschaft, Tierschutzgesetz (TSchG) vom 16. Dezember 2005 (Stand am 1. Mai 2017). Im Internet: https://www.admin.ch/opc/de/classified-compilation/20022103/index.html; Stand Juli 2020

[268] Schweizerische Eidgenossenschaft, Tierschutzverordnung (TSchV) vom 23. April 2008 (Stand am 27. November 2018). Im Internet: https://www.admin.ch/opc/de/classified-compilation/20080796/index.html; Stand: Juli 2020

7.2 Verbotene Eingriffe

Regina Binder, Thomas Buyle, Jasmin-Lisa Himmelsbach

Tierschutzrelevante Zustände können nicht nur durch verbotene Medikation (chemisches Doping) entstehen, sondern auch durch Vornahme unzulässiger chirurgischer Eingriffe herbeigeführt werden. Im Einzelnen ist zu prüfen, ob eine solche Maßnahme – etwa im Bereich des Pferdesports – auch betrugsrelevant ist und somit neben den tierschutzrechtlichen Konsequenzen auch zivil- bzw. strafrechtliche Folgen nach sich ziehen kann.

7.2.1 Tierschutzrechtliche Aspekte

Merke

Das Eingriffsverbot schützt nicht nur die körperliche Unversehrtheit der Tiere, sondern auch ihr psychisches Wohlbefinden, das die Möglichkeit zur ungehinderten Ausübung artspezifischer Verhaltensweisen voraussetzt.

Eingriffe umfassen Maßnahmen an Tieren, die von einer geringfügigen Gewebezerstörung (z. B. durch die Implantation eines Microchip-Transponders) bis hin zur teilweisen oder vollständigen Amputation von Körperteilen (etwa von Schwanz oder Hörnern) reichen [271], [275]. Das Kürzen bzw. Entfernen von Körperteilen ist nicht nur mit erheblichen akuten und u. U. auch mit chronischen Schmerzen verbunden, sondern schränkt zudem natürliche Verhaltensweisen der Tiere (z. B. ihr Sozialverhalten) dauerhaft ein.

Daher sind Eingriffe, die ohne medizinische Indikation – etwa aus ästhetischen oder haltungs- bzw. nutzungstechnischen Gründen – vorgenommen werden, nach der Tierschutzgesetzgebung grundsätzlich unzulässig; im Bereich der Nutztierhaltung bestehen allerdings zahlreiche Ausnahmen von diesem Verbot.

Situation in Deutschland

§ Gesetzliche Grundlagen

Gemäß § 6 Abs. 1 des deutschen Tierschutzgesetzes (TierSchG) ist das vollständige oder teilweise **Amputieren von Körperteilen**, das vollständige oder teilweise **Entnehmen von Organen** oder das **Zerstören von Organen bzw. Geweben eines Wirbeltieres** verboten. Von diesem Verbot ausgenommen sind nicht nur Eingriffe, die im Einzelfall nach tierärztlicher Indikation geboten sind (§ 6 Abs. 1 Nr. 1 lit. a) leg. cit.), sondern auch bestimmte Eingriffe, die im Einzelfall für die vorgesehene Nutzung des Tieres zu dessen Schutz oder zum Schutz anderer Tiere unerlässlich sind (§ 6 Abs. 1 Nr. 3 i.V.m § 5 Abs. 3 Nr. 2–6 TierSchG).

Mit der Unerlässlichkeit werden die zahlreichen **haltungstechnisch motivierten Eingriffe** begründet, die an Nutztieren durchgeführt werden dürfen.

Nach § 5 Abs. 3 TierSchG sind bis zur jeweils festgelegten Altersgrenze u. a. ohne Betäubung zulässig:

- das Kastrieren von Rindern, Schafen, Ziegen und Schweinen
- das Verhindern des Hornwachstums bzw. das Enthornen von Rindern
- das Kürzen des Schwanzes von Ferkeln und Lämmern
- das Abschleifen der Eckzähne von Ferkeln
- das Absetzen des krallentragenden letzten Zehengliedes bei Masthahnenküken, die als Zuchthähne verwendet werden sollen

§ Gesetzliche Grundlagen

Eingriffe zur Verhinderung der unkontrollierten Fortpflanzung sind nicht generell, sondern nur dann vom Eingriffsverbot ausgenommen, wenn sie der „weiteren Nutzung oder Haltung des Tieres" dienen und keine tierärztlichen Bedenken bestehen (§ 6 Abs. 1 Z 5 TierSchG). Daraus folgt, dass Eingriffe zur Unfruchtbarmachung sowohl erforderlich als auch verhältnismäßig sein müssen [279].

Der Zweck der **Unfruchtbarmachung** zur weiteren Nutzung und Haltung kann etwa darin bestehen, die Arbeitsbereitschaft des Tieres zu fördern oder seine Verträglichkeit gegenüber Menschen und Artgenossen zu steigern; dies wäre etwa bei Hengsten der Fall, die ansonsten alleine gehalten werden müssten. Tierärztliche Bedenken sollten v. a. dann geltend gemacht werden (und den Tierarzt zur Ablehnung der Durchführung des Eingriffs veranlassen), wenn zu erwarten ist, dass der durch den Eingriff herbeigeführte Nutzen den damit verbundenen Schaden nicht übersteigt. Dies wäre etwa dann der Fall, wenn die Unterlassung des Eingriffs keine ernsthaften Nachteile zur Folge hat bzw. wenn vom fortpflanzungsfähigen Tier keine ersthaften Risiken ausgehen; weiters fehlt die Rechtfertigung für den Eingriff, wenn er für das Tier schwer bzw. sogar riskant ist oder wenn andere negative Folgen zu befürchten sind, die den mit der Unfruchtbarkeit verbundenen Nutzen aufwiegen [279].

§ Gesetzliche Grundlagen

Das durch § 6 Abs. 1 TierSchG normierte Eingriffsverbot umfasst auch das **Entfernen von Haaren**.

Für Pferde gilt, dass „**Manipulationen an Haaren**, die funktionaler Teil von Organen sind (z. B. Tasthaare) oder besondere Schutzfunktionen haben (z. B. Haare in den Ohrmuscheln) ohne veterinärmedizinische Indikation tierschutzwidrig sind. Das Kürzen von Haaren, die aus den Ohrmuscheln herausragen, ist davon unberührt" [281]. Auch § 66 Abs. 1.4 der Leistungs-Prüfungs-Ordnung (LPO) der Deutschen Reiterlichen Vereinigung (FN) sieht Teilnahmebeschränkungen für Pferde vor, bei denen „Tasthaare am Kopf entfernt (Clippen) und/oder die Ohrmuscheln ausrasiert wurden" [283]. Nach dem Reglement der Fédération Equestre Internationale (FEI) ist es lediglich verboten, Haare an den Gliedmaßen der Pferde während ihres Aufenthalts auf dem Veranstaltungsgelände zu kürzen oder zu rasieren [285].

Obwohl es sich bei der Kennzeichnung von Pferden durch **Schenkelbrand** um einen erheblich schmerzhaften Eingriff handelt [274] und alle seit dem 01.07.2009 in der EU geborenen Equiden nach gemeinschaftsrechtlichen Vorgaben grundsätzlich durch Microchip-Transponder gekennzeichnet werden müssen (Art. 11 VO (EG) Nr. 504/2008 bzw. Art. 18 Z 1 Durchführungs-VO (EU) 2015/262), ist der Schenkelbrand als traditionelle Kennzeichnungsmethode weiterhin zulässig.

Für die zusätzliche Kennzeichnung von Pferden durch Schenkelbrand besteht jedoch kein vernünftiger Grund [278]. Auch der Umstand, dass der Eingriff seit dem 01.01.2019 nur mehr unter wirksamer Schmerzausschaltung erfolgen darf, vermag daran nichts zu ändern, zumal es derzeit keine praxistaugliche Methode für eine Lokalanästhesie beim Schenkelbrand gibt [282].

Zwar dürfen schmerzhafte Eingriffe gemäß § 5 Abs. 1 TierSchG grundsätzlich nicht ohne Betäubung durchgeführt werden und unterliegen damit dem Tierärztevorbehalt, doch sind von diesem Grundsatz, insbesondere für routinemäßig vorgenommene Eingriffe an Nutztieren, zahlreiche Ausnahmen vorgesehen [277].

Situation in Österreich

§ Gesetzliche Grundlagen

Gemäß § 7 Abs. 1 des österreichischen Tierschutzgesetzes (TSchG) dürfen grundsätzlich **nur Eingriffe** durchgeführt werden, **die „therapeutischen oder diagnostischen Zielen dienen“**, d. h. veterinärmedizinisch indiziert sind. Von diesem Verbot ausgenommen sind Eingriffe, die zum Zweck der fachgerechten und rechtskonformen Kennzeichnung von Tieren erfolgen oder der Verhütung der Fortpflanzung dienen sowie Eingriffe, die für die Nutzung der Tiere unerlässlich sind oder dem Schutz der Tiere bzw. ihrer Artgenossen (z. B. vor einer Verletzung durch Hörner) dienen.

Aufgrund dieser Ausnahmebestimmung sind an landwirtschaftlichen Nutztieren – zu denen nach der Systematik des österreichischen Tierschutzrechts auch Equiden zählen – zahlreiche **nutzungs- bzw. haltungstechnisch begründete Eingriffe** zulässig, die in den Anlagen zur 1. Tierhaltungsverordnung („Nutztierhaltungsverordnung“) taxativ angeführt werden.

So sind nach der 1. Tierhaltungsverordnung u. a. folgende Eingriffe an Nutztierarten zulässig:

- Kastration
- Brand bei Pferden
- Zerstören der Hornanlage von Kälbern und von Ziegenkitzen (sofern diese zur Nutzung in Milchziegenbetrieben vorgesehenen sind)
- Enthornen von Rindern
- Einziehen eines Nasenringes bei Zuchtstieren
- Kupieren des Schwanzes von Kälbern, Lämmern und Ferkeln
- Kürzen der Zähne bei Ferkeln und Ebern
- Kürzen des Schnabels bei Küken von Hühnern und Truthähnen
- Kupieren der nach innen gerichteten Zehenendglieder bei Küken, die als Zuchthähne vorgesehen sind

Die Vornahme einiger Eingriffe ist an bestimmte, zumeist vom Gemeinschaftsrecht definierte Voraussetzungen (etwa an eine „betriebliche Notwendigkeit“) gebunden.

Das **Kupieren von Schwanz und Ohren**, das **Entfernen von Krallen und Zähnen**, das **Durchtrennen der Stimmbänder** und das **Kupieren des Schnabels** sind gemäß § 7 Abs. 1 TSchG zwar ausdrücklich verboten, doch kommt dieser beispielhaften Verbotsliste aufgrund der oben angeführten Ausnahmeregelung **nur für Heimtiere und heimtierartig gehaltene Wildtiere** Bedeutung zu. Anders als das deutsche TierSchG sieht das österreichische TSchG für Hunde, die jagdlich geführt werden sollen, keine Ausnahme vom Eingriffsverbot vor [272].

Weitere Eingriffsverbote, z. B. das **Verbot des Entfernens der Duftdrüsen bei Frettchen** und des **Kürzens der Vibrissen** von Pferden (Clippen), finden sich in den auf der Grundlage des TSchG erlassenen Verordnungen [272]. Das Verbot des Abschneidens der Vibrissen von Hunden (z. B. Pudeln) ergibt sich hingegen unmittelbar aus dem Verbot gemäß § 4 Z 8 i. V. m. § 7 Abs. 1 Z 1 TSchG, da diese Maßnahme zu einer Beschädigung des als Follicle-Sinus Complex (F-SC) bezeichneten Vibrissensystems führt und zum Zweck der Veränderung des phänotypischen Erscheinungsbilds durchgeführt wird [286].

§ Gesetzliche Grundlagen

Die Kennzeichnung von Pferden durch Heiß- oder Kaltbrand ist in Österreich unter den in § 33 Abs. 4 Tierkennzeichnungs- und Registrierungsverordnung 2009 (TKZVO 2009) angeführten Voraussetzungen zulässig; es besteht weder eine Verpflichtung zur Betäubung noch zur postoperativen Schmerzbehandlung.

Auch der **Schenkelbrand** bei Pferden steht nicht im Einklang mit den allgemeinen tierschutzrechtlichen Prinzipien, wonach von mehreren Methoden, die zur Erreichung eines zulässigen oder angeordneten Zwecks, d. h. im gegebenen Fall zur individuellen Identifizierung des Tieres, geeignet sind, die tierschonendste zu wählen ist (Grundsatz des gelindesten Mittels, [270]).

Was die Art der Durchführung zulässiger Eingriffe betrifft, so dürfen diese grundsätzlich nur unter wirksamer perioperativer Schmerzausschaltung (Anästhesie) und postoperativer Schmerzbehandlung (Analgesie) durchgeführt werden, sofern sie mit erheblichen Schmerzen verbunden sind bzw. sein können. Da auf Verordnungsebene auch von diesem Grundsatz Ausnahmen für Nutztiere vorgesehen werden dürfen, ist es zulässig, Eingriffe wie z. B. das Schwanzkupieren bei Schafen und Schweinen und die Kastration männlicher Ferkel bis zu einer bestimmten Altersgrenze ohne Anästhesie durchzuführen, obwohl die Auffassung, wonach die Schmerzempfindungsfähigkeit bei Jungtieren noch nicht (voll) entwickelt ist, längst widerlegt wurde [276]. Seit der Novellierung der Tierhaltungsverordnung im Jahr 2017 ist allerdings für alle Eingriffe – mit Ausnahme des Einziehens eines Nasenrings bei Zuchtstieren, der Vornahme des Brandes bei Pferden sowie des Kürzens der Zähne von Ferkeln und Ebern – eine postoperative Schmerzbehandlung obligatorisch.

7.2.2 Eingriffe und das Verbot der Überforderung von Tieren

Da Eingriffe an „Sporttieren" häufig dazu dienen, (krankheits- bzw. verletzungsbedingte) Leistungseinschränkungen zu kaschieren, steht das Eingriffsverbot – ähnlich wie das Dopingverbot (S. 138) – in engem Zusammenhang mit dem Verbot der Überforderung (S. 163) dieser Tiere.

Situation in Deutschland

§ Gesetzliche Grundlagen

Gemäß § 3 Nr. 1a des deutschen TierSchG ist es ausdrücklich verboten, ein Tier, an dem Eingriffe und Behandlungen vorgenommen worden sind, die einen leistungsmindernden körperlichen Zustand verdecken, zu Leistungen heranzuziehen, denen es wegen seines körperlichen Zustands nicht gewachsen ist.

Es ist unzulässig, einem Tier, an dem ein Eingriff durchgeführt wurde, Leistungen abzuverlangen, die es ohne den Eingriff oder die Behandlung nicht in vollem Umfang erbringen könnte.

Ein wichtiger Anwendungsfall dieses Verbots ist der sportliche Einsatz von Pferden, an welchen eine **Neurektomie**, d. h. eine Teilresektion eines Nervenastes, durchgeführt wurde, um die Schmerzbahn bei chronisch unheilbaren Erkrankungen (z. B. an der Hufrolle) zu unterbrechen. Es ist somit z. B. unzulässig, neurektomierte Pferde einer Leistungsprüfung zu unterziehen (vgl. auch § 66 Abs. 1.4 LPO; Art. 21 lit. d Schweizer Tierschutzverordnung) oder zu Distanz- und Jagdritten zu verwenden. Auch das Reglement der FEI schließt Pferde, die an den Gliedmaßen neurektomiert wurden („Horses [...] with hyposensitive or hypersensitive areas of the body [...]"), zumindest indirekt von jedem sportlichen Einsatz aus (Art. 1004 Z 1 lit. a) VR).

Situation in Österreich

§ Gesetzliche Grundlagen

Gemäß § 5 Abs. 2 Z 9 des österreichischen TSchG ist es verboten, einem Tier Leistungen abzuverlangen, wenn ihm dadurch offensichtlich eine tierschutzrelevante Belastung, d. h. Schmerzen, Leiden, schwere Angst oder Schäden, zugefügt wird.

Ist ein Tier krank oder verletzt, so muss es selbstverständlich auch dann veterinärmedizinisch behandelt werden, wenn es sich um ein „Sporttier" handelt (§ 15 TSchG). Aus dem Verbot der Überforderungen folgt jedoch, dass ein gegen Schmerzen behandeltes Tier, etwa ein neurektomiertes Pferd, weder im Training noch in Wettkämpfen eingesetzt werden darf, da die sportliche Betätigung durch Minderung bzw. Ausschaltung der Schutzfunktion des Schmerzes zu gesundheitlichen Folgeschäden führen kann.

7.2.3 Verbotene vs. medizinisch indizierte Eingriffe – Abgrenzungsfragen

Da Eingriffe grundsätzlich verboten und nur ausnahmsweise, insbesondere bei Vorliegen einer medizinischen Indikation, zulässig sind, ist an die Beurteilung einer einen Eingriff rechtfertigenden Indikation ein strenger Maßstab anzulegen [270], [280].

§ Gesetzliche Grundlagen

Die Bejahung einer Indikation für einen medizinischen Eingriff i. S. d. § 6 Abs. 1 TierSchG bzw. § 7 Abs. 1 TSchG setzt grundsätzlich das Bestehen einer Erkrankung oder Verletzung des Tieres voraus.

Krankheits- und Verletzungsrisiken, die aus der vom Tierhalter beabsichtigten Nutzung des Tieres resultieren, stellen daher keine Indikation zur Durchführung eines Eingriffs dar. Ebenso liegt keine Indikation vor, wenn der Eingriff ausschließlich dazu dient, mögliche künftige Erkrankungen bzw. Verletzungen zu vermeiden oder die angestrebte Haltung oder Nutzung des Tieres zu erleichtern.

Für die deutsche Rechtslage folgt dies schon daraus, dass für das im Einzelfall zulässige prophylaktische **Kupieren der Ruten von Hunden**, die jagdlich geführt werden sollen, ein ausdrücklicher Ausnahmetatbestand vorgesehen ist (§ 6 Abs. 1 Z 1 lit. b) TierSchG).

Im Hinblick auf Pferde folgt aus diesen Grundsätzen, dass jede **Neurektomie** an den Gliedmaßen eine fachgerechte Diagnostik mit zuvor durchgeführter Leitungsanästhesie voraussetzt, der Befund eindeutig positiv ist und die Durchführung sowie die Beurteilung dieser diagnostischen Maßnahmen dokumentiert wurden. Ferner wäre im Einzelfall auch zu prüfen, ob alternative chirurgische oder orthopädische Maßnahmen teilweise obsolete Neurektomien (etwa die Neurektomien des Nervus ulnaris oder des Nervus tibialis) ersetzen können.

Schließlich muss im Lichte des § 3 Nr. 1a TierSchG bzw. § 5 Abs. 2 Z 9 TSchG durch eine entsprechende Aufklärung des Tierhalters sichergestellt werden, dass das neurektomierte Pferd nur noch solchen Belastungen ausgesetzt wird, die seinem gesundheitlichen Zustand angepasst sind (z. B. gelegentliches Spazierenreiten). Der sportliche Einsatz eines solchen Tieres ist als tierschutzwidrig zu betrachten; zudem stehen ihm das Verbot des (mechanischen) Dopings (S. 163) sowie die oben erwähnten verbandsrechtlichen Teilnahmebeschränkungen (S. 138) entgegen. Dies gilt nicht nur für die am häufigsten praktizierte Neurektomie der Rami palmares der Nervi palmares, sondern auch für andere Arten der Neurektomie, die in der orthopädischen Chirurgie nach wie vor nicht selten praktiziert werden (z. B. die Neurektomie des Ramus profundus des Nervus palmaris bzw. plantaris, die dazu dient, den Fesselträgerursprung schmerzfrei zu machen).

Kritisch ist im Zusammenhang mit Neurektomien auch die Durchführung der **Kopper-Operation** zu sehen. Koppen ist eine Verhaltensstörung, wobei als Ursache Haltungsmängel (wie Bewegungs- und/oder Beschäftigungsmangel), Nachahmung, Fütterungsmängel oder Erkrankungen des Magen-Darm-Traktes, aber auch Vererbung angenommen werden. Als symptomatische Therapie, die bereits 1859 beschrieben wurde, werden eine partielle Myektomie der langen Halsmuskulatur und eine Neurektomie der versorgenden Nerven durchgeführt. Da hierdurch nicht die Ursachen der Verhaltensstörung behoben werden, sondern die Anpassungsfähigkeit des betroffenen Pferdes nur noch weiter eingeschränkt wird, ist die medizinische Indikation für diesen Eingriff kritisch zu hinterfragen; sie kann allenfalls dann bejaht werden, nachdem alle infrage kommenden haltungsbedingten Mängel identifiziert und behoben wurden.

Als Beispiel für einen Eingriff, der aus der Sicht des Laien häufig als medizinisch notwendig erachtet wird, sei die **Extraktion der ersten Prämolaren** („Wolfszähne“) genannt. Von Reitern wird vielfach behauptet, dass die Gebisse mit den Prämolaren Kontakt hätten, was schmerzhaft wäre und daher die Reitbarkeit des Pferdes beeinträchtigen würde. Da dies aus veterinärmedizinischer Sicht nicht zutrifft (▶ **Abb. 7.1**), liegt keine Indikation vor, sodass der Eingriff als tierschutzwidrig zu werten ist.

Neben den hier beschriebenen Eingriffen, denen zumindest das Verständnis von Laien eine gewisse Berechtigung zuschreibt, existieren auch Operationen, bei denen der Betrugs- und Fälschungscharakter offensichtlich ist. Genannt sei an dieser Stelle das **Kürzen der Dornfortsätze im Widerristbereich von Ponys** mit der Absicht, das Stockmaß zu verkleinern und damit das Tier innerhalb des sog. Ponymaßes nach den jeweiligen Turnierbestimmungen (LPO und ÖTO, FEI-Bestimmungen) zu halten. Neben gewissen Erleichterungen in den Reglementen ist die Einstufung als Turnierpony v. a. von monetärer Bedeutung, denn für Endmaßponys werden Verkaufspreise erzielt, die ein Vielfaches über den Preisen liegen, die für Pferde geboten werden, die gerade über diesem Endmaß liegen. Selbstverständlich sind solche Eingriffe, abgesehen von der strafrechtlichen Relevanz im Sinne eines Betrugs, auch tierschutzwidrig.

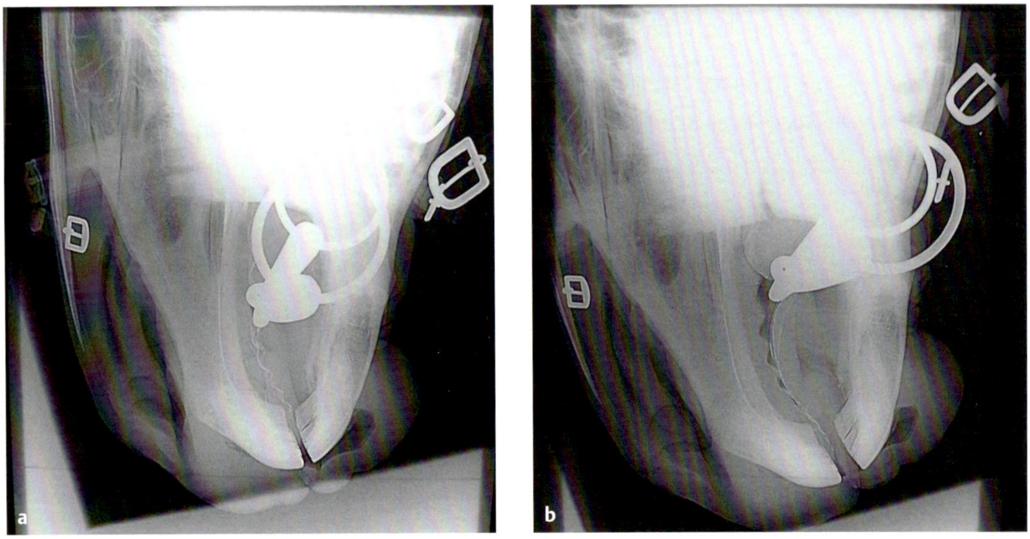

▸ **Abb. 7.1** Lage einer einfach gebrochenen Wassertrense im Pferdemaul.
a Mit hingegebenen Zügeln. (Quelle: Peter Witzmann, Leinfelden-Echterdingen)
b Mit aufgenommenen Zügeln. (Quelle: Peter Witzmann, Leinfelden-Echterdingen)

7.2.4 Zivil- und strafrechtliche Aspekte

Aus den tierschutzrechtlichen Vorschriften und den Regularien der Verbände folgt, dass neurektomierte Pferde keine Sportpferde sind und auch nicht als solche gehandelt werden dürfen. Wird ein Pferd, bei dem eine Leistungsschwäche durch einen Eingriff oder eine Behandlung kaschiert wurde, als Sportpferd angeboten, so kann dies – abgesehen von den mit der Vornahme des Eingriffs oder der Überforderung verbundenen tierschutzrechtlichen Konsequenzen – auch einen Gewährleistungs- und/oder Schadenersatzanspruch nach sich ziehen.

Ein verschuldensunabhängiger Gewährleistungsanspruch besteht dann, wenn die Kaufsache bereits im Zeitpunkt der Übergabe mangelhaft war, d. h. nicht die vertraglich bedungenen Eigenschaften aufweist bzw. nicht den im Geschäftsverkehr üblicherweise erwarteten Anforderungen entspricht (S. 53).

§ Gesetzliche Grundlagen

Erfolgt eine Täuschung über die Leistungsfähigkeit des Pferdes in Bereicherungsabsicht, so sind die strafrechtlichen Bestimmungen über den Betrug (§ 263 dt. StGB bzw. § 146 österr. StGB) einschlägig.

In der Praxis stellt der Nachweis einer **Neurektomie** allerdings z. T. ein gravierendes Problem dar, da die Narben häufig schwer zu finden sind und bestimmte Operationstechniken (Stripping) das Auffinden der Hautnarben gezielt erschweren. Die FEI verfolgt gegenwärtig den Ansatz, dass an den Gliedmaßen der Pferde keine unphysiologische Sensibilität vorhanden sein darf; zeigt ein Pferd unphysiologische Sensibilität, so wird eine Neurektomie angenommen, sodass sich der Nachweis der Vornahme des Eingriffs erübrigt.

Im Zusammenhang mit der **Kopper-Operation** stellt sich das Problem der Nachweisbarkeit aufgrund der morphologischen Veränderungen in der ventralen Halskontur selten, zumindest nicht in jenen Fällen, in denen die komplette Operation durchgeführt wurde. Generell ist jedoch die Verpflichtung zur dauerhaften Kennzeichnung von Tieren, an denen ein äußerlich nicht erkennbarer Eingriff durchgeführt wurde, zu fordern (z. B. durch Vermerk des Eingriffs im Equidenpass).

Auf den Punkt gebracht – verbotene Eingriffe

Obwohl die Vornahme nicht medizinisch indizierter Eingriffe an Tieren grundsätzlich verboten ist, dürfen an landwirtschaftlichen Nutztieren zahlreiche Eingriffe durchgeführt werden, welche die Haltung bzw. Nutzung dieser Tiere im Rahmen der tierschutzrechtlichen Mindestanforderungen erleichtern bzw. überhaupt erst ermöglichen.

Zwar dürfen Ausnahmen vom Eingriffsverbot sowohl in Deutschland als auch in Österreich nur unter der Voraussetzung ihrer Unerlässlichkeit vorgesehen werden, doch sind für die meisten zulässigen Eingriffe praktikable Alternativen verfügbar, etwa die Ebermast und die sog. Immunkastration als Alternative zur chirurgischen Ferkelkastration oder die Kennzeichnung durch Microchip-Transponder als Alternative zum Schenkelbrand bei Pferden [273]. Andere Eingriffe, wie die Verhinderung des Hornwachstums bzw. das Enthornen, können vermieden werden, wenn die Haltungsbedingungen, insbesondere Platzangebot, Strukturierung, Beschäftigung und Management, den artspezifischen Bedürfnissen der Tiere entsprechen.

Manche erheblich schmerzhafte Eingriffe dürfen aus ökonomischen Gründen nach wie vor ohne Betäubung durchgeführt werden, obwohl es nach den leitenden Grundsätzen des Tierschutzrechts geboten wäre, trotz Verursachung von Mehrkosten die nach dem Stand der wissenschaftlichen Erkenntnisse tierschonendste Methode anzuwenden [270], [278].

Schließlich zeigt das Beispiel der Zulässigkeit des Schenkelbrands bei Pferden, dass das Interesse des Tierschutzes nicht nur hinter finanziellen Überlegungen, sondern auch hinter Tradition und Werbung (Brand als traditionelle Kennzeichnungsmethode bzw. Brandzeichen als Marke der Zuchtorganisation) zurückgestellt wird.

Die vorrangige Berücksichtigung dieser Partikularinteressen ist weder mit der Anerkennung des Tierschutzes als bedeutsames öffentliches Interesse [269] vereinbar, noch steht sie im Einklang mit anderen Bestimmungen der Tierschutzgesetzgebung (z. B. § 3 Nr. 6 TierSchG), welche die gesetzliche Wertung zum Ausdruck bringen, dass Tradition und Werbung das Zufügen von Schmerzen nicht rechtfertigen können [278].

Was die Weiterentwicklung des Tierschutzrechts betrifft, so bleibt zu hoffen, dass diese künftig verstärkt auf die Zielbestimmungen der Tierschutzgesetze und den Stellenwert des Tierschutzes als öffentliches Interesse Bedacht nimmt. In diesem Sinne wäre es die Aufgabe der Tierschutzgesetzgebung, Tiere wirksam zu schützen, nicht hingegen ihre Nutzung zu erleichtern und Traditionen zu bewahren, die aus einer Zeit stammen, in der eine weitgehend uneingeschränkte anthropozentrische Weltsicht das herrschende Paradigma war und dem Schutz von Tieren allenfalls untergeordnete Bedeutung beigemessen wurde.

7.2.5 Quellenangaben

Literatur

[269] Binder R. Das österreichische Tierschutzrecht. 4. Aufl. Wien: MANZ'sche Verlags- und Universitätsbuchhandlung; 2019: 13 ff

[270] Binder R. Das österreichische Tierschutzrecht. 4. Aufl. Wien: MANZ'sche Verlags- und Universitätsbuchhandlung; 2019: 14 ff

[271] Binder R. Das österreichische Tierschutzrecht. 4. Aufl. Wien: MANZ'sche Verlags- und Universitätsbuchhandlung; 2019: 29 ff

[272] Binder R. Das österreichische Tierschutzrecht. 4. Aufl. Wien: MANZ'sche Verlags- und Universitätsbuchhandlung; 2019: 67 ff

[273] Binder R. Ethik- und Tierschutzkonzepte sowie Wertungswidersprüche in der Tierschutzgesetzgebung. In: Binder R. Beiträge zu aktuellen Fragen des Tierschutz- und Tierversuchsrechts. Das Recht der Tiere und der Landwirtschaft. Band 7. Baden-Baden: Nomos Verlagsgesellschaft; 2010:23–41

[274] Bohnet W. Kennzeichnung von Pferden: Transponder und Heißbrand? ATD 2011; 3:184–187

[275] Hirt A, Maisack C, Moritz J. Tierschutzgesetz Kommentar. 3. Aufl. München: Franz Vahlen; 2016: § 6 Rn 1

[276] Hirt A, Maisack C, Moritz J. Tierschutzgesetz Kommentar. 3. Aufl. München: Franz Vahlen; 2016: § 6 Rn 7 mwN

[277] Hirt A, Maisack C, Moritz J. Tierschutzgesetz Kommentar. 3. Aufl. München: Franz Vahlen; 2016: § 6 Rn 9 ff

[278] Hirt A, Maisack C, Moritz J. Tierschutzgesetz Kommentar. 3. Aufl. München: Franz Vahlen; 2016: § 6 Rn 15 ff

[279] Hirt A, Maisack C, Moritz J. Tierschutzgesetz Kommentar. 3. Aufl. München: Franz Vahlen; 2016: § 6 Rn 32

[280] Tritthart A. Euthanasie von Heimtieren – wodurch ist das tierärztliche Handeln dabei legitimiert? Wien Tierärztl Monat 2018; 105:111–117

Internetquellen

[281] Bundesministerium für Ernährung und Landwirtschaft. Leitlinien zur Beurteilung von Pferdehaltungen unter Tierschutzgesichtspunkten vom 9. Juni 2009. Im Internet: https://www.bmel.de/SaredDocs/Downloads/Tier/Tierschutz/GutachtenLeitlinien/HaltungPferde.html; Stand Juli 2020

[282] Bundestierärztekammer (BTK). BTK fordert: Endlich Schluss mit Brandkennzeichnung. Im Internet: https://www.wir-sind-tierarzt.de/2018/08/btk-fordert-zum-weltpferdetag-schluss-mit-schenkelbrand; Stand: Juli 2020

[283] Deutsche Reiterliche Vereinigung e. V. (FN). Grundregeln der Leistungs-Prüfungs-Ordnung (LPO). Im Internet: https://www.pferd-aktuell.de/lpo/grundregeln-lpo/grundregeln-der-leistungs-pruefungs-ordnung; Stand: Juli 2020

[284] Fédération Equestre Internationale (FEI). Veterinary Regulations. 14th Edition 2018, effective 1 January 2020. Im Internet: https://inside.fei.org/fei/regulations/veterinary; Stand: Juli 2020

[285] Fédération Equestre Internationale (FEI). Veterinary Regulations. 14th Edition 2018, effective 1 January 2020. Art. 1004 Z 1 lit. h). Im Internet: https://inside.fei.org/fei/regulations/veterinary; Stand: Juli 2020

[286] Winkelmayer R, Binder R. Gutachten über das Abschneiden von Vibrissen bei Hunden; 2019. Im Internet: http://www.tirup.at/obvusbtirup/periodical/pageview/4676599; Stand: Juli 2020

Rechtsgrundlagen

Europäische Union

[287] Verordnung (EG) Nr. 504/2008 der Kommission vom 6. Juni 2008 zur Umsetzung der Richtlinien 90/426/EWG und 90/427/EWG des Rates in Bezug auf Methoden zur Identifizierung von Equiden, ABl. L 149, 7.6.2008, p. 3–32. Im Internet: https://eur-lex.europa.eu/legal-content/DE/TXT/HTML/?uri=OJ:L:2008:149:FULL&from=NL; Stand: Juli 2020

[288] Durchführungs-Verordnung (EU) 2015/262 der Kommission vom 17. Februar 2015 zur Festlegung von Vorschriften gemäß den Richtlinien 90/427/EWG und 2009/156/EG des Rates in Bezug auf die Methoden zur Identifizierung von Equiden (Equidenpass-Verordnung) Text von Bedeutung für den EWR, ABl. 59, 3.3.2015, p. 1–53. Im Internet: https://openlaws.com/detail/0f26d55a-ff81–48fe-80be-955f574e3383/de/SINGLE; Stand: Juli 2020

Deutschland

[289] Tierschutzgesetz in der Fassung der Bekanntmachung vom 18. Mai 2006 (BGBl. I S. 1206, 1313), das zuletzt durch Artikel 1 des Gesetzes vom 17. Dezember 2018 (BGBl. I S. 2586) geändert worden ist. Im Internet: https://www.gesetze-im-internet.de/tierschg/BJNR012770972.html; Stand: Juli 2020

[290] Strafgesetzbuch in der Fassung der Bekanntmachung vom 13. November 1998 (BGBl. I S. 3322), das zuletzt durch Artikel 2 des Gesetzes vom 19. Juni 2019 (BGBl. I S. 844) geändert worden ist. Im Internet: https://www.gesetze-im-internet.de/stgb/BJNR001270871.html; Stand: Juli 2020

Österreich

[291] Bundesgesetz über den Schutz der Tiere (Tierschutzgesetz – TSchG), BGBl. I Nr. 118/2004, Artikel 2, idF BGBl. I Nr. 86/2018. Im Internet: https://www.ris.bka.gv.at/GeltendeFassung.wxe?Abfrage=Bundesnormen&Gesetzesnummer=20003541; Stand: Juli 2020

[292] Bundesgesetz vom 23. Jänner 1974 über die mit gerichtlicher Strafe bedrohten Handlungen (Strafgesetzbuch – StGB), BGBl. Nr. 60/1974 idF BGBl. I Nr. 70/2018. Im Internet: https://www.ris.bka.gv.at/GeltendeFassung.wxe?Abfrage=Bundesnormen&Gesetzesnummer=10002296; Stand: Juli 2020

[293] Verordnung der Bundesministerin für Gesundheit und Frauen über die Mindestanforderungen für die Haltung von Pferden und Pferdeartigen, Schweinen, Rindern, Schafen, Ziegen, Schalenwild, Lamas, Kaninchen, Hausgeflügel, Straußen und Nutzfischen (1. Tierhaltungsverordnung), BGBl. II Nr. 485/2004 idF BGBl. II Nr. 151/2017. Im Internet: https://www.ris.bka.gv.at/GeltendeFassung.wxe?Abfrage=Bundesnormen&Gesetzesnummer=20003820; Stand: Juli 2020

[294] Verordnung des Bundesministers für Gesundheit über die Kennzeichnung von Schweinen, Schafen, Ziegen und Equiden sowie die Registrierung von Tierhaltungen (Tierkennzeichnungs- und Registrierungsverordnung 2009; TKZVO 2009), BGBl. II Nr. 291/2009 idF BGBl. II Nr. 193/2015. Im Internet: https://www.ris.bka.gv.at/GeltendeFassung.wxe?Abfrage=Bundesnormen&Gesetzesnummer=20006454; Stand: Juli 2020

Schweiz

[295] Tierschutzverordnung (TSchV) vom 23. April 2008 (Stand am 27. November 2018). Im Internet: https://www.admin.ch/opc/de/classified-compilation/20080796/index.html; Stand: Juli 2020

7.3 Tierquälerische Maßnahmen an „Sporttieren“ – Doping, tierquälerische Hilfsmittel und Überforderung im Tierschutzrecht

Regina Binder

7.3.1 Tierschutzrelevante Probleme im Zusammenhang mit „Sporttieren“

Der Einsatz von Tieren zu sportlichen Zwecken geht – insbesondere im Leistungssport – häufig mit einer Überforderung der natürlichen Leistungsfähigkeit und mit tierschutzrelevanten Belastungen der Tiere, d. h. mit Schmerzen, Leiden oder Schäden, einher. Die Tierschutzgesetzgebung umfasst daher eine Reihe von Tatbeständen, welche die Beeinflussung und Überforderung der Leistungsfähigkeit von Tieren unter Strafsanktion stellen. Obwohl Tiere nicht auf ihren Nutzungszweck reduziert werden sollten, wird aus Gründen der sprachlichen Vereinfachung im Folgenden der Begriff „Sporttiere“ zur Bezeichnung von Tieren verwendet, die zu sportlichen Zwecken ausgebildet, trainiert und herangezogen werden.

Im Tierschutzrecht wird der Begriff „Doping“ primär für die Verabreichung leistungsbeeinflussender Substanzen, also für das **chemische Doping**, verwendet; dies entspricht der ursprünglichen Bedeutung des erstmals 1899 in einem englischen Wörterbuch nachgewiesenen Begriffs, der eine Mischung aus Opium und Narkotika bezeichnete, die Rennpferden vor dem Wettkampf verabreicht wurde [303].

Im Zusammenhang mit **mechanischen Dopingmethoden** sind die Verbote der Anwendung tierquälerischer Vorrichtungen und Hilfsmittel (z. B. elektrisierende Dressurgeräte) sowie das Verbot der Vornahme nicht medizinisch indizierter leistungssteigernder Eingriffe zu beachten.

Schließlich kommt dem Verbot der **Überforderung** der Leistungsfähigkeit von Tieren im sportlichen Kontext besondere Bedeutung zu. Doping und Überforderung spielen insbesondere im Pferdesport, aber z. B. auch beim sportlichen Einsatz von Wind- und Schlittenhunden und im Brieftaubensport eine Rolle.

Unter „Doping“ wird ganz allgemein eine unfaire (betrügerische) Beeinflussung von Teilnehmern (meist) sportlicher Wettbewerbe verstanden.

Merke
Dopingrelevante Fragen werden einerseits durch Regulative der jeweiligen Sportverbände (S. 139) und anderseits durch Rechtsnormen (S. 141) geregelt.

Auf Verbandsebene sind im Pferdesport auf internationaler Ebene die Vorschriften der Fédération Equestre Internationale (FEI) sowie auf nationaler Ebene die Reglements der deutschen Fédération Equestre Nationale (FN), des Österreichischen Pferdesportverbands (OEPS) und des Schweizerischen Verbands für Pferdesport (SVPS) maßgeblich [302]. Zu den Verbandsvorschriften für das Doping von Hunden vgl. z. B. die Richtlinien der Féderation Internationale Sportive de Traineau a Chiens (FISTC, [311]), die International Guidelines about Dog Doping (Fédération Cynologique Internationale, FCI, [309],) und die Internationalen Rennregeln des Welt-Schlittenhunde-Verbands (World Sleddog Association, WSA e. V., [310]). Verstöße gegen dopingrelevante Bestimmungen in den Reglements unterliegen der verbandsinternen Ahndung; besteht der Verdacht der Übertretung eines tierschutzrechtlichen Verbots, so ist – jedenfalls nach den Leitlinien zum Tierschutz im Pferdesport – unverzüglich die zuständige Behörde zu informieren [308].

Merke
Die für Doping relevanten Rechtsnormen verfolgen verschiedene Ziele und sind daher auf unterschiedlichen Rechtsgebieten geregelt.

Dopingverbote dienen der Wahrung der intrinsischen Werte des Sports (wie Fairness und Teamgeist), dem Schutz von Mitbewerbern vor Nachteilen durch betrügerisch manipulierte Leistungen, dem Schutz des Publikums und der Sponsoren vor Täuschung sowie der Vermeidung dopingbedingter Sicherheitsrisiken (z. B. von Unfällen). Im Zusammenhang mit Doping sind daher die Anti-Dopinggesetzgebung, Bestimmungen des gerichtlichen Strafrechts („Sportbetrug“) sowie weitere Rechtsgebiete, insbesondere das Arzneimittelrecht und das Schadenersatzrecht, von Bedeutung [296], [304], [306]. Werden in der jeweiligen Sportart Tiere eingesetzt, so kommt auch dem Schutz der „Sporttiere“ besondere Bedeutung zu, sodass die einschlägigen Bestimmungen der nationalen Tierschutzgesetzgebung zu beachten sind. Nicht zuletzt sollen durch das Dopingverbot auch Fehler bei der Zuchtwertschätzung hintangehalten werden [307].

In den folgenden Abschnitten werden die im Zusammenhang mit der Leistungsbeeinflussung und Überforderung von „Sporttieren“ einschlägigen materiellrechtlichen Bestimmungen sowie die für den Vollzug relevanten Vorschriften der Tierschutzgesetzgebung des deutschsprachigen Raumes skizziert.

7.3.2 Doping und Überforderung von „Sporttieren“ – Übersicht über einschlägige tierschutzrechtliche Verbote

Die Zielsetzung des Tierschutzrechts besteht darin, das Wohlbefinden der Tiere zu sichern und sie vor der Zufügung ungerechtfertigter Belastungen (Schmerzen, Leiden oder Schäden) zu schützen [298], [300].

Je nach Zielsetzung, Zeitpunkt bzw. Dauer und Methode werden verschiedene Arten des Dopings unterschieden: Nach der angestrebten Zielsetzung werden leistungsbeeinflussende Maßnahmen in **positives Doping** (Doping auf Sieg) und **negatives Doping** (Doping auf Niederlage) eingeteilt, wobei es im ersten Fall darum geht, die Erfolgschancen des gedopten Tieres durch Steigerung seiner Leistungsfähigkeit (z. B. durch Verabreichung stimulierender Wirkstoffe, Verwendung unzulässiger Hilfsmittel) zu erhöhen, während im zweiten Fall die Leistungsfähigkeit eines fremden Tieres (z. B. durch Zuführung dämpfender Substanzen) beeinträchtigt werden soll, um seine Erfolgschancen zu schmälern. Wenngleich diese Unterscheidung nach den Reglements der Verbände keine Rolle mehr spielt, ist sie im Tierschutzrecht z. T. noch von Bedeutung (vgl. das in § 5 Abs. 2 Z 7 des öster-

▶ **Tab. 7.1** Übersicht über die für Doping und Überforderung einschlägigen Verbotstatbestände in der Tierschutzgesetzgebung des deutschsprachigen Raumes.

Tierschutz-gesetzgebung	Verbot von chemischem Doping	Verbot von mechanischem Doping	Verbot der Überforderung
D TierSchG	§ 3 Nr. 1b, 2. Fall	§ 3 Nr. 1b, 1. Fall, und Nr. 11	§ 3 Nr. 1 und Nr. 1a
A TSchG	§ 5 Abs. 2 Z 7	§ 5 Abs. 2 Z 3	§ 5 Abs. 2 Z 9
CH TSchV	Art. 16 Abs. 2 lit. g) und h)	Art. 21, insbes. lit. b), c), d), g) und f)	Art. 16 Abs. 1

reichischen Tierschutzgesetzes verankerte Verbot, das nur für Doping auf Sieg gilt). Weitere Formen des Dopings sind das Doping zur Wiederherstellung der normalen Leistungsfähigkeit des Tieres, welches eine Sonderform des positiven Dopings darstellt, sowie Maßnahmen, die den Nachweis des Dopings erschweren sollen [307].

Nach dem Zeitpunkt bzw. der Zeitdauer des Dopings ist zwischen akutem und chronischem Doping zu unterscheiden, wobei die verbotenen Substanzen im ersten Fall in unmittelbarem zeitlichem Zusammenhang mit der Wettkampfsituation verabreicht werden, während dem Tier im zweiten Fall regelmäßig Dopingsubstanzen wie Hormone oder Anabolika zugeführt werden.

Schließlich ist zwischen chemischem und mechanischem (physikalischem) Doping zu differenzieren. Das Tierschutzrecht subsumiert nur die Verabreichung von Substanzen unter den Begriff des Dopings; verbotene Maßnahmen zur mechanischen Beeinflussung der Leistungsfähigkeit sind in anderen Tatbeständen geregelt, wobei insbesondere an die Verwendung tierquälerischer Hilfsmittel zu denken ist. Während die Leistungsfähigkeit beim **chemischen Doping** durch die Applikation körperfremder Stoffe (z. B. Aufputsch-, Beruhigungs- bzw. Wachstumsmittel) oder körpereigener Substanzen (z. B. Eigenblut) beeinflusst werden soll, werden beim **mechanischen Doping** unzulässige Hilfsmittel (z. B. elektrisierende Gerten oder Sporen) eingesetzt bzw. verbotene Eingriffe (z. B. Neurektomie oder Luftröhrenschnitt ohne entsprechende medizinische Indikation) vorgenommen (S. 155).

Eine Übersicht über die für Doping und Überforderung einschlägigen Verbotstatbestände im deutschen, österreichischen und Schweizer Tierschutzrecht kann ▶ **Tab. 7.1** entnommen werden.

Bei den angeführten Tatbeständen handelt es sich um Ordnungswidrigkeiten (D), Verwaltungsübertretungen (A) bzw. Widerhandlungen (CH). Ist ein Tatbestandselement der angeführten Sonderbestimmungen nicht erfüllt, so ist zu prüfen, ob die betreffende Handlung eine Straftat i. S.d. § 17 Nr. 2 lit. a) oder b) des deutschen TierSchG bzw. i. S.d. Art. 26 Schweizer TSchG darstellt; nach der österreichischen Tierschutzgesetzgebung (S. 167) ist vorab zu prüfen, ob der Tatbestand der gerichtlich strafbaren Tierquälerei (§ 222 Abs. 1 StGB) erfüllt ist, da eine Bestrafung nach dem TSchG nur dann vorgesehen ist, wenn keine gerichtlich strafbare Handlung vorliegt [299].

7.3.3 Doping, verbotene Hilfsmittel und Überforderung im Tierschutzrecht des deutschsprachigen Raums

Deutschland

Nach der Zielbestimmung des deutschen Tierschutzgesetzes (TierSchG) ist es allgemein verboten, einem Tier ohne vernünftigen Grund Schmerzen, Leiden oder Schäden zuzufügen (§ 1, 2. Satz TierSchG). Die im Zusammenhang mit der Leistungsbeeinflussung von „Sporttieren“ einschlägigen Verbote werden in § 3 leg. cit. wie folgt geregelt:

Chemisches Doping (§ 3 Nr. 1b TierSchG, 2. Fall)

§ Gesetzliche Grundlagen

Gemäß § 3 Nr. 1b, 2. Fall, TierSchG, ist es verboten, an einem Tier bei sportlichen Wettkämpfen oder ähnlichen Veranstaltungen Dopingmittel anzuwenden.

Abschnitt 2.1.1 der Allgemeinen Verwaltungsvorschrift zur Durchführung des deutschen Tierschutzgesetzes (AVV) definiert Dopingmittel als „[…] pharmakologisch wirksame Stoffe, die einem Tier zur kurzfristigen Steigerung oder Minderung seiner Leistungsfähigkeit oder zum Überdecken eines vorliegenden Gesundheitsproblems mit dem Ziel verabreicht werden, das Ergebnis eines Wettkampfs zu beeinflussen". Die Strafbarkeit nach dieser Bestimmung hängt nicht davon ab, ob das Dopingmittel zu tierschutzrelevanten Nachteilen führen kann (§3 Rn 14; [300]). Die Anwendung einer leistungsbeeinflussenden Substanz kann tierschutzrechtlich auch dann strafbar sein, wenn diese nicht in den Verbotslisten der Pferdesportverbände angeführt wird (§3 Rn 14, [300]; §3 Rn 17, [302]); ist eine Substanz in den Verbotslisten genannt, so ist jedenfalls von einer Strafbarkeit gemäß §3 Nr. 1b TierSchG auszugehen (§3 Rn 14, [300]; §3 Rn 17, [302]).

Das Verbot **umfasst sowohl positives als auch negatives Doping**, allerdings ist die Anwendung von Dopingmitteln nach dieser Bestimmung **nur in der Wettkampfsituation** bzw. im Rahmen von Veranstaltungen strafbar (vgl. jedoch zu Ausbildung und Training §3 Nr. 1 und Nr. 5 TierSchG).

Mechanisches Doping (§3 Nr. 1b TierSchG, 1. Fall, und §3 Nr. 11)

§ Gesetzliche Grundlagen

Nach §3 Nr. 1b TierSchG, 1. Fall, und §3 Nr. 11 ist es verboten, Maßnahmen anzuwenden, die die Leistungsfähigkeit des Tieres beeinflussen können, wenn sie beim trainierten oder im Wettkampf eingesetzten Tier zu **erheblichen Belastungen** führen.

„Erheblich" ist eine Belastung dann, wenn sie mehr als bloß geringfügig ist (§3 Rn 61 mwN, [300]). Zu denken ist hier z.B. an Vorrichtungen, die das Hochziehen der Zunge verhindern sollen, an das Anbringen von Gewichten an den Extremitäten oder an scharfe Gegenstände, die mit Bandagen am Körper des Tieres fixiert werden (§3 Rn 13, [300]).

Gemäß §3 Nr. 11 leg. cit. ist die **Verwendung von Geräten mit direkter Stromeinwirkung** (z.B. stromführende Peitschen oder Sporen, sonstige elektrisierende Dressurhilfen) verboten.

Verbot der Überforderung von Tieren (§3 Nr. 1 und Nr. 1a TierSchG)

§ Gesetzliche Grundlagen

Nach §3 Nr. 1 TierSchG ist es – außer in Notfällen (etwa im Fall einer Naturkatastrophe) – verboten, einem Tier Leistungen abzuverlangen, denen es wegen seines Zustands offensichtlich nicht gewachsen ist oder die offensichtlich seine Kräfte überfordern.

Von einer Überforderung ist auszugehen, wenn „ein **Missverhältnis zwischen dem Zustand oder den Kräften des Tieres einerseits und der geforderten Leistung andererseits**" besteht (§3 Rn 5, [300]).

Eine Überforderung liegt daher z.B. dann vor, wenn eine sportliche Betätigung trotz deutlicher Anzeichen einer Erschöpfung des Tieres fortgesetzt wird oder wenn zu junge bzw. kranke oder verletzte Tiere, deren Leistungsfähigkeit offensichtlich beeinträchtigt ist, zu sportlichen Zwecken herangezogen werden (§3 Rn 9, [300]).

„Offensichtlich" ist die Überforderung dann, wenn sie für jeden Sachkundigen ohne eingehende Überprüfung erkennbar ist (§3 Rz 8, [302]), wobei die Sachkunde von Haltern und Betreuern zu unterstellen ist, da diese Personen gemäß §2 Nr. 3 TierSchG über die für die Tierhaltung erforderlichen Kenntnisse und Fähigkeiten verfügen müssen (§3 Rn 5, [300]).

§3 Nr. 1a TierSchG verbietet es, Tieren **nach der Durchführung von Behandlungen oder Eingriffen**, die eine bestehende, i.d.R. krankheits- oder verletzungsbedingte Leistungsminderung verdecken (sollen), Leistungen abzuverlangen, die es ohne Behandlung bzw. Eingriff nicht erbringen könnte; bei den Behandlungen bzw. Eingriffen ist z.B. an die Verabreichung von Medikamenten zur Schmerzausschaltung bzw. Fiebersenkung oder an den sportlichen Einsatz nach Durchführung einer Neurektomie (S.158) zu denken (§3 Rn 9, [300]). Da eine Neurektomie häufig nur schwer nachgewiesen werden kann, ist eine Kennzeichnungspflicht für neurektomierte Pferde, etwa durch Vermerk des Eingriffs im Equidenpass, zu fordern.

Die Verpflichtung des Tierhalters, ein krankes oder verletztes Tier erforderlichenfalls tierärztlich behandeln zu lassen, ist im deutschen TierSchG zwar nicht ausdrücklich verankert, sie folgt jedoch aus § 2 Nr. 1 leg. cit., wonach der Halter bzw. Betreuer eines Tieres verpflichtet ist, das Tier „seiner Art und seinen Bedürfnissen entsprechend angemessen zu ernähren, zu pflegen und verhaltensgerecht unterzubringen." Auch nach den Leitlinien zum Tierschutz im Pferdesport ist dafür Sorge zu tragen, dass ein Pferd im Krankheitsfall die erforderliche Behandlung erhält, doch ist gleichzeitig zu bedenken, dass das Tier in einem danach anstehenden Wettbewerb u. U. nicht startberechtigt ist [308] und auch durch Maßnahmen des Trainings nicht überanstrengt werden darf.

Kontrolle und Sanktionen

Veranstaltungen mit Tieren sind der Behörde gemäß § 16 Abs. 1 bis 3 TierSchG anzuzeigen. Die Organe der zuständigen Behörden dürfen die Tiere jederzeit untersuchen und Proben, insbesondere Blut-, Harn-, Kot- und Futterproben, entnehmen.

Ein Verstoß gegen die in § 3 TierSchG verankerten Verbote stellt eine Ordnungswidrigkeit dar; die vorgesehene Geldbuße beträgt höchstens 25 000 Euro; bei fahrlässiger Begehung reduziert sich die Strafobergrenze auf die Hälfte (§ 18 Abs. 1 Nr. 4 TierSchG).

Werden einem („Sport"-)Tier aus Rohheit erhebliche Schmerzen oder Leiden zugefügt oder handelt es sich um länger anhaltende oder sich wiederholende erhebliche Schmerzen bzw. Leiden, so ist von einer Straftat i. S.d. § 17 Nr. 2 lit. a) bzw. b) TierSchG auszugehen, für die eine Freiheitsstrafe von bis zu 3 Jahren oder eine Geldstrafe von 5–360 Tagessätzen vorgesehen ist.

Österreich

Nach dem österreichischen Tierschutzgesetz (TSchG) ist es allgemein verboten, einem Tier ungerechtfertigt Schmerzen, Leiden oder Schäden zuzufügen oder es in schwere Angst zu versetzen (§ 5 Abs. 1 TSchG). Von den in § 5 Abs. 2 leg. cit. beispielhaft aufgelisteten Sondertatbeständen der Tierquälerei sind im Zusammenhang mit der Leistungsbeeinflussung von „Sporttieren" v. a. folgende Bestimmungen von Bedeutung:

Chemisches Doping (§ 5 Abs. 2 Z 7 TSchG)

§ Gesetzliche Grundlagen

Gemäß § 5 Abs. 2 Z 7 TSchG begeht eine Tierquälerei, wer einem Tier Reiz- oder Dopingmittel zur Steigerung seiner Leistung zuführt.

Unter dem Begriff „Dopingmittel" sind alle pharmakologisch wirksamen Substanzen zu verstehen, die direkt oder indirekt (z. B. durch Senkung der Schmerzschwelle) eine Leistungssteigerung bewirken [301]. „Zuführen" umfasst jede Applikationsform, z. B. orale, intravenöse oder intramuskuläre Verabreichung; infrage kommt auch eine äußerliche Anwendung, wie z. B. das Auftragen von Salben zur Hypersensibilisierung des Kronrands der Vorderläufe, wodurch die Sprungleistung erhöht werden soll (Blistern).

Das Verbot der **Anwendung leistungssteigernder Mittel** gilt insbesondere – keineswegs jedoch ausschließlich – bei sportlichen Wettkämpfen oder sonstigen Veranstaltungen und somit auch im Rahmen des Trainings sowie außerhalb eines sportlichen Kontexts [298]. Der Tatbestand bezieht sich allerdings nur auf die Verabreichung leistungssteigernder Mittel, sodass nur das positive Doping tatbestandsmäßig ist.

Die **Verabreichung leistungshemmender Substanzen** ist nach der Generalklausel des Verbots der Tierquälerei (§ 5 Abs. 1 TSchG) strafbar, da dem Tier durch die Applikation der Substanz i. d. R. Schmerzen zugefügt werden und die Schwächung seiner Leistungsfähigkeit einen Schaden im tierschutzrechtlichen Sinn darstellt [298]; der Zweck der Beeinflussung der sportlichen Leistungsfähigkeit ist jedenfalls als ungerechtfertigt zu betrachten.

Mechanisches Doping (§ 5 Abs. 2 Z 3 TSchG)

Unter mechanischem Doping ist insbesondere die Verwendung tierquälerischer Hilfsmittel zu verstehen, durch deren Einsatz die Leistungsfähigkeit des Tieres erhöht werden soll. Dazu zählen u. a. elektrisierende Dressurgeräte (z. B. elektrisierende Gerten oder Sporen) sowie „Geräte, Hilfsmittel oder Vorrichtungen, die darauf abzielen, das Verhalten eines Tieres durch Härte oder durch Strafreize zu steigern", wie dies z. B. beim Barren der Fall ist. Das Verbot der Verwendung elektrisierender und sonstiger tierquälerischer Hilfsmittel gilt auch im Rahmen der Ausbildung und des Trainings.

Auch die Vornahme eines Eingriffs, der zum Zweck der Leistungssteigerung oder – wie die Neurektomie – zum Kaschieren einer Leistungsbeeinträchtigung erfolgt, kann im Ergebnis als mechanisches Doping betrachtet werden, doch kommt nach dem Lex-specialis-Grundsatz hierfür das Verbot gemäß § 7 Abs. 1 TSchG zur Anwendung (S. 155).

Überforderung (§ 5 Abs. 2 Z 9 TSchG)

Nach dieser Bestimmung ist es unzulässig, einem Tier Leistungen abzuverlangen, die seine Leistungsfähigkeit offensichtlich übersteigen. Das Verbot bezieht sich primär, jedoch keineswegs ausschließlich, auf die Ausbildung und das Training von „Sporttieren".

Der Gesetzgeber stellt in dieser Bestimmung auf eine offensichtliche Belastung des Tieres ab, um „ein Ausufern der Verantwortlichkeit hintanzuhalten" [301]. Da Tierhalter gemäß § 12 Abs. 1 TSchG über die für die Tierhaltung erforderlichen Kenntnisse und Fähigkeiten verfügen müssen, sind sie zum Kreis jener Personen zu zählen, die jedenfalls in der Lage sein müssen, eine offensichtliche Belastung zu erkennen [298].

Ist ein Tier krank oder verletzt, so muss es erforderlichenfalls veterinärmedizinisch behandelt werden (§ 15 TSchG); dies gilt auch für „Sporttiere". Aus dem Verbot der Überforderungen folgt, dass ein derart behandeltes Tier weder im Training noch in Wettkämpfen eingesetzt werden darf, wenn ihm dadurch offensichtlich Schmerzen, Leiden (einschließlich schwerer Angst) oder Schäden zugefügt werden; dies gilt grundsätzlich auch dann, wenn das Tier eine nach den Anti-Doping-Reglements der Verbände zulässige Medikation erhalten hat und die sportliche Betätigung durch Minderung bzw. Ausschaltung der Schutzfunktion des Schmerzes zu gesundheitlichen Folgeschäden führen kann.

Kontrolle und Sanktionen

Veranstaltungen mit Tieren unterliegen nach dem TSchG einer Bewilligungspflicht (§ 23 i. V. m. § 28 Abs. 1 TSchG). Die Überwachung der Einhaltung der tierschutzrechtlichen Vorschriften obliegt der örtlich zuständigen Bezirksverwaltungsbehörde, wobei Veranstaltungen mit Tieren stichprobenartig zu kontrollieren sind (§ 35 Abs. 1 TSchG i.V.m § 4 Abs. 3 Tierschutz-Kontrollverordnung – TSch-KV).

Eine Bestrafung wegen einer Übertretung des TSchG kann nur dann erfolgen, wenn die verbotene Handlung nicht gerichtlich strafbar ist (Prinzip der Subsidiarität, vgl. § 38 Abs. 7 TSchG). Daher ist vorab zu prüfen, ob die Handlung einen der in § 222 Abs. 1 Z 1 StGB verankerten Tatbestände erfüllt. Nach dieser Bestimmung ist strafbar, wer ein Tier vorsätzlich roh misshandelt oder ihm unnötige Qualen zufügt, wobei davon auszugehen sein wird, dass „die strafrechtsrelevante Schwelle [...] bei Sportveranstaltungen tangiert [wird], bei denen etwa jährlich eine erkleckliche Anzahl von teilnehmenden Rennpferden schwer verletzt oder getötet wird" (§ 222 Rn 46, [305]).

Eine Strafbarkeit wegen des Vergehens der Tierquälerei gemäß § 222 Abs. 1 StGB setzt Vorsatz voraus; § 222 Abs. 1 StGB sieht eine Freiheitsstrafe von höchstens 2 Jahren oder – unter den Voraussetzungen des § 37 Abs. 1 StGB – eine Geldstrafe von bis zu 720 Tagessätzen vor. Eine Übertretung des § 5 TSchG stellt eine Verwaltungsübertretung dar, die bei Erstbegehung mit einer Geldstrafe bis zu 7500 Euro bzw. im Wiederholungsfall bis zu 15 000 Euro bedroht ist (§ 38 Abs. 1 TSchG); für die Strafbarkeit genügt Fahrlässigkeit.

Schweiz

Nach Art. 4 Abs. 2 des Schweizer Tierschutzgesetzes (TSchG) ist es allgemein verboten, einem Tier ungerechtfertigt Schmerzen, Leiden oder Schäden zuzufügen oder es in Angst zu versetzen. Dieses allgemeine Verbot wird im Zusammenhang mit dem Verbot des Dopings bzw. der Überforderung insbesondere durch folgende Bestimmungen der Schweizer Tierschutzverordnung (TSchV) konkretisiert:

Chemisches Doping (Art. 16 Abs. 2 lit. g) und h) TSchG)

§ Gesetzliche Grundlagen

Gemäß Art. 16 Abs. 2 lit. g) TSchG ist das Verabreichen von Stoffen und Erzeugnissen an Tiere verboten, wenn dies z. B. zum Zweck der Leistungsbeeinflussung erfolgt und dadurch die Gesundheit oder das Wohlergehen der Tiere beeinträchtigt wird. Art. 16 Abs. 2 lit. h) leg. cit. untersagt es, mit Tieren an Wettbewerben und sportlichen Anlässen teilzunehmen, bei denen „Stoffe oder Erzeugnisse eingesetzt werden, die nach den für die Sportverbände maßgebenden Listen oder nach der vom BLV [Bundesamt für Lebensmittelsicherheit und Veterinärwesen] in einer Verordnung festgelegten Liste verboten sind“.

Das Schweizer Tierschutzrecht verweist somit auf die Verbotsliste der FEI; von der Verordnungsermächtigung des BLV wurde bislang nicht Gebrauch gemacht.

Mechanisches Doping (Art. 21 TSchV)

§ Gesetzliche Grundlagen

In den §§ 17ff. der Schweizer TSchV wird festgelegt, welche Maßnahmen bzw. Eingriffe an einzelnen Tierarten verboten sind.

Gemäß Art. 21 TSchV sind insbesondere folgende leistungssteigernde Handlungen an Equiden unzulässig:

- das Erzeugen einer unnatürlichen Hufstellung
- die Verwendung schädlicher Hufbeschläge
- das Anbringen von Gewichten im Hufbereich
- das Anbinden der Zunge
- das Antreiben oder Bestrafen mit elektrisierenden Geräten (z. B. stromführenden Sporen, Gerten oder Viehtreibern)
- der sportliche Einsatz neurektomierter oder sonst unempfindlich oder überempfindlich gemachter Equiden
- das Anbringen schmerzverursachender Hilfsmittel an den Gliedmaßen
- das Barren
- die Hyperflexion der Halswirbelsäule (Rollkur)

Überforderung (Art. 16 Abs. 1 TSchV)

§ Gesetzliche Grundlagen

Art. 16 Abs. 1 TSchV verbietet u. a. das unnötige Überanstrengen von Tieren.

Wird ein Tier in einem Notfall überanstrengt, so ist die Rechtfertigung dieser Handlung im Anlassfall unter dem Aspekt der „Wahrnehmung berechtigter Interessen“ zu prüfen.

Kontrolle und Sanktionen

Art. 16 Abs. 3 TSchV ermächtigt die kantonalen Behörden, Veranstalter von Wettbewerben und sportlichen Wettkämpfen zur Durchführung von Dopingkontrollen bei den Tieren zu verpflichten; alternativ können die Behörden beim nationalen Sportverband, z. B. beim Schweizer Verband für Pferdesport (SVPS), die Durchführung solcher Kontrollen beantragen, wobei die Kosten vom jeweiligen Veranstalter zu tragen sind.

Verstöße gegen die im Schweizer Tierschutzrecht verankerten Verbote sind gemäß Art. 26–28 TSchG zu bestrafen. Gemäß Art. 26 TSchG begeht eine Tierquälerei, wer vorsätzlich ein Tier misshandelt, vernachlässigt, unnötig überanstrengt oder dessen Würde in anderer Weise missachtet. Für Tierquälerei ist bei vorsätzlicher Begehung eine Freiheitsstrafe zwischen 6 Monaten und 3 Jahren oder eine nach Tagessätzen bemessene Geldstrafe vorgesehen. Übertretungen der in Art. 28 TSchG angeführten Verbote sind als Widerhandlungen mit Buße zu ahnden, wobei der Höchstbetrag bei vorsätzlicher Begehung bei 20 000 CHF und im Fall der fahrlässigen Begehung bei 10 000 CHF liegt.

Auf den Punkt gebracht – tierquälerische Maßnahmen an „Sporttieren"

Im Leistungssport werden immer wieder Dopingfälle bekannt; dies zeigt, dass der Wille zum Sieg häufig prioritär ist und die Anwendung unerlaubter Mittel bzw. Manipulationen vielfach in Kauf genommen wird. Die Anti-Doping-Bestimmungen umfassen ein komplexes Regelsystem, das sich aus den Vorschriften internationaler und nationaler Verbände sowie aus der jeweiligen nationalen Gesetzgebung zusammensetzt.

In Sportarten, in die Tiere involviert sind, werden häufig die Gesundheit und das Wohlbefinden der „Sporttiere" – und damit nicht zustimmungsfähiger Lebewesen – in tierschutzwidriger Weise aufs Spiel gesetzt, sodass der Tierschutzgesetzgebung besondere Bedeutung zukommt.

Nach dem Tierschutzrecht Deutschlands, Österreichs und der Schweiz stellt die tierschutzwidrige Beeinflussung der Leistungsfähigkeit von Tieren eine verbotene Handlung dar, wobei jeweils eine Reihe verschiedener Sondertatbestände – v. a. das Verbot der Verabreichung von Dopingmitteln und das Verbot der Anwendung tierquälerischer Hilfsmittel – einschlägig ist. Zudem ist es nach der Tierschutzgesetzgebung der in diese Darstellung einbezogenen Länder verboten, die Leistungsfähigkeit von Tieren zu überfordern, wenn dies mit einer offensichtlichen Belastung der Tiere verbunden ist.

Tierärzte sind durch ihr Standesrecht u. a. dazu berufen, Krankheiten bei Tieren zu verhüten, zu lindern und zu heilen. Dieser Auftrag ist nicht nur mit der Verabreichung von Dopingsubstanzen unvereinbar, sondern verbietet es dem Tierarzt auch, kranke bzw. verletzte „Sporttiere" (vordergründig) trainings- oder wettkampftauglich zu machen, wenn ihnen durch die sportliche Betätigung tierschutzrelevante Belastungen, insbesondere auch gesundheitliche Schäden, zugefügt werden können. „Sporttiere", die Anzeichen von Schmerzen oder Leiden aufweisen, müssen – ebenso wie andere Tiere – eine entsprechende medizinische Behandlung erhalten, dürfen aber nicht zu sportlichen Zwecken herangezogen werden, wenn dies mit einer unverhältnismäßigen Belastung verbunden wäre oder negative Auswirkungen auf ihren Zustand nach sich ziehen kann.

Muss ein „Sporttier" in zeitlichem Zusammenhang zu Training oder Wettkampf aufgrund einer Indikation medizinisch behandelt werden, so ist daher unter Bedachtnahme auf mögliche, auch mittel- oder langfristige, Gesundheitsschäden zu prüfen, ob die Teilnahme an Training oder Wettkampf unter dem Aspekt des Tierschutzes aus veterinärfachlicher Sicht vertretbar ist. Erforderlichenfalls sollte der Tierhalter nachweislich darauf hingewiesen werden, dass vom sportlichen Einsatz des behandelten Tieres aus Tierschutzgründen Abstand zu nehmen ist. Neurektomierten Pferden ist grundsätzlich jeder sportliche Einsatz verwehrt (§ 3 Rn 10 m.w.N., [300]).

Bei Verstößen gegen das Tierschutzrecht sollten eine Meldung an das zuständige Gremium des Verbandes und eine behördliche bzw. gerichtliche Anzeige erfolgen; in diesem Zusammenhang ist anzumerken, dass die den Tierärzten grundsätzlich obliegende Geheimhaltungspflicht gemäß § 23 Abs. 3 des geltenden (bzw. gemäß § 29 Abs. 3 des im Zeitpunkt der Drucklegung dieses Buches als Entwurf vorliegenden neuen) österreichischen Tierärztegesetzes nicht besteht, wenn die Offenbarung oder Verwertung des Geheimnisses durch ein öffentliches oder ein berechtigtes privates Interesse gerechtfertigt ist. Dazu ist anzumerken, dass der Tierschutz in Österreich nach Auffassung des Gesetzgebers und der Höchstgerichte als „weithin anerkanntes und bedeutsames öffentliches Interesse" gilt [298]; als berechtigtes privates Interesse i. S.d. zitierten Bestimmung wird z. B. das Interesse von Mitbewerbern an fairen Wettkampfbedingungen in Betracht kommen.

Tierärzte beeinflussen die Einstellung zu „Sporttieren" auf vielfache Weise, sei es als Mitglieder in Verbandsgremien, als Betreuungstierärzte oder als Meinungsbildner in der „Pferdesportszene" sowie in der Öffentlichkeit. Aufgrund ihrer Expertise auf dem Gebiet des Tierschutzes und ihrer Zugehörigkeit zu einem Gesundheitsberuf sollten sich Tierärzte dafür einsetzen, dass das Wohlergehen von „Sporttieren" nicht anderen Interessen untergeordnet wird, sondern stets an erster Stelle steht.

7.3.4 Quellenangaben

Literatur

[296] Ackermann S. Strafrechtliche Aspekte des Pferdeleistungssports. Beiträge zum Sportrecht, Bd. 28. Berlin: Duncker & Humblot; 2007

[297] Blüm M. Doping im Reitsport [Bachelorarbeit]. Hochschule Mittweida, University of Applied Sciences; 2015

[298] Binder R. Das österreichische Tierschutzrecht. 4. Aufl. Wien: MANZ'sche Verlags- und Universitätsbuchhandlung; 2019

[299] Binder R. Das Verbot der Tierquälerei in der österreichischen Rechtsordnung: Strafgesetzbuch versus Tierschutzgesetz. Wien Tierarztl Monat 2016; 103 (9–10): 231–246

[300] Hirt A, Maisack C, Moritz J. Tierschutzgesetz Kommentar. § 3. 3. Aufl. München: Franz Vahlen; 2016

[301] Irresberger K, Eberhard G, Obenaus G. Tierschutzgesetz Praxiskommentar. Wien: LexisNexis ARD ORAC; 2005

[302] Lorz A, Metzger E. Tierschutzgesetz. Kommentar. § 3 Rn 17. 7. Aufl. München: C.H. Beck; 2019. § 3 Rn 17

[303] Lünsch H. Doping im Sport. Erlangen: Perimed; 1991

[304] Müller I. Dopingbekämpfung in der Schweiz – Mit Blick auf strafprozessrechtliche und polizeiliche (Zwangs-)Massnahmen [Masterarbeit]. Luzern: Hochschule für Wirtschaft; 2007

[305] Philipp T. § 222. In: Höpfl F, Ratz E. Wiener Kommentar zum Strafgesetzbuch. 2. Aufl. Wien: MANZ'sche Verlags- und Universitätsbuchhandlung; 2015

[306] Schreiner B. Sportrechtliche Betrachtung des Pferdedopings [Diplomarbeit]. Graz: Rechtswissenschaftliche Fakultät der Universität Graz; 2006

[307] Ungemach FR. Doping im Pferdesport. In: Thein P. Handbuch Pferd. München: BLV; 2005: 869–884

Internetquellen

[308] Bundesministerium für Ernährung und Landwirtschaft. Leitlinien Tierschutz im Pferdesport. Abschnitt IV, Pkt.2. Bonn: BMEL; 1992 (aktuell in Überarbeitung). Im Internet: https://www.bmel.de/DE/Tier/Tierschutz/Tierschutzgutachten/_texte/TierschutzPferdesport.html; Stand: Juli 2020

[309] International Guidelines about Dog Doping; 2009. Im Internet: http://www.fci.be/de/Doping-84.html; Stand:Juli 2020

[310] Internationale Rennregeln des Welt-Schlittenhunde-Verbandes e. V. (World Sleddog Association, WSA e. V.); 2019. Im Internet: https://www.wsa-sleddog.com/de/wsa-de/antidoping; Stand: Juli 2020

[311] Richtlinien der Fédération Internationale Sportive de Traineau a Chiens (FISTC); 2019. Im Internet: http://www.fistc.com/index.php/documents; Stand: Juli 2020

Rechtsgrundlagen

Deutschland

[312] Allgemeine Verwaltungsvorschrift zur Durchführung des deutschen Tierschutzgesetzes vom 9. Februar 2000. Im Internet: http://www.verwaltungsvorschriften-im-internet.de/bsvwvbund_09022000_32135220006.htm; Stand: Juli 2020

[313] Tierschutzgesetz in der Fassung der Bekanntmachung vom 18. Mai 2006 (BGBl. I S. 1206, 1313), das zuletzt durch Artikel 1 des Gesetzes vom 17. Dezember 2018 (BGBl. I S. 2586) geändert worden ist. Im Internet: https://www.gesetze-im-internet.de/tierschg/BJNR012770972.html; Stand: Juli 2020

Österreich

[314] Bundesgesetz über den Schutz der Tiere (Tierschutzgesetz – TSchG), BGBl. I Nr. 118/2004, Artikel 2, idF BGBl. I Nr. 86/2018. Im Internet: https://www.ris.bka.gv.at/GeltendeFassung.wxe?Abfrage=Bundesnormen&Gesetzesnummer=20003541; Stand: Juli 2020

[315] Bundesgesetz vom 23. Jänner 1974 über die mit gerichtlicher Strafe bedrohten Handlungen (Strafgesetzbuch – StGB), BGBl. Nr. 60/1974 idF BGBl. I Nr. 70/2018. Im Internet: https://www.ris.bka.gv.at/GeltendeFassung.wxe?Abfrage=Bundesnormen&Gesetzesnummer=10002296; Stand: Juli 2020

[316] Bundesgesetz vom 13. Dezember 1974 über den Tierarzt und seine berufliche Vertretung (Tierärztegesetz), BGBl. Nr. 16/1975 idF BGBl. I Nr. 59/2018. Im Internet: https://www.ris.bka.gv.at/GeltendeFassung.wxe?Abfrage=Bundesnormen&Gesetzesnummer=10010369; Stand: Juli 2020

[317] Entwurf eines neuen Tierärztegesetzes. Im Internet: www.parlament.gv.at/PAKT/VHG/XXVII/ME/ME_00027/index.shtml; Stand: September 2020

[318] Verordnung der Bundesministerin für Gesundheit und Frauen über die Kontrolle der Einhaltung von Tierschutzbestimmungen (Tierschutz-Kontrollverordnung – TSchKV), BGBl. II Nr. 492/2004 idF BGBl. II Nr. 220/2010. Im Internet: https://www.ris.bka.gv.at/GeltendeFassung.wxe?Abfrage=Bundesnormen&Gesetzesnummer=20003824; Stand: Juli 2020

Schweiz

[319] Schweizerische Eidgenossenschaft, Tierschutzgesetz (TSchG) vom 16. Dezember 2005 (Stand am 1. Mai 2017). Im Internet: https://www.admin.ch/opc/de/classified-compilation/20022103/index.html; Stand Juli 2020

[320] Schweizerische Eidgenossenschaft, Tierschutzverordnung (TSchV) vom 23. April 2008 (Stand am 27. November 2018). Im Internet: https://www.admin.ch/opc/de/classified-compilation/20080796/index.html; Stand: Juli 2020

7.4 Kastration

Axel Wehrend, Regina Binder

7.4.1 Definitionen

Die Kastration ist das irreversible Ausschalten der endokrinen und keimzellbildenden Funktion der Keimdrüsen. In der Regel geschieht dies durch die chirurgische Entfernung der Ovarien bzw. der Hoden, die sog. **Gonadektomie** (**Ovarektomie, Orchektomie**).

Wird beim weiblichen Tier gleichzeitig der Uterus entfernt, handelt es sich um eine **Ovariohysterektomie**. Eine chemische Kastration ist die Zerstörung der Keimdrüsen durch Säuren oder Laugen. Diese Technik ist in unserem Kulturkreis unüblich und abzulehnen. Dieser Begriff wird fälschlicherweise auch für die temporäre Unterdrückung der Fortpflanzung durch Medikamente (sog. „Kastrationschip des Rüden") verwendet.

Bei einer **Sterilisation** wird durch die Unterbrechung der Keimzellen-transportierenden Wege – z. B. Ligatur der Eileiter bzw. der Samenstränge – die Fortpflanzungsfähigkeit ebenfalls aufgehoben, die endokrine Funktion der Keimdrüsen bleibt erhalten. In der Veterinärmedizin wird dieser Eingriff selten durchgeführt. Auch wenn die Begriffe Kastration und Sterilisation vom Tierbesitzer oftmals synonym verwendet werden, handelt es sich um grundverschiedene Eingriffe.

Findet der Eingriff vor Erreichen der Geschlechtsreife statt, wird er als **juvenile Kastration** bezeichnet. Als Synonym hat sich der Begriff „Frühkastration" eingebürgert.

Eine **Semikastration** ist die Entfernung nur einer Keimdrüse. Die Fortpflanzungsfähigkeit bleibt erhalten. Wird gleichzeitig die Gebärmutter entfernt, bleibt nur die endokrine Funktion erhalten.

7.4.2 Indikationen

Grundsätzlich ist zwischen einer **therapeutischen Kastration** (auch als **kurative Kastration** bezeichnet) und einer Kastration aus Gründen der Krankheitsprävention (**prophylaktische Kastration**), der Vermeidung einer unkontrollierten Fortpflanzung sowie zur weiteren Nutzung und Haltungserleichterung eines Tieres zu unterscheiden. Wird der Eingriff nicht aus therapeutischen Gründen durchgeführt, hat sich der Begriff der **elektiven Kastration** eingebürgert (eligere = auswählen).

Für die Wichtung der Indikation des Eingriffs zur Therapie hat es sich bewährt, zwischen der Kastration als therapeutisches Verfahren der Wahl (Kastration als Goldstandard der Therapie – **Kastration als absolute Indikation**) und der Kastration als mögliche Therapie (es gibt noch andere sinnvolle Therapieoptionen – **Kastration als relative Indikation**) zu unterscheiden. In ▸ Tab. 7.2 sind die Unterschiede beispielhaft dargestellt.

▸ **Tab. 7.2** Absolute und relative Indikationen zur Kastration am Beispiel des Hundes.

Absolute Indikation zur Kastration	Relative Indikation zur Kastration
Ovartumor	Prostatahyperplasie
Diabetes mellitus bei der Hündin	verlängerte Läufigkeit
Hodentumor	Ungehorsam
Uterustumor	Endometritis

Die Bedeutung der verschiedenen Indikationen differiert zwischen den Tierarten. Während bei Schwein, Rind, Schaf, Ziege und Pferd die Kastration männlicher Tiere i. d. R. zur Haltungserleichterung, zur Vermeidung einer unkontrollierten Fortpflanzung und zur weiteren Nutzung erfolgt, spielt beim Klein- und Heimtier die therapeutische Kastration und prophylaktische Kastration eine größere Rolle.

7.4.3 Folgen der Kastration

Grundsätzlich ist zwischen den gewünschten (S. 172) und den unerwünschten Folgen zu unterscheiden. Die Häufigkeit unerwünschter Nebenwirkungen ist von der Tierart und Rasse (z. B. Haarveränderungen bei langhaarigen Hündinnen nach Kastration relativ häufig, bei der Stute bisher noch nicht beobachtet), dem Geschlecht (z. B. Harninkontinenz bei der Hündin nach Kastration tritt bei bestimmten Rassen relativ häufig auf, beim Rüden sehr selten) und teilweise vom Kastrationszeitpunkt im Leben abhängig.

Grundsätzlich sind die Folgen der Operation durch zwei Aspekte bedingt:

- Veränderung der endokrinen Situation
- Schädigung von Gewebe durch den operativen Eingriff

Während die Operationstechnik keinen Einfluss auf die endokrinen Veränderungen hat (in jedem Fall werden die Keimdrüsen entfernt), kann durch minimalinvasive Verfahren die Gewebsschädigung reduziert werden.

Die Kastration stellt einen schmerzhaften Eingriff dar, weil durch die Operation Wunden gesetzt werden. Der Wegfall der testikulären und ovariellen Sexualsteroide führt zu einer Rückbildung der sekundären Geschlechtsmerkmale und einer Reduktion des Sexualverhaltens, was beim Einzeltier durch bereits erlerntes Verhalten vor dem Eingriff überdeckt werden kann. Da die Sexualsteroide neben Fortpflanzungsfunktionen auch metabolische und psychische Bedeutung haben, sind die Folgen dieser Amputation für das betroffene Tier weitreichend. Bei einer juvenilen Kastration fällt die Phase der Pubertät im Leben weg, was in seiner biologischen Bedeutung noch nicht abgeschätzt werden kann. Da die negativ rückkoppelnde Wirkung der gonadalen Hormone fehlt, liegen bei kastrierten Tieren dauerhaft erhöhte LH- und FSH-Konzentrationen im Blut vor. Die Bedeutung ist unklar. Bei einigen Tumoren kastrierter Hunde konnten LH-Rezeptoren nachgewiesen werden. Unerwünschte Folgen des Eingriffs können sich erst mehrere Jahre nach dem Eingriff einstellen. In neueren Studien beim Hund konnte gezeigt werden, dass sich rasseabhängig degenerative, orthopädische Erkrankungen (z. B. Kreuzbandriss, Bandscheibenvorfall), bestimmte Neoplasien und immunvermittelte Erkrankungen bei kastrierten Tieren bestimmter Rassen häufiger finden.

Praxistipp

Das stetig zunehmende Wissen über potenzielle kastrationsbedingte unerwünschte Nebenwirkungen, die sich teilweise erst im längeren zeitlichen Abstand zum Eingriff bemerkbar machen, erfordert vom Tierarzt zur Abwägung der Vor- und Nachteile eine kontinuierliche Fortbildung auf diesem Gebiet.

7.4.4 Rechtliche Grundlagen

Deutschland

Tierschutzgesetz

Die Kastration stellt eine Amputation eines Organs dar. Liegen keine Erkrankungen der Keimdrüsen oder des Uterus vor, handelt es sich um die Entfernung eines gesunden Organs.

§ Gesetzliche Grundlagen

Die Indikationen zur Kastration sind durch den § 6 des Tierschutzgesetzes geregelt. Darin ist die Kastration (als Amputation) grundsätzlich verboten, die Ausnahmen von diesem Verbot werden jedoch definiert.

Auszug aus dem Tierschutzgesetz aus der Bekanntmachung vom 18.5.2006, zuletzt geändert 20.11.2019 (BGBl. I S 1626).

§ 6

(1) **Verboten** ist das vollständige oder teilweise Amputieren von Körperteilen oder das vollständige oder teilweise Entnehmen oder Zerstören von Organen oder Geweben eines Wirbeltiers. Das **Verbot gilt nicht**, wenn

1. …
der Eingriff im Einzelfall
a)
nach **tierärztlicher Indikation** geboten ist oder
…
5.
zur **Verhinderung der unkontrollierten Fortpflanzung** oder – soweit tierärztliche Bedenken nicht entgegenstehen – **zur weiteren Nutzung oder Haltung** des Tieres eine Unfruchtbarmachung vorgenommen wird.

Eine Kastration kann also vorgenommen werden, wenn der Eingriff zur **Therapie** einer Erkrankung beim Einzeltier durchgeführt wird. Dies impliziert, dass durch den Eingriff Leiden, Schmerzen oder Schäden abgewiesen bzw. verhindert werden. Zu unterscheiden sind hier **absolute Indikationen** zur Kastration und **relative Indikationen** (s. o.). Liegt eine absolute Indikation vor, ist die Kastration die einzige sinnvolle Behandlung. Im Falle einer relativen Indikation sind auch andere Behandlungsoptionen sinnvoll möglich. Diese Unterscheidung erscheint deshalb notwendig, da nach § 1 des Tierschutzgesetzes niemand einem Tier ohne vernünftigen Grund Leiden, Schmerzen oder Schäden zufügen darf. Die Kastration bedeutet zweifelsohne die Zufügung von Schmerzen und Schäden. Bei einer absoluten Indikation liegt der vernünftige Grund zweifelsfrei vor, bei einer relativen Indikation ist ein weniger invasives Verfahren zu wählen (Grundsatz der Verhältnismäßigkeit).

Strittig ist, inwieweit die **Kastration zur Krankheitsprophylaxe** durch das Tierschutzgesetz gedeckt ist. Hirt et al. [324] sehen eine prophylaktische tierärztliche Indikation, wenn noch keine Erkrankung vorliegt, deren Eintritt aber, wenn nichts geschieht, unmittelbar bevorsteht oder höchstwahrscheinlich ist. Dieser Sachverhalt liegt sicher nicht vor, wenn eine Kastration unabhängig von der Situation des Einzeltieres als generelle Prophylaxemaßnahme gegen denkbare zukünftige Erkrankungen durchgeführt wird (z. B. Mammatumor-Prävention bei der Hündin). „Keine Indikation im Einzelfall liegt vor, wenn es nur um die Bekämpfung denkbarer, künftiger Erkrankungen oder Verletzungen geht“ [324].

Problematisch kann es bei der Bewertung einer **Kastration zur Therapie von Verhaltensstörungen** werden. Zuerst ist festzustellen, ob wirklich eine therapiewürdige Verhaltensstörung im Sinne einer Erkrankung vorliegt und nicht nur ein den Besitzer störendes Verhalten. Darüber hinaus sollten vor der Gonadenentfernung alternative Maßnahmen wie eine Verhaltenstherapie versucht werden.

Weiterhin gestattet der Gesetzgeber die Kastration zur **Vermeidung einer unkontrollierten Fortpflanzung.** Der Tierhalter muss sich die Frage gefallen lassen, ob durch andere Methoden als den chirurgischen Eingriff eine Kontrolle der Fortpflanzung möglich ist. Hierbei darf die Bequemlichkeit des Besitzers nicht das Maß der Entscheidung sein. Die Zumutbarkeit für den Tierhalter, andere Maßnahmen zu ergreifen (z. B. Haltungsveränderungen, Erziehung), ist bei der Hobbyhaltung von Einzeltieren oder wenigen Tieren bisher anders zu bewerten als in der landwirtschaftlichen Nutztierhaltung. Bei einem Hund erscheint es schwer vorstellbar, dass ein Besitzer nicht die Fortpflanzung durch andere Methoden als die Kastration kontrollieren kann.

Die Indikation der Verhinderung einer unkontrollierten Fortpflanzung ist bei verwilderten Hauskatzen und Freigänger-Katzen auch in Deutschland nachvollziehbar und wird vom Gesetzgeber genutzt. § 13 b ermächtigt die Landesregierungen, unter bestimmten Voraussetzungen bei Katzen (z. B. Tierleid durch eine hohe Katzendichte in einem definierten Gebiet), die freien Auslauf haben, eine Kastration anzuordnen. In diesem Fall wird die Fortpflanzungsvermeidung durch den Eingriff als ein höheres Gut gewichtet als die der Katze zugefügten Schmerzen und Schäden durch diesen Eingriff.

Es handelt sich jedoch nicht um ein generelles Kastrationsgebot für Katzen, welches dem § 1 des Tierschutzgesetzes widersprechen würde. Die unterschiedliche Bewertung von Hund und Katze ergibt sich aus der differenten Fortpflanzungsbiologie (Hund: i. d. R. nur 2-mal im Jahr läufig mit wenigen Tagen der Empfängnisbereitschaft; Katze: saisonal polyöstrisch), der Haltung (Freilaufhaltung beim Hund in Deutschland nicht geduldet) und dem Vorkommen von verwilderten Populationen, mit denen eine Fortpflanzungsgemeinschaft gebildet werden kann (keine Vorkommen verwilderter Haushund-Populationen in Deutschland).

Merke
Eine Kastration zur Erleichterung der Haltung oder Nutzung – sicherlich die Hauptmotivation vieler Besitzer für diesen Eingriff – darf nur vorgenommen werden, wenn tierärztliche Bedenken nicht gegen diesen Eingriff sprechen.

Das Ergebnis des „tierärztlichen Bedenkens" kann sich nur aus der Abwägung der Vorteile und der potenziell unerwünschten Nebenwirkungen des Eingriffs im individuellen Einzelfall ergeben. Eine Kastration zur Erhöhung der Bequemlichkeit des Besitzers wird beim Liebhabertier als nicht durch das Tierschutzgesetz gedeckte Indikation gesehen.

Da die Kastration einen schmerzhaften Eingriff darstellt, verstößt die Operation ohne Schmerzausschaltung gegen die Vorgaben des Tierschutzgesetzes.

Das Tierschutzgesetz stellt enge Anforderungen an die Indikationen zur Durchführung einer Kastration. Auffällig ist, dass das Vorliegen bzw. Nichtvorliegen einer Indikation bei den verschiedenen Tierarten unterschiedlich intensiv diskutiert wird. Derzeit befindet sich die Auslegung der Gründe, welche eine Kastration rechtfertigen, in einer kontroversen, gesellschaftlichen Diskussion. Diese Entwicklung wird u. a. dazu führen, dass der elektive Eingriff auch beim landwirtschaftlichen Nutztier und beim Pferd kritischer gesehen wird als bisher.

Bürgerliches Gesetzbuch

Es ist strittig, ob die elektive Kastration als Werk- oder Dienstvertrag zu werten ist. Der Auftrag zur elektiven Kastration wird in der derzeitigen Rechtsprechung oft als Werkvertrag (S. 48) nach § 631 BGB gesehen. Der Tierarzt schuldet dem Auftraggeber die operative und vollständige Durchführung der Kastration, d. h. am Ende der Operation müssen die Gonaden vollständig entfernt sein. Die Anforderungen des Werkvertrags umfassen in diesem Fall nicht den garantierten Ablauf einer ungestörten postoperativen Phase, da diese von vielen Faktoren abhängt, die außerhalb des Einflussbereichs des Operateurs liegen.

Österreich und Schweiz

In **Österreich** sind Eingriffe an Tieren grundsätzlich nur dann zulässig, wenn sie therapeutischen oder diagnostischen Zwecken oder der fachgerechten und rechtskonformen Kennzeichnung dienen. Eingriffe zur Verhinderung der Fortpflanzung sind vom Erfordernis einer veterinärmedizinischen Indikation jedoch ausdrücklich ausgenommen, sodass sie dem Grunde nach an keine Voraussetzung gebunden sind (§ 7 Abs. 2 TSchG).

In der **Schweiz** sind zwar operative Eingriffe zur Erleichterung der Haltung von Heimtieren verboten, doch gilt dieses Verbot nicht für Eingriffe, die der Verhütung der Fortpflanzung dienen (Art. 24 lit. b) TSchG).

7.4.5 Alternativen

Vor einer Kastration muss in einer Einzelfallabwägung unter Beachtung des Nutzens und des Schadens, welcher dem Tier zugefügt wird, entschieden werden, ob der Eingriff durchgeführt wird bzw. zulässig ist.

Praxistipp
Grundsätzlich ist zu überprüfen, ob eine Ausschaltung der Keimdrüsenfunktion notwendig ist, eine Veränderung der Besitzereinstellung zu dieser Manipulation oder eine Veränderung der Haltungsbedingungen ausreicht, um die gewünschten Effekte zu erzielen.

Neben Veränderungen der Haltung stehen für viele Tierarten medikamentöse Verfahren der Fortpflanzungsunterdrückung zu Verfügung (z. B. Gestagengabe, Slow-Release-GnRH-Implantate, Vakzination gegen GnRH). Neben arzneimittelrechtlichen Aspekten sind potenziell unerwünschte Nebenwirkungen der Alternativen zu beachten und der Tierbesitzer über diese aufzuklären. So stellt bei der Hündin zwar die Läufigkeitsunterdrückung mit Gestagenen eine schmerzfreie Kastrationsalternative dar, die jedoch u. a. einen Diabetes mellitus induzieren kann. Das für den Rüden zugelassene GnRH-Implantat kann prinzipiell auch für die reversible Unterdrückung der Fortpflanzungsfunktion bei der Hündin genutzt werden. Als unerwünschte Nebenwirkungen können sich Dauerläufigkeit und eine Pyometra einstellen.

7.4.6 Kastrationsberatungsgespräch

Insbesondere, wenn sich während oder nach der Operation unerwünschte Nebenwirkungen einstellen, wird im Konflikt zwischen Tierarzt und Besitzer häufig eine mangelhafte Aufklärung vorgeworfen.

Merke

Entscheidend ist eine Aufklärung über die Vor- und Nachteile einer Kastration und über die gewählte Methode im individuellen Fall.

Dabei muss die Nutzung des Einzeltiers, die Tierart und die Rasse Beachtung finden. So ist die Gefahr einer Harninkontinenz nach dem Eingriff bei einem Rottweiler deutlich höher als bei einem Beagle und für den Besitzer eines Irish Setters sind Fellveränderungen in ihrer Bedeutung meist höher zu werten als bei einem kurzhaarigen Mischling aus dem Straßenhundimport. Beim Hengst ist die Komplikationshäufigkeit verschiedener Kastrationsverfahren u. a. vom Alter und vom Gewicht des Tieres abhängig. Eine Aufklärung über die Kosten ist ebenfalls notwendig.

Merke

Zur Aufklärung gehört auch, dass auf die Möglichkeit des Versterbens des Tieres während der Operation hingewiesen wird, wenn auch das Risiko bei einem gesunden Tier gering ist.

Grundsätzlicher Ablauf der Besitzerberatung vor einer Kastration:

- im Besitzergespräch die Gründe herausarbeiten, warum eine Kastration gewünscht wird
- über die unerwünschten Nebenwirkungen der Kastration aufklären inklusive der gesetzlichen Grundlagen
- Alternativen zur Kastration und deren Nachteile besprechen
- Aufklärung über Vor- und Nachteile verschiedener Operationsverfahren
- Festlegung der Operationsmethode
- Aufklärung über das Narkose- und Operationsrisiko
- optimale präoperative Vorbereitung

Das Kastrationsberatungsgespräch sollte zeitlich vom Tag der Operation getrennt werden, damit der Besitzer ausreichend Zeit für seine Entscheidung hat.

Praxistipp

Es stellt sich immer wieder die Frage, wie weit die Aufklärung über unerwünschte Kastrationsnebenwirkungen reichen muss. Grundsätzlich besteht keine Grenze über die Häufigkeit einer Nebenwirkung, die zu einer unbedingten Erwähnung im Aufklärungsgespräch führt. Es kann jedoch festgehalten werden, dass bei einem elektiven Eingriff eine umfassendere Aufklärung erwartet wird als bei einer therapeutischen Kastration mit absoluter Indikation.

7.4.7 Problemfall unvollständige Kastration

Das Zurückbleiben von endokrin aktivem Ovargewebe nach einer Kastration wird als unvollständige Kastration bezeichnet. Grundsätzlich ist zwischen einer unabsichtlichen und einer gewollten unvollständigen Kastration zu unterscheiden. Im 2. Fall wird Ovargewebe zurückgelassen, um unerwünschte Nebenwirkungen der Ovarektomie zu vermeiden.

Auch wenn die gewollte unvollständige Kastration in der Literatur immer wieder angepriesen wird, ist diese Technik aus medizinischer Sicht abzulehnen, da zurückgelassenes Ovargewebe dazu neigt, zystisch und neoplastisch zu entarten.

Nach derzeitiger Rechtsprechung wird in Rückgriff auf das Bürgerliche Gesetzbuch der Auftrag zur vorsorglichen Kastration einer Hündin verschiedentlich gerichtlich als Werkvertrag angesehen, was zukünftig einer intensiveren Diskussion bedarf. Ziel ist die vollständige Entfernung der Keimdrüsen. Bei einer unvollständigen Kastration ist dieses Ziel nicht erreicht. Der Patientenbesitzer kann Nachbesserung oder Rückerstattung der Behandlungskosten verlangen.

7.4.8 Quellenangaben

Literatur

[321] Arlt S, Wehrend A, Reichler IM. Neutering of female dogs - old and new insights into Pros and Cons. Tierarztl Prax Ausg K Kleintiere/Heimtiere 2017; 45(4):253–263

[322] ATF. Kastration bei Hund und Katze. ATF-Tagungsband; 2018 (zu beziehen über die ATF-Geschäftsstelle in Berlin)

[323] Bleckwenn E. Die Haftung des Tierarztes im Zivilrecht. MedR Schriftenreihe Medizinrecht. Berlin, Heidelberg: Springer; 2014

[324] Hirt A, Maisack C, Moritz J. Tierschutzgesetz. Kommentar. 3. Aufl. München: Franz Vahlen; 2016

Rechtsgrundlagen

Österreich

[325] Bundesgesetz über den Schutz der Tiere (Tierschutzgesetz – TSchG), BGBl. I Nr. 118/2004, Artikel 2, idF BGBl. I Nr. 86/2018. Im Internet: https://www.ris.bka.gv.at/GeltendeFassung.wxe?Abfrage=Bundesnormen&Gesetzesnummer=20003541; Stand: Juli 2020

Schweiz

[326] Schweizerische Eidgenossenschaft, Tierschutzgesetz (TSchG) vom 16. Dezember 2005 (Stand am 1. Mai 2017). Im Internet: https://www.admin.ch/opc/de/classified-compilation/20022103/index.html; Stand Juli 2020

7.5 Untersuchung zur Feststellung einer Konzeption

Hartwig Bostedt

7.5.1 Untersuchungsauftrag

Den Zustand einer bestehenden, intakten Gravidität nachzuweisen oder sich bereits bei ihr anbahnende Risiken, respektive Störungen, zu erkennen bzw. den Befund einer „Ingravidität“ zu attestieren, verlangt ausreichende, tierartbezogene anatomische und reproduktionsbiologische Kenntnisse. Der dem Besitzer/Betreuer mündlich oder schriftlich mitgeteilte Befund muss, je nach Tierart, ab einer bestimmten Dauer der Gravidität im höchsten Maße irrtumsfrei sein. Die getroffene Aussage bezieht sich jedoch nur auf den Zeitpunkt der durchgeführten Untersuchung. Haftungsansprüche können in Zusammenhang mit der Graviditätsfeststellung dann entstehen, wenn es zu einer falsch positiven oder falsch negativen Befundung gekommen ist. Zum Teil liegen diesen Fehldiagnosen ungünstige Untersuchungsbedingungen, fehlerhafte Aufzeichnungen seitens des Betreuers bezüglich des Bedeckungs-/Besamungstermins, aber auch eine nicht eingehaltene Sorgfalt beim investigativen Eingriff oder ein nicht korrekt auf die Tierart bezogener Untersuchungstermin zugrunde. In solchen Fällen ist die Vorlage der Dokumentation zum betreffenden Hergang von erheblicher Bedeutung.

Die immer wieder aufgegriffene Diskussion, ob eine Graviditätsuntersuchung in der Veterinärmedizin als Werk- oder Dienstvertrag zu bewerten sei, ist unter der Prämisse zu führen, dass die Untersuchung hinsichtlich des Ein- oder Ausschlusses einer Konzeption ein hohes Spezialwissen verlangt – trotz verbesserter technischer Methoden. Denn bei dieser tierärztlichen Tätigkeit geht es vielfach nicht allein um die Aussage, ob eine Gravidität besteht oder nicht, sondern auch – im Fall einer positiven Diagnose – darum, ob diese intakt ist, und ob voraussehbare Komplikationen (z. B. existente Zwillingsgravidität beim Pferd mit der evtl. Folge eines Aborts/einer Frühgeburt, Zustand einer Zwillingsgravidität bei Wiederkäuern mit der Gefahr der Ausbildung einer Gestationsketose im letzten Trimester der Gravidität, Einlingsgravidität bei Hund und Katze mit zu befürchtenden Geburtsstörungen, deutlich über dem Rassedurchschnitt liegende canine oder feline Fetenzahl und eine damit evtl. verbundenen Gestationsketose) ausgeschlossen werden können oder ob diese bereits existent sind.

7.5.2 Allgemeine Hinweise zum Untersuchungsablauf

Die Untersuchung am Tier, gleich welche Methode zur Anwendung kommt, kann nur dann durchgeführt werden, wenn eine – entsprechend der Tierart – notwendige kooperationsbereite **Situa-**

tion für diesen investigativen Eingriff geschaffen worden ist, die sowohl das Tier als auch den Untersucher vor Verletzungen schützt.

Die Möglichkeiten, einen Graviditätsnachweis zu führen, sind für die einzelne Spezies nach heutigem Stand vielseitig, wobei immer wieder neue, präzisere Methoden kreiert und dadurch ältere verdrängt werden. Wenn es sich um eine allgemein anerkannte und bewährte, schon öfter an seinem Tier oder im Bestand durchgeführte Untersuchungsmethode handelt, kann davon ausgegangen werden, dass dem Betreuer die evtl. damit verbundenen Risiken bekannt sind. Handelt es sich um die Untersuchung an einem Tier in einem Bestand eines bislang unbekannten Betreuers/Besitzers, so sind die damit verbundenen wichtigsten Risiken vor dem Eingriff/vor Beginn der Probenentnahme zu erläutern und sein Einverständnis einzuholen.

Im Allgemeinen lassen sich die Möglichkeiten der Graviditätsuntersuchung in 2 Kategorien unterteilen: in die direkten und indirekten **Verfahren**. Die Durchführung eines direkten Verfahrens ermöglicht in praxi eine sofortige Aussage nach Beendigung des investigativen Eingriffs am Tier. Unter indirekten Verfahren werden diejenigen zusammengefasst, bei denen ein Substrat entnommen und labortechnisch aufgearbeitet werden muss (Blut, Urin etc. für endokrinologische oder biochemische Bestimmungen). Die Befundinterpretation und -mitteilung erfolgt verfahrensbedingt zeitversetzt.

Beruhte bis vor ca. 30 Jahren die Graviditätsdiagnostik fast ausschließlich auf einer abdominalen Palpation (Schaf, Ziege, Hund, Katze), evtl. ergänzt durch eine Röntgenaufnahme, oder auf einer rektomanuellen (Rind, Pferd, bedingt Schwein) Vorgehensweise, hat sich dafür als nicht invasive Technik die Ultraschalluntersuchung bei fast allen Tierarten mehr und mehr durchgesetzt. Sie stellt heute ein praktikables, jedoch technisch aufwendiges und kostenintensives Verfahren dar, welches die Aussagekraft gegenüber den althergebrachten Methoden erweitert und vervollständigt. So bietet die Real-Time-Ultraschall-Technik, im Gegensatz zur palpatorisch-abdominalen oder rektal-manuellen Methode und neben dem Doppler-Ultraschall-Verfahren, die bildliche Darstellung und Befundung des Uterusinhalts (Fruchtwasser, embryonale, fetale und plazentare Strukturen) sowie die Möglichkeit der fetalen Herzfrequenzmessung (fHF) zur Bestimmung der aktuellen Vitalität. Die – zugegebenermaßen vorhandenen – Vorteile sind jedoch insgesamt als Verfahrensergänzung zu sehen, da zuerst der Uterus in seiner Lage zu verorten ist. So wertvoll die bildgebenden Verfahren sind und die Diagnosesicherheit sinnvoll ergänzen, kann nicht davon ausgegangen werden, dass durch sie die traditionell-propädeutischen Methoden obsolet geworden seien.

Die Art der **Befundmitteilung** hängt nicht zuletzt davon ab, welche Methode zur Anwendung kam. Nach Einsatz eines dieser direkten Verfahren sind nach beendeter Untersuchung drei Aussagemöglichkeiten gegeben. Im Allgemeinen lauten sie:

- Das Tier ist am Tag der Untersuchung als tragend (gravid) befundet worden.
- Das Tier ist nichttragend („ingravid").
- Zum Zeitpunkt der Untersuchung kann eine Trächtigkeit (Gravidität) nicht mit ausreichender Sicherheit nachgewiesen werden. Eine Nachuntersuchung ist in ... Tagen/Wochen mit Nachdruck zu empfehlen/notwendig.

7.5.3 Besondere Hinweise zum Untersuchungsablauf und für die Diagnosemitteilung

Beurteilung des Allgemeinzustands. Vor jeder Durchführung einer Untersuchung zur Feststellung des Besamungs- oder Bedeckungserfolgs ist das Tier kurz auf seinen Allgemeinzustand unter Einschluss des perivulvaren Körperabschnitts visuell zu kontrollieren. Bei etwaigen Auffälligkeiten (Kachexie, Diarrhö, pumpende Atmung, Vaginalausfluss etc.) ist abzuwägen, ob die Graviditätsuntersuchung durchgeführt werden kann und ob, unabhängig davon, unter dem Aspekt des Tierwohls und in Absprache mit dem Betreuer eine genauere Ursachenerhebung erfolgen soll/muss. Zumindest muss bei solch erkennbaren Krankheitszuständen das Angebot dafür unterbreitet werden.

Beurteilung der Infektionslage im Bestand. Eine weitere Frage ist, ob im Großtierbereich mehrere Tiere mit einem Rektalhandschuh untersucht werden können oder ob für jedes Tier ein neuer zu benutzen wäre. In Großtierbeständen ist dann für jeden Individualfall der Handschuh zu wechseln, wenn die Gefahr ausgeschlossen werden soll oder muss, dass im Kot befindliche Erreger über das rektal-manuelle Untersuchungsverfahren verbreitet werden könnten. Dazu ist es notwendig, dass der Untersuchende sich vor Beginn des investigativen Eingriffs über die Infektionslage im Bestand kundig macht, respektive sich entsprechende Angaben vom Betreuer geben lässt, sofern dies ihm, als ständig dort tätiger Tierarzt, nicht von vornherein bekannt ist. Zu wechseln ist der Untersuchungshandschuh auf jeden Fall, wenn der Untersuchende feststellt, dass die Darminnentemperatur von der Norm abweicht und auf einen fieberhaften Zustand schließen lässt.

Blutspuren am Handschuh. Befinden sich nach Abschluss der rektalen Untersuchung eines Großtieres Blutspuren am Handschuh, ist deren Ursache „sorgfaltsgerecht" nachzugehen. Während es sich beim Rind in den allermeisten Fällen um eine oberflächliche Darmschleimhautläsion handelt, ist beim Pferd in diesem Kontext zeitgleich zu überprüfen, ob eine tiefergehende Darmwunde oder sogar eine Darmperforation besteht. Diese Kontrolle bei Stuten zu unterlassen, wäre als Sorgfaltspflichtverletzung zu werten.

Abort nach erfolgter Untersuchung. Kommt es unmittelbar nach einer rektalen Untersuchung bei Rind oder Pferd oder nach der abdominalen bzw. sonografischen Befunderhebung bei kleinen Wiederkäuern, beim Schwein oder Kleintier innerhalb weniger Tage zum Abort, sollten die Abortfrucht sowie deren Eihäute einer Sektion zugeführt werden, um klarstellen zu können, ob es sich um eine untersuchungsbedingte Provokation gehandelt hat oder ob äußerlich nicht erkennbare Zustände als Ursache in Betracht kommen. Insbesondere ist hierbei auf evtl. vorliegende Infektionen zu achten, die als latentes Geschehen zum Zeitpunkt der Graviditätsuntersuchung schon bestanden haben.

Nachkontrolltermin. Bei der Aussage hinsichtlich einer zum Zeitpunkt der Untersuchung bestehenden Gravidität ist eine Empfehlung bezüglich eines Nachkontrolltermins unbedingt dann anzusprechen, wenn es sich um einen sog. Frühgraviditätsnachweis gehandelt hat. Embryonale oder frühfetale Todesfälle können das ursprünglich abgegebene Graviditätsresultat in den folgenden Wochen revisionsbedürftig machen, wobei dies nicht nur für unipare Tierarten gilt, sondern auch bei multiparen Tieren (Hund, Katze) von Bedeutung ist.

Beurteilung der Lebensfähigkeit der Frucht/Früchte. Außerdem kann bei Anwendung der Sonografie das Resultat über das Bestehen einer Gravidität hinaus noch dahingehend präzisiert werden, dass auch die Lebensfähigkeit der Frucht (Früchte) bescheinigt wird. Etwa in folgender Ergänzung: „Das Tier ist am Untersuchungstag als tragend mit einer lebensfähigen Fruchtanlage (mehreren Fruchtanlagen) befundet worden."

Anzahl der Fruchtanlagen. Bei Angabe einer bestehenden Frühgravidität beim **Pferd**, die mittels Sonografie ermittelt wurde, ist der Hinweis wichtig, dass es sich um eine physiologische Einlingsfruchtanlage handelt. Liegt eine Zwillingsanlage vor, so muss dies deutlich und unmissverständlich mitgeteilt werden, da daraus ein besonderer Maßnahmenkatalog resultiert (evtl. gewünschte artifizielle Reduktion der Zwillings- zu einer Einlingsgravidität oder Totalabbruch). Bestehen Zweifel, ob eine Einlings- oder Zwillingsgravidität gegeben ist, ist die Empfehlung für eine Nachuntersuchung mit genauer Angabe des Termins unter allen Umständen mündlich (dann möglichst in Gegenwart von Zeugen) oder schriftlich zu geben. Dies ist dann auch in der Dokumentation korrekt zu verzeichnen.

Besteht bei **Rind, Schaf oder Ziege** eine Mehrlingsgravidität (Nachweis mittels Ultraschall), ist dies ebenso in die Befundmitteilung aufzunehmen. Im Gegensatz zum Pferd wirkt sich eine Zwillingsgravidität bei großen und kleinen Wiederkäuern dann nicht störend (Abort, Frühgeburt, Totgeburt) aus, wenn die Ernährung ab dem 2. Trimester der Gravidität entsprechend auf diese körperliche Belastung eingestellt wird. Falls nicht, kann sich eine Gestationsketose daraus entwickeln.

Eine von vornherein risikobehaftete **Einlingsfruchtanlage bei multiparen Tierarten** ist ebenfalls in die Befundmitteilung aufzunehmen. Eine

Einlingsgravidität kann bei diesen Spezies zu Geburtsschwierigkeiten führen.

Risikogravidität. Anderweitige Störungen (zu niedrige fHF, Fruchtwasserveränderungen, Unregelmäßigkeiten in der plazentaren Struktur), die am Tage der Untersuchung mittels Sonografie zu erkennen oder im weiteren Verlauf der Gravidität zu befürchten sind, sind ebenfalls in die Befundmitteilung aufzunehmen. Letztendlich gilt es, entweder eine regelhafte Gravidität aufgrund des aktuellen Untersuchungsbefunds zu bescheinigen oder auf bereits bestehende Normabweichungen oder auf mögliche/zu befürchtende Gefahren hinzuweisen. Eine Risikogravidität bedarf besonderer Kontroll- und Behandlungsmaßnahmen. Das Nichterwähnen dieser Zustände kann schwerwiegende Konsequenzen nach sich ziehen.

Intakte Gravidität. Von einer „intakten Gravidität" kann nur dann gesprochen werden, wenn mehrere Kriterien erfüllt sind, wobei der Großteil nur über zusätzliche Untersuchungsverfahren ermittelt werden kann:

- Eine nach Besamungs- oder Bedeckungstermin normal entwickelte Fruchtanlage (Fruchtanlagen) liegt (liegen) vor.
- Die Vitalität der Fruchtanlage (der Fruchtanlagen) ist nachgewiesen.
- Fruchtwasser, Uteruswand und evtl. erkennbare Plazentastrukturen weisen keine Veränderungen auf.

Falls wirklich eine umfassende Aussage bezüglich der Intaktheit einer Gravidität verlangt wird (z. B. in kritischen Situationen, Export- oder Ankaufsuntersuchung etc.), dann beinhaltet dies nicht nur eine Beurteilung der uterinen Gegebenheiten, sondern auch die der zervikovaginalen mittels Vaginoskopie (Kolposkopie). Die Zervix muss fest verschlossen und, ebenso wie die vaginovestibuläre Schleimhaut, ohne entzündliche Veränderungen sein (vaginoskopischer Befund).

7.5.4 Dokumentation der Untersuchungsbefunde und der festgestellten Besonderheiten

Merke

Die Dokumentation der getroffenen und mündlich mitgeteilten Feststellungen ist unverzichtbar.

Die Anforderungen an die Dokumentation bezüglich der Untersuchung hinsichtlich des Erfolgs einer Besamung oder Bedeckung sind verschieden. Es ist dabei zu unterscheiden,

- ob es sich um eine routinemäßige Herdenuntersuchung im Stall oder auf der Weide bei den Tierarten Rind, Schaf, Ziege oder Schwein gehandelt hat;
- ob sie beim Pferd als Einzelfall, respektive in Gestüten als Reihenuntersuchung, stattgefunden hat, wobei hier die äußeren Umstände (Untersuchungsstand, fixierte Stute in der Box oder auf der Weide) mit zu registrieren sind;
- ob es sich um eine Einzeluntersuchung bei Kleintieren unter Klinik-/Praxisverhältnissen oder im Rahmen eines Hausbesuchs gehandelt hat.

Bei **Routineuntersuchungen in Rinder-, Schaf-, Ziegen- und Schweinebeständen** sollte in Zusammenarbeit mit dem Bestandsbetreuer eine für den Betrieb umsetzbare und übersichtliche Dokumentation vorgenommen werden. Da im Untersuchungsablauf keine größeren Unterbrechungen auftreten sollten, wäre eine Listenführung während der tierärztlichen Befunderhebung seitens des Herdenbetreuers angebracht. Aus den Listen muss die Identität der Tiere hervorgehen. Ebenso ist der Untersuchende verpflichtet, sich über die Identität des jeweiligen Tieres kundig zu machen. Oder die Daten werden in die Überwachungssysteme direkt übertragen. In kleineren Beständen ist eine direkte Befundaufnahme in die Stallkartei und Tierarztkartei mit Angaben zur Identität der Tiere das Mittel der Wahl. Der Befund „tragend" oder „nichttragend" kann mit Kürzeln eingetragen werden, Auffälligkeiten (Zwillingsgravidität etc.) sind extra zu verzeichnen.

Eine besondere Bedeutung hat die Untersuchung auf das Vorliegen einer „Ingravidität" oder Gravidität bei **zur Schlachtung vorgesehenen Tieren** erlangt (§ 4 Tiererzeugnisse-Handels-Verbotsgesetz (TierErzHaVerbG) 05.07.2017; Schafe und Ziegen sind von diesem Gesetz ausgenommen). Hier muss tierärztlicherseits die Identität des Tieres aufgenommen sowie der erhobene Befund nachvollziehbar dokumentiert werden. Jede Einzel- und Kleingruppenuntersuchung (z. B. Nachkontrolle von Tieren, die für die Schlachtung vorgesehen sind und eindeutig „ingravid" sein müssen) ist entsprechend im Tierarzt-Dokumentationssystem für evtl. später auftretende Nachfragen aufzunehmen.

In **Gestüten und Zuchtpferdehaltungen** ist die nachvollziehbare Befunddokumentation von jedem eindeutig deklarierten Tier ebenfalls von Relevanz. Für umfassende Untersuchungsreihen haben sich Vordrucke bewährt, in denen vor Ort die Identität des Tieres und mit Kürzeln die Befunde einzutragen sind. Oder es kommen elektronische Möglichkeiten der Befunddokumentation zur Anwendung. Auch sind Hinweise bezüglich besonderer Feststellungen und Empfehlungen für Nachuntersuchungen zu festen Terminen zu erfassen.

Im **Kleintierbereich** ist eine ebenso sorgfältige Befunddokumentation angezeigt, wobei diese neben der Identität des Tieres die angewandte Methode (Palpation, Vaginoskopie, Ultraschall, Röntgen), die ermittelten Befunde und die Besonderheiten in der Befundmitteilung/Sonderabsprachen zu beinhalten hat.

7.5.5 Besondere Aspekte hinsichtlich der Untersuchung des Bedeckungs- oder Besamungserfolgs bei den einzelnen Tierarten

Pferd

Der Nachweis einer Gravidität kann bei der Stute mit direkten oder indirekten Methoden erbracht werden. Am häufigsten kommt die **rektomanuelle Methode** alleine oder in Kombination mit der Sonografie zur Anwendung.

Praxistipp

Die alleinige rektomanuelle Untersuchungstechnik ist nach wie vor anerkannt. Allerdings ist der etwas zeitversetzte Untersuchungstermin gegenüber der rektomanuell-sonografischen Methode zu beachten und dem Besitzer/Betreuer der Hinweis zu geben, dass mit diesem „althergebrachten" Untersuchungsverfahren keine Aussage über die Vitalität des Embryos und eine Aussage hinsichtlich einer Zwillingsanlage nur bedingt möglich ist.

Die rektomanuelle(-sonografische) Untersuchungstechnik einer Stute im Rahmen der Graviditätsdiagnostik verlangt – neben ausreichender Erfahrung – folgende Voraussetzungen und Beachtungen:

- Eine ausreichende Fixation der Stute nach den gebotenen Umständen, um Verletzungsgefahren für das Personal und die Stute zu vermeiden.
- Die Abwägung zwischen der Handgröße des Untersuchers und den anatomischen Verhältnissen der Stute im Darm-Beckenbereich. Dies spielt insbesondere bei mittelgroßen und kleinen Pferderassen eine Rolle.
- Befinden sich am rektal eingeführten Handschuh nach Beendigung des investigativen Eingriffs Blutspuren, so muss unverzüglich festgestellt werden, ob eine während der Untersuchung eingetretene Darmschleimhautverletzung/Darmperforation vorliegt, oder ob es sich um ein Trauma handelt, welches schon vor dem Eingriff bestanden haben könnte.

Mittels **transrektaler Sonografie** ist es beim Pferd möglich, sehr frühzeitig nach einer Bedeckung oder Besamung (ab dem 10. Tag) den Zustand einer Gravidität ein- oder auszuschließen. Allerdings verlangt diese sehr frühe Feststellung ausreichende Erfahrung. Routinemäßig werden in Gestüten Stuten, die nicht nachgerosst haben, erstmals um den 25.–30. Tag post cohabitationem/post inseminationem untersucht, weil zu diesem Zeitpunkt bereits Strukturen des Embryos und dessen Herzschlag nachzuweisen wären.

Merke

Neben der auf der Untersuchungstechnik basierenden Feststellung, dass eine Gravidität vorliegt, ist es in der Frühdiagnostik von Bedeutung, mit einem hohen Maß an Sicherheit eine Einlingsgravidität von einer Zwillingsanlage zu differenzieren.

Auch sind Kriterien eines sich evtl. abzeichnenden embryonalen Absterbens in die visuelle Untersuchung miteinzubeziehen.

Bei der **Mitteilung des Untersuchungsbefunds** ist auf folgende Formulierungen Wert zu legen [327]:

- alleinige Anwendung der rektomanuellen Untersuchungstechnik:
  - „Die Stute ... ist zum Zeitpunkt der rektalpalpatorisch durchgeführten Untersuchung am ... tragend." Die Aussage bezüglich einer Einlings- oder Zwillingsgravidität muss – abhängig vom Untersuchungszeitpunkt und von der Untersuchungsmöglichkeit – entsprechend vorsichtig formuliert werden: „transrektal-palpatorisch als tragend diagnostiziert; Rat zur Nachuntersuchung in × Tagen/Wochen".
- kombinierte rektomanuelle Methode in Verbindung mit der transrektalen Sonografie:
  - „Die Stute ... ist zum Zeitpunkt der am ... rektal-palpatorisch und sonografisch vorgenommenen Untersuchung tragend. Es besteht eine Einlingsgravidität, die dem angegebenen Deck-/Besamungstermin von der Entwicklung her entspricht."
  - Je nach Untersuchungszeitpunkt ist ergänzend mitzuteilen, ob die Fruchtanlage Vitalitätszeichen (sonografisch nachgewiesener Herzschlag, Fruchtbewegungen) aufwies. Kurzform: „Eine Fruchtanlage ist mit Vitalitätszeichen darstellbar gewesen. Rat zur Nachuntersuchung in x Tagen/Wochen."
  - „Bei der Stute ... besteht aufgrund der am ... erhobenen Befunde eine Zwillings-(Mehrlings-)Trächtigkeit. Folgende Maßnahmen sind zu empfehlen: ..."
- Weitergehende Aussagen:
  - „Die Stute ... ist aufgrund der rektomanuellen/rektomanuellen und transrektal-sonografisch erhobenen Befunde am ... als nichttragend zu bezeichnen."
  - „Die Untersuchung der Stute ... am ... ergab keine eindeutigen Anzeichen einer Fruchtanlage. Eine Nachuntersuchung ist zeitnah erforderlich. Als Termin wird ... vorgeschlagen."

Die Bedeutung eines Hinweises auf eine Nachuntersuchung im Falle einer frühen Graviditätsdiagnostik liegt nicht zuletzt in der Tatsache begründet, dass es bei Stuten in einem bestimmten Prozentsatz zu embryonalen und frühfetalen Verlusten kommen kann (▶ Tab. 7.3).

Stellt sich heraus, dass die Untersuchungsbedingungen nicht optimal sind, die Stute sich unkooperativ verhält oder der Besitzer den rektalen Eingriff bei seinem Tier nicht wünscht, gibt es je nach Bedeckungs-Besamungstermin eine Reihe von indirekten Verfahren, mit denen sich eine Gravidität nachweisen oder ausschließen lässt.

▶ **Tab. 7.3** Kontrolluntersuchung zwischen 4. und 7. Monat p. conc. bei 4803 Vollblutstuten, bei denen eine Frühgravidität mittels rektomanuell-sonografischer Untersuchung diagnostiziert wurde [327].

Anzahl Stuten	Gravidität nachgewiesen/ r.n.u.[3]		Kontrolle 4.–7. Monat	
	3. Woche	6. Woche	gravid	ingravid
1223[1]	1223	1223	1118 = 91,4 %	105 = 8,6 %
2331	2331	r.n.u.[3]	1983 = 85,1 %	348 = 14,9 %
1249[2]	r.n.u.[3]	r.n.u.[3]	812 = 65,0 %	437 = 35,0 %

1 Es wurden nur die Stuten berücksichtigt, die sowohl in der 3. als auch 6. Woche als gravid detektiert worden waren.
2 Als gravid angenommen, da nach der letzten Bedeckung keine Rosse mehr beobachtet werden konnte.
3 r.n.u. = rektal nicht untersucht

Rind

Die **rektomanuelle Untersuchung** eines Rindes zur Überprüfung des Besamungs- oder Bedeckungserfolgs stellt die „althergebrachte“, übliche Methode dar. Sie wird heute teilweise ergänzt durch die **transrektale Sonografie**. Dadurch kann zum einen der Termin eines Graviditätsnachweises vorverlegt werden, zum anderen ist es möglich, die Vitalität der Fruchtanlage, das Vorliegen einer Zwillingsanlage sowie Anzeichen eines evtl. eintretenden embryonal-frühfetalen Todes näher zu diagnostizieren.

Eine sichere Diagnose des Konzeptionserfolgs ist von einem in der Großtierpraxis tätigen Tierarzt bei Kühen ab der 10. Woche p. conc. zu verlangen. Von einem Fachtierarzt wird erwartet, dass er bei Kühen diese Diagnose ab der 8. Woche und bei Färsen ab der 6. Woche mit an Sicherheit grenzender Wahrscheinlichkeit stellt.

Praxistipp

Schwierigkeiten der Graviditätsfeststellung könnten in der Zeit 5./6. Monat auftreten, weil zu diesem Zeitpunkt der Uterus weit in die abdominale Tiefe zieht (Senkungsstadium) und so mitunter – je nach inneren Verhältnissen und Armeslänge des Untersuchenden – keine sicheren, graviditätsanzeigenden Merkmale eruiert werden können (Differenzialdiagnose: Pyometra). Hilfsweise kann unter das Abdomen ein Brett geführt und von zwei Personen vorsichtig angehoben werden. Dadurch gelingt es vielfach, den Uterus aus seiner ventralen Lage leicht nach dorsal zu verlagern und so für den Untersuchenden besser beurteilbar zu machen. Eine Nachuntersuchung ist bei unklarer Situation in jedem Fall erforderlich.

Die Feststellung des in der Literatur aufgeführten Kriteriums eines sog. „Uterinschwirrens“ bei Rindern reicht alleine nicht aus, um mit an Sicherheit grenzender Wahrscheinlichkeit einen intakten Graviditätszustand anzunehmen, da dieses Phänomen auch bei entzündlichen Uterusstörungen ausgebildet sein kann.

Schwein

Der Graviditätsnachweis beim Schwein wird **ultraschallgestützt** durchgeführt. Dafür kommt frühestmöglich die Zeit ab dem 22. Tag nach der Bedeckung/Besamung in Betracht. Mithilfe des in der rechten Kniefalte aufgesetzten Ultraschallkopfs sind graviditätsassoziierte Veränderungen am Uterus dann schon erkennbar, wobei jedoch eine Nachkontrolle zu empfehlen ist. Andere Methoden wie die Doppler-Methode oder das Echolotverfahren kamen früher zur Anwendung, sind aber der Sonografie hinsichtlich der wünschenswerten Aussagekraft unterlegen.

Schaf, Ziege

Die **Palpation des Abdomens** im kaudalen Abschnitt ist bei Schaf und Ziege um den 80.–100. Tag post cohabitationem (p. cohab.)/post inseminationem (p. insem.) möglich, wobei dies um den 100. Tag mit einer Treffsicherheit von 80–95 % beim Schaf, bei der Ziege ab dem 80. Tag mit einer Sicherheit von ca. 80 % verbunden ist.

Bewährt hat sich bei diesen Tierarten jedoch die **Ultraschalldiagnostik** (Real-time). Sie geschieht am stehenden Tier in Form der **transrektalen** Technik in der Zeit der frühen Gravidität (15.–30. Tag p. cohab./p. insem.), v.a. aber als **transkutanes** Verfahren ab dem 35. Tag. Vorteile der transkutanen Technik sind u. a.:

- keine Verletzungsgefahr
- Nachweis eines lebenden Fetus (Herzfrequenz, Bewegungsaktivität)
- annähernde Bestimmung der Fetenzahl
- Unterscheidung von Gravidität und Pseudogravidität (Hydrometra) bei der Ziege
- Diagnose von Graviditätsstörungen (embryonaler/fetaler Tod, Plazentitis)

Hund, Katze

Als einfaches Verfahren gilt für beide Tierarten die **abdominale Palpation** (Nachweis der Graviditätskammern bei Hund und Katze ab dem 23.–30. Tag p. cohab./p. insem.). Die Aussagemöglichkeiten dieser Methode sind aber begrenzt, insbesondere um den 30. Tag, da dann bereits die Ausdehnung des graviden Uterus (Schlauchstadium) beginnt und die Kammerform verschwindet.

Deshalb findet heute in praxi vorwiegend die **transabdominale Ultraschalltechnik** Anwendung. Mit ihr lassen sich bereits ab dem 21. Tag (besser ab dem 24./25. Tag) Fruchtkammern nachweisen, aber auch ab dem 25.–30. Tag Herzaktionen der Embryonen. Als Schallkopfleistung sind 5–12 MHz notwendig.

Zu beachten ist, dass eine exakte Bestimmung der Fruchtanzahl mit der Ultraschalltechnik nicht möglich ist, eine annähernde jedoch sehr wohl. Darauf ist bei der **Befundmitteilung** hinzuweisen. Ebenso ist bei Frühgraviditätsuntersuchungen darauf aufmerksam zu machen, dass eine erneute Kontrolle ab dem 40. Tag erfolgen sollte, da es zwischenzeitlich zu Fruchtverlusten kommen kann.

Merke

Die Röntgenuntersuchung ist erst ab dem 45. (Hund), besser ab dem 50. Tag (Hund/Katze) zu empfehlen, um evtl. dadurch entstehende Störungen bei der fetalen Ossifikation (Knochenbildung) zu vermeiden.

Auch sollte sie wegen der gegebenen Strahlenbelastung nur bei tatsächlichem Bedarf angewandt werden. Vorteil einer Röntgenuntersuchung ist jedoch, dass die exakte Fetenzahl (anhand der individuellen Knochenstruktur) bestimmbar ist; als Nachteil gilt, dass kein Vitalitätsnachweis möglich ist.

Praxistipp

Bei der Kleintier-Röntgenaufnahme ist darauf zu achten, dass auch das Segment der kaudalen Rippenbögen miterfasst wird. Die Ausdehnung des Uterus kann im Falle einer rassebezogenen, überdurchschnittlichen Fetenzahl im letzten Trimester der Gravidität bis weit in das Gebiet der letzten Rippen reichen. Bei großen Hunderassen sind daher ggf. zwei Aufnahmen notwendig.

Als indirektes Verfahren zur Graviditätsfeststellung gilt bei Hund und Katze der **Relaxinnachweis**, wobei dieser bei Hund und Katze ca. ab dem 28. Tag bis zur Geburt durchgeführt werden kann.

7.5.6 Quellenangaben

[327] Bostedt H, Sieme H, Bartmann CP et al. Klinisch relevante Vorgehensweisen zur frühzeitigen Überprüfung der Konzeption bei der Stute. Tierärztliche Praxis 2014; 42: 112–120

[328] Goel AK, Agrawal KP. A review of pregnancy diagnosis techniques in sheep and goats. Small Rum Res 1992; 9: 259–264

[329] Janthur M. Trächtigkeitsuntersuchung bei Hund und Katze. Prakt Tierarzt 1998; 79: 934–940

[330] Kaulfuß KH, Uhlich K, Brabant S et al. Real-time ultrasonic pregnancy diagnosis (B-mode) in sheep. Part 1. Frequent examinations during the first month of pregnancy. Tierärztliche Praxis 1996; 24: 443–452

[331] Lejeune B, Siegwart N, Hässig M et al. Untersuchungen über die Genauigkeit der Trächtigkeitsuntersuchung mittels Ultraschall beim Rind und deren Auswirkung auf Fruchtbarkeitskennzahlen. Tierärztliche Umschau 2005; 60: 75–79

[332] Pichotta M, Herzog K, Kaske M et al. Trächtigkeitsdiagnostik bei Kühen: Optionen, Probleme, Perspektiven. Der praktische Tierarzt 2011; 92: 602–611

[333] Root Kustritz MV. Pregnancy diagnosis and abnormalities of pregnancy in the dog. Theriogenologie 2005; 64: 755–765

[334] Yotov S, Bonev G, Wehrend A et al. Sensitivität, Spezifität und Genauigkeit der transrektalen sonographischen Frühträchtigkeitsdiagnose beim Schaf. Tierärztliche Praxis 2007; 35: 350–352

7.6 Geburtshilfe

Hartwig Bostedt, Thomas Steidl

Die Geburtshilfe ist bei allen Tierarten ein besonderer forensischer Brennpunkt. Dies hat verschiedene Gründe. Zu beachten sind sicherlich die besonderen emotionalen Umstände, unter denen der Tierbesitzer die schmerzhafte und sich über einen längeren Zeitraum erstreckende Geburt eines „Familienmitglieds“ erleben muss. Aber auch finanzielle Gründe, wie der Verlust der Neonaten oder gar des Muttertieres, erhöhen das Risiko einer gerichtlichen Auseinandersetzung.

Aus diesem Grunde ist es essenziell, alle peripartalen Vorgänge akribisch zu dokumentieren. Auch die Aufklärung des Besitzers ist, möglichst vor Zeugen, professionell durchzuführen und ebenfalls zu dokumentieren. Die Dokumentation ist nicht nur eine Nebenpflicht des Behandlungsvertrags sowie eine Forderung der Berufsordnung, sondern auch eine wichtige Hilfestellung vor Gericht, um die Sorgfalt und das kunstgerechte Vorgehen bei der Geburt vor Gericht belegen zu können. Im umgekehrten Fall kann eine mangelhafte Dokumentation dazu führen, dass das Gericht aus Gründen der „Waffengleichheit" die Umkehr der Beweislast anordnet. In diesem Falle hätte der beklagte Tiermediziner zu beweisen, dass er nicht schuldhaft gehandelt hat.

Aus diesen Gründen haben sich im Jahr 2009 Mitglieder des Berufsstands aus Hochschulen und Praxis zusammengetan und für Hund und Katze Empfehlungen für die Geburtshilfe erstellt [336].

Insbesondere gehen diese Empfehlungen ein auf:

- Aufklärungspflichten (Patientin im vorgeburtlichen Stadium, Patientin in der Geburt, Patientin mit Dystokie, tierhalterbestimmte Partusinduktion oder geburtshilfliche Laparotomie)
- Dokumentation (geburtshilfliche Anamnese, Aufklärung und Belehrung vor der Behandlung, geburtshilfliche Untersuchung, geburtshilfliche Maßnahmen, Versorgung der Neonaten)

Diese Empfehlungen sind der Goldstandard bei der Durchführung der Geburtshilfe.

7.6.1 Das muss vorab geklärt werden

Gerade und insbesondere vor der Einleitung jeglicher geburtshilflicher Maßnahmen müssen folgende Fragen abgeklärt werden:

- Liegt eine physiologische Geburt vor oder bestehen Geburtshindernisse?
- Was sind die Ursachen der Dystokie?
- Welche Behandlungsmaßnahmen stehen zur Verfügung?
- Ist die Praxis personell und apparativ in der Lage, diese Behandlungsmaßnahmen lege artis durchzuführen (Übernahmeverschulden? Sorgfaltspflichtverletzung?)?
- Risikoabwägung der verschiedenen Optionen bezüglich Mutter und Neonaten und diesbezügliche Aufklärung des Tierhalters

Aus Erfahrung der Autoren birgt das folgende Szenario besondere forensische Sprengkraft: Patientenbesitzer und Tierarzt entschließen sich zu einer chirurgischen Lösung der Dystokie. Bei der anschließenden Laparotomie stellt sich heraus, dass der Uterus stark beschädigt und deshalb zur Rettung des Lebens der Mutter eine Sectio porro indiziert ist. Hierzu kann in tabula nicht immer das aktuelle Einverständnis des Besitzers eingeholt werden. Deshalb sollte generaliter **vor** jedem geburtshilflich chirurgischen Eingriff die Tierhaltergenehmigung eingeholt werden, dass eine Sectio porro durchgeführt werden darf und damit eine weitere Zuchtverwendung des Muttertieres unmöglich gemacht wird. Wird über diese Option ante operationem nicht aufgeklärt, so sind Forderungen des Tierbesitzers auf Schadenersatz wegen ausgefallener Graviditäten und Erlöse aus Nachkommenverkäufen möglich.

Auseinandersetzungen zwischen Tierbesitzer und behandelndem Tierarzt auf dem Gebiet der Obstetrik und Neonatologie dominieren in der Gesamtstatistik aller veterinärmedizinischen Gerichts- und Versicherungsverfahren. Dieserart Probleme betreffen v. a. Kleintiere, aber auch Pferd und Rind. Grundsätzlich ist bei der nachträglichen Betrachtung und Bewertung eines Geburtsgeschehens zu berücksichtigen, dass der Verlauf einer Geburt stets als ein Individualgeschehen bei differenter Ausgangslage einzustufen ist. Deshalb ist es wichtig, dass sowohl die vorberichtlichen Angaben als auch die diagnostischen und obstetrischen Maßnahmen, die im Rahmen der tierärztlichen Betreuung geburtshilflicher oder neonatologischer Patienten erhoben bzw. durchgeführt worden sind, zeitnah dokumentiert werden, um sie bei Rückfragen zur Verfügung zu haben oder vorlegen zu können.

Zu beachten sind in der veterinärmedizinischen Obstetrik und Neonatologie die folgenden kritischen Punkte:

- Die Anforderung tierärztlicher Hilfe seitens des Betreuers oder Besitzers für ein Tier in der Geburt ist vorab als **Notfall** einzuordnen.
- Ein **sofortiges Handeln** ist unerlässlich, sei es in beratender Weise, was zu tun als geboten erscheint, bis die tierärztliche Hilfe zeitnah vor Ort gegeben werden kann, oder sei es in Form einer sofortigen Einbestellung des Betreuers/Be-

sitzers mit dem in der Geburt befindlichen Tier in die Praxis/Klinik. Eine umfassende und situationsgerechte Beurteilung des Schweregrads des Zustands ist aus den gegebenen, oft laienhaften Beschreibungen am Telefon meist nicht möglich, besonders dann nicht, wenn es sich um einen dem Tierarzt unbekannten Patientenbesitzer respektive Ratsuchenden handelt.

- **Telefonauskünfte und -beratungen** sind nur **vom diensthabenden Tierarzt** zu geben. Diesbezügliche Auskünfte von nichttierärztlichen Kräften entbehren mitunter der fachlichen, fall- und tierartbezogenen Kompetenz und bergen die Gefahr in sich, dass daraus zusätzliche Komplikationen entstehen.
- Eine **Verzögerung** bezüglich der Inaugenscheinnahme des Patienten vor Ort oder hinsichtlich des Angebots, mit dem Tier unmittelbar in der Praxis/Klinik zu erscheinen, **ist unbedingt zu vermeiden**. Es könnten daraus risikoverstärkende oder sogar irreversible Schäden beim Muttertier und deren Frucht/Früchten entstehen, was zum einen der verlangten Sorgfalt zuwiderläuft, zum anderen Anlass zu Haftpflichtansprüchen des Tierbesitzers bieten kann.
- Verzichtet der Ratsuchende auf das tierärztlicherseits geäußerte Angebot sofortiger Hilfe, so geht das Risiko hinsichtlich des weiteren Geburtsverlaufs auf ihn über.
- Kann ein geburtsassoziierter Beistand zeitnah oder aus fachlichen Gründen (Übernahmeverschulden) gar nicht geboten werden, ist der Hilfesuchende darüber aufzuklären und dahingehend zu beraten, sich um die notwendige Hilfe bei einer anderen nahegelegenen, für solche Fälle ausgerichteten Praxis/Klinik zu bemühen.

Alle diese Auskünfte sind mit in die Dokumentation aufzunehmen, insbesondere wenn es sich um einen Fall handelt, der im Vorfeld noch nicht von der Praxis/Klinik betreut worden ist.

7.6.2 Vorbericht

Voraussetzung für die Durchführung geburtshilflicher Maßnahmen ist die fallbezogene Erhebung des Vorberichts sowie eine allgemeine und den Status der Geburt umfassende Untersuchung mit anschließender Diagnosestellung. Bei der Erfragung des Vorberichts sind die Beobachtungen des Tierbetreuers zu registrieren. Angebracht sind dabei zielgerichtete Nachfragen hinsichtlich des bisherigen Verlaufs, aber auch dahingehend, welche Manipulationen bisher durch den Besitzer oder andere Hilfs- oder Fachkräfte durchgeführt wurden und ob bereits Medikamente (u. a. Wehenmittel), wann und in welcher Form zum Einsatz kamen. All dies ist mitentscheidend für die Wahl der vorzunehmenden Untersuchungsverfahren, darüber hinaus auch z. T. für die durchzuführenden obstetrischen Maßnahmen. Die Dokumentation (S. 30) dieser Angaben ist notwendig.

7.6.3 Allgemeinuntersuchung

Merke
Ehe mit der speziellen geburtshilflichen Exploration begonnen wird, ist eine Allgemeinuntersuchung der Patientin unabdingbar.

Nur durch eine knappe, aber die in einem geburtshilflichen Notfall wesentlichen Kriterien umfassende Allgemeinuntersuchung (Körpertemperatur, Herz-Kreislauf-System, Anzeichen inneren Verblutens, septikämische oder toxämische Erscheinungen u. a.) können die den Gesamtorganismus betreffenden Störungen erfasst und in die Gesamtbeurteilung des Falles, zusammen mit den geburtshilflichen Befunden, aufgenommen werden. Nicht zuletzt hängt die Durchführung der in Betracht kommenden geburtshilflichen Maßnahmen auch davon ab, ob das Allgemeinbefinden die eine oder andere geburtshilfliche Maßnahme noch zulässt oder ob es bereits so reduziert ist, dass manche fallbezogene geburtshilfliche Handlung, besonders der konservativen Art, nicht mehr möglich erscheint und Alternativen zur Beendigung der Geburt vorzuschlagen sind.

7.6.4 Obstetrische Untersuchung

Zur **Vorbereitung** der obstetrischen Untersuchung gehört, dass das Muttertier auf einem sauberen Untergrund gut gelagert und fixiert ist sowie eine hygienisch vertretbare Umgebung bei Großtiergeburten mit Raum für eine evtl. durchzuführende Extraktion gegeben ist.

Die obstetrische Untersuchung selbst geschieht nach den tierartlich unterschiedlichen Erfordernissen. Die **perianal-genitale Umgebung** ist vor und ggf. im Verlauf des Eingriffs zu säubern, um Keimverschleppungen in den weichen Geburtsweg – mit den daraus resultierenden Folgen – im Rahmen des manuellen oder digitalen Eingriffs den Umständen entsprechend zu minimieren. Allerdings kann eine gewisse Keimbelastung im Verlauf der obstetrischen Untersuchung nicht gänzlich vermieden werden, da intra partum Kot- und Harnabsatz („in faeces et urinae nascimur") im Rahmen des Entleerungsreflexes typisch sind. Dennoch ist Sorge dafür zu tragen, dass diese Gefahr durch wiederholtes Säubern und Abdeckung des Anus auf ein vertretbares Maß herabgesetzt wird.

Vor Beginn des obstetrischen Eingriffs sind adspektorisch jedwede äußerlich erkennbaren Verletzungen im anogenitalen Bereich aufzunehmen. Die untersuchende Hand (bei Großtieren einschließlich des Armes) ist vor der Intervention gründlich zu reinigen und zu desinfizieren. Zum Einsatz kommende Gleitmittel müssen steril und reizlos sein, um mittelbedingte allergisch-entzündliche Reaktionen der Vaginalschleimhaut zu vermeiden. Um eine günstige Untersuchungssituation, z.B. bei starkem Pressreiz infolge von Schmerzzuständen oder starker Wehentätigkeit, zu schaffen, käme – besonders bei Großtieren – zur Beruhigung des kaudalen Körperabschnitts eine **Extradural-Anästhesie lege artis**, unter Beachtung der Tierartenspezifität, in Betracht. Bei Kleintieren sind dafür evtl. andere Maßnahmen notwendig (Sedation, Analgesie, Narkose), wobei dabei allerdings zu berücksichtigen ist, dass die dafür einzusetzenden Medikamente nicht oder nur in geringem Maße negativen Einfluss auf die Vitalität eines sich im Uterus befindlichen vitalen Fetus/auf vitale Feten haben. In jedem Fall ist der Tierhalter/Betreuer über die mit all diesen zusätzlichen Handlungen evtl. verbundenen wichtigen Nebenwirkungen kurz, aber informativ zu unterrichten (nach Extraduralanästhesien Gliedmaßenlähmungen, Schwanzlähmungen; Narkoserisiko), sofern er anwesend oder unmittelbar erreichbar ist. Im Falle der Nichtanwesenheit des Besitzers/Betreuers ist jedoch abzuwägen, ob diese Benachrichtigung mit zu hohem Zeitaufwand verbunden ist. Wäre dies der Fall und bedarf es keinen Aufschub, um das Leiden des Muttertieres nicht zu verlängern, könnte darauf verzichtet werden.

Bei der **vestibulovaginalen Untersuchung** ist von Anfang an auf mögliche Traumatisierung des weichen und knöchernen Geburtswegs zu achten, die durch vorausgegangene Geburtshilfeversuche oder die Anwendung von Wehenmitteln entstanden sein könnte (Hämatome größeren Umfangs, Kontusionen, Einrisse, Zervixverletzungen, digital oder manuell erreichbare Verletzungen des Uterus, Uterusperforation). Bewährt hat sich, entsprechende Befunde unmittelbar dem Besitzer/Betreuer/Einlieferer mitzuteilen, um nachträgliche Auseinandersetzungen darüber, wann diese Traumata entstanden sind, zu vermeiden. Vor jedem weiteren explorativen Schritt ist dann abzuschätzen, ob eine Weiterführung der Untersuchung noch möglich erscheint oder als zusätzliches, den Zustand verschlechterndes Risiko einzustufen ist.

Je nach investigativer Möglichkeit sind das **Stadium der Geburt** (Stadium I und II), die Durchgängigkeit des **Geburtswegs** sowie die **Lage, Stellung, Haltung** des zu ertastenden Fetus und seine **Vitalitätszeichen** festzustellen. Letzteres geschieht zum einen bei manuell oder digital erreichbarer Frucht in Vorderendlage mittels Überprüfung des Saug- und Schluckreflexes, bei Großtieren auch des Lidreflexes; bei Hinterendlage ist die Überprüfung des Analreflexes und, soweit erreichbar, die der Nabelpulsation möglich. Bei sich in der Geburt befindlichen Kleintieren sind in dieser Hinsicht noch weitere Möglichkeiten zu berücksichtigen. Hier gehört die Messung und Bewertung des Herzschlags von im Uterus befindlichen Feten als Vitalitätsmerkmal zur Sorgfalt der geburtshilflichen Untersuchung dazu und kann entweder vor Beginn oder nach Beendigung des evtl. digital-vaginalen Eingriffs geschehen. Sie wird entweder phonendoskopisch oder sonografisch vorgenommen. Mittels der Herzfrequenzfeststellung kann die Prognose für das Überleben des Fetus/der Feten exakter gestellt werden. Sie ist aber auch ein mitentscheidender Faktor, welche Methode zur Beendigung der Geburt im gegebenen Fall als günstig und machbar erscheint.

Weiterhin sind die **Größe der Frucht** (normal groß, relativ groß, relativ zu groß, absolut zu groß) anhand tierspezifischer Kriterien und deren **Posi-**

tion im Geburtsweg (vorgetreten, eingetreten, partiell ausgetreten) zu beurteilen. Auch ist das **Verhältnis Fruchtgröße** zu den Ausmaßen des **maternalen Beckens** vor jeder konservativ-obstetrischen Maßnahme zu berücksichtigen. Am Ende der Untersuchung und Diagnosestellung wird die Prognose für Muttertier und Fetus (Feten), unter Berücksichtigung der möglichen obstetrischen Verfahren, abgeschätzt. Denn für jeden geburtshilflichen Fall gilt, dass die für Muttertier und Frucht/Früchte risikoärmste und aussichtsreichste Methode zur Beendigung der Geburt zu wählen und vorzuschlagen ist – unter Einbezug der Befunde aus der allgemeinen und speziellen Untersuchung.

Merke
Unvollständiges Untersuchen und die daraus resultierende, evtl. nicht situationsgerechte Einschätzung des Falles können sich zum Gegenstand von Auseinandersetzungen zwischen Tierbesitzer und Tierarzt entwickeln.

7.6.5 Aufklärung des Tierhalters

Nach Beendigung der Untersuchung und fachkompetenter Abwägung, welche Methode zur Beendigung der Geburt in Betracht kommt, sind mit dem Tierbesitzer/Tierbetreuer folgende Punkte zu besprechen: aktuelle **Diagnose**, Einschätzung der **Prognose**, wobei diese getrennt nach Muttertier und Fetus/Feten zu stellen ist, Darstellung der möglichen, auf den Fall bezogenen **empfehlenswerten obstetrischen Maßnahmen**. Nicht zu versäumen ist bei diesem Aufklärungsgespräch, eindeutig auf die hauptsächlichsten **Risiken**, je nach geburtshilflicher Methode, hinzuweisen. Die aus tierärztlich-geburtshelferischer Sicht angebrachten/notwendigen Methoden, die die Beendigung der Geburt ermöglichen, sind dem Besitzer/Betreuer deutlich, verständlich und in knapper Form darzulegen.

Auch die **Kostenfrage** ist, je nach Prognose, Gegebenheit und Nachfrage, kurz mit in die Aufklärung aufzunehmen. Dabei ist allerdings klarzustellen, dass diesbezügliche Angaben nur vorläufig zu geben sind, da sich nicht alle Risiken von vornherein abschätzen lassen. Aber ein grober Rahmen ist, soweit gewünscht, zu benennen.

Oft bestehen im Vorfeld der anstehenden obstetrischen Maßnahme auch Auskunftswünsche seitens des Betreuers/Halters/Besitzers dahingehend, mit welchen **Komplikationen** nach der Durchführung der geburtshilflichen Maßnahme zu rechnen ist, insbesondere aber, wie es dann um die **züchterische Weiterverwendung** des Tieres steht. Solcherart Fragen sind vor Beginn des obstetrischen Eingriffs zwar zu beantworten, sie sind aber als vorläufig und nicht bindend anzusehen. Es sei denn, die geburtshilfliche Situation ist noch vor Beginn der Manipulationen schon so eindeutig (z. B. starke Vaginal- und Zervix-Verletzungen durch Laiengeburtshilfe, Verdacht auf Uterusruptur), dass eine Beurteilung im Sinne von „... aller Wahrscheinlichkeit nach ist damit zu rechnen, dass ...“ gegeben werden kann. Allerdings sollten sich diesbezügliche Auskünfte in der akuten Geburtssituation auf das Wesentliche beschränken, um keine Zeit für die anstehenden, obstetrischen Maßnahmen, besonders bei vitalitätsgefährdetem Fetus (Feten), zu verlieren. Im Allgemeinen ist es in der überwiegenden Zahl der Fälle so, dass erst nach Beendigung der Geburtshilfe, im Abschlussgespräch, diese Problematik näher anzusprechen und prognostisch präziser zu beurteilen ist.

Insgesamt ist in geburtshilflichen Notfällen immer zu berücksichtigen, dass **Augenblicksentscheidungen auf der Grundlage der Untersuchungsbefunde** zu treffen sind, um das Leben des Muttertiers und ggf. das der Frucht (Früchte) zu retten. Jeder Geburtsnotfall ist als Individualfall einzuordnen. Die Regeln der klassisch konservativen und operativen Geburtskunde legen jedoch den groben Rahmen der obstetrischen Leistungen fest. Als Grundsatz ist dabei immer zu bedenken, welche der beiden möglichen Konstellationen die schonendste und aussichtsreichste zur Beendigung der individuellen Geburt darstellt: konservativer Auszug per vias naturales, evtl. nach Berichtigung pathologischer Zustände, oder der operative Eingriff (Episiotomie, Fetotomie, Eventration der Frucht/Früchte mittels geburtshilflicher Laparotomie).

Eine schwierige Situation entsteht dann im Notfall, wenn der Besitzer/Betreuer die tierärztlicherseits sofort notwendige Vorgehensweise ablehnt, das Muttertier jedoch unter der unvollendeten Geburt zunehmend leidet. In diesem Fall ist dem

Besitzer eine **Überweisung**, die die wesentlichen festgestellten Befunde enthält, auszuhändigen und eine Empfehlung zum Aufsuchen der nächstgelegenen Praxis/Klinik (mit Angabe der Adresse) auszusprechen. Alles ist gewissenhaft zu dokumentieren, da – je nach geburtshilflicher Lage – tierschutzrelevante Standpunkte, die in Zusammenhang mit einer weiteren Verzögerung bis zur Beendigung der Geburt stehen, zu vertreten sind.

7.6.6 Konservative geburtshilfliche Maßnahmen

Nach gestellter Diagnose, Aufklärung und Einholung des Einverständnisses ist dafür Sorge zu tragen, dass das **Umfeld** für die geburtshilfliche Maßnahme den hygienischen Grundregeln entspricht, dass das benötigte sterile/keimarme **Instrumentarium** auf sauberer Unterlage sofort erreichbar ist sowie **Medikamente** für einen Zwischenfall beim Muttertier und die, die der Reanimation des/der Neonaten dienen, in unmittelbarer Nähe stehen und im Notfall ohne Zeitverlust anwendbar sind. Instruktionen an das anwesende Personal für etwaige Hilfsdienste sind, je nach Lage und Situation, deutlich und in verständlicher Form im Vorfeld des obstetrischen Eingriffs zu geben. Dazu gehört auch die **Unterweisung** darüber, was den modernen Kenntnissen entsprechend zu tun ist, um einen Neonaten im Zustand der neonatalen Atemdepression zu reanimieren – sofern keine Fachkraft dafür zur Verfügung steht.

Ist die Entscheidung unter Beteiligung des Tierbesitzers darüber getroffen worden, welche obstetrische Methode zur Beendigung der Geburt durchzuführen ist, sind – je nach Verfahren – bestimmte Kriterien zu beachten.

Grundsatz bei der klassischen, konservativen Geburtshilfe muss sein, dass der Aufwand, der zu Berichtigung, Einstellung und Auszug einer Frucht betrieben werden muss, im Vorfeld so abzuschätzen ist, dass sich daraus möglichst keine vorhersehbaren zusätzlichen Leiden und Schäden beim Muttertier und/oder beim zu entwickelnden noch lebenden Fetus ergeben. Hier ist der Schwierigkeitsgrad hinsichtlich der Berichtigung einer pathologischen Lage, Stellung oder Haltung der Frucht ebenso einzubeziehen wie auch das Risiko des Gebrauchs obstetrischer Instrumente in utero sowie der Kraftaufwand, der zur Entwicklung der Frucht notwendig werden wird.

Zughilfe

Der Kraftaufwand, der beim Auszug einer Frucht aus dem Geburtsweg voraussichtlich notwendig werden wird, muss vor Beginn der Maßnahme in etwa kalkuliert werden. Er darf für die jeweilige Tierart eine bestimmte Grenze nicht überschreiten, um so zusätzliche Leiden von vornherein zu vermeiden. Der unter **Kraftaufwand** vorgenommene Auszug bedarf der besonderen tierärztlichen Kontrolle und muss dann abgebrochen werden, wenn erkennbar ist, dass sich die Frucht auf diese Weise nicht entwickeln lässt. Deshalb sollte vor Beginn der Hauptauszugsaktion stets ein Vorversuch gestartet werden, um in Kürze und unter den gegebenen Bedingungen beurteilen zu können, ob bei normalem, tierartspezifischem Kraftaufwand die Frucht in den Geburtsweg einstellbar ist und sie diesen dann auch, ohne weitere größere Schäden zu setzen, passieren kann. Insbesondere bei Großtieren, bei denen manuell-vaginal-zervikal die Geburtssituation beurteilbar ist, ist ein vorausgehender prognostischer Auszugsversuch zu empfehlen, bei welchem ein Finger (mehrere Finger) auf dem Kopf oder dem Becken (Hinterendlage) der vor oder in das kraniale Becken eingetretenen Frucht positioniert wird, um bei leichter Zughilfe eruieren zu können, wieviel Raum zwischen fetalem Körperteil und dorsalem maternalen Beckenring noch besteht. So lässt sich beurteilen, ob ein Auszug per vias naturales überhaupt möglich erscheint oder von vornherein davon abgesehen werden sollte, weil auszugsbedingte Schäden zu befürchten sind. Zu beachten ist weiterhin, dass beim Auszug die, auch wieder tierartunterschiedliche, physiologische Führungslinie eingehalten wird.

Dass jedoch trotz einer lege artis durchgeführten Zughilfe, ob manuell oder mechanisch, durch unvorhersehbar Einflüsse **Verletzungen im Geburtsweg** entstehen können, ist nicht abzustreiten. Es muss aber im Vorfeld sichergestellt sein, dass das Risiko durch richtige Vorbereitungen (Gleitfähigkeit des Geburtsweges u. a.) sowie Bemessung der Zugkraft und Zugrichtung minimal oder in Kauf zu nehmend bleibt.

In der Rindergeburtshilfe kommt häufig ein sog. **mechanischer Geburtshelfer** zum Einsatz. Dessen Gebrauch muss ebenfalls bestimmten Regeln folgen, um verfahrensbedingte Traumatisierungen von Muttertier und Kalb weitgehend zu vermeiden. Besondere gerätebedingte Mängel bestehen darin, dass zum einen die geburtliche Führungslinie infolge der Starrheit der Geräte nicht eingehalten werden kann, zum anderen, dass mit diesen Geräten, z.T. unkontrollierbar, sehr starke Zugkräfte entwickelt werden können. In modernen Geräten sind allerdings Zugkraftbeschränkungen eingebaut. Momentan mangelt es jedoch an eindeutigen Richtlinien, die bei Nutzung der verschiedenen Modelle mechanischer Geburtshelfer einzuhalten wären.

Instrumente

In der Obstetrik kommt eine Reihe von Instrumenten zum Einsatz. Sie dienen v.a. beim Großtier zum einen der Armverlängerung und der Schlingenführung, zum anderen der Fruchtzerteilung, der Aufhebung einer Torsio uteri sowie der Behebung von Lage- und Stellungsanomalien. **Instrumente** in Form von Geburtszangen haben sich in der Kleintierobstetrik bewährt. Die sorgfaltsgerechte Anwendung dieser Instrumente kann nur unter manuell-digitaler Kontrolle stattfinden. Unkontrolliertes Einführen von starren Instrumenten in den Geburtskanal ist obsolet. Die Instrumente müssen darüber hinaus tierartgerecht sein, d.h. den räumlichen Verhältnissen des jeweiligen Geburtswegs entsprechen. Nicht in der Geburtshilfe erprobte Instrumente (einfache Haken, Pinzetten etc.) dürfen nicht zum Einsatz kommen.

7.6.7 Fetotomie

Eine der obstetrisch-chirurgischen Methoden stellt die Zerteilung der verstorbenen Frucht (Fetotomie) in utero oder im weichen Geburtsweg dar. Anwendung findet sie v.a. bei Großtieren, seltener bei Hund und Katze. Die dafür eingesetzten Gerätschaften müssen der tierspezifischen Größe und den uterovaginalen Raumverhältnissen entsprechen. Ziel dieser Methode ist es, einen toten Fetus so im weichen Geburtsweg oder im Uterus zu zerteilen, dass dessen Einzelsegmente leichter, aber ohne zusätzliche größere Verletzungen im Uterus oder weichen Geburtsweg zu setzen, entwickelt werden können.

Es muss vor Beginn der Fetotomie sichergestellt sein, dass die zu durchtrennende Frucht auch tatsächlich tot ist. Die Kriterien zur Überprüfung des Lebens einer Frucht sind streng einzuhalten. Lebt die Frucht und ist dennoch eine Fetotomie angezeigt (z.B. Feten mit Missbildungen wie Wasserkopf, Schistosoma reflexum etc.), ist die Frucht vor der Fetotomierung zu euthanasieren.

Eine weitere Voraussetzung für den Einsatz der Fetotomie ist, dass in utero oder intra vaginam genügend Raum und auch übersichtliche Verhältnisse vorhanden sind, um mit dem Fetotom oder ähnlich starren Gerätschaften verletzungsfrei manipulieren zu können. Die Lage des Fetotomkopfes sowie die des Sägedrahts müssen stets manuell-digital unter Kontrolle stehen (sicherer Sitz am Fruchtkörper ohne Anteile der Uteruswand).

7.6.8 Zwischen- und Nachuntersuchung

Die geburtshilfliche Zwischen- und Nachuntersuchung nach Eventration der Frucht oder von Fruchtteilen hat folgende Aspekte zu berücksichtigen: momentanes Allgemeinbefinden des Muttertieres, keine Frucht/Fruchtteile sind mehr im Cavum uteri nachweisbar, Abschätzung der Situation bezüglich des Abgangs der Nachgeburt, Kontrolle hinsichtlich Geburtsverletzungen. Sie ist zu unterteilen in:

- Exploration des Geburtswegs und des Uterus, nachdem eine Frucht geburtshilflich entwickelt wurde. Bei uniparen Tieren fällt diese Zwischenuntersuchung meist mit der generellen, nachgeburtlichen Untersuchung zusammen. Bei multiparen Tieren sind infolge der Vielzahl an Feten andere Gegebenheiten zu beachten. Bei ihnen (Schwein, bedingt Schaf/Ziege, Kleintiere) ist nach jeder Extraktion zu erkunden, ob und evtl. wie viele Früchte sich noch in utero befinden und welche Maßnahmen bis zum Ende der Geburt noch als notwendig erachtet werden.
- Nach der Annahme, dass die Geburt beendet sei, ist eine geburtshilfliche Nachuntersuchung pflichtgemäß durchzuführen. Diese hat zum Ziel, die vollständige Leere der Uterushöhle zu konstatieren (Großtier: vollständige Austastung

des Cavum uteri, Kleintier: abdominale Palpation/Röntgenaufnahme/Sonografie), um mit Sicherheit sagen zu können, dass sich keine Frucht/Fruchtteile (Fetotomie) mehr in ihm befindet/befinden.

Die **vollständige Leere der Uterushöhle** ist bei Großtieren (Rind, Pferd, Schaf/Ziege, Schwein) nicht immer sicher festzustellen, da die Größenausdehnung des Uterus in manchen Fällen eine bis in die Hornspitzen hinein notwendige Austastung nicht zulässt. So wäre im Untersuchungsbericht festzuhalten, „... dass auf Armeslänge keine Frucht/Fruchtteile zu eruieren waren". Diese Feststellung ist vorläufig und verpflichtet dazu, nach Möglichkeiten zu suchen, dennoch eine genaue, endgültige Diagnose stellen zu können (Lagerung des Geburtstieres, Anheben des Bauchraums bei stehendem Großtier von außen oder während der manuell-intrauterinen Exploration, kraniales Anheben von Schafen und Ziegen, Anregung der Nachwehen und damit Regression des Uterus u. a.) oder zeitnah (0,5–2 Stunden) eine erneute nachgeburtliche Kontrolle durchzuführen. Besondere Schwierigkeiten und Unsicherheiten sind beim Schwein hinsichtlich der Feststellung eines leeren Uterus und damit bei der Festlegung des Geburtsendes gegeben, was sich mit der Länge der Uterushörner und des weichen Geburtswegs sowie mit der Vielzahl an Feten (bei besonderen Rassen ≥ 20) begründen lässt. Bei Kleintieren sind es die Verfahren abdominale Palpation, sonografische Untersuchung oder Röntgenaufnahme, die eine Aussage hinsichtlich des Geburtsendes (alleinig angewandt oder in Kombination) zulassen. Dabei ist darauf zu achten, dass bei Kleintieren die evtl. mit einer Frucht/mehreren Früchten gefüllten Hornspitzen bis unter die letzten Rippenbögen reichen können, was bei den palpatorischen und bildgebenden Verfahren zu berücksichtigen ist.

Per definitionem ist eine Geburt erst dann beendet, wenn auch die **Nachgeburt/die Nachgeburten** vollständig abgegangen ist/sind (Stadium III). Der Nichtabgang der Plazenta/der Plazenten oder von Teilen von ihr/ihnen kann schwerwiegende Krankheitszustände nach sich ziehen, wie postpartale Endometritis, Sepsis oder Toxämie, Huf- oder Klauenrehe (Pferd/Schwein/Wiederkäuer), Plazentarabszess (Hund/Katze).

Merke

Wurde eine Pferdegeburt tierärztlich geleitet oder eine nachgeburtliche Untersuchung bei dieser Tierart angefordert, ist es verpflichtend, die abgegangene Plazenta auf ihre Vollständigkeit hin zu überprüfen.

Die Kontrolle, ob die Nachgeburt/Nachgeburten vollständig bei Wiederkäuern oder multiparen Tieren abgegangen ist/sind, gestaltet sich dagegen schwieriger (keine so deutlichen Konturen wie bei Equiden, keine direkte Korrelation von Plazentagewicht zum Neugeborenengewicht/Wurfgewicht, Plazentophagie etc.). Zu beachten ist, dass selbst geringe, im Uterus verbliebene Plazentateile, die bei makroskopischer Betrachtung der abgegangenen Plazenta oder bei der uterinen Austastung nicht erkennbar sind (Microretentio secundinarum), dennoch eine schwerwiegende postpartale Störung auslösen können (besonders beim Pferd, Schwein, Kleintier, seltener bei Wiederkäuern).

Einen weiteren Gesichtspunkt bei der nachgeburtlichen Untersuchung stellt die **Lokalisation von Verletzungen im weichen Geburtsweg und Uterus** dar. Diese können spontan aufgetreten oder auch im Zusammenhang mit geburtshilflichen

Manipulationen entstanden sein. Unerkannte Rupturen oder Perforationen haben oftmals fatale Folgen. Bei **Großtieren** können unmittelbar nach Eventration der Frucht nur die Rupturen/Perforationen diagnostiziert werden, die auf Armeslänge erreichbar sind. Prädisponierende Stellen für Rupturen/Perforationen sind bei ihnen die Übergangsstellen ventral, dorsal und lateral von der Zervix zum Corpus uteri. Zirkuläre Abrisse vom Uterus am Übergang zur Zervix kommen v. a. bei Schaf/Ziege und Schwein vor. Problematisch sind Perforationen im Bereich der Uterushornspitzen, da sie manuell-digital kaum erreichbar sind und oft von plazentären Gewebeanteilen überdeckt werden. Im Falle einer postpartal auftretenden Peritonitis ist stets auch eine Uterusperforation differenzialdiagnostisch in Betracht zu ziehen. Verläuft sie tödlich, so ist eine Sektion zu empfehlen, wodurch der Ort der vermuteten Perforation genauer zu lokalisieren wäre. Dieser Befund ist dann evtl. in Beziehung zu den Ergebnissen der nachgeburtlichen Untersuchung am Tag der Geburt zu setzen.

Bei **Kleintieren** können ebenfalls geburtsbedingte Perforationen, aber auch postpartal Plazentarabszesse auftreten. Eine besonders gründliche nachgeburtliche Untersuchung muss erfolgen, wenn Früchte mit einer Geburtszange entwickelt wurden, da hier die Gefahr einer mechanisch bedingten Alteration des uterinen, zervikalen und vaginalen Gewebes besteht. Bei Zuständen einer postpartalen Peritonitis ist neben einer Uterusperforation auch ein Plazentarabszess als mögliche Ursache zu bedenken.

Merke
Bei Tierarten, die besonders anfällig für Tetanus sind (Pferd, Schaf, Ziege), hat bei jedweder Geburtsverletzung und unbekanntem Impfstatus eine Tetanus-Prophylaxe zu erfolgen.

7.6.9 Sectio caesarea

Die geburtshilfliche Laparotomie gehört bei allen Tierarten zum festen Bestandteil obstetrischer Möglichkeiten zur Beendigung einer komplizierten Geburt. Bei der Indikationsstellung spielen Geburtslänge, Allgemeinbefinden des Muttertiers, die geburtshilfliche Beurteilung der fetalen Situation sowie die des Geburtswegs (knöcherner und weicher Anteil) und die Vitalität des oder der noch im Uterus befindlichen Feten eine Rolle. Bei Vornahme einer elektiven Sectio caesarea ist im Vorfeld in besonderer Ausführlichkeit auf die evtl. damit verbundenen Risiken hinzuweisen.

Die notwendige Anästhesie/Narkose ist unter Beachtung tierartlicher Aspekte, v. a. aber in Hinblick auf die dadurch gegebene Belastung für den maternalen und fetalen Organismus zu wählen. Bei Rindern und kleinen Wiederkäuern kommt zumeist eine Sedation und ausreichende Lokalanästhesie im Operationsgebiet zum Einsatz, um eine operationsfähige Situation zu erreichen. Anders ist dies bei Schweinen sowie bei Klein- und Heimtieren. Hier ist eine Allgemeinnarkose angezeigt, um per Laparotomie und Hysterotomie die Feten zu entwickeln. Pferde stehen dazwischen: bei ihnen kann – je nach Situation – sowohl im Stehen nach Sedation und Lokalanästhesie, als auch nach Einleitung einer Allgemeinnarkose in liegender Position laparotomiert werden.

Kritische Punkte bei der Wahl von Sedativa oder Narkotika sind die anatomisch vorgegebene Plazentadurchgängigkeit und die Besonderheiten hinsichtlich des Status des maternalen Organismus in der geburtsnahen Phase (erhöhtes Herzminutenvolumen, Steigerung des Blutdrucks intra partum, Verringerung der Residualkapazität der Lunge und des Atemzugvolumens infolge der graviditätsbedingten Hochstellung des Diaphragmas, Erhöhung des Sauerstoff-Verbrauchs, des Blutvolumens und der Nieren-Filtrationsrate sowie verminderter Ösophagusdruck und damit erhöhte Regurgitationsgefahr). Dazu kommen als noch zu berücksichtigende Faktoren für die Wahl der Narkosemittel bei Kleintieren die Vitalität des in utero befindlichen Fetus (Feten) hinsichtlich seiner (ihrer) Herzfrequenz und die teilweise verminderte oder noch nicht voll ausgereifte Organfunktionalität, was bei plazentagängigen Narkosemitteln bedacht werden muss.

Nach Eventration der Frucht/der Früchte durch die Hysterotomiewunde ist eingehend zu kontrollieren, ob sich im Uteruslumen bis in die Hornspitzen hinein oder im zerviko-vaginalen Bereich noch weitere Früchte oder Fruchtteile befinden. Es darf kein Fetus oder Teile von ihm vor dem Verschluss der Uteruswunde übersehen werden.

Ein besonderes Problem stellt der intra operationem erhobene Befund eines geburtsbedingt stark veränderten Uterus (bei Torsio uteri, übergangener Geburt, spontaner Perforation) dar. Um das Leben des Muttertieres zu erhalten, ergibt sich mitunter in solchen Fällen die Notwendigkeit, den Uterus operativ entfernen zu müssen. Bei Großtieren handelt es sich dabei nur um eine Option, weil die Erfolge unsicher sind und ausreichende Erfahrungen fehlen. Auch sind hier Kosten und Nutzen abzuwägen. Andere Verhältnisse sind bei Kleintieren gegeben. Hier bestehen hinreichende Erfahrungen und Möglichkeiten bezüglich der Durchführung einer Hysterektomie (in Verbindung mit Ovarektomie). Dieser evtl. anstehende zusätzliche Eingriff muss im präoperativen Gespräch angesprochen und erörtert werden. Es muss seitens des Besitzers/Halters die vorsorgliche Zustimmung gegeben werden, dass der Operateur in der Notsituation diesbezüglich Handlungsfreiheit hat, wobei bestes Wissen und Gewissen vorausgesetzt werden. Die Entscheidung zur Hysterektomie (und

Ovarektomie) und der damit gegebene Verlust der Zuchtfähigkeit muss jedoch auf medizinischen Kriterien beruhen und überprüfbar sein.

Praxistipp

Die exzenterierten Organe sollten vorsichtshalber vorerst aufbewahrt werden, falls der Besitzer/Halter/Auftraggeber diese zu sehen wünscht oder für die Weitergabe an ein diagnostisches Institut benötigt. So sind nachträgliche Auseinandersetzungen zu vermeiden.

7.6.10 Versorgung des/der Neonaten

Neben der reinen Obstetrik gehört es auch zu den Aufgaben eines veterinärmedizinischen Geburtshelfers, sich des Neugeborenen (der Neugeborenen) anzunehmen und in Notfällen für dessen/deren Überleben zu sorgen. Dabei sind zum einen die modernen Erkenntnisse der Neonatologie hinsichtlich der Reanimation zu beachten, zum anderen ist in Betracht zu ziehen, dass diese Aufgaben bei auftretenden Komplikationen im Rahmen der eigentlichen Geburtshilfe nicht von ein- und derselben Person wahrgenommen werden können. Daher ist im Vorfeld dafür Sorge zu tragen, Hilfskräfte in der Durchführung der Reanimation zu unterweisen, damit diese im Notfall diese Aufgabe mit höchstmöglicher Effektivität übernehmen können.

7.6.11 Quellenangaben

[335] Baier W, Walser K. Haftpflicht und Gewährschaft im Fortpflanzungsgeschehen der Haustiere. Berlin, Hamburg: Paul Parey; 1968

[336] Bostedt H, Nolte I, Arlt S, Blaschzik S et al. Empfehlungen zur Aufklärung und Dokumentation der Hündin und Katze in der Geburt. Dtsch. Tierärztebl. 2009; 57: 774–776

[337] Bostedt H. Gestörte Geburt. In: Grünbaum EG, Schimke E. (Hrsg.) Klinik der Hundekrankheiten. 3. Aufl. Stuttgart: Enke; 2007: 750–757

[338] Gendler A, Bourman JD, Graf KE. Konservative und operative Behandlung der Dystokie beim Hund. Tierärztl Prax 2008; 36: 55–64

[339] Grunert E, Held T. Aktuelle Indikationen zur Fetotomie beim Rind. Dtsch Tierärztl Wochenschrift 1986; 93: 260–263

[340] Grunert E, Pickel M. Fallbeispiele aus der Forensik der bovinen Geburtshilfe und Gynäkologie. Tierärztl Umsch 1988; 43: 758–766

[341] Jung C, Hospes R, Bostedt H et al. Surgical treatment of uterine torsion using a ventral midline laparotomy in 19 mares. Austr Vet 2008; 86: 272–276

[342] Kloß S, Wehrend A, Failing K et al. Erhebung zur Art und Häufigkeit mechanischer Geburtsstörungen beim Schaf unter besonderer Berücksichtigung des Prolapsus vaginae ante partum. Berl. Münchn. Tierärztl Wschr 2002; 115: 247–251

[343] Leidl W, Stolla R, Schmid G. Zur Schwergeburt bei der Stute – I. Ursachen, konservative Geburtshilfe und Fetotomie. Tierärztl Umsch 1993; 48: 408–412

[344] Michel E, Reichler J. Kaiserschnitt bei Hund und Katze. Kleintierpraxis 2008; 53: 490–500

[345] Sobiraj A. Geburtsschwierigkeiten bei Schaf und Ziege – Auswertung des Patientenaufkommen an sieben Ablaufperioden an einer geburtshilflichen Klinik. Dtsch Tierärztl Wochenschrift 1994; 101: 471–476

[346] Vandeplassche M. Die Geburtshilfe beim Pferd in der tierärztlichen Praxis. Prakt Tierarzt 1976; 57: 148–151

[347] Wehrend A, Reinle T, Herfen K et al. Die Fetotomie beim Rind unter besonderer Berücksichtigung postoperativer Komplikationen – eine Auswertung von 131 Operationen. Dtsch Tierärztl Wochenschrift 2002; 109: 56–61

[348] Wehrend A, Padberg KB, Bostedt H. Elektronische Zugkraftquantifizierung bei Anwendung des mechanischen Geburtshelfers in der Rindergeburt. Berl Münchn Tierärztl Wschr 2003; 113: 12–19

[349] Wehrend A, Röcken F, Bostedt H et al. Sectio caesara bei Hund und Katze – Empfehlungen zum Geburtsmanagement bei Hund und Katze. Dtsch Tierärzteblatt 2011; 2: 186–190

[350] Zaremba W, Guterbrock W, Ahlers D. Einfluss von Zughilfe bei geburtshilflichem Eingriff auf den Gesundheitszustand des Kalbes in der peri- und postpartalen Phase. Prakt Tierarzt 1995; 77: 870–876

7.7 Injektionskomplikationen

Michael Röcken, Thomas Steidl,
Axel Wehrend

7.7.1 Pferd

Michael Röcken

Subkutane (s. c.), intramuskuläre (i. m.) und intravenöse (i. v.) Injektionen zählen in der Pferdemedizin in ihrer alltäglich praktizierten Durchführung zu den sehr wesentlichen therapeutischen Maßnahmen. Komplikationen infolge fehlerhafter Applikation, iatrogener Infektionen sowie lokaler oder systemischer unerwünschter Arzneimittelwirkungen können nachweislich auftreten. Diese haben erfahrungsgemäß gerade im Pferdebereich nicht selten eine rechtliche Auseinandersetzung zwischen dem Tierbesitzer und dem Tierarzt zur Folge.

Haftungsrechtlich sind Injektionen Eingriffe an einem Patienten, für die – zur Erfüllung der tierärztlichen Sorgfaltspflicht – die folgenden 3 Voraussetzungen erfüllt sein müssen:

- die Einwilligung des Tierbesitzers
- eine medizinische Indikation
- eine Durchführung mit der im Verkehr erforderlichen Sorgfalt

Die Einwilligung des Tierbesitzers ergibt sich hierbei üblicherweise per se aus dem Behandlungsauftrag. Die nachvollziehbare Indikationsstellung basiert auf der Grundlage der Diagnose sowie den bei dieser Tierart u. U. begrenzten Möglichkeiten einer nicht invasiven Arzneimittelapplikation. Darüber hinaus kann sich die Indikation bei mangelhafter Kooperationsbereitschaft des Tieres sowie mangelnder Compliance des Stallpersonals und/oder des Besitzers ergeben, wenn eine sichere Applikation (für Mensch und Tier) oder eine Verabreichung des u. U. alternativ peroral zur Verfügung stehenden Medikaments nicht in der notwendigen medizinischen Dosis gewährleistet werden kann.

Intramuskuläre und subkutane Injektion

Um eine Durchführung der Injektion mit der im Verkehr erforderlichen Sorgfalt zu gewährleisten, ist bei der intramuskulären oder subkutanen Injektion folgende Vorgehensweise notwendig:

Für die i. m. und s. c. Injektion sind beim Pferd als **Applikationsorte** die seitliche Halsmuskulatur, die Vorderbrustmuskulatur, die Oberarmmuskulatur und die lange Sitzbeinmuskulatur beschrieben.

> **Praxistipp**
> Die Injektion in die seitliche Halsmuskulatur ist die beim Pferd bevorzugte Variante, da diese Injektion risikoarm für den Tierarzt in aufrechter Haltung durchführbar ist und zudem nachgewiesen werden konnte, dass die seitliche Halsmuskulatur eine geringere Komplikationsneigung aufweist als die Vorderbrustmuskulatur.

Bei der Wahl der geeignetsten Injektionsstelle sollte aber auch mitberücksichtigt werden, welche therapeutischen Optionen beim Auftreten möglicher Komplikationen bestehen. Dies gilt insbesondere bei der ebenso gebräuchlichen Wahl der Kruppenmuskulatur als Injektionsort, da hier im Falle einer Infektion aufgrund der anatomischen Verhältnisse oftmals sehr ungünstige therapeutische Gegebenheiten vorherrschen.

Im Rahmen der **Vorbereitung** hat stets eine desinfizierende Reinigung der Injektionsstelle mit einer geeigneten Lösung zu erfolgen. Hierbei sollte auf das Scheren der Haare verzichtet werden, da signifikant häufiger Gewebsschäden nachgewiesen werden konnten, wenn die Injektionsstelle geschoren oder nicht gesäubert wurde. Folglich sollte ein Scheren des Haarkleids nur dann erfolgen, wenn langes Haarkleid die Säuberung oder Desinfektion der Injektionsstelle maßgeblich beeinträchtigt.

Die **Injektion** erfolgt unter Verwendung von geeigneten, sterilen Einmalmaterialien bei ausreichender Fixierung des Pferdes (ggf. unter Anwendung von Zwangsmaßnahmen). Nach dem Einstechen der Kanüle erfolgt die Überprüfung des korrekten extravasalen, intramuskulären oder subkutanen Sitzes und nach erfolgter Injektion die Entfernung der Kanüle. Eine weitere Versorgung der Injektionsstelle ist bei unkompliziertem Verlauf nicht indiziert.

Intravenöse Injektion

Bei der i. v. Injektion sollen in Analogie zu den bereits angesprochenen Punkten folgende Aspekte zusätzlich berücksichtigt werden: die Wahl einer für die Injektion **geeigneten Vene** (üblicherweise V. jugularis) unter Berücksichtigung der Lumengröße und eine Überprüfung evtl. vorhandener Vorschädigungen. Nach der **Reinigung** und **Desinfektion** wird die Injektion in die Vene in folgender Form durchgeführt: Stauung der Vene, Einführen und intraluminale Platzierung der Kanüle, Prüfung auf korrekten Sitz, Injektion mit ggf. erneuter oder wiederholter Überprüfung der korrekten Nadelposition (z. B. nach Abwehrbewegungen), Aspiration von Blut und Entfernung der Kanüle. Unabhängig von der Art der Injektion (s. c., i. m., i. v.) sollte eine Wartezeit (von wenigen Minuten) zur Überprüfung einer akuten unerwünschten Arzneimittelwirkung im Umfeld des Patienten eingehalten werden, um ggf. unmittelbar geeignete Gegenmaßnahmen einleiten zu können.

Aufklärungspflicht

Unter forensischen Aspekten betrachtet, besteht bei alltäglichen Eingriffen, bei denen das Risiko einer Komplikation nur gering ist, keine gesonderte Aufklärungspflicht. Gemäß den Angaben in der Literatur sind schwere unerwünschte Arzneimittelwirkungen infolge von Injektionen in den angeführten Applikationsformen selten, und tödliche sehr selten zu erwarten. Aus diesem Sachverhalt ergibt sich folglich die Konsequenz, dass per se keine Aufklärungspflicht bei Injektionen besteht.

Anders verhält es sich bei der Applikation von **Benzylpenicillin-Präparaten**, bei denen das Komplikationsrisiko entsprechend der Erfahrungslage höher eingeschätzt wird. Hier gelten die gleichen Grundsätze wie bei den i. v. zu verabreichenden Präparaten, bei denen in der Herstellerangabe explizit auf das **Risiko eines anaphylaktischen Schocks** mit Todesfolge als mögliche Komplikation hingewiesen wird.

Ebenso problematisch ist die intramuskuläre Injektion von **Präparaten mit fraglicher Indikation** wie Vitaminpräparate und Homöopathika, sobald es zum Auftreten von unerwünschten Arzneimittelwirkungen kommt. Da in den angeführten Fällen ein erhöhtes Risiko besteht bzw. das Risiko einer möglicherweise tödlich verlaufenden Komplikation nicht abschätzbar ist, besteht hier eine gesonderte Verpflichtung zur Aufklärung des Pferdebesitzers. Dies gilt ebenso, sobald an einem Pferd Injektionen vorgenommen werden, bei denen die Indikation für eine Injektion unter klinisch-medizinischen Gesichtspunkten fraglich ist bzw. fraglich erscheint. Vor allem dieser Sachverhalt wird gemäß eines Urteils des OLG München vom 09.01.2020 nochmals hervorgehoben, indem bei homöopathischen Mitteln mangels wissenschaftlichen Wirksamkeitsnachweises keine tiermedizinische Indikation im strengen Sinne vorliegt und somit eine gesonderte Verpflichtung zur Aufklärung gemäß nachfolgend zitierter Anforderungen besteht: „Es ist grundsätzlich Aufgabe des Tierarztes, seinen Auftraggeber über die Behandlungsmethoden, ihre Erfolgsaussichten und Risiken und ggf. auch über in Betracht kommende Behandlungsalternativen zu beraten. Art und Umfang der Aufklärungspflicht richten sich im Einzelfall nach den für den Tierarzt erkennbaren Interessen seines Auftraggebers oder nach dessen besonderen Wünschen, wobei auch der materielle oder ideelle Wert des Tieres für den Auftraggeber eine Rolle spielen kann."

Fazit

Zusammenfassend kann somit festgestellt werden, dass zur Vermeidung von Rechtsansprüchen seitens der Tierbesitzer bei Komplikationen infolge von Injektionen die folgenden 3 Voraussetzungen tierärztlicherseits stets berücksichtigt werden müssen: erstens die Einwilligung des Tierbesitzers, zweitens eine medizinische Indikation und drittens eine Durchführung mit der im Verkehr erforderlichen Sorgfalt.

Quellenangabe

[351] Barnewitz D, Ende H, Hertsch B, Ohnesorge B. Zur Sorgfalt bei i. v., i. m. und s. c. Injektionen und intravenösen Infusionen beim Pferd. In: Gesellschaft für Pferdemedizin (Hrsg). Auswahl aktueller Leitfäden zu häufigen tierärztlichen Tätigkeiten in der Pferdepraxis. Dortmund; 2013: 11–12

7.7.2 Nutztier

Axel Wehrend

Definition

Definition

Injektionskomplikationen sind unerwünschte Verläufe und Folgen einer Injektion.

Injektionskomplikationen können sich aus der Technik (Art der Applikation, Injektionsstelle, Vorbereitung der Injektionsstelle, Injektionsgeschwindigkeit), aus dem verwendeten Material (z. B. Kanüle, Injektionspistole) und aus der Art des verabreichten Medikaments bzw. der Lösung (unerwünschte Arzneimittelnebenwirkungen, Volumen, Verunreinigung) ergeben. Trotz Einhaltung der erforderlichen Sorgfalt können sich Injektionskomplikationen einstellen.

Betroffene Rechtsbereiche und Schadensvermeidung

Für jedes zugelassene Medikament finden sich Vorgaben auf der Gebrauchsinformation („Beipackzettel"), welche die **arzneimittelrechtlich konforme Anwendung** beschreiben (Dosierung, Applikationsform, teilweise Applikationsvolumen und Injektionsgeschwindigkeit). Veränderungen der Dosierung und der Applikationsform sind keine Umwidmung nach AMG § 56, aber eine Anwendung außerhalb der Zulassung. Damit kann der behandelnde Tierarzt nicht mehr davon ausgehen, dass die festgelegten Wartezeiten für den zulassungskonformen Gebrauch gültig sind. Weiterhin gilt bei unerwünschten Nebenwirkungen nicht mehr die grundsätzliche Produkthaftung des pharmazeutischen Unternehmers, sondern der Tierarzt muss beweisen, dass die unerwünschte Nebenwirkung nicht auf den nicht zulassungskonformen Gebrauch zurückzuführen ist.

Im Rahmen der **Verpflichtung zur Wahl der sichersten Methode** (als Teil der Sorgfaltspflicht) ist die unter allen rechtlichen und veterinärmedizinisch möglichen Applikationsformen am wenigsten invasive bzw. die mit den wenigsten potenziellen Nebenwirkungen verbundene zu wählen. Hierbei spielt bei Tieren, die der Fleischgewinnung dienen, auch die evtl. Beeinträchtigung der Muskulatur durch die i. m. Injektion eine Rolle.

Die **Aufklärungspflicht** im Sinne einer **Risikoaufklärung** umfasst grundsätzlich auch die Möglichkeit von Injektionskomplikationen, insbesondere bei einer nicht zulassungskonformen Verwendung von Arzneimitteln und bei der Wahl einer Injektionsform, welche nicht diejenige mit dem geringsten Risiko darstellt.

Es ist fraglich, ob vor jeder Injektion eine Aufklärung in praxi erfolgen muss, da die Komplikationsdichte nach einer Injektion bezogen auf alle Injektionen als sehr gering zu werten ist. In diesem Zusammenhang muss jedoch festgestellt werden, dass bisher keine generelle Untergrenze einer Zwischenfallhäufigkeit festgelegt wurde, ab der eine Aufklärung nicht mehr zu erfolgen hat.

Merke

Im Rahmen der wirtschaftlichen Aufklärung muss der Tierarzt vor der Injektion über Wartezeiten für tierische Produkte nach der Injektion informieren.

Die Injektion muss fachgerecht erfolgen. Die Technik muss **dem tierärztlichen Standard** entsprechen. In der Regel ist dieser in den tierartspezifischen Lehrbüchern in der neuesten Auflage niedergelegt. In diesem Zusammenhang sei darauf hingewiesen, dass im aktuellen Standardwerk der Propädeutik im deutschsprachigen Raum ausgeführt wird, dass Injektionen unter **aseptischen Kautelen** durchzuführen sind. Kommt es nach einer lokalen Injektionskomplikation (z. B. Phlegmone) zu einem Streitfall, wird regelmäßig der Vorwurf eines nicht aseptischen Vorgehens erhoben.

Praxistipp

Auch wenn eine aseptische Injektion ohne Fellentfernung und Hautbehandlung nicht möglich ist, sollte eine Keimreduktion an der Injektionsstelle erfolgen.

Im Konfliktfall fällt es schwer, glaubhaft vorzutragen, dass es für das Pferd einen Leitfaden gibt, der eine **desinfizierende Reinigung der Injektionsstelle** empfiehlt, um Infektionen zu vermeiden, diese Vorsichtsmaßnahmen beim Nutztier jedoch nicht notwendig sind. Zudem wird der Tierbesitzer in diesem Konfliktfall behaupten, dass er vom Tierarzt ein derartiges Vorgehen erwartet hätte.

Verletzungen des Tieres, die über die „Punktionsirritation" hinausgehen, lassen sich i. d. R. durch eine ausreichende **Fixation** des Tieres vermeiden.

Das **Injektionsbesteck** soll steril sein und funktionsfähig. Injektionspistolen sind vor dem Gebrauch auf ihre Funktionsfähigkeit zu überprüfen. Die Wahl der Kanüle richtet sich nach der Applikationsart und der Größe des Tieres. So gibt es für Schweine Empfehlungen zu der Kanülenlänge und des -durchmessers in Abhängigkeit zur Gewichtsklasse [354].

Merke

Zur Verhinderung von Infektionen und der iatrogenen Übertragung von Erregern sollten Spritzen und Kanülen nur einmal für ein Tier verwendet werden.

Zur Notwendigkeit des Kanülenwechsels bei Gruppenbehandlungen – insbesondere Bestandsimpfungen – finden sich unterschiedliche Angaben in der aktuellen Fachliteratur. Einerseits wird der Wechsel mindestens pro epidemiologischer Einheit (z. B. Gruppen, Stallabteile) empfohlen, andererseits spätestens nach jedem 10. Tier. Im Falle des Vorwurfs einer iatrogenen Infektionsübertragung wird es bei Nutzung einer gemeinsamen Kanüle bei den betroffenen Tieren schwerfallen, den Vorwurf zu entkräften.

Quellenangaben

[352] Adolphsen J. Das Veterinärhaftungsrecht. In: Terbille M, Clausen T, Schroeder Printzen (Hrsg.). Münchener Anwalts Handbuch – Medizinrecht. 3. Aufl. München: C.H. Beck; 2020

[353] Baumgartner W, Witteck T (Hrsg.). Klinische Propädeutik der Haus- und Heimtiere. 9. Aufl. Stuttgart: Enke; 2017

[354] Große Beilage E, Wendt M (Hrsg.). Diagnostik und Gesundheitsmanagement im Schweinebestand. Band 1. Stuttgart: Ulmer; 2013

7.7.3 Kleintier

Thomas Steidl

Injektionskomplikationen können sich beim Kleintier u. a. ergeben durch:

- unsaubere Injektionen, falsche Injektionstechnik
- falsch gewählte Injektionsstellen
- reizende Medikamente

Darüber hinaus können, wie bei jeder anderen Applikation, Arzneimittelnebenwirkungen auftreten, die nicht injektionsbedingt sind. Derartige Nebenwirkungen, oder auch der Verdacht darauf, sollten im Sinne der Pharmakovigilanz gemeldet werden.

Unsaubere Injektionen, falsche Injektionstechnik

Generell muss die **Applikationsart** anhand von Nutzen und Risiko abgewogen werden. Eine mit einem höheren Risiko behaftete Applikationsart ist nur dann gerechtfertigt, wenn sie einen besseren oder schnelleren Behandlungserfolg verspricht als die weniger riskante Applikation. Bei Hund und Katze ergibt sich ein aufsteigendes Risiko von subkutaner, intramuskulärer, intravenöser zu intraossärer und intraartikulärer Injektion.

Grundsätzlich ist die Injektionsart zu wählen, für die das gewählte Arzneimittel zugelassen ist. Maßgeblich hierfür ist die auf der Injektionsflasche bzw. dem Beipackzettel vermerkte Injektionsart.

Merke

Eine Umwidmung der Applikationsart kann, wenn sie nicht begründet wird, zu forensischen Problemen führen.

Sollte die Umwidmung des Arzneimittels medizinisch sinnvoll sein, so muss der Tierhalter darüber aufgeklärt werden. Diese Aufklärung ist zu dokumentieren.

Wegen der behaarten Körperoberfläche von Hund und Katze kann eine Injektion bei den Kleintieren nicht unter sterilen Kautelen durchgeführt werden. Wohl aber erfordert die gebotene Sorgfalt eine Injektion unter sauberen und aseptischen Bedingungen. Hierzu gehört bei Hund und Katze mittlerweile grundsätzlich die Verwendung von sterilen Einmalartikeln. Eine Desinfektion der Injektionsstelle bei **subkutaner und intramuskulärer Injektion** wird bei Hund und Katze üblicherweise nicht vorgenommen. Vor der Durchführung einer subkutanen Injektion ist der freie Sitz der Kanüle in der Unterhaut zu verifizieren. Vor der Ausführung einer subkutanen oder intramuskulären Verabreichung ist durch Aspiration sicherzustellen, dass das Arzneimittel nicht versehentlich in ein subkutanes oder intramuskuläres Kapillargefäß injiziert wird. Dies betrifft insbesondere die subkutane Injektion von Insulinpräparaten, die – versehentlich subkutan kapillär injiziert – zum möglicherweise tödlichen Insulinschock führen können. Auch der Tierbesitzer, der die Insulininjektionen selber zu Hause durchführt, ist vom verantwortlichen Tierarzt unbedingt auf diesen Umstand hinzuweisen und über mögliche Nebenwirkungen aufzuklären.

Zur Vorbereitung der **intravenösen Injektion** wird die Injektionsstelle mit Alkohol entfettet. Vor der Verabreichung des Medikaments in die Vene ist der sichere intravenöse Sitz der Kanüle durch Aspiration oder Abtropfenlassen von Blut sicherzustellen.

Das Arzneimittel sollte stets blasenfrei aufgezogen werden, ebenso wie intravenöse Infusate, wenngleich die Gefahr einer Luftembolie nach intravenöser Injektion kleinerer Luftmengen beim Kleintier nicht so ausgeprägt ist wie beim Menschen.

Sollte die Injektionslösung versehentlich **paravenös** verabreicht worden sein oder besteht der diesbezügliche Verdacht, ist die Injektion sofort abzubrechen. Die Verabreichung von Hyaluronidase nach paravenöser Injektion wird bei Hund und Katze kontrovers diskutiert, ebenso wie die prophylaktische lokale Behandlung mit resorptionsfördernden Medikamenten. Die Abdeckung mit einem sterilen Verband kann sinnvoll sein. Die Stelle der paravenösen Injektion ist auf Entzündungen oder Nekrosen engmaschig, ggf. täglich, zu überwachen. Die Gefahr von entzündlichen Nebenwirkungen besteht insbesondere bei stark reizenden Arzneimitteln, ist beim Kleintier jedoch bei Weitem nicht so groß wie beim Pferd.

Soll ein **Venenkatheter** eingelegt werden, wird die Implantationsstelle geschoren, gereinigt und desinfiziert. Bei Infusionen oder Injektionen, die in kürzeren Abständen wiederholt werden müssen, empfiehlt sich stets das Legen eines Venenkatheters. Der Venenkatheter wird nach Abschluss der Injektion mit steriler Kochsalzlösung gespült, mit einem Mandrin oder Membranstopfen verschlossen und unter Verband gelegt. Vor der nächsten Injektion ist der Venenkatheter selbst wie auch seine Umgebung zu kontrollieren. Vor einer erneuten Injektion wird der Venenkatheter mittels NaCl-Injektion auf Durchgängigkeit überprüft. Ist hierbei ein Widerstand zu spüren, wird die Injektion abgebrochen, der alte Venenkatheter entfernt und bei Bedarf ein neuer an einer anderen Stelle gelegt. Ein neuer Venenkatheter ist ebenfalls dann zu legen, wenn die Implantationsstelle und/oder deren Umgebung entzündlich oder ödematös verändert sind, die Umgebung des Venenkatheters nach der NaCl-Injektion anschwillt oder eine Leckage sichtbar wird.

Intraartikuläre Injektionen werden ebenso wie **intraossäre Injektionen** stets unter sterilen Kautelen nach Scheren und chirurgischer Hautvorbereitung (Entfetten und Desinfizieren, sterile Abdeckung, sterile Handschuhe) durchgeführt.

Die Injektion wird mit Kanülen durchgeführt, die dem Volumen und der Viskosität der Injektionslösung sowie der Größe des Patienten angepasst sind. Grundsätzlich darf nicht mit der Kanüle injiziert werden, mit der zuvor die Injektions- oder Impflösung entnommen wurde.

Die **Injektionslösung** sollte stets ordnungsgemäß gelagert worden und einwandfrei beschaffen sein (adspektorische Prüfung vor der Applikation!), grundsätzlich Raumtemperatur haben und sauber entnommen worden sein. Intravenöse Injektionen oder Infusionen müssen körperwarm erfolgen.

Falsch gewählte Injektionsstellen

Die Empfehlungen, an welcher Stelle bei welchem Tier welche Injektionsart durchgeführt werden soll, gehen sehr stark auseinander und sind von der jeweiligen Lehrmeinung abhängig. Vorteilhaft ist es jedoch, Injektionsstellen zu wählen, mit denen man nicht nur selber gute Erfahrungen gemacht hat, sondern die in einem anerkannten Textbuch jüngeren Datums empfohlen werden [356].

Praxistipp

Bei Tieren mit einem renalen Pfortaderkreislauf (Vögel und Reptilien) darf die intramuskuläre Injektion nicht in die Hintergliedmaßen verabreicht werden, sondern muss in die Vordergliedmaßen (Schildkröten und Echsen), in die Rückenmuskulatur des kranialen Körperdrittels (Schlangen) oder den M. pectoralis (Vögel) erfolgen, wenn das Medikament eine systemische Wirkung entfalten soll [355].

Reizende Medikamente

Reizend wirken insbesondere Medikamente, die aufgrund ihrer Beschaffenheit und insbesondere ihres pH-Wertes zu lokalen Irritationen, Schmerzen oder sogar Nekrosen führen können.

Solche Medikamente werden deshalb **häufig intravenös** appliziert, da sich das reizende Medikament durch die intravenöse Applikation umgehend mit dem venösen Blut vermischt und somit verdünnt wird. Grundsätzlich dürfen nur wässrige Arzneimittel intravenös verabreicht werden. Obwohl das Risiko einer Luftembolie durch fehlerhafte Injektionstechnik beim Kleintier nicht so bedeutsam ist wie beim Menschen, sollte darauf geachtet werden, dass bei der intravenösen Injektion/Infusion keine Luftbläschen mit in die Vene gelangen.

Voraussetzung dafür ist jedoch die präzis intravenös gesetzte Kanüle, damit es nicht durch Applikation des reizenden Arzneimittels an oder in die Intima des Blutgefäßes zu **Vaskulitiden oder Thrombophlebitiden** kommt.

Reizende Arzneimittel, wie z. B. Zytostatika, sollten deshalb stets über einen Venenkatheter verabreicht werden, der „auf den ersten Stich" gelegt wurde. Ist dies nicht gewährleistet, muss ein neuer Venenkatheter an einer anderen Stelle gelegt werden.

Bei Injektionen in die Muskulatur der Hintergliedmaße besteht stets die Gefahr, den N. ischiadicus oder den N. tibialis zu verletzen. Reizende Substanzen können zu **Entzündungen am Nerven** und damit zu längeren, in seltenen Fällen auch dauerhaften **Lähmungen** führen. Die Injektion bekanntermaßen reizend wirkender Medikamente sollte unter strenger Indikation erfolgen.

Maßnahmen bei Injektionskomplikationen

Der Verdacht auf eine Injektions- oder Impfkomplikation wird vom Besitzer immer dann ausgesprochen, wenn unerklärliche Verhaltensänderungen oder Symptome – insbesondere in der Umgebung der Lokalisation, in die zuvor eine Injektion oder Impfung gesetzt wurde – von ihm beobachtet werden.

Nicht jede dieser Veränderungen muss zwangsläufig iatrogen sein. Auch andere Ursachen, wie Trauma, Insektenstiche oder Fremdkörper, können zu vermeintlichen Injektionskomplikationen führen. Dies sollte einerseits dem Besitzer kommuniziert werden, andererseits sollte die Beobachtung des Tierbesitzers ernstgenommen und nachkontrolliert werden. Ernsthafte Komplikationen nach einer subkutanen Injektion sind sehr selten. Meistens heilen die Veränderungen spontan ab, ggf. bleibt eine bindegewebige Verhärtung zurück. Sollten Komplikationen wie Abszedierung, Austritt von Flüssigkeit o. Ä. auftreten, wird die Umgebung aseptisch vorbereitet und chirurgisch versorgt, ggf. drainiert. Grundsätzlich sollte vor Beginn einer Antibiose eine bakteriologische Untersuchung mit Antibiogramm eingeleitet werden.

Praxistipp

Punktionen einer Schwellung zu diagnostischen Zwecken oder um das Exsudat abzusaugen sind mit dem hohen Risiko einer Keimeinschleppung behaftet und sollten grundsätzlich unterbleiben. Wenn das Ablassen des Exsudats unerlässlich ist, sollte auch dies unter aseptischen Bedingungen chirurgisch per Schnitt und nicht per Punktion erfolgen. Das Legen einer Drainage ist grundsätzlich sinnvoll.

Der Besitzer sollte darauf aufmerksam gemacht werden, dass sich die gespaltene Schwellung wieder mit Flüssigkeit füllen wird, was normalerweise Folgebehandlungen nach sich zieht.

Quellenangaben

[355] Baumgartner W, Witteck T (Hrsg.). Klinische Propädeutik der Haus- und Heimtiere. 9. Aufl. Stuttgart: Enke; 2017

[356] Schrey H. Untersuchungs- und Behandlungsmethoden bei Hund und Katze. Stuttgart: Schattauer; 2014

7.8 Euthanasie

Thomas Buyle, Thomas Steidl, Axel Wehrend, Regina Binder

7.8.1 Rechtliche Grundlagen

Deutschland

Die Euthanasie in der Tiermedizin bedeutet die schmerzlose Tötung eines Tieres. Diese Tätigkeit wird durch verschiedene Vorgaben geregelt:

- Es muss ein vernünftiger Grund vorliegen, der es rechtfertigt, das Leben eines Tieres zu beenden (in Deutschland festgeschrieben durch § 1 des Tierschutzgesetzes). So wird die Abkürzung des Leidens eines verunfallten Tieres, für das es keine Heilmöglichkeit gibt, als vernünftiger Grund gelten, der Wunsch nach Tötung eines Tieres, weil es eine lästige Verhaltensweise zeigt, nicht.
- Die Euthanasie muss fachgerecht durchgeführt werden. Dies ist in Deutschland u. a. durch § 4 des Tierschutzgesetzes geregelt.

Dies umfasst die schnelle Herbeiführung einer Bewusstlosigkeit (Betäubung), damit die Euthanasie schmerz- und angstlos durch Wahl des richtigen Pharmakons in ausreichender Dosierung, beim Nutztier alternativ durch Wahl der richtigen physikalischen Methode (Bolzen- oder Kugelschuss) vorgenommen werden kann, wie auch die fachgerechte Durchführung der Euthanasie.

Ist die Euthanasie eines trächtigen Tieres notwendig, ist vor der Tötung des Muttertieres auch die Herbeiführung einer raschen Betäubung des Fetus notwendig. Dies ist durch die Auswahl plazentagängiger Wirkstoffe, die schnell anfluten, zu gewährleisten. Die Dosierung ist höher zu wählen, als wenn nur ein ingravides Tier euthanasiert wird.

Weiterhin ist zu beachten, dass der Tod zweifelsfrei festgestellt und bei Anwesenheit von Tierbesitzern oder anderen Menschen auf die emotionalen Seiten der Euthanasie eingegangen wird. Die Weiterbehandlung des Kadavers muss gesetzeskonform erfolgen.

Die Nichtbeachtung des Vorliegens eines vernünftigen Grundes (**Euthanasieindikation**) und eine **nicht fachgerechte Durchführung** sind Verstöße gegen das Tierschutzgesetz. Die Indikation der Euthanasie und die damit verbundene Beratung des Tierbesitzers (ggf. Alternativen, empfohlener Zeitpunkt) sind in jedem Fall zu dokumentieren.

Das **Töten eines Tieres unter Zufügung von Schmerzen** entgegen den Vorgaben des § 4 Abs. 1 S. 1 TierSchG ist geeignet, das Vorliegen eines vernünftigen Grundes auszuschließen. Wenn also bei der Tötung eines Tieres gegen eine tierschutzrechtliche Verfahrensvorschrift verstoßen wird und dem Tier dadurch auf seinem Weg in den Tod mehr Schmerzen und Leiden zugefügt werden als nötig, so kann das dazu führen, dass die Tötung insgesamt als rechtswidrig zu bewerten ist.

Probleme können sich ergeben, wenn die mit der Euthanasie verbundenen Umstände vom **Tierhalter** missinterpretiert werden, wie z. B. Muskelzuckungen am klinisch toten Tier.

Ein weiteres Problem kann der **Euthanasieverzug** sein, der zu einer Verlängerung der Leidensphase eines Tieres führen kann.

Besondere Regeln gelten für die Tötung eines Tieres im Rahmen eines **Tierversuchs**. Hier hat sich der Durchführende vorher zu vergewissern, ob eine entsprechende Genehmigung für diese Tätigkeit vorliegt.

Österreich

§ Gesetzliche Grundlagen

§ 1 des österreichischen Tierschutzgesetzes (TSchG) schützt nicht nur das Wohlbefinden, sondern auch das Leben der Tiere. Tiere dürfen daher nur dann getötet werden, wenn dies durch einen „vernünftigen Grund" gerechtfertigt ist (§ 6 Abs. 1 TSchG).

Während das Vorliegen eines „vernünftigen Grundes" für die aufgrund gesetzlicher Vorschriften zulässige Tötung von Tieren (z. B. Schlachtung von Nutztieren) vom Gesetzgeber vorausgesetzt bzw. fingiert wird [358], [359], ist die Rechtfertigung der Tötung von Heimtieren im Einzelfall durch eine gesamthafte Interessenabwägung zu prüfen;

dabei ist zu berücksichtigen, dass der Tierschutz ein bedeutendes öffentliches Interesse darstellt und als Staatsziel verankert ist [360]. Daher liegt für die Tötung bestimmter Gruppen von Heimtieren – z. B. für weitgehend gesunde Tiere, überzählige Nachkommen, Tiere mit unerwünschten Merkmalen und Tiere, die sich nicht (mehr) für die ihnen zugedachte Verwendung (etwa zur jagdlichen Führung) eignen – keine Rechtfertigung vor, während die Tötung kranker bzw. verletzter Heimtiere aus Tierschutzgründen geboten sein kann.

Definition

Unter „Tötung" ist jeder Akt der vorzeitigen Beendigung des Lebens eines Tieres zu verstehen. Der Begriff „Euthanasie" bezeichnet eine bestimmte Tötungsmethode, nämlich die Tötung durch Applikation geeigneter Medikamente.

Behandlung oder Euthanasie?

Aus Tierschutzgründen ist es geboten, erhebliche Schmerzen oder Leiden kranker bzw. verletzter Tiere durch Euthanasie zu beenden, wenn keine Aussicht auf Besserung bzw. auf Wiederherstellung einer zufriedenstellenden Lebensqualität besteht (Prinzip der Leidverkürzung).

Die Entscheidung zwischen der Einleitung oder Fortsetzung therapeutischer Maßnahmen einerseits und der Beendigung von Schmerzen bzw. Leiden durch Euthanasie andererseits ist unter Berücksichtigung aller besonderen Umstände des konkreten Einzelfalls zu treffen, wobei primär auf den klinischen Zustand des Patienten sowie auf die medizinische Prognose abzustellen ist, sekundär aber auch Umstände in der Sphäre des Tierhalters zu berücksichtigen sind.

§ 15 TSchG verpflichtet den Tierhalter, ein von ihm gehaltenes Tier erforderlichenfalls tierärztlich behandeln zu lassen, wenn es krank oder verletzt ist. Diese Behandlungspflicht gilt jedoch nicht unbegrenzt. In Analogie zur schadenersatzrechtlichen Regelung gem. § 1332a ABGB ist davon auszugehen, dass Behandlungskosten dem Tierhalter insoweit zumutbar sind, als ein „verständiger und mit den Werten des TSchG verbundener Tierhalter in der Lage des Betroffenen" bereit wäre, die Aufwendungen für eine medizinische Behandlung zu tätigen [361].

Merke

Die Entscheidung, ein Tier medizinisch behandeln oder euthanasieren zu lassen, ist somit nicht mehr dem Belieben des individuellen Halters anheimgestellt, sondern muss zumindest ansatzweise objektiviert werden.

Da der Tierhalter zur rechtskonformen Tierhaltung in der Lage sein muss und seine Betreuungspflicht die medizinische Grundversorgung des Tieres einschließt (§ 12 Abs. 1 und § 15 TSchG), ist davon auszugehen, dass die Vornahme von medizinischen Standardmaßnahmen (z. B. Blutuntersuchung, bildgebende Diagnostik zur Abklärung gesundheitlicher Probleme) und Routinebehandlungen (z. B. einfache Knochenbrüche, medikamentöse Behandlung internistischer Erkrankungen), mit deren Erfordernis jeder Tierhalter rechnen muss, grundsätzlich immer zumutbar sind. In diesem Sinn geht auch die Rechtsprechung zu § 1332a ABGB davon aus, dass es nicht zulässig wäre, ein Pferd, das lediglich lahmt und nicht mehr geritten werden kann, nur aufgrund des Auflaufens zukünftiger Behandlungskosten unbekannter Höhe euthanasieren zu lassen (OGH 6Ob177/19a v. 25.03.2020).

Nicht als generell zumutbar betrachtet werden können hingegen Behandlungen, die mit hohem finanziellem bzw. zeitlichem Aufwand verbunden sind; dies gilt zumal dann, wenn sie, und sei es auch nur vorübergehend, mit erheblichen Belastungen für das Tier – und in der Folge auch für den Halter – verbunden sein können (z. B. Chemotherapie).

Verzögerung oder Unterlassung einer aus Tierschutzgründen gebotenen Euthanasie

Weigert sich ein Tierhalter trotz entsprechender tierärztlicher Aufklärung, einer aus Tierschutzgründen gebotenen Euthanasie zuzustimmen und kann das Leiden des Tieres auch durch palliativmedizinische Maßnahmen nicht gelindert werden, so ist davon auszugehen, dass dem Tier durch diese Unterlassung ungerechtfertigte Belastungen zugefügt werden, was den Tatbestand der Tierquälerei erfüllt (§ 5 Abs. 1 TSchG). Zwar sollte eine Euthanasie grundsätzlich nur im Einvernehmen mit dem Tierhalter erfolgen, doch ist davon auszugehen, dass sie unter den beschriebenen Voraussetzungen als Ultima-ratio-Maßnahme auch ohne Zustimmung des Tierhalters erfolgen darf, da die grundsätzlich freie Verfügungsgewalt des Eigentümers im Hinblick auf Tiere durch die Bestimmungen des Tierschutzrechts eine Einschränkung erfährt (§ 285a ABGB) und der Tierarzt im Sinne des Tierschutzes und damit eines öffentlich anerkannten Interesses (S. 66) handelt.

Praxistipp

Da nicht ausgeschlossen werden kann, dass ein Tierhalter in einem solchen Fall zivil- oder strafrechtlich gegen den Tierarzt vorgeht, ist es wichtig, den Sachverhalt genau zu dokumentieren und nach Möglichkeiten auch Kollegen zur Absicherung der Entscheidung beizuziehen. Eine weitere Option besteht darin, die zuständige Bezirksverwaltungsbehörde, d. h. den Amtstierarzt, einzuschalten, der als behördliches Organ verpflichtet ist, das Tier dem Halter abzunehmen, wenn es unverzüglich Hilfe benötigt (§ 37 Abs. 1 Z 2 TSchG).

Durchführung der Euthanasie

Wie jede Art der Tötung muss auch die Euthanasie eines Tieres unter Vermeidung ungerechtfertigter, d. h. nicht notwendiger, Schmerzen und Leiden (einschließlich schwerer Angst) erfolgen (§ 32 Abs. 1 TSchG); nicht notwendig sind alle Belastungen, die bei fachgerechter Durchführung vermieden werden können. Die Euthanasie muss daher nach Sedierung und Narkose lege artis erfolgen und der Eintritt des Todes muss verifiziert werden [362].

Praxistipp

Optimalerweise sollte die Euthanasie im Rahmen eines Hausbesuchs in der vertrauten Umgebung des Tieres oder in einem abgesonderten Raum der Praxis und auf Wunsch des Halters in dessen Anwesenheit durchgeführt werden [357].

Sanktionen

Die ungerechtfertigte und somit rechtswidrige Tötung eines Tieres stellt nach dem TSchG eine Verwaltungsübertretung dar, die, auch wenn sie bloß fahrlässig erfolgt, bei Erstbegehung mit einer Geldstrafe von bis zu 7500 Euro bedroht ist (§ 38 Abs. 1 i. V. m. § 6 Abs. 1 TSchG). Werden einem Tier durch die Verzögerung oder Unterlassung einer gebotenen Euthanasie oder durch die nicht fachgerechte Durchführung der Euthanasie ungerechtfertigte Schmerzen oder Leiden (einschließlich schwerer Angst) zugefügt, so ist dieselbe Sanktion vorgesehen (§ 38 Abs. 1 i. V. m. § 5 Abs. 1 TSchG). Das mutwillige Töten eines Wirbeltieres und die rohe Misshandlung bzw. das Zufügen unnötiger Qualen bei der Tötung sind gerichtlich strafbar und mit einer Freiheitsstrafe von bis zu zwei Jahren bedroht (§ 222 Abs. 1 Z 1 bzw. Abs. 3 StGB). Zur Abgrenzung zwischen Verwaltungsübertretungen gem. §§ 5f. TSchG und Vergehen gem. § 222 StGB vgl. „Tierquälerische Maßnahmen an Sporttieren" (S. 163).

Schweiz

Das Schweizer Tierschutzgesetz (TSchG) beschränkt sich darauf, das Wohlergehen und die Würde der Tiere zu schützen.

§ Gesetzliche Grundlagen

Das Schweizer TSchG kennt keinen Lebensschutz für Tiere. Es ist daher zulässig, Tiere auch ohne Rechtfertigung („vernünftigen Grund") zu töten.

Obwohl z. T. versucht wird, den Schutz des Lebens von Tieren aus dem in Art. 120 Abs. 2 der Bundesverfassung und in Art. 26 Abs. 1 lit. a) TSchG verankerten Schutz der Würde des Tieres abzuleiten [363], könnte ein solches Verbot mangels Determiniertheit nicht vollzogen werden. Allerdings werden Tierärzte durch die Richtlinien der Gesellschaft Schweizer Tierärzte (GST) dazu angehalten, Maßnahmen am Tier nur bei Vorliegen einer medizinischen Indikation oder eines anderen vernünftigen Grundes durchzuführen und in Konfliktfällen die Interessen von Mensch und Tier sorgfältig gegeneinander abzuwägen [365].

§ Gesetzliche Grundlagen

Nach dem Schweizer TSchG ist es lediglich verboten, Tiere mutwillig oder auf qualvolle Weise zu töten (Art. 26 Abs. 1 lit. b TSchG).

Mutwillig ist eine Tötung z. B. dann, wenn sie aus verwerflichen Motiven wie Rücksichtslosigkeit, Bosheit oder Zerstörungslust erfolgt. Eine qualvolle Tötung liegt vor, wenn dem Tier durch den Tötungsakt länger andauernde oder sich wiederholende erhebliche Belastungen (Schmerzen, Leiden, Schäden oder Ängste) zugefügt werden. Der Tatbestand der qualvollen Tötung kann auch durch Unterlassung der Fürsorgepflichten durch den Tierhalter (z. B. durch Unterlassung einer gebotenen Euthanasie) erfüllt werden [364].

Durchführung der Euthanasie

Die Tötung von Tieren darf nur durch Personen erfolgen, die über die erforderlichen Kenntnisse und Fähigkeiten verfügen (Art. 177 Abs. 1 TSchV). Wirbeltiere (und Panzerkrebse) müssen vor der Tötung betäubt werden (Art. 178 TSchV).

Sanktionen

Das Töten eines Tieres aus Mutwillen oder auf qualvolle Weise stellt eine Tierquälerei dar und ist bei Vorsatz mit einer Freiheitsstrafe bis zu drei Jahren oder Geldstrafe bedroht (Art. 26 Abs. 1 lit. b TSchG); handelt der Täter fahrlässig, so ist eine Geldstrafe bis zu 180 Tagessätzen vorgesehen (Art. 26 Abs. 2 TSchG).

Quellenangaben

Literatur

[357] Arhant C, Hörschläger N, Troxler J, Binder R. Schutz von Hunden und Katzen in der tierärztlichen Kleintierpraxis: Empfehlungen zur Optimierung der Ausstattung und des Managements sowie des Umgangs mit Patienten unter Tierschutzaspekten. Wien Tierärztl Monat – Vet med Austria 2017; 104: 271

[358] Binder R. (2018). Euthanasie von Heimtieren: Das Tierschutzrecht zwischen Lebensschutz und Leidverkürzung. Wien Tierärztl Monat – Vet med Austria 2018; 103: 122

[359] Binder R. (2019). Verbot der Tötung: Lebensschutz – Behandlungspflicht – Euthanasie. In: Binder R, Winkelmayer R (Hrsg.). Tierschutz – Unterlagen zur Vorbereitung auf die Prüfung zur Fachtierärztin/zum Fachtierarzt für Kleintiermedizin. Wien: Vereinigung Österreichischer Kleintiermediziner (VÖK); 2019: 74–75

[360] Binder R. (2019). Das österreichische Tierschutzrecht. 4. Aufl. Wien: MANZ'sche Verlags- und Universitätsbuchhandlung; 2019: 59

[361] Binder R. Euthanasie von Heimtieren: Das Tierschutzrecht zwischen Lebensschutz und Leidverkürzung. Wien Tierärztl Monat – Vet med Austria 2018; 103: 124f

[362] Niggemann JR, Eberspächer-Schweda E. Akzeptierte und empfohlene Euthanasiemethoden – ein Überblick für die Kleintierpraxis. Wien Tierärztl Monat – Vet Med Austria 2018; 108: 139–147

[363] Richner M. Heimtierhaltung aus tierschutzstrafrechtlicher Sicht. Zürich, Basel, Genf: Schulthess Juristische Medien AG (Schriften zum Tier im Recht Bd. 12, hrsg. von der Stiftung für das Tier im Recht); 2014: 62ff

[364] Richner M. Heimtierhaltung aus tierschutzstrafrechtlicher Sicht. Zürich, Basel, Genf: Schulthess Juristische Medien AG (Schriften zum Tier im Recht Bd. 12, hrsg. von der Stiftung für das Tier im Recht): 2014: 94

Materialien

[365] Gesellschaft Schweizer Tierärzte (GST). Ethische Grundsätze der Gesellschaft Schweizer Tierärztinnen und Tierärzte GST, Stand: 8. Juni 2017. Im Internet: www.gstsvs.ch/fileadmin/media/Verband/de/Reglemente/Ethische_Grundsaetze_GST_D.pdf; Stand: Aug. 2020

[366] Stiftung für das Tier im Recht. Lexikon Tierschutzrecht. Im Internet: www.tierimrecht.org/de/recht/lexikon-tierschutzrecht/; Stand: Aug 2020

Rechtsgrundlagen

Österreich

[367] Bundesgesetz über den Schutz der Tiere (Tierschutzgesetz – TSchG), BGBl. I Nr. 118/2004, Artikel 2, idF BGBl. I Nr. 86/2018. Im Internet: https://www.ris.bka.gv.at/GeltendeFassung.wxe?Abfrage=Bundesnormen&Gesetzesnummer=20003541; Stand: Aug 2020

[368] Bundesgesetz vom 23. Jänner 1974 über die mit gerichtlicher Strafe bedrohten Handlungen (Strafgesetzbuch – StGB), BGBl. Nr. 60/1974 idF BGBl. I Nr. 70/2018. Im Internet: www.ris.bka.gv.at/GeltendeFassung.wxe?Abfrage=Bundesnormen&Gesetzesnummer=10002296; Stand: Aug 2020

Schweiz

[369] Tierschutzgesetz (TSchG) vom 16. Dezember 2005 (Stand am 1. Mai 2017). Im Internet: https://www.admin.ch/opc/de/classified-compilation/20022103/index.html; Stand Aug 2020

[370] Tierschutzverordnung (TSchV) vom 23. April 2008 (Stand am 27. November 2018). Im Internet: www.admin.ch/opc/de/classified-compilation/20080796/index.html; Stand: Aug 2020

[371] Bundesverfassung der Schweizerischen Eidgenossenschaft vom 18. April 1999. Im Internet: www.admin.ch/opc/de/classified-compilation/19995395/index.html#a120; Stand: Aug 2020

7.8.2 Euthanasie von Kleintieren

Einführung

Ende der Fünfzigerjahre konnten Tierbesitzer ihre Tiere am Eingang der Tierärztlichen Hochschule Hannover einem Pfleger überlassen, um ihre Hunde oder Katzen einschläfern zu lassen. Die Tötung erfolgte mit elektrischem Strom. Nach unseren heutigen Vorstellungen, über 50 Jahre später, unvorstellbar – und gesetzlich nicht zulässig [377].

Bereits 1972 gab Hans G. Niemand in seinem Klassiker, dem „Praktikum der Hundeklinik“, den Hinweis, ohne Assistenz vor der Euthanasie mit Barbituraten eine Neuroleptanalgesie durchzuführen. Eine spätere Auflage der „Hundeklinik“ im Jahre 2006 widmete dem Thema Euthanasie schon sieben Seiten. In den letzten Jahren haben sich Publikationen und Seminare mit dem Thema Einschläfern beschäftigt, und ein veterinärmedizinischer Großhandel bietet seit Jahren Trauerkarten an, mit denen die Tierarztpraxis dem Patientenbesitzer nach dem Einschläfern kondolieren kann.

Am Thema Euthanasie kristallisiert sich der Paradigmenwechsel, dass das Tier nicht mehr als Tier, sondern als Familienmitglied wahrgenommen wird, besonders deutlich heraus.

Definition

Der – historisch nicht unbelastete – Begriff Euthanasie bedeutet „schmerzlose Tötung“ [375]. Üblicherweise wird in der Tiermedizin zu diesem Zweck ein geeignetes und zugelassenes Medikament injiziert.

Mehr oder weniger glückliche Synonyme für Euthanasie sind Tötung, Sterbehilfe oder Einschläfern.

§ Gesetzliche Grundlagen

Das Einschläfern von Tieren wird im Wesentlichen durch 2 Paragrafen des Tierschutzgesetzes geregelt:

- In § 4, Absatz 1, Satz 3 TierSchG wird die nötige Sachkunde für das Töten von Tieren vorgeschrieben.
- § 17 TierSchG droht mit Sanktionen für das Töten von Tieren ohne vernünftigen Grund.

Der „vernünftige Grund“

Die Bestimmung des „vernünftigen Grundes“ für eine Euthanasie ist das zentrale Problem jeder Euthanasie und bereitet oftmals große Probleme. Die endgültige Entscheidung, ob ein Tier erlöst wird oder nicht, trifft der Besitzer. Es ist jedoch tierärztliche Kernkompetenz, den **vernünftigen Grund** zu detektieren und den Besitzer zur Entscheidung, ob er sein Tier einschläfern lässt oder nicht, zu begleiten.

Auch wenn jeder Fall individuell zu beurteilen ist, so lassen sich in der Fachliteratur beispielhaft mögliche „vernünftige Gründe“ finden:

- „schwere Verletzungen, chronische, unheilbare Krankheiten oder Schmerzzustände, Kombination von altersbedingten Problemen, ... hohe Tierarztkosten“ [378]
- „ ... quälende Altersschwäche, nicht therapierbare Verhaltensstörungen, z. B. hgr. Aggressivität, ... und Menschen gefährdet sind ...“ [373]

Ein vernünftiger Grund ist sicherlich immer dann gegeben, wenn es aufgrund der Lage des Falles unwahrscheinlich erscheint, ein Tier so behandeln zu können, dass es schmerzfrei oder zumindest mit vertretbaren Schmerzen weiterleben kann.

Auch bei der Auswahl palliativer Maßnahmen, wie z. B. der Behandlung eines Übergangzellkarzinoms mittels COX-2-Hemmern, gilt es, dies zu beachten.

Genauso wichtig wie der vernünftige Grund für die Notwendigkeit der Euthanasie ist auch das **Nichtvorliegen** eines vernünftigen Grundes für die Verweigerung einer Euthanasie.

Die Darlegung des vernünftigen Grundes und dessen Dokumentation in der Kartei sind absolut essenziell, um als praktischer Tierarzt forensisch auf der sicheren Seite zu bleiben.

Merke

Das Einschläfern eines Tieres ohne vernünftigen Grund ist ein Straftatbestand und kann in der Vita eines Tierarztes fatale Folgen haben.

Vorbereitung des Einschläferns

Oftmals zeichnet sich die Notwendigkeit bei chronisch kranken Patienten drohend im Vorfeld ab. In diesen Fällen sollte man die Gelegenheit ergreifen, das Einschläfern mit dem Besitzer zu besprechen. Dazu gehört auch die Aufklärung darüber, was anschließend mit dem eingeschläferten Tier geschehen kann und was geschehen soll.

Allen Beteiligten wird die Euthanasie erleichtert, wenn im Vorfeld einer Einschläferung bereits folgende Punkte im gemeinsamen Fokus von Tierarzt und Tierbesitzer sind:

- Wenn möglich: Planung mit „dem Kopf", bevor die „Bauchphase" eintritt.
- Der Besitzer muss entscheiden. Der Tierarzt kann nur dabei helfen, indem er die Indikation stellt, dies aber klar, deutlich und überzeugend! Der approbierte Tierarzt übernimmt an dieser Stelle eine verantwortungsvolle Beraterfunktion, aber er darf sich im Interesse seiner Patienten nicht vor der Verantwortung drücken!
- Der betreuende Tierarzt muss authentisch auftreten – direkte und indirekte Kommunikation müssen dabei übereinstimmen.
- Nur eine vom Besitzer selbst getroffene Entscheidung ist eine belastbare und dauerhaft gute Entscheidung.

Pharmakologische Grundlagen aus praktischer Sicht

Barbiturate

Pentobarbital kann in Dosen von mind. 50–60 mg/kg i. v. zur schmerzlosen Tötung von Tieren eingesetzt werden [372].

Pentobarbital ist das einzige lang wirkende Injektionsnarkotikum und kann auch für mehrstündige Operationen verwendet werden. Aufgrund seines Suchtpotenzials fällt Pentobarbital unter die Betäubungsmittelgesetzgebung [374].

Für die Euthanasie sind derzeit elf Präparate zugelassen, die Pentobarbital oder Pentobarbital-Natrium enthalten und von denen zum Zeitpunkt der Drucklegung sieben im Handel verfügbar sind. Die zulassungsrechtlichen Maßgaben sind zu beachten (www.vetidata.de).

Praxistipp

Pentobarbitalpräparate sind derzeit als Monopräparate für die Euthanasie pharmakologisch-klinisch sowie zulassungsrechtlich ohne Alternative.

T 61® (Tetracain, Embutramid, Mebezonium)

T 61® ist ein Kombinationspräparat, das aus Tetracain, Embutramid und Mebezonium besteht.

Tetracain ist ein Lokalanästhetikum.

Embutramid ist ein Derivat der γ-Hydroxybuttersäure. Es dämpft das Atemzentrum sehr stark und führt in höheren Dosen zu Herzrhythmusstörungen und Atemstillstand.

Mebezonium ist ein neuromuskulärer Blocker, ein Muskelrelaxans.

Die Wirkung des Mebezoniums kann früher eintreten als die des Embutramids. Somit besteht die Gefahr, dass Tiere, die allein mit T 61® eingeschläfert werden, durch Lähmung der Atemmuskulatur bei vollem Bewusstsein ersticken.

Auch der Gesetzgeber trägt dem Rechnung und schreibt definitiv vor, dass **T 61® nur noch am bewusstlosen, d. h. zuvor in tiefe Allgemeinnarkose gelegten Tier einzusetzen ist [379]**.

Darauf wird mittlerweile auch von Laien in sozialen Netzwerken hingewiesen.

Merke

Die alleinige Anwendung von T 61 ® zur Euthanasie ist unethisch, tierquälerisch und strafbewehrt.

Durchführung des Einschläferns

Das Einschläfern ist für den Tierbesitzer die mit Abstand bedeutendste tierärztliche Maßnahme, die an seinem Tier im Laufe seines Lebens vorgenommen wird. Dieser für den Besitzer furchtbare Moment wird ihm in nachhaltigerer Erinnerung bleiben als die komplizierte Osteosynthese, die fünf Jahre zuvor erfolgreich durchgeführt wurde.

Einschläfern ist – zumindest bei langjährigen Patienten – „Chefsache" und entscheidet darüber, in welcher Erinnerung der Tierbesitzer die Praxis behält und auch darüber, ob er mit seinem nächsten Haustier wieder die alte Praxis aufsucht.

Diese Überlegung „Euthanasie = Chefsache“ sowie die Frage: „Wie und unter welchen Umständen würde ich mir denn das Einschläfern meines eigenen Hundes wünschen?“ sollten stets oberste Maxime sein.

Wichtige Voraussetzungen für das Einschläfern eines Kleintieres sind deshalb:

- ein ruhiger, absolut störungsfreier Raum
- die Zeitplanung (Ecktermin!), denn der Besitzer soll nicht mit roten Augen im vollen Wartezimmer sitzen
- die Raumplanung (in welchem Raum)
- die Raumsicherung (▶ **Abb. 7.2**) außen an der Tür

All diese Maßnahmen dienen dazu, die Intimität des Einschläferns zu garantieren.

Quellenangaben

Literatur

[372] Frey HH, Löscher W. Lehrbuch der Pharmakologie und Toxikologie für die Veterinärmedizin. 2. Aufl. Stuttgart: Thieme; 2002

[373] Grünbaum EG, Schimke E. Klinik der Hundekrankheiten. 3. Aufl. Stuttgart: Enke; 2006

[374] Löscher W, Ungemach FR, Kroker FR. Pharmakotherapie bei Haus- und Nutztieren. 5. Aufl. Weinheim: Blackwell; 2002

[375] Mack R, Mikhail B, Mikhail M. Wörterbuch der Veterinärmedizin und Biowissenschaften. 3. Aufl. Weinheim: Blackwell; 2001

[376] Niemand HG. Praktikum der Hundeklinik. 2. Aufl. Berlin und Hamburg: Paul Parey; 1974

[377] Rodenbeck H, Rosenhagen C, Steidl T. Die Kleintierpraxis. In: Festschrift 50 Jahre BPT; 2001

[378] Suter P, Kohn B. Praktikum der Hundeklinik. 10. Aufl. Stuttgart: Enke; 2006

▶ **Abb. 7.2** Beispiel Raumsicherung

Internetquellen

[379] Presseerklärung des Bundesamtes für Verbraucherschutz u. Lebensmittelsicherheit vom 03.11.2010. Verbesserung des Tierschutzes und der Anwendersicherheit – BVL setzt Anpassung der Zulassungsbedingungen für das Tierarzneimittel T 61® durch. Im Internet: https://www.bvl.bund.de/SharedDocs/Pressemitteilungen/05_tierarzneimittel/2010/2010_11_03_pi_t61.html; Stand: Juli 2020

7.8.3 Euthanasie von Großtieren

Pferd

Auch die Euthanasie von Pferden hat in den letzten Jahren erhebliche Veränderungen erfahren. Während in der Vergangenheit die Schlachtung von Equiden die allgemein übliche Tötungsmethode darstellte, hat sich mit der Wandelung des Pferdes vom Nutztier zum „Companion Animal" eine erhebliche Werteverschiebung eingestellt. In jedem Fall ist jegliche Tötung eines Equiden, also die Schlachtung – mit Unterstützung der moralischen Ethik – und die medikamentöse Tötung durch den Tierarzt an die Voraussetzung geknüpft, dass das Bewusstsein der Tiere durch eine „Betäubung" zum Erlöschen gebracht werden muss, bevor Maßnahmen eingeleitet werden, die zum Tod des Tieres führen.

Mit **Betäubung** ist in jedem Fall die Totalbetäubung, d. h. die Ausschaltung des Wahrnehmungs- und Empfindungsvermögens gemeint, also das Herbeiführen und Aufrechterhalten eines Zustands vollständiger Wahrnehmungs- und Empfindungslosigkeit; eine lokale Schmerzausschaltung allein ist nicht ausreichend. Die Betäubung selbst hat unter möglichst geringer Belastung der Tiere zu erfolgen. Bei der Vorbereitung und der Durchführung der Betäubung müssen Schmerzen, Leiden und Aufregung so weit wie möglich ausgeschlossen sein. Es muss sicher gewährleistet sein, dass sich der Zustand der vollständigen Empfindungs- und Wahrnehmungslosigkeit unmittelbar nach der Einwirkung einstellt und bis zum Eintritt des Todes andauert.

Das Töten eines Tieres unter Zufügung von Schmerzen kann das dazu führen, dass die Tötung insgesamt als rechtswidrig (S. 200) zu bewerten ist.

Indikation zur Euthanasie

§ Gesetzliche Grundlagen aus praktischer Sicht

§ 4 Abs. 1 TierSchG regelt das „Wie", aber nicht die Zulässigkeit einer Tötung.

Equiden, die lt. Equidenpass „nicht zur Schlachtung bestimmt sind". In diesem Fall scheidet der Zweck „Gewinnung eines Nahrungsmittels" als vernünftiger Grund aus, weil das Tier aufgrund fleischhygienerechtlicher Bestimmungen hierzu eben nicht verwendet werden darf.

Der Zweck „Einsparung der Unterbringungs- und Pflegekosten für ein Pferd, das für Sport- und Freizeitzwecke oder zum Reiten untauglich geworden ist" ist kein vernünftiger Grund, denn er stellt eine rein ökonomische Erwägung dar; solche Erwägungen sind zur Ausfüllung des Begriffs „vernünftiger Grund" nicht ausreichend.

Tieren aus Gründen der Kostenersparnis einen Schaden zuzufügen ist verboten, wobei der Tod als der größtmögliche Schaden anzusehen ist. Dagegen kann die Nottötung einen vernünftigen Grund darstellen: Dazu müssen aber nach tierärztlichem Urteil als nicht behebbar eingestufte Schmerzen oder Leiden vorliegen, die erheblich sind, die also keine bloße Bagatelle darstellen.

Ein Problem kann dann entstehen, wenn die Schmerzen oder Leiden eines Pferdes zwar behebbar sind (also keine Nottötung gerechtfertigt ist), dafür aber besonders hohe Kosten aufgewendet werden müssten oder das Pferd einer mit erheblichen, anhaltenden oder sich wiederholenden Schmerzen verbundenen Behandlung unterzogen werden müsste.

Im Tierschutzbericht der Bundesregierung [387] wird ausgeführt, dass ein vernünftiger Grund im Einzelfall dann vorliegen kann, wenn ein krankes Tier nur durch eine langwierige und schmerzhafte Behandlung überleben würde. Die Heilbehandlungskosten müssen dem Tierhalter insoweit zugemutet werden, als ein verständiger, mit den Werten des Tierschutzgesetzes verbundener Tierhalter in der Lage des Betroffenen noch bereit wäre, die Aufwendungen zu tätigen.

Überschreitet allerdings der für eine erfolgversprechende Behandlung notwendige Aufwand die Zumutbarkeitsgrenze nur deswegen, weil der Tierhalter zu lange mit der Hinzuziehung eines Tierarztes gewartet hat, dann begründet diese von ihm selbst verschuldete Aufwandserhöhung i. d. R. keine Unzumutbarkeit.

Equiden, die lt. Equidenpass „zur Schlachtung bestimmt" sind. Das Töten dieser Pferde ist keinesfalls so unproblematisch, wie es auf den ersten Blick erscheint. Denn bei der Frage, ob das Töten eines Tieres durch einen vernünftigen Grund gerechtfertigt ist, muss man zwischen Haupt- und Nebenzweck der Tötung unterscheiden; nur der Hauptzweck ist für die Frage des Vorliegens eines vernünftigen Grundes relevant. Wenn also ein Pferd, das von seinem Halter bisher als „Companion Animal" zu Sport- oder Freizeitzwecken genutzt worden ist und das jetzt, weil es alt, krank, verletzt oder abgenutzt ist und nicht mehr wie gewünscht geritten werden kann, zur Schlachtung gebracht wird, dann steht für den Halter i. d. R. nicht der Zweck „Erzeugung eines Nahrungs- oder Futtermittels" im Vordergrund, sondern der Zweck „Einsparung von Kosten, die mit einer weiteren Pflege und Unterbringung verbunden wären". Deshalb gilt auch bei Sport- und Freizeitpferden, die lt. ihres Equidenpasses zur Schlachtung bestimmt sind, dass sie nicht einfach unter dem Vorwand der Gewinnung eines Nahrungs- oder Futtermittels geschlachtet werden dürfen, sondern dass eine Tötung nur als Nottötung (s. o.) gerechtfertigt ist. Die Kosten für die weitere Unterbringung und Pflege des Pferdes werden (vgl. oben) dann dem Tierhalter nicht mehr zugemutet, wenn auch ein verständiger, mit den Werten des Tierschutzgesetzes verbundener Tierhalter nicht mehr bereit wäre, sie auf sich zu nehmen. In einem solchen Fall könnte dann eine Tötung, weil nicht mehr rein ökonomisch motiviert, einem vernünftigen Grund entsprechen. Das ändert aber nichts daran, dass die Schlachtung eines lt. seines Equidenpasses zur Schlachtung bestimmten, bisher aber als „Companion Animal" behandelten Pferdes, nicht selbstverständliche Regel sein darf, sondern auf die Ausnahmefälle einer solchen Unzumutbarkeit beschränkt werden muss.

Voraussetzungen für die Euthanasie

Das Vorliegen einer Indikation zur Tötung eines Pferdes hat grundsätzlich ein Tierarzt festzustellen. Er steht aber mitunter vor der (psychologischen) Aufgabe, den **Tierbesitzer** von der Notwendigkeit der Euthanasie zu **überzeugen**. Wenn der Tierarzt zu der Überzeugung gelangt ist, dass die Euthanasie im vorliegenden Fall angezeigt ist, dann hat er diese Entscheidung auch durchzusetzen.

Der BGH [388] sah es als „Standespflicht des Tierarztes" ein ihm anvertrautes Tier zu töten, „wenn eine dramatische Verschlechterung des Zustands einen Behandlungserfolg nicht mehr erwarten lässt und es nur noch darum geht, dem Tier weitere Qualen zu ersparen". Daran ändert auch die **fehlende Einsicht** oder die fehlende Erreichbarkeit des Tierbesitzers nichts. Tierärzte dürfen grundsätzlich davon ausgehen, dass die Eigentümer „kein Interesse an einer Verlängerung unnötiger Leiden" ihrer Tiere haben und sie daher in solchen Fällen die „Tötung des Tieres durch den Tierarzt wünschen", mithin die Befugnis stillschweigender „Inhalt des tierärztlichen Behandlungsvertrags" sei (BGH-Urteil vom 19.1.1982, AZ VI ZR 281/79). **Fehlende Erreichbarkeit** des Tierbesitzers rechtfertigt auch die Anordnung der Tötung von Amts wegen (§ 16a Nr. 2 TierSchG), im perakuten Notfall liegt die gesamte Verantwortung beim behandelnden Tierarzt [380].

Insbesondere bei Pferden ist zu beachten, dass diese häufig versichert sind und dem Versicherungsträger bei der Entscheidung zur Euthanasie ein vertragliches Mitspracherecht eingeräumt wurde. Versicherbar sind der Tod infolge Verendens oder Nottötung sowie die dauerhafte Unbrauchbarkeit des Pferdes. In den allgemeinen Bedingungen der gängigen Versicherungen besteht **Versicherungsschutz** bei Euthanasie, „wenn der Leidenszustand des Tieres durch bewährte tierärztliche Behandlungsmethoden nicht behebbar ist und der Tod des Tieres als Folge des Leidenszustandes mit Sicherheit zu erwarten ist". Kein Versicherungsschutz besteht, wenn sich der Versicherungsnehmer nur deshalb zur Tötung des Tieres entschließt, weil das Tier den gewünschten Gebrauchszweck, etwa die Nutzung als Reitpferd, nicht mehr erfüllt. Der BGH [389] hat noch konkretisiert, dass der Tod des Tieres für den Erhalt des Versicherungsschutzes dabei nicht unmittelbar bevorstehen muss. Grundsätzlich hat der Versicherungsnehmer auch bei akuten Notfällen die Einwilligung des Versicherers einzuholen; durch die Einrichtung von telefonischen Hotlines besteht diese Möglichkeit auch an Wochenenden und außerhalb der Geschäftszeiten. Verschiedene Gerichtsurteile (z. B. [390]) haben hervorgehoben, dass aber auch in Fällen, die die Einwilligungspflicht des Versicherers einschließen, stets die tierärztliche Indikation das „verlässliche, alleinige Kriterium" für die Euthanasie darstellt.

Folgende Fallkonstellationen stellen nach Luy et al. **Indikationen zur angst- und schmerzlosen Tötung von Equiden auch ohne Zustimmung des Besitzers** dar [384]:

- Darmvorfall nach Kastration
- Darmvorfall nach Bauchwandverletzung
- Festliegen nach Wirbelfraktur
- Festliegen nach Schädelfraktur
- Femurfraktur
- offene Frakturen von Radius oder Tibia
- weitere offene Frakturen (falls Prognose infaust)
- offene Gelenkverletzungen mit Substanzverlust (operative Schließung nicht möglich)
- Kolik mit (intraoperativ erhobener) infauster Prognose
- infauste Erkrankungen innerer Organe (z. B. Herz, Lunge, Darm, Leber, Niere)
- infauste neurologische Erkrankungen (z. B. Bornasche Krankheit, Tetanus, Botulismus)
- infauste offene Thoraxverletzungen mit Substanzverlust (operative Schließung nicht möglich)
- infauste Rektumperforationen
- infauste Hufrehe
- infauste Tumorerkrankungen

Durchführung der Euthanasie

Wie oben dargestellt fordert § 4 TierSchG die Tötung von Equiden unter Betäubung, wobei zu fordern ist, dass primär das Bewusstsein des Pferdes ausgeschaltet werden muss. Die Anforderung, dass die Betäubung selbst keine unnötigen Ängste oder Schmerzen erzeugen darf, stellt hohe Ansprüche an die eingesetzten Pharmaka.

Praxisttipp

Beim Einsatz von Narkotika, die bei Überdosierung den Tod durch eine pharmakologische Hemmung neuronaler Funktionen herbeiführen, ist eine hohe Geschwindigkeit der Anflutung notwendig [382]. Kombinationspräparate aus Barbituraten und Muskelrelaxantien wie T 61® (S. 205) können ohne weitere Medikation diesem Anspruch nicht gerecht werden, da die Reihenfolge der Wirkung der einzelnen Bestandteile nicht vorhergesagt werden kann.

Ob bei der praktischen Durchführung der Euthanasie eine einleitende **Sedierung** des Pferdes erforderlich ist, ist nicht unumstritten. Einerseits beruhigt sie Patient und Besitzer, andererseits verlängert sie möglicherweise den Vorgang der Euthanasie nach der Applikation des Tötungsmittels. In jedem Fall ist es sinnvoll, im Anschluss eine großlumige Verweilkanüle in die Vena jugularis externa zu legen.

Sowohl die Einleitung einer Narkose mit nachfolgender Erhöhung des Narkosemittels bis zur letalen Dosis als auch die **sofortige Überdosierung** von Pentobarbital ohne vorherige Narkoseinduktion sind vertretbar und erfüllen die oben dargestellten Anforderungen.

Eine vorangehende Narkose ist aber auch aus Sicherheitsgründen für die umstehenden Personen empfehlenswert, da sonst bei einer Unterbrechung des Injektionsvorgangs gefährliche Exzitationen auftreten können. Beim Einsatz von Kombinationspräparaten (T 61®) ist sie zwingend erforderlich.

Merke

In jedem Fall ist der eingetretene Tod im Anschluss an die Allgemeinanästhesie tierärztlich festzustellen (Herzauskultation, Kornealreflex).

Die Euthanasie von Kleintieren und Pferden ist neben der fachlichen stets auch eine emotionale Herausforderung für den Tierarzt. In der überwiegenden Mehrzahl der Fälle besteht eine Übereinstimmung der Wahrnehmung von Tierarzt und Besitzer, was den Zustand und die Erforderlichkeit der Euthanasie des Tieres angeht. Obgleich der Besitzer die Entscheidung selbst treffen muss, kann ihm der tierärztliche Sachverstand dabei helfen, zu einer belastbaren und guten Entscheidung für sich zu kommen. Dabei müssen sowohl die direkte als auch die indirekte Kommunikation zwischen Tierarzt und Tierbesitzer stimmen. Ausreichende Zeitplanung und ein ruhiger, absolut störungsfreier Raum oder Bereich sind dabei unabdingbare Voraussetzungen (S. 205).

Nottötung

Die Euthanasie unter Notfallbedingungen stellt insbesondere in der Pferdepraxis eine Herausforderung dar, v. a. in den Fällen, in denen ein großer Druck durch und eine gute Einsehbarkeit für die Öffentlichkeit gegeben sind, etwa bei einer anstehenden Nottötung auf Pferdesportveranstaltungen. Auch hier ist der Tierarzt zunächst beratend tätig, es muss oft unter Zeitdruck das Vorliegen einer Indikation zur Euthanasie festgestellt werden, die u. U. von dritter Seite noch kritisch überprüft werden wird. Die Euthanasie sollte, wenn irgend möglich, aus dem unmittelbaren Turnierbereich herausverlagert werden, d. h., der Patient sollte aus der Öffentlichkeit verbracht werden. Als sinnvoll hat sich erwiesen, nach Möglichkeit noch die Meinung eines zweiten, nicht weisungsgebundenen Fachkollegen einzuholen. Wie oben dargestellt, haben Tierversicherungen bei diesen Entscheidungen ein vertragliches Mitspracherecht, daher sind die Versicherungen von der beabsichtigten Euthanasie in Kenntnis zu setzen. Sollte ein Abtransport des Patienten nicht möglich sein, ist eine Abschirmung und/oder ein Sichtschutz zwingend erforderlich. Großer Wert ist auf die Kommunikation mit der Turnierleitung bzw. dem Veranstalter zu legen. Die „offizielle" Kommunikation über die Euthanasie ist abzustimmen, Fragen wie Fortsetzung oder Abbruch der Veranstaltung oder tierärztliche Auskünfte müssen auf alle Fälle im Einklang zwischen Tierarzt und Veranstalter beantwortet werden.

Verbleib der Tierleiche

Nicht unerwähnt soll abschließend der Verbleib der Tierleiche bleiben. Der Tierbesitzer sollte insbesondere über die Möglichkeit einer Obduktion und über die auch bei Pferden gegebene Möglichkeit einer Verbrennung in einem Tierkrematorium aufgeklärt werden.

Nutztier

Grundsätzlich gelten für die Euthanasie von Nutztieren die gleichen Vorgaben wie bei anderen Tieren. In der Hobbyhaltung von Nutztieren ist die starke emotionale Bindung des Besitzers wie z. B. auch beim Kleintier zu beachten.

Besonderheiten ergeben sich aus den folgenden Umständen:

- **Arzneimittelrechtliche Vorschriften** und die **begrenzte Verfügbarkeit von Wirkstoffen** für Nutztiere führen zu eingeschränkten Möglichkeiten in der kurativen Versorgung und der Palliativmedizin.
- In der Regel haben die **Wirtschaftlichkeit** einer Behandlung und die **Wiederherstellung der Leistungsfähigkeit** nach der Behandlung (z. B. die Milchleistung einer Kuh) eine größere Bedeutung als bei Klein- und Heimtieren. So spielt die Osteosynthese beim Rind keine nennenswerte Rolle.
- Bei bestimmten Erkrankungen stellen sich sehr schnell unheilbare **Sekundärkomplikationen** ein (z. B. beim Festliegen einer Kuh).
- **Kranke Tiere** sind i. d. R. **nicht** an Tierheime, Tierpaten oder Pflegestellen **vermittelbar**.
- Die **Tötung** kann bei Tieren, die zur Gewinnung von Fleisch, Häuten, Pelzen oder sonstigen Erzeugnissen bestimmt sind, nach Sachkundeerwerb auch **durch Nicht-Tierärzte** erfolgen [391].

Aus der Konstellation dieser Umstände ergibt sich, dass wirtschaftliche Gründe einen höheren Stellenwert für die Euthanasieentscheidung haben. Dies mag bei der Abwägung für oder gegen eine schmerzlose Tötung als verwerflich eingeschätzt werden, kann und darf jedoch nicht unberücksichtigt bleiben.

Medizinisch ergibt sich die Forderung, Krankheiten mit schlechter Prognose möglichst frühzeitig zu erkennen, um eine nicht beherrschbare Leidensphase zu vermeiden. Bei aktuellen Untersuchungen an Kadavern von Schweinen und Kühen zeigt sich, dass nicht wenige Tiere mit unheilbaren Leiden zu spät erlöst werden. Als Beispiel für die Verfügbarkeit von Leitfäden zur **richtigen Zeitpunktfestlegung** beim Rind soll die Veröffentlichung von Khol et al. [385] Erwähnung finden.

Nicht-Tierärzte setzen zur Euthanasie aufgrund der rechtlichen Vorgaben physikalische Verfahren ein, z. B. Bolzenschuss zur Betäubung mit anschließendem Entblutungsschnitt. Diese Art der Tötung ist bei trächtigen Tieren im letzten Drittel der Gravidität abzulehnen, da es nicht zur Betäubung des Fetus kommt. Erhebungen in Tierkörperbeseitigungsanstalten zeigen, dass Fehler in der Durchführung der Betäubung (z. B. Bolzenschuss) und beim Anbringen des Entblutungsschnitts nicht selten sind. Hier obliegt es Tierärzten, aufgrund ihrer Sachkenntnis Fehler festzustellen und auf deren Abstellung zu drängen.

Quellenangaben

Literatur

[380] Deegen E. Tötung von Pferden im Rahmen der Pferdepraxis. Prakt Tierarzt 2004; 85: 417–419

[381] Hirt A, Maisack C, Moritz J. Tierschutzgesetz Kommentar. 3. Aufl. München: Franz Vahlen; 2016

[382] Kietzmann M. Euthanasie trächtiger Tiere. Dtsch Tierärztl Wschr 2003; 11: 188–189

[383] Luy J. Euthanasie – ethische und rechtliche Aspekte. Tierärztl Umschau 2005; 60 (12): 694–698

[384] Luy J, Deegen E, Grabner A et al. Tötung von Equiden. Pferdeheilkunde 2006; 22: 795–802

[385] Khol JL, Schafbauer T, Wittek T. Zeitpunkt und Durchführung der tierschutz-konformen Nottötung beim Rind. Tierarztl Prax Ausg G Grosstiere Nutztiere 2016; 44 (1): 47–54

[386] Kirsch K, Palm J, Wedel K. Die Tücken des „sanften" Todes. Dt TÄBl 2016; 9: 1362–1366

Internetquellen

[387] Tierschutzbericht der Bundesregierung. 1999 BT Dr. 14/600. Im Internet: http://dipbt.bundestag.de/doc/btd/14/006/1400600.pdf; Seite 52. Stand: Juli 2020

Rechtsgrundlagen

[388] BGH Urteil vom 19.1.1988; Az. VI ZR 188/87

[389] BGH Urteil vom 20.6.1990; Az. IV ZR 248/89

[390] OLG Saarbrücken, Urteil vom 6.8.2003; Az.: 5 U 428/0253

[391] Verordnung zum Schutz von Tieren im Zusammenhang mit der Schlachtung oder Tötung und zur Durchführung der Verordnung EG nr.1099/2009 des Rates. (Tierschutz-Schlachtverordnung – TierSchlV). Im Internet: https://www.gesetze-im-internet.de/tierschlv_2013/TierSchlV.pdf; Stand: Juli 2020

8 Nutztier

Karl-Heinz Waldmann, Axel Wehrend

8.1 Forensische Aspekte der Tierärztlichen Bestandsbetreuung

Karl-Heinz Waldmann

8.1.1 Allgemeines

Definition

Die Tierärztliche Bestandsbetreuung ist integraler Bestandteil des Gesundheitsmanagements von Tierbeständen. Sie ist die regelmäßige, planmäßige, systematische und konsequente Anwendung tierärztlichen Wissens und Könnens nach dem Stand der Wissenschaft mit dem Ziel, Tierbesitzer bei der Schaffung, Verbesserung und Erhaltung der Tiergesundheit und der Optimierung der Tierleistung zu unterstützen.

Die Tierärztliche Bestandsbetreuung beinhaltet ein ganzheitliches und nachhaltiges Tiergesundheits- und Hygienemanagement, das neben der Krankheitsverhütung das Wohlbefinden der Tiere (Tiergerechtheit) und die Umsetzung aller bekannten Maßnahmen zur Lebensmittelsicherheit zum Ziel hat. Dazu gehören auch der fachlich begründete und damit gezielte Einsatz von Tierarzneimitteln sowie die Minimierung des Antibiotika-Einsatzes.

Ein wesentliches gemeinsames Ziel ist die Verbesserung der Tiergesundheit und damit des ökonomischen Ergebnisses des Betriebs [397].

Für den Tierhalter sind die erweiterte Produkthaftung (RL 1999/34/EG, Produkthaftungsgesetz), das „Stable to Table-Konzept“ (VO EG 178/2002 – sog. „Basisverordnung“), das „EU-Hygiene-Paket“ (Verordnungen [EG] Nr. 852–854/2004) und die „Cross Compliance“-Bestimmungen (Verordnung [EG] Nr. 1782/2003) für die Sicherstellung einer gleichbleibenden Qualität von Beginn der Urproduktion bis zum Endverbraucher relevant und zu beachten. Er kann diese Anforderungen nur erfüllen, wenn er u. a. eine effektive und umfassende Tierärztliche Bestandsbetreuung integriert, die sowohl auf das Wohl und die Gesundheit der Tiere als auch auf den gesundheitlichen Verbraucherschutz abzielt.

8.1.2 Rechtslage

Neben den oben genannten rechtlichen Vorgaben, die in erster Linie auf den Tierhalter als Lebensmittelunternehmer abzielen, sind bei der tierärztlichen Tätigkeit im Wesentlichen die allgemeingültigen vertragsrechtlichen (BGB), arzneimittelrechtlichen (Arzneimittelgesetz, AMG; Verordnung über tierärztliche Hausapotheken, TÄHAV; AB-Leitlinien), tierschutzrechtlichen (TierSchG), tierseuchenrechtlichen (Tiergesundheitsgesetz, TierGesG; Tierschutz-Nutztierhaltungsverordnung, TierSchNutztV), lebensmittel- und futtermittelrechtlichen (Lebensmittel- und Futtermittelgesetzbuch, LFGB) und berufsrechtlichen (Bundestierärzteordnung, Kammergesetz für die Heilberufe, Berufsordnung für Tierärzte) Bestimmungen zu beachten. Daneben gelten speziell für die Bestandsbetreuung bei den verschiedenen Tierarten z. T. noch gesonderte Verordnungen oder Leitlinien.

8.1.3 Grundzüge der tierärztlichen Betreuung von Tierbeständen

- **Infektionsprophylaxe:** Verwendung betriebseigener oder im Betrieb verbleibender Schutzkleidung und Beachtung von diversen Biosicherheitsmaßnahmen
- **Eingangsuntersuchung bei Übernahme der Betreuung**
  - **Anamnese:** Erhebung von Daten zur Betriebssituation, zum Krankheitsverlauf, zu den möglichen Krankheitsursachen, zu bisherigen Untersuchungsergebnissen und Behandlungen

- **Bestandsbesichtigung:** Feststellung von Krankheitssymptomen, Besatzdichte, Wurfgröße, Futteraufnahme, Zustand und Ausmaß der Installationen, grobsinnlicher Stallklimabefund, Kennzeichnung kranker oder verdächtiger Tiere
- **Messung der Rektaltemperatur:** kranke (verdächtige) und gesunde Tiere aus allen Alters- und Nutzungsgruppen
- **klinische Einzeltieruntersuchung:** kranke (verdächtige) und gesunde Tiere, mindestens 1 Tier je Nutzungsgruppe, für Schweine gilt: mindestens 20 in Betrieben ab 100 Zuchtsauen oder 800 Mastplätzen, ggf. Probenentnahmen für Laboruntersuchungen, Erhebung von Schlacht- oder Sektionsbefunden
- **Umweltuntersuchung:** Futter und Wasser, Futtermittellagerung, Stallklima, Stallboden, Auslauf und Weiden, Heizungs- und Belüftungssystem
- **schriftliche Zusammenfassung:** Krankheitssymptome, pathogenetisch wichtige Hilfsfaktoren, Verlustraten
- **(Verdachts-)Diagnose(n):** schriftlich
- **Prognose:** Information des Tierhalters über Ziel, Dauer, Ergebnis und Kosten beabsichtigter Behandlungsmaßnahmen
- **Entscheide:** schriftliche Festlegung von Hygiene- oder Sanierungsprogrammen, ggf. Baumaßnahmen, Feststellung des Arzneimittelbedarfs und Anwendung oder Abgabe nach den einschlägigen Rechtsvorschriften, Terminierung der Folgeuntersuchung

- **Minimalia von Folgeuntersuchungen:**
  - beinhalten die Anamnese, Bestandsbesichtigung, Messung der Rektaltemperatur, klinische Einzeltieruntersuchung und ggf. eine Umweltuntersuchung
  - schriftliche **Zusammenfassung von Befunden und entsprechenden Behandlungsmaßnahmen:** ggf. Änderungen im Sanierungs- oder Hygieneprogramm, Anwendung und Abgabe von Arzneimitteln nach den einschlägigen Rechtsvorschriften, Terminierung der Folgeuntersuchung und eine Effektivitätskontrolle

Unabhängig von Erst- und Folgeuntersuchungen sind gesetzliche Vorgaben zu beachten, wie beim Schwein die regelmäßigen **Routineuntersuchungen nach Schweinehaltungshygieneverordnung (SchHaltHygV)**. Für Zucht- und kontinuierlich belegte Mastbetriebe ist diese Untersuchung mindestens 2-mal pro Jahr vorgeschrieben. Mastbestände, die im Rein-Raus-Verfahren belegt werden, müssen mindestens 1-mal pro Mastdurchgang untersucht werden. Sind über das in der SchHaltHygV (§ 8 und Anlage 6) beschriebene Maß hinausgehende Gesundheitsstörungen aufgetreten, ist immer auch auf das Vorhandensein anzeigepflichtiger Seuchen, insbesondere der Afrikanischen und Klassischen Schweinepest und in Freilandhaltungen zusätzlich der Aujeszkyschen Krankheit und Brucellose, zu untersuchen.

8.1.4 Risiken bei der Tierärztlichen Bestandsbetreuung vor rechtlichem Hintergrund

Gefahr der Erregereinschleppung/-verbreitung

> **Merke**
> **Ein entscheidender Faktor zur Gesunderhaltung von Tierbeständen ist die Einhaltung hoher Biosicherheitsmaßnahmen, um eine Einschleppung oder auch Verbreitung von Infektionserregern zu vermeiden.**

Dies gilt insbesondere für Erreger anzeigepflichtiger Seuchen. Gerade Tierärzte, die in kurzen zeitlichen Abständen eine z. T. große Zahl von Beständen aus ihrer Klientel besuchen müssen, sind deshalb zur Einhaltung einer peniblen Infektionsprophylaxe (S. 212) verpflichtet. Kann dem Tierarzt ein Verstoß gegen diesbezügliche Sorgfaltspflichten mit entsprechenden negativen Folgen nachgewiesen werden, drohen zivilrechtliche Konsequenzen mit u. U. hohen Regressforderungen und im Falle von Seuchenverschleppungen ggf. auch eine strafrechtliche Ahndung.

Sorgfaltspflicht bei der Bestandsuntersuchung und Diagnostik

§ Gesetzliche Grundlagen

Sämtliche Tätigkeiten der Bestandsbetreuung erfolgen im Rahmen des eingegangenen Dienst-(Behandlungs-)vertrags (§ 611 BGB), der von dem Tierarzt als Hauptpflicht „das beste Bemühen um den Behandlungserfolg unter Beachtung der anerkannten Regeln der Veterinärmedizin“ erwartet. Der Tierarzt hat dabei „die von einem gewissenhaften Veterinär zu erwartenden Kenntnisse und Erfahrungen einzusetzen“ (BGH, 12.04.83, VersR 83, 665), um ihrer/seiner Sorgfaltspflicht Genüge zu tun.

Bei der Anamneseerhebung muss von tierärztlicher Seite zunächst vom Wahrheitsgehalt der Angaben des Tierhalters ausgegangen werden. Diese Angaben sind aber nicht einfach hinzunehmen, sondern müssen stets kritisch insbesondere auf ihre Plausibilität interpretiert werden.

Schuldhafte Fehler im Rahmen klinischer Untersuchung und Diagnostik entstehen z. B. bei unvollständiger Untersuchung (keine Messung der Körpertemperatur, keine Berücksichtigung von Futter, Fütterung, Stallklima, Hygiene oder Management), nicht repräsentativer Probenentnahme, gänzlich fehlender Laboruntersuchungen oder falscher Auswahl von Sektionsmaterial respektive unkritischer Prüfung der Labor- und/oder Sektionsbefunde.

Da vor jeder Therapie oder Metaphylaxe eine möglichst genaue, im Idealfall ätiologische, Diagnosestellung erfolgen muss, ist der Bewertung von Haupt- und Nebendiagnosen besonderes Augenmerk zu widmen.

Fehlermöglichkeiten bei Therapie und Prophylaxe

Eine der häufigsten Tätigkeiten im Rahmen der Bestandsbetreuung ist die Durchführung respektive Anordnung von medikamentösen Behandlungen oder prophylaktischen Impfungen nach erfolgter Diagnosestellung. Diese betreffen nicht selten ganze Tiergruppen oder sogar den Gesamtbestand. Da es sich i. d. R. um sehr kostenträchtige Maßnahmen handelt, ist hierbei ganz besondere Sorgfalt geboten. Fehlerbeispiele sind die Wahl ungeeigneter Arzneimittel, falsche oder unzureichende Dosierung, Unterlassen der Feststellung der Impffähigkeit, Unterlassen der Wirkungskontrolle oder das Unterlassen der – ggf. wiederholt notwendigen – Beanstandung des Faktoren-Fortbestands, wenn z. B. angeratene, dringend notwendige Maßnahmen des Stallbaus oder der Klimatisierung nicht durchgeführt werden.

! Merke

Bei der Durchführung respektive Anordnung von medikamentösen Behandlungen oder prophylaktischen Impfungen ist streng nach dem Arzneimittelgesetz (cave: § 56a AMG) und der Tierärztlichen Hausapothekenverordnung (insbesondere § 12 ff. TÄHAV) vorzugehen, um bei der Abgabe von Arzneimitteln an Tierhalter nicht in den Verdacht einer strafbaren („Abgabe auf Vorrat“) oder ordnungswidrigen Handlung (entgegen Vorgaben der TÄHAV) zu geraten.

Sorgfaltspflicht bei der Dokumentation

Eine ordnungsgemäße Dokumentation gehört zu den Nebenpflichten des Behandlungsvertrags (Dienstvertrag) und ist also auch im Interesse des Tierhalters zu führen. Sie ist eine originäre Berufspflicht des Tierarztes und ist in den Kammergesetzen für die Heilberufe und den Berufsordnungen der Landestierärztekammern festgelegt. Danach hat der Tierarzt die „gemachten Feststellungen“, also die wesentlichen **Befunde** und **Diagnosen**, sowie die „**getroffenen Maßnahmen**“ zu dokumentieren.

Praxistipp

Um Unklarheiten zwischen Tierarzt und Tierhalter von vornherein auszuschließen, sollte die Dokumentation anlässlich von Bestandsbesuchen regelmäßig von beiden Personen gegengezeichnet werden.

Eine Verletzung der Dokumentationspflicht kann im Extremfall zur Beweislastumkehr (S. 34) im Schadensersatzprozess führen, indem zu Lasten des Tierarztes unterstellt wird, dass die dokumentationspflichtige, aber nicht dokumentierte Maßnahme tatsächlich nicht erfolgt ist.

Mängel bei der Aufklärung und Beratung

Aufklärung, Beratung und Auskunft stellen ebenfalls Nebenpflichten (S. 36) des Behandlungsvertrags dar. Zur Aufklärung äußert sich die Rechtsprechung (BGH, 18.03.1980, VI ZR 39/79) wie folgt: „Es ist auch Aufgabe des Tierarztes (Schuldner), den Tierhalter (Gläubiger) über die Behandlungsmethoden und sich daraus ergebende Gefahren (Untersuchung, Behandlungs-, Arzneimittelrisiken) zu beraten. Dazu gehört die Erörterung der Art und Weise der Behandlung in groben Zügen, der Erfolgsaussichten und der Risiken, sodass der Tierhalter unter Berücksichtigung wirtschaftlicher Aspekte eine fundierte Entscheidung über die beabsichtigte tierärztliche Intervention treffen kann."

Praxistipp

Insbesondere, wenn im Bestand umfangreiche Behandlungsmaßnahmen durchzuführen sind, ist eine dezidierte Aufklärung – auch über die Kosten – essenziell, um den Honoraranspruch des Tierarztes zu wahren.

Mangelhafte Aufklärung/Beratung kann sich demnach z. B. ergeben, wenn

- wichtige Hinweise (Kosten, Prognose, Wartezeit) nicht erteilt werden,
- Behandlungsanweisungen nicht erteilt und/oder nicht (schriftlich) festgelegt werden,
- Mängelfeststellungen nicht (schriftlich) weitergegeben werden,
- krankheitsbegünstigende Faktoren nicht (schriftlich) benannt und ihre Vermeidung oder Abstellung nicht gefordert werden,
- Untersuchungsprotokolle nicht erstellt und/oder nicht weitergegeben werden.

Schweigepflicht und Tierschutzproblematik

Die Schweigepflicht ist nach § 203 StGB und den Berufsordnungen der Landestierärztekammern ebenfalls eine originäre Berufspflicht. Danach sind Tierärzte verpflichtet, über das zu schweigen, was ihnen im Rahmen ihrer beruflichen Tätigkeit anvertraut oder bekannt geworden ist, und dafür Sorge zu tragen, dass alle Personen, die Kenntnisse aus dieser beruflichen Tätigkeit erlangt haben, die Schweigepflicht erfüllen.

Merke

Die Schweigepflicht besteht nicht, wenn sog. öffentliche Belange die Bekanntgabe von Feststellungen erforderlich machen.

Die Schweigepflicht besteht nicht, wenn der Verdacht auf Vorliegen von anzeige- oder meldepflichtigen Seuchen oder Tierkrankheiten und eine Pflicht zur Offenbarung nach dem Tiergesundheitsgesetz besteht. In einem Gerichtsverfahren kann der Tierarzt ebenfalls von seiner Schweigepflicht entbunden werden. Als problematisch ist die ebenfalls geforderte Offenbarungsverpflichtung anzusehen, wenn eklatante Verletzungen der Rechtsordnung zur Kenntnis gelangen, die höherwertiges Rechtsgut betreffen, z. B. bei grober Tiermisshandlung. Hier besteht dann ein Konflikt zwischen dem Persönlichkeitsschutz des Tierhalters und den Anforderungen nach dem Tierschutzgesetz.

8.2 Nicht kurative Eingriffe an Nutztieren

Axel Wehrend

8.2.1 Definitionen

Der Begriff des „nicht kurativen Eingriffs" ist bisher nicht allgemeingültig definiert. Häufig wird er durch die Aufzählung von Beispielen erklärt (alle Tierarten: Kennzeichnung durch das Einziehen von Ohrmarken, Tätowierung, Brandzeichen anbringen; Schwein: Schwänzekürzen, Kastration, Zähneabschleifen; Geflügel: Schnabelkürzen; Lämmer: Schwänzekürzen; Rinder: Enthornen).

Ein **kurativer Eingriff** in der Veterinärmedizin ist darauf ausgerichtet, die Gesundheit eines Tieres wiederherzustellen (sog. Kuration). Daraus leitet sich ab, dass der **nicht kurative Eingriff** nicht auf die Therapie einer Erkrankung ausgerichtet ist. Allen nicht kurativen Eingriffen ist gemein, dass sie schmerzhaft sind.

Der Begriff „Eingriff" impliziert die Durchführung einer chirurgischen Tätigkeit, was jedoch nicht immer zutreffen muss, da die verschiedenen Arten der invasiven (invasiv im Sinne von gewebsverletzend) Kennzeichnung (z. B. Einziehen von Ohrmarken, Tätowierung) nicht als chirurgische Maßnahmen zu bezeichnen sind. Aus den Beispielen für die verschiedenen Tierarten ergibt sich, dass der Eingriff meist die Entfernung (Amputation) oder Zerstörung von Organen, Geweben oder Körperteilen bedeutet.

Definition

Der nicht kurative Eingriff kann als eine schmerzhafte Maßnahme an einem Tier definiert werden, der auf die Nutzungs- und Haltungserleichterung sowie die Prävention von Erkrankungen, die sich als Konsequenz der derzeitigen Haltungsbedingungen entwickeln können, ausgerichtet ist.

Häufig wird der Begriff der **„zootechnischen Maßnahme"** synonym verwendet. Das ist falsch. Nach Wähner und Hoy [395] sind zootechnische Maßnahmen Tätigkeiten im Bereich der Haltung, Fütterung, Hygiene und des Managements, um Körperfunktionen von Tieren zu beeinflussen, die ohnehin im Organismus ablaufen. Beispiele sind Lichtprogramme und die Flushingfütterung (Erhöhung der Energieversorgung zur Steigerung der Ovulationsrate). Es handelt sich nicht um Eingriffe im Sinne einer Amputation oder Gewebszerstörung.

8.2.2 Bewertung

Von rechtlicher Bedeutung können für den Tierarzt nicht kurative Eingriffe werden, wenn er zu deren Rechtmäßigkeit und Sinnhaftigkeit Auskunft gibt oder aufgrund ihrer Durchführung in die Kritik gerät.

Grundsätzlich nimmt die Ablehnung von nicht kurativen Eingriffen zu. Entsprechende Gesetzesinitiativen und politische Willensbekundungen auf nationaler und internationaler Ebene sind darauf ausgerichtet, derartige Maßnahmen zu reduzieren und zu verbieten.

In der Vergangenheit wurden viele nicht kurative Eingriffe eingeführt, um die Haltung und Nutzung von Tieren zu vereinfachen. Da viele Haltungssysteme vorrangig im Sinne einer Effizienzsteigerung entwickelt und modifiziert wurden, hat sich die Wahrscheinlichkeit von bestimmten Erkrankungen (z. B. Verletzungen durch Rangordnungskämpfe behornter Rinder bei hoher Belegdichte) erhöht bzw. durch die Haltungsart steigt deren Risiko. Es muss zwar beachtet werden, dass Verletzungen (z. B. Hornstöße) und Störungen (z. B. Technopathien) in allen Haltungsbedingungen auftreten können, jedoch eine nicht tiergerechte Haltung als erheblicher Risikofaktor für deren Entwicklung wirkt.

Grundsätzlich stellt sich die Frage, ob und in welchem Ausmaß Tiere durch nicht kurative Eingriffe dem Haltungssystem bzw. der Nutzung durch den Menschen „angepasst" werden müssen und dürfen. Aus Sicht des Tierschutzes ist eine Anpassung der Haltung und Nutzung an die Bedürfnisse der Tiere, ohne die Notwendigkeit nicht kurative Eingriffe durchführen zu müssen, die Alternative.

Merke

Der Wegfall von bestimmten Eingriffen ohne Veränderung der entsprechenden Haltungsbedingungen (z. B. Verringerung der Tierdichte, Gestaltung abwechslungsreicher Umweltbedingungen) kann zu Leiden, Schmerzen und Schäden von Tieren führen.

Die angestrebten Veränderungen der Systeme erfordern i. d. R. Investitionskosten und bedingen eine niedrigere Produktivität und eine Modifikation der Vermarktungsstrukturen und -mechanismen, die häufig für die Umsetzung eine längere Zeit benötigen. Aus diesen skizzierten Aspekten ergibt sich eine kontroverse Sichtweise zu nicht kurativen Eingriffen.

Der gesellschaftliche Standpunkt zu dieser Problematik ist im Diskurs immer wieder neu zu definieren und kann nicht endgültig sein. Für Tierärzte ist er von großer Bedeutung und hat Einfluss auf das öffentliche Ansehen des Berufsstands. In diesem Konfliktfeld ist der Tierarzt aufgrund seiner fachlichen Kompetenz aufgefordert, seine Sicht einzubringen.

Jäger [393] schlägt in diesem Prozess 3 Schritte vor:

Spezieller Teil

► **Tab. 8.1** Bewertungsschema für nicht kurative Eingriffe.

Fragestellung	Anmerkung
Ist der Eingriff gesetzlich erlaubt?	Ist der Eingriff generell oder in dem gewünschten Maß (z. B. statt Einzelfallentscheidung grundsätzliche Durchführung) nicht erlaubt? Ist er grundsätzlich abzulehnen?
Ist der Eingriff dem Tier zuzumuten und medizinisch sinnvoll?	Ist der Eingriff gesetzlich erlaubt, muss er nicht gleichzeitig medizinisch sinnvoll und den aktuellen Anforderungen des wissenschaftlich begründeten Tierschutzes entsprechen.
Gibt es Alternativen?	Jeder nicht kurative Eingriff bedeutet das Zufügen von Leiden, Schmerzen und Schäden für das Tier. Daraus ergibt sich die Verpflichtung, auf Alternativen zurückzugreifen, wenn diese möglich sind. Hierbei muss jedoch kritisch überprüft werden, ob der alleinige Verzicht auf eine nicht kurative Maßnahme ohne Veränderungen der entsprechenden Haltungssysteme und -bedingungen zu stärkeren Beeinträchtigungen des Tieres führen kann. So kann der Verzicht auf das Kürzen des Schwanzes beim Schwein ohne begleitende Maßnahmen dazu führen, dass Kannibalismus zunimmt.
Welche Vorschriften gelten für die Durchführung?	Diese können den Personenkreis, die Technik und begleitende Maßnahmen betreffen (z. B. den Einsatz von Schmerzmitteln). Auch hier ist festzuhalten, dass gesetzliche Vorgaben nicht dem wissenschaftlichen Kenntnisstand entsprechen müssen. So sind im derzeit gültigen Deutschen Tierschutzgesetz im § 5 schmerzhafte Eingriffe beschrieben, für die bis zu einem bestimmten Alter keine Betäubungspflicht besteht, was wissenschaftlich nicht nachvollzogen werden kann. In diesem Zusammenhang muss erwähnt werden, dass diese Vorschriften die Ausschaltung von Schmerzen nicht verbieten, sodass diese im Sinne des Tieres erfolgen sollte.
Wie kann darauf hingearbeitet werden, dass nicht kurative Eingriffe zukünftig vermieden werden können?	–

- Definition der Ziele: Auf welchen Eingriff soll in welchem Ausmaß verzichtet werden?
- Festlegung des Zeitrahmens, in dem die Ziele erreicht werden sollen (können)
- Maßnahmen in der Übergangsphase

Ein Bewertungsschema für nicht kurative Eingriffe für den Tierarzt wird in nachfolgender Tabelle vorgeschlagen (► **Tab. 8.1**).

8.2.3 Quellenangaben

Literatur

[392] Hirt A, Maisack C, Moritz J. Tierschutzgesetz Kommentar. 3. Aufl. München: Franz Vahlen; 2016

[393] Jäger F. Zootechnische Maßnahmen bei Nutztieren. Wirklich ein Muss? Nutztierpraxis aktuell 2010; 35: 54–59

[394] Korn SV. Nicht kurative Eingriffe bei Schafen und Ziegen. Züchtungskunde 2016; 88 (6): 445–455

[395] Wähner M, Hoy S. Taschenbuch Schwein. Stuttgart: Ulmer; 2009

Internetquellen

[396] BTK. Leitlinien für den sorgfältigen Umgang mit antibakteriell wirksamen Tierarzneimitteln (Antibiotika-Leitlinien); 2015. Im Internet https://www.bundestieraerztekammer.de/tieraerzte/leitlinien; Stand: Juli 2020

[397] BpT. Leitlinien für die Tierärztliche Bestandsbetreuung; 2009. Im Internet: https://www.tieraerzteverband.de/bpt/berufspolitik/leitlinien/bestandsbetreuung/leitlinien-bestandsbetreuung.php; Stand: Juli 2020

Rechtsgrundlagen

[398] BGH, 12.04.83, VersR 83, 665

[399] Bundes-Tierärzteordnung in der Fassung der Bekanntmachung vom 20. November 1981 (BGBl. I S. 1193), zuletzt geändert am 15.8.2019. Im Internet: https://www.gesetze-im-internet.de/bt_o/BJNR004160965.html; Stand: Juli Kammergesetz für die Heilberufe

[400] Gesetz über den Verkehr mit Arzneimitteln (Arzneimittelgesetz - AMG) Neugefasst durch Bek. v. 12.12.2005 I 3394; zuletzt geändert durch Art. 11

G v. 6.5.2019 I 646. Im Internet: https://www.gesetze-im-internet.de/amg_1976/AMG.pdf; Stand: Juli 2020

[401] Lebensmittel-, Bedarfsgegenstände- und Futtermittelgesetzbuch in der Fassung vom 1. September 2005 (BGBl. I S. 2618, ber. S. 3007), zuletzt geändert am 27. Juni 2020. Im Internet: https://www.gesetze-im-internet.de/lfgb; Stand: Juli 2020

[402] 2. Richtlinie 85/374/EWG des Rates vom 25. Juli 1985 zur Angleichung der Rechts- und Verwaltungsvorschriften der Mitgliedstaaten über die Haftung für fehlerhafte Produkte (ABl. Nr. L 210 S. 29) EU-Dok.-Nr. 3 1985 L 0374 geänd. durch Art. 1 RL 1999/34/EG v. 10. 5. 1999 (ABl. Nr. L 141 S. 20), Produkthaftungsgesetz. Im Internet: https://www.beck.de/rsw/upload/palandt/02_prodhaftrl.pdf; Stand: Juli 2020

[403] Tiergesundheitsgesetz (TierGesG) in der Fassung vom 22. Mai 2013 (BGBl. I S. 1324), zuletzt geändert am 26. November 2019. Im Internet: https://www.gesetze-im-internet.de/tiergesg; Stand: Juli 2020

[404] Tierschutz-Nutztierhaltungsverordnung (TierSchNutztV) in der Fassung vom 25. Oktober 2001 (BGBl. I S. 2758), zuletzt geändert am 22. April 2016; (Art. 3 VO vom 14. April 2016). Im Internet: https://www.gesetze-im-internet.de/tierschnutztv/BJNR275800001.html; Stand: Juli 2020

[405] VO EG Nr. 178/2002 zur Festlegung der allgemeinen Grundsätze und Anforderungen des Lebensmittelrechts, zur Errichtung der Europäischen Behörde für Lebensmittelsicherheit und zur Festlegung von Verfahren zur Lebensmittelsicherheit (sog. Lebensmittelbasisverordnung). Im Internet: https://eur-lex.europa.eu/legal-content/DE/ALL/?uri=CELEX%3A32002R0178; Stand: Juli 2020

[406] VO EG Nr. 1782/2003 mit gemeinsamen Regeln für Direktzahlungen im Rahmen der Gemeinsamen Agrarpolitik und mitbestimmten Stützungsregelungen für Inhaber landwirtschaftlicher Betriebe und zur Änderung der Verordnungen (EWG) Nr. 2019/93, (EG) Nr. 1452/2001, (EG) Nr. 1453/2001, (EG) Nr. 1454/2001,(EG) Nr. 1868/94, (EG) Nr. 1251/1999, (EG) Nr. 1254/1999, (EG) Nr. 1673/2000, (EWG) Nr. 2358/71und (EG) Nr. 2529/2001 (ABl. L 270 vom 21.10.2003, S. 1). Im Internet: https://eur-lex.europa.eu/LexUriServ/LexUriServ.do?uri=CONSLEG:2003R1782:20060215:DE:PDF; Stand: Juli 2020

[407] VO über tierärztliche Hausapotheken (TÄHAV) in der Fassung der Bekanntmachung vom 8. Juli 2009 (BGBl. I S. 1760), zuletzt geändert am 21. Februar 2018 (BGBl. I S. 213). Im Internet: https://www.gesetze-im-internet.de/t_hav/BJNR021150975.html; Stand: Juli 2020

9 Pferd

Thomas Buyle, Jasmin-Lisa Himmelsbach, Michael Röcken

9.1 Lahmheitsuntersuchung beim Pferd

Thomas Buyle, Jasmin-Lisa Himmelsbach

Lahme Pferde sind nicht nur in ihrer typischen und artspezifischen Lebensweise als Lauf- und Fluchttier eingeschränkt, was in einzelnen Fällen bei hgr. Lahmheiten sogar tierschutzrelevant werden kann. In den meisten Fällen dienen sie als Reit- und Fahrpferde und können diesen Zweck lahmend nicht erfüllen. Vermeintliche oder tatsächlich nach dem Kauf auftretende Lahmheiten sind eine häufige Ursache für rechtliche Auseinandersetzungen; auch das Vorbringen von Schadensersatzansprüchen gegenüber untersuchenden Tierärzten hat in letzter Zeit an Bedeutung zugenommen. Um derartigen Ansprüchen entgegenzutreten, hat sich eine strukturierte und standardisierte Vorgehensweise in der orthopädischen Diagnostik bewährt.

9.1.1 Rechtliche Hintergründe zur Lahmheitsuntersuchung

- Erhebung der Anamnese
- Adspektion und Palpation
- Funktionsprüfung im Schritt und Trab (evtl. unterschiedliche Bodenverhältnisse nutzen)
- diagnostische Anästhesien
- bildgebende Verfahren

Im Bereich der Orthopädie ist auf die Bedeutung einer ordnungsgemäßen und nachvollziehbaren **Dokumentation** in Wort und Bild besonders hinzuweisen, da Schadensersatzansprüche und Haftungsprozesse aufgrund unzureichender Behandlungsunterlagen und ungenügender Qualität der bildgebenden Verfahren durchaus häufig Gegenstand gerichtlicher Auseinandersetzungen sind. In Zweifelsfällen sollten v. a. orthopädisch weniger versierte Tierärzte vor dem Einholen einer zweiten konsiliarischen Meinung oder einer Überweisung in eine spezialisierte Klinik nicht zurückschrecken.

Bereits bei der Erhebung der Anamnese und bei der klinischen Untersuchung sind die Besonderheiten des jeweiligen Falles zu berücksichtigen. Hierdurch können Befunderhebungsfehler vermieden werden. Hintergrund ist, dass **Darlegungs- und Beweislast** in einem Zivilprozess einen prozessentscheidenden Faktor darstellen. Eine fehlerhafte Erhebung der Anamnese kann diese Lasten zuungunsten des Tierarztes neu verteilen und damit dessen Position im Verfahren wesentlich verschlechtern.

Beweislastregeln

Die Beweislastregeln (S. 44) folgen einem bestimmten, streng einzuhaltenden Prinzip. Das Grundprinzip der **Beweislastverteilung** besagt, dass grundsätzlich – sprich im Normalfall – der Kläger die Erfüllung der jeweiligen Tatbestandsmerkmale beweisen muss. Derjenige, der im Prozess etwas für sich Positives behauptet, muss dieses Vorbringen also auch beweisen. Einzelne gesetzliche Regelungen (z. B. Regelungen zur ärztlichen Haftpflicht) gehen speziell auf die Beweislastverteilung ein und weichen daher von diesem Grundprinzip ab. Die Beweislast kann sich auch in Ausnahmefällen drehen, mithin muss die Gegenseite beweisen, dass es nicht so war, wie es beispielsweise der Kläger behauptet. Hierbei handelt es sich dann um die sog. Beweislastumkehr (S. 44).

Auch bei der Behandlung eines Tieres durch einen Tierarzt führt ein grober Behandlungsfehler, der geeignet ist, einen Schaden der tatsächlich eingetretenen Art herbeizuführen, regelmäßig zur **Umkehr der objektiven Beweislast** für den ursächlichen Zusammenhang zwischen dem Behandlungsfehler und dem Gesundheitsschaden.

Merke

Die Umkehr der Beweislast hat zur Folge, dass der Tierarzt beweisen muss, dass der eingetretene Schaden nicht kausal auf seiner Handlung beruht.

Beweislastumkehr bei grobem Behandlungsfehler

Dreh- und Angelpunkt für eine Umkehr der Beweislast ist, ob der Behandlungsfehler ein „grober" war.

Definition

Ein **grober Behandlungsfehler** liegt dann vor, wenn aus objektiver tierärztlicher Sicht das Verhalten bzw. die Handlung nicht mehr verständlich und nachvollziehbar ist, weil einem Tierarzt ein solcher Fehler schlicht nicht unterlaufen darf.

Stellt sich heraus, dass wirklich ein „grober" Fehler vorlag, wird die Beweislast umgekehrt und der Tierarzt muss darlegen und beweisen, dass ihn kein Verschulden trifft. Dies folgt nicht nur aus dem Gebot der prozessrechtlichen Waffengleichheit, es wird darüber hinaus dem Umstand Rechnung getragen, dass eine nachträgliche Aufklärbarkeit des tatsächlichen Behandlungsgeschehens wegen besonderen Gewichts des Behandlungsfehlers und seiner Bedeutung für die Behandlung derart erschwert ist, dass der Mediziner nach Treu und Glauben dem Patienten den vollen Kausalitätsnachweis nicht zumuten kann. Diese allgemeinen Grundsätze aus der Humanmedizin seien auf tierärztliche Behandlungen übertragbar, so auch das Oberlandesgericht Celle, OLG München, OLG Hamm, OLG Stuttgart, OLG Frankfurt; andere Ansicht OLG Koblenz; im Schrifttum herrscht dagegen geteilte Meinung.

Dies folgt ebenso aus dem richtungsweisenden Urteil des Bundesgerichtshofs vom 10.5.2016 (AZ: VI ZR 247/15), hier führte eine unzureichende Berücksichtigung der Anamnese bei einer Schlagverletzung zu einer Umkehr der objektiven Beweislast. In einem weiteren Schritt wurde sodann der ursächliche **Zusammenhang zwischen Behandlungsfehler und Gesundheitsschaden** festgestellt.

Fallbeispiel

Im vorliegenden Fall versorgte ein Tierarzt eine Hautverletzung an der Innenseite der Tibia, dabei wurde vermeintlich eine Fissur übersehen und dem betroffenen Pferd keine Boxenruhe verordnet. Die Wunde wurde lediglich verschlossen und eine zweitägige Schonung angeordnet. Einige Tage später musste das Pferd nach einer erfolglosen chirurgischen Versorgung der nachfolgend aufgetretenen Tibiafraktur euthanasiert werden. Obgleich sich der Tatbestand nicht mehr vollständig nachvollziehen ließ – insbesondere konnte die Fissur nie nachgewiesen werden – wurde dem Tierarzt die für ihn zu erbringende Nachweispflicht aufgebürdet (Beweislastumkehr), dass diese Fissur nicht vorgelegen hätte.

Gelingt dieser Beweis gerade nicht, muss der Tierarzt hierfür einstehen. Umso größer ist die Bedeutung einer vollständigen, sorgfältigen Anamneseerhebung und -berücksichtigung einzuschätzen. Denn wird ein grober Behandlungsfehler (hier: Befunderhebungsfehler) erkannt, dann muss der Tierarzt sehr genau darlegen und auch den Vollbeweis erbringen, dass sein Verhalten gerade nicht ursächlich für den eingetretenen Schaden ist. Jedoch sind im Vorfeld an die Klassifizierung, ob denn ein grober Behandlungsfehler vorliegt, sehr hohe Maßstäbe anzusetzen.

Haftungsrisiken bei der Lahmheitsuntersuchung

Schon der nicht invasive Teil von Lahmheitsuntersuchungen ist folglich mit gewissen Haftungsrisiken verbunden.

Unter Umständen stellt die Untersuchung selbst bereits eine **(Mehr-)Belastung der erkrankten Strukturen** dar, insbesondere bei ungünstigen Untersuchungsbedingungen wie etwa ungeeigneten Bodenverhältnissen. Selbst bei technisch korrekter Durchführung von diagnostischen Anästhesien muss bedacht werden, dass die Schutzfunktion des Schmerzes damit temporär aufgehoben wird und allein dadurch eine Verschlechterung des Ist-Zustands eintreten kann.

Das Stellen **falscher Diagnosen** in der orthopädischen Diagnostik, die vielfach auf Einschätzungen und Erfahrungssätzen beruht, sollte durch gründliche Untersuchung unter Ausnutzung aller vorhandenen Möglichkeiten minimiert bzw. verhindert werden. Es ist vor dem Hintergrund des Haftungsrisikos besser, keine vorläufige (überstürzte) Diagnose zu stellen, wenn überhaupt eine bloße Vermutung, und dies auch ausdrücklich zu vermerken, dass es sich noch um keine Diagnose handelt.

Wie in dem oben erläuterten Fallbeispiel bereits erwähnt, stellt die immer durchzuführende Aufklärung und richtige Anweisung des Reiters/Besitzers einen wichtigen Beitrag zur Vermeidung und Eingrenzung von Ersatzansprüchen dar. **Fehlerhafte Informationen** verursachen ein kausales Fehlverhalten des Reiters/Besitzers und führen u. U. zu einer Nutzung des Pferdes in nicht adäquater Weise. Solche fehlerhaften Informationen betreffen häufig die Art der konkret zugelassenen Bewegung (kontrolliert oder frei, Dauer, Intervalle, Boxenruhe), den Turniereinsatz, die Fütterung sowie die in Aussicht gestellte Zeit der Heilung. Aber auch Entscheidungen zum Kauf, Verkauf, zur Euthanasie und zum dauerhaften Weidegang sind von den Anweisungen des Tierarztes abhängig und damit potenzielle Auslöser von gerichtlichen Auseinandersetzungen, deren Anspruchshöhe teilweise sehr hoch sein kann.

Ebenfalls häufiger Anlass für Rechtsstreitigkeiten im orthopädischen Bereich sind **Komplikationen bei diagnostischen Anästhesien**, insbesondere bei intrasynovialen Anästhesien und Therapien. Laut Bassage und Ross [408] bleibt die diagnostische Anästhesie jedoch trotz des technischen Fortschritts die wichtigste Methode des Pferdetierarztes, lahmheitsverursachende Schmerzen zu lokalisieren. Wie auch bei anderen Injektionsmaßnahmen ist die Voraussetzung für die Anwendung diagnostischer Anästhesien die Einwilligung des Besitzers, eine Indikation und die Durchführung mit der erforderlichen (nicht mit der „üblichen") Sorgfalt.

9.1.2 Leitungsanästhesien

Die **Durchführung** einer diagnostischen Leitungsanästhesie bei der Lahmheitsuntersuchung ist ein risikoarmes Verfahren. Die Vorbereitung umfasst initial die Reinigung von Haut und Haarkleid von grobem Schmutz. Das Scheren der Haare ist nicht notwendig, außer das Haarkleid ist lang und eine exakte Palpation der anatomischen Orientierungspunkte oder eine adäquate Reinigung der Lokalisation nicht möglich. Anschließend erfolgen Reinigung und Desinfektion mit chirurgischen Desinfektionsmitteln. Wenn die ungewollte Penetration einer Synovialhöhle nicht ausgeschlossen werden kann, wird eine intensive antiseptische Vorbereitung wie vor synovialen Injektionen empfohlen (z. B. Region der tiefen Vier-Punkt-Anästhesie, hohe Vier-Punkt-Anästhesie, lateraler Palmarblock)

Hinsichtlich der Durchführung mit der **erforderlichen Sorgfalt** sind folgende, an die vom Arbeitskreis „Diagnostische Anästhesien/Injektionen in synoviale Einrichtungen" herausgegebenen Richtlinien [410] angelehnte Sachverhalte zu beachten:

- Bei der diagnostischen Anästhesie handelt es sich um eine der wichtigsten Untersuchungsmaßnahmen zur Lokalisation lahmheitsverursachender Schmerzen, die bislang durch keine andere Untersuchungsmethode ersetzt werden kann.
- Bei plötzlich auftretenden Lahmheiten ist die Indikation für eine diagnostische Anästhesie besonders streng zu stellen (Ausschluss einer Fissur).
- Die Anästhesien sollten sequenziell von distal nach proximal erfolgen. Nur in Ausnahmefällen sollte von dieser Vorgehensweise abgewichen werden.
- Das Vorführen nach der Anästhesie erfolgt an der Hand auf der Geraden, wobei die Untersuchung an der Hand auf dem Kreis an der Longe und/ oder unter dem Reiter u. U. notwendig ist, wenn die Fragestellung an der Hand auf der Geraden nicht zu klären ist.

9.1.3 Intrasynoviale Injektionen

Die intrasynoviale Injektion ist mit einem geringen Risiko behaftet. Aufgrund der sehr seltenen bis seltenen (selten: weniger als einer von 1000, aber mehr als einer von 10 000), aber möglicherweise schwerwiegenden Komplikationen wird empfohlen, darüber und über die Nachsorge ausführlich aufzuklären und die Aufklärung zu dokumentieren.

Durchführung

Bezüglich der Durchführung einer intrasynovialen Injektion ist Folgendes zu beachten:

- In der Regel soll **erst die Leitungsanästhesie** erfolgen, im Anschluss daran die Gelenks- oder Sehnenscheidenanästhesie.
- Intrasynoviale Anästhesien sollen unter **antiseptischen Bedingungen** einschließlich Scheren (Ausnahme: der Auftraggeber verzichtet ausdrücklich und gesondert auf die Durchführung des Scherens, Dokumentation!) erfolgen, beispielsweise 5-Minuten-Reinigung mit sauberer Gaze oder chirurgischem Schwämmchen mit Povidon-Jod oder Chlorhexidin-Seife, danach Spülung und Trocknung, anschließend Benetzung mit 70 % Isopropylalkohol.
- Es werden die Verwendung kleinstmöglicher Mengen des **Anästhetikums** und dessen Entnahme aus original verschlossenen Injektionsflaschen sowie das Tragen steriler Handschuhe zur Applikation des Anästhetikums empfohlen.
- Weiterhin sollten möglichst kleinlumige **Kanülen** verwendet werden. Neuere Untersuchungen weisen darauf hin, dass Spinalnadeln mit einem eingeschliffenen Mandrin und in einer Größe von 22 G vorteilhaft zu sein scheinen.
- Trotz sorgfältiger antiseptischer Präparation der Haut kann eine Kontamination der synovialen Strukturen mit Bakterien nicht immer verhindert werden (**Aufklärungspflicht/Dokumentation**).
- Es ist dafür zu sorgen, dass sowohl die Leitungsanästhesien und insbesondere die intraartikulären Injektionen sicher durchgeführt werden können. Dazu muss im Einzelfall entschieden werden, ob eine **Fixation**, z. B. mit einer Nasenbremse, oder sogar eine Sedation oder beides erforderlich ist.
- Weiter wird empfohlen, nach intrasynovialen Anästhesien in den distalen Bereichen der Gliedmaßen einen **Schutzverband** anzulegen.

Merke

Derzeit besitzt lediglich Mepivacain eine Zulassung zur intrasynovialen Anwendung beim Pferd.

Bildgebende Diagnostik

Für die bildgebende Diagnostik gilt wie bei der Kaufuntersuchung, dass **nur qualitativ einwandfreie Bilder** ausgewertet werden dürfen (S. 227). Dies gilt nicht nur für Röntgenaufnahmen, sondern auch für Ultraschallsequenzen oder andere bildgebende Verfahren.

Praxistipp

Die Beurteilung der Röntgenbilder im Rahmen einer Lahmheitsuntersuchung soll nicht nach dem aktuellen Röntgenleitfaden erfolgen, da dieser im Sinne seiner eigenen Definition für klinisch lahme Pferde nicht angewendet werden darf.

Besondere Aufmerksamkeit ist der **Einhaltung der Strahlenschutzvorschriften** zu schenken, insbesondere vor dem Hintergrund, dass außerhalb von dafür vorgesehenen Räumlichkeiten geröntgt wird. Sowohl das Tragen von Schutzkleidung als auch die Einhaltung der Personendosimetrie nach Strahlenschutzverordnung sind vom untersuchenden Tierarzt zu kontrollieren. Hilfspersonen sind über die geltenden Bestimmungen möglichst schriftlich zu belehren. Entsprechende Unterlagen sind 10 Jahre lang aufzubewahren, die Unterlagen über die Personendosimetrie nach Strahlenschutzverordnung noch länger. Entsprechende Versäumnisse können noch Jahre nach der Untersuchung zu Schadensersatzforderungen führen.

9.1.4 Quellenangaben

Literatur

[408] Bassage LH, Ross MW. Diagnostic Analgesia. In: Ross MW, Dyson SJ (eds). Lameness in The Horse. 2nd Edition, Philadelphia: Saunders Elsevier; 2011

[409] Röcken M, Stadtbäumer G, Becker M. Lahmheitsuntersuchung beim Pferd. Stuttgart: Thieme; 2018

Internetquellen

[410] GPM – Gesellschaft für Pferdemedizin. Leitfadensammlung. Leitfaden Lahmheiten: Diagnostische Anästhesien und therapeutische Injektionen; 2015. Im Internet: https://gpm-vet.de/files/gpm-leitfadensammlung.pdf; Stand: Juli 2020

9.2
Die Kaufuntersuchung als Risiko für die Tierarztpraxis

Thomas Buyle, Jasmin-Lisa Himmelsbach

9.2.1 Einleitung und Entwicklung der rechtlichen Grundlagen

Der Kauf eines Tieres (S. 53), insbesondere eines Pferdes, unterscheidet sich hinsichtlich seiner tatsächlichen Merkmale von allen anderen Erwerbsgeschäften durch die Eigendynamik des lebenden Organismus, die von den Vertragsparteien nicht beherrscht werden kann. Diesem Umstand wurde in der Vergangenheit bereits durch eine eingeschränkte Mangelhaftung, die sog. Kaiserliche Verordnung von 1899, Rechnung getragen, wobei zugleich aber der Grundsatz der Vertragsfreiheit beibehalten wurde. Es wurde damit die gesetzliche Möglichkeit geschaffen, sowohl die Haftung für weitere Mängel und Garantien als auch Gewährleistungsausschlüsse zu vereinbaren.

Der Pferdekauf hat sich mithin aufgrund der Umsetzung von EU-Richtlinien maßgeblich geändert. Eingeführt wurden Regelungen zum Verbrauchsgüterkaufrecht, bei welchem der Schutz von Verbrauchern verbessert werden sollte. Zudem änderten sich die Darlegungs- und Beweislastregelungen.

Es kam dadurch zu einer Neugestaltung der kaufvertraglichen Hauptleistungspflichten, des Gewährleistungs- und Verjährungsrechts, zum Vorrang der Nacherfüllung sowie zur vollständigen Streichung sämtlicher viehkaufrechtlicher Regelungen in Deutschland. Letzteres beruhte auf der Behauptung des Gesetzgebers, dass der Fortschritt der tiermedizinischen Wissenschaft es ermögliche, die meisten Befunde auch über längere Zeiträume rückwirkend zu bewerten.

Die Sachverständigenpraxis zeigt allerdings, dass dies in den meisten Fällen nicht möglich ist. In der Regel ist eine Rückdatierung nur wenige Wochen oder Monate möglich, um nicht spekulativ zu beurteilen. Das führt dazu, dass nicht selten richterliche Feststellungen zur Mangelhaftigkeit von Pferden nicht möglich sind, sondern nur nach Beweislastregeln (S. 44) entschieden werden kann, d. h., dass die Befundsituation, die zum Übergabezeitpunkt tatsächlich bestanden hat, auch durch das Gericht nicht vollständig aufgeklärt werden kann (non liquet). Im Zivilprozess hängt die Entscheidung bei einem non liquet von der (materiellen) Beweislast ab. Derjenige, der nach den Regeln der Beweislast die streitige Tatsache (Mangel bei Übergabe) zu beweisen hat, verliert den Rechtsstreit, weil er beweisfällig bleibt.

§ Gesetzliche Grundlagen

Der auch für den Pferdehandel geltende kaufrechtliche Mangeltatbestand ist in **Deutschland** durch § 434 BGB gestaltet worden. Er zeichnet sich dadurch aus, dass nicht mehr der Mangel als Gesetzestatbestand, sondern die Mangelfreiheit definiert wurde und diese gestuft zu prüfen ist.

Die **Prüfung der Mangelfreiheit** der Kaufsache Pferd erfolgt dabei in 3 Stufen:

1. **Beschaffenheitsvereinbarung**: Was haben die Parteien konkret und ausdrücklich vereinbart und weicht das Pferd hiervon ab?
2. Eignung zur **vertraglich vorausgesetzten Verwendung**: Haben die Vertragsparteien hingegen keine bestimmte Beschaffenheit (Stufe 1) vereinbart, so kommt es darauf an, ob eine konkrete vertragliche Verwendungsmöglichkeit (Stufe 2) festgehalten wurde oder ob sich das Pferd zumindest für die „gewöhnliche" Verwendung eignet.
3. **Übliche („gewöhnliche") Beschaffenheit**, gewöhnliche Verwendung und berechtigte Erwartungshaltung: Nur wenn die Stufen 1 und 2 nicht in Betracht kommen und hierüber gerade nichts vereinbart wurde, gelangt man zur 3. Stufe, **„objektive Sollbeschaffenheit"**. Hier sollte sich der Käufer sodann 3 Fragen stellen:
   1. Eignet sich das Pferd für die gewöhnliche Verwendung (Reitpferd)?
   2. Weist das erworbene Pferd die übliche Beschaffenheit im Verhältnis zu vergleichbaren Pferden auf?
   3. Was durfte bzw. konnte der Käufer erwarten?

Gesetzliche Grundlagen

Auch in **Österreich** greifen die Bestimmungen der Gewährleistung beim Pferdekauf. Weicht der Kaufgegenstand – hier das Pferd – vom vertraglich Vereinbarten ab, dann liegt ein Mangel vor und der Verkäufer haftet für diese Mangelhaftigkeit nach § 923 ABGB.

Maßgeblich dafür ist in Österreich der Zeitpunkt der Übergabe des Kaufobjektes an den Käufer, weil der Verkäufer eben nur für Mängel haftet, die schon zu diesem Zeitpunkt vorhanden waren. Der Käufer hat dabei die **Mangelhaftigkeit zu beweisen**. Wenn eine solche vorliegt und der Mangel innerhalb von 6 Monaten nach Übergabe hervorgekommen ist, dann greift die gesetzliche Vermutung nach § 924 ABGB, wonach der Mangel bereits zum Zeitpunkt der Übergabe bestanden hat (Beweislastumkehr) – sofern dies mit der Art des Mangels vereinbar ist. Dagegen hat hier der Verkäufer den Beweis dafür anzutreten, dass der Mangel zum Zeitpunkt der Übergabe nicht vorhanden war.

9.2.2 Der Tierarzt und die Kaufuntersuchung im Verbrauchsgüterkauf

Wie bereits oben erwähnt, sollte bei der Umsetzung der EU-Richtlinie – und damit der Einführung des Verbrauchsgüterkaufrechts – der private Käufer besonders geschützt werden.

Beweislastumkehr und Vermutungsregelung

§ 476 BGB (alte Fassung, a.F.) ist richtlinienkonform dahingehend auszulegen, dass die dort vorgesehene Beweislastumkehr (S. 59) zugunsten des Käufers schon dann greift, wenn diesem der Nachweis gelingt, dass sich innerhalb von 6 Monaten ab Gefahrübergang ein mangelhafter Zustand (eine Mangelerscheinung) gezeigt hat, der – unterstellt, er hätte seine Ursache in einem dem Verkäufer zuzurechnenden Umstand – dessen Haftung wegen Abweichung von der geschuldeten Beschaffenheit begründen würde. Dagegen muss der Käufer weder darlegen noch nachweisen, auf welche Ursache dieser Zustand zurückzuführen ist, noch dass diese in den Verantwortungsbereich des Verkäufers fällt (vgl. EuGH Urteil v. 04.06.2015, C-497/13; BGH Urteil v. 12.10.2016 – VIII ZR 103/15).

Weiter sei § 476 BGB (a. F.) dahingehend EU-richtlinienkonform auszulegen, dass dem Käufer die dort geregelte Vermutungswirkung auch dahingehend zugutekommt, dass der binnen 6 Monaten nach Gefahrübergang zu Tage getretene mangelhafte Zustand zumindest im Ansatz schon bei Gefahrübergang vorgelegen hat.

Die Vermutung des § 476 BGB (a.F.) ist dann mit der Art des Mangels unvereinbar (S. 57), wenn es sich um „äußerliche Beschädigungen" der Kaufsache handelt, die auch einem fachlich nicht versierten Käufer hätten auffallen müssen. Denn in einem solchen Fall ist zu erwarten, dass der Mangel bei Übergabe beanstandet wird. Wurde dies unterlassen, so spricht dies folglich gegen die Vermutung, der Mangel sei schon bei Gefahrübergang vorhanden gewesen. Der Käufer kann auch im Einzelfall nach den Grundsätzen der sekundären Darlegungslast gehalten sein vorzutragen, wie er mit der Sache nach Gefahrübergang umgegangen ist.

Mit der Mangelvermutung (§ 476 BGB a.F./§ 477 BGB n.F. seit 01.01.2018) kann beim Pferdekauf eine an den Tag gelegte Verhaltensweise mit der Art der Sache und des Mangels nicht vereinbar sein, sodass die Vermutungsregelung gar nicht zur Anwendung gelangt. Dies ist der Fall beispielsweise bei primär exogenen Ursachen, wie der konkrete Umgang, die Situation und Haltungsumstellung.

Gesetzliche Grundlagen aus praktischer Sicht

§ 477 BGB besagt: „Zeigt sich innerhalb von 6 Monaten seit Gefahrübergang ein Sachmangel, so wird vermutet, dass die Sache bereits bei Gefahrübergang mangelhaft war, es sei denn, diese Vermutung ist mit der Art der Sache oder des Mangels unvereinbar."

Gewährleistung

Die Verjährung der kaufrechtlichen Gewährleistungsansprüche kann der Unternehmer nicht durch ein Rechtsgeschäft bzw. eine Vereinbarung umgehen (S. 59). Dies folgt aus dem Verbrauchsgüterkaufrecht und zudem aus AGB-rechtlichen Voraussetzungen. Nach deutschem Recht ist derzeit eine Verkürzung der normalen Verjährungsfrist von 2 Jahren auf 1 Jahr bei gebrauchten Sachen möglich. Verschweigt der Verkäufer einen Mangel der Sache arglistig, verjähren Ansprüche und Rechte des Käufers in 3 Jahren ab Kenntnis der anspruchsbegründenden Umstände.

Nach dem Willen des deutschen Gesetzgebers sind Pferde als „normale“ Kaufsache mit der grundsätzlichen Beweislastumkehrregel vereinbar, weil – in Überschätzung der veterinärmedizinischen Entwicklung – weitreichende Möglichkeiten der tiermedizinischen Wissenschaft zur retrospektiven Befundbewertung unterstellt wurden. § 476 BGB wurde mit Blick auf die Tiere nicht überschießend umgesetzt, sodass die Ferenschild-Doktrin (EuGH Urteil v. 13.07.2017 – C-133/16) auch auf Tierkäufe zu übertragen ist.

Im Ergebnis sind die Käufer also durch die Schuldrechtsreform bessergestellt und die Züchterschaft sowie der Pferdehandel (unternehmerisch handelnde Personen) eher benachteiligt, weil sich die Beschaffenheit bei der Herstellung durch Zucht, im Gegensatz zur Fabrikation, nicht beherrschen lässt.

Erfreulicherweise entschied im Mai 2020 der BGH ein „verkäuferfreundliches“ Urteil. Hierbei wird klargestellt, dass der Verkäufer lediglich dafür einstehen muss, dass das Pferd bei Gefahrübergang nicht krank ist und sich auch nicht in einem vertragswidrigen Zustand befindet, aufgrund dessen bereits die hohe Wahrscheinlichkeit besteht, dass es alsbald erkranken wird und infolgedessen gerade nicht mehr für die gewöhnliche (übliche; oder vom Vertrag vorausgesetzte) Verwendung einsetzbar wäre. Die Eignung ist nicht schon dadurch beeinträchtigt, dass aufgrund von Abweichungen von der physiologischen Norm eine geringe Wahrscheinlichkeit dafür besteht, dass es zukünftig klinische Symptome entwickeln wird, die seiner Verwendung als Reitpferd entgegenstehen. Diese Grundsätze gelten auch für ein vom Idealzustand abweichendes Verhalten, wie z. B. Rittigkeitsprobleme, wenn das Pferd nicht optimal mit dem Reiter harmoniert und Widersetzlichkeiten zeigt. Hinzukommen müssten zwingend klinische Erscheinungen (vgl. BGH Urteil vom 27.05.2020 – VIII ZR 315/18; Kissing Spines). Es handelt sich um ein Lebewesen, das anders als eben Sachen, mit individuellen Anlagen ausgestattet ist und mit einem gewissen Risiko behaftet ist.

Fristen

Im Zusammenhang mit der Ferenschild-Entscheidung ist darauf hinzuweisen, dass Rüge- und Verjährungsfristen einzuhalten sind. Die Verjährungsfrist für die Klage eines Verbrauchers sollte 2 Jahre nicht unterschreiten; haben sich Mitgliedstaaten der EU hieran nicht gehalten, so lag bzw. liegt eine Richtlinienwidrigkeit vor. Daher mussten vom Gesetzgeber zwingend Überarbeitungen vorgenommen werden, um im Einklang mit der Verbrauchsgüterkaufrichtline zu sein.

Es wurden zahlreiche Umsetzungsmöglichkeiten diskutiert. Zu unterscheiden ist grundsätzlich die **Haftungsfrist**, dies ist der Zeitraum, in welchem sich der Mangel zeigt. Ein Verkürzen ist grundsätzlich auch nach EU-Recht möglich. Die **Verjährungsfrist** beträgt immer 2 Jahre, auch bei gebrauchten Sachen.

Wie oben bereits dargestellt, kommt es auch in Österreich zu einer Beweislastumkehr (§ 924 ABGB), indem die gesetzliche Vermutung greift, dass der Schaden schon zum Zeitpunkt der Übergabe vorhanden gewesen ist. In diesem Zusammenhang sprechen wir von der sog. „**Vermutungsfrist**“. Davon ist in Österreich die **Gewährleistungsfrist** zu unterscheiden. Dabei handelt es sich um jene Frist, innerhalb welcher das Recht auf Gewährleistung gerichtlich geltend gemacht werden kann. Diese Frist beträgt bei beweglichen Sachen, also auch bei Pferden, 2 Jahre. Die Sonderbestimmungen in Österreich für den Viehkauf sind im gegebenen Zusammenhang unerheblich, weil diese nur für landwirtschaftliche Nutztiere gelten und jedenfalls auch nicht bei Verbrauchergeschäften.

Tierärztliche Kaufuntersuchung im Verbrauchsgüterkauf

Merke

Alle Kauf- bzw. Ankaufsuntersuchungen werden von der Rechtsprechung als schuldrechtliche Werkverträge eingeordnet mit der Folge, dass der begutachtende Tierarzt ein mangelfreies Werk schuldet, das aus einem richtigen Untersuchungsergebnis, Dokumentation und entsprechender Aufklärung besteht.

Der Tierarzt schuldet daher Befund und Gutachten über den Gesundheitszustand des Pferdes zum Zeitpunkt der Untersuchung. Das Gutachten liefert dem Käufer wichtige Informationen über den Gesundheitszustand des Kaufobjekts und dem Verkäufer eine gutachterliche Beweissicherung rund um den Übergabezeitpunkt.

Die Tiermedizin hat in Form der Ankaufs- bzw. Kaufuntersuchung einerseits einen Auftragszuwachs erlangt, andererseits aber ein hohes Haftungsrisiko aufgebürdet bekommen, das sich in einer Flut von tiermedizinrechtlichen Streitigkeiten äußert, die nach Durchführung von Kaufuntersuchungen mit dem Vorwurf der pflichtwidrigen Befunderhebung, -beschreibung und -bewertung geführt werden.

9.2.3 Risiken der Kaufuntersuchung für den Tierarzt

Anforderungen an den Tierarzt

§ Gesetzliche Grundlagen

In **Deutschland** ist gemäß § 276 Abs. 2 BGB bei Kaufuntersuchungen grundsätzlich die Einhaltung der **im Verkehr erforderlichen Sorgfalt** geschuldet.

Die allgemeinen Regeln über die **Sorgfaltspflichten** gelten auch für tierärztliche Kaufuntersuchungsleistungen. Diese Pflicht hat die Rechtsprechung dahingehend konkretisiert, dass der Einsatz der Kenntnisse und Erfahrungen geschuldet ist, die von einem gewissenhaften Veterinärmediziner zu erwarten sind. Dies gilt für das gesamte tiermedizinische Leistungsspektrum, von der Aufklärung über die Untersuchung, Hinweise, Behandlung bis hin zur Dokumentation und Aus-/Fortbildung sowie Verschwiegenheit.

§ Gesetzliche Grundlagen

In **Österreich** gilt hinsichtlich der Kaufuntersuchung für Tierärzte der **erhöhte Sorgfaltsmaßstab für Sachverständige** nach § 1299 ABGB.

Dadurch haften Tierärzte jedenfalls für das Fehlen von Kenntnissen, die von einem durchschnittlichen Angehörigen des Berufsstands zu erwarten sind. Dadurch wird der Verschuldensmaßstab deutlich angehoben.

Kritische Teilbereiche der Kaufuntersuchung

In der Praxis haben sich einige Teilbereiche der Kaufuntersuchungsleistung als häufiger Ansatzpunkt für Ansprüche an die Tierärzte erwiesen, auf diese wird hier näher eingegangen.

Untersuchungsauftrag. Bei der Untersuchung schuldet der Tierarzt letztlich eine Erläuterung der klinisch relevanten Befunde. So sind pathologische Befunde grundsätzlich zu erwähnen, wobei die weitergehende Untersuchung eines solchen Befundes oder gar die Stellung einer Diagnose sowie die Einleitung einer Therapie grundsätzlich **nicht Bestandteil des Kaufuntersuchungsvertrags** sind. Werden im Zuge der Kaufuntersuchungen solche weiteren Bewertungen vorgenommen, so haftet der Tierarzt auch für die Ergebnisse. Schon allein aufgrund der Tatsache, dass die Umstände für solche Untersuchungen häufig nicht gegeben sind, ist davon dringend abzuraten – auch wenn das vom Auftraggeber häufig gewünscht wird.

Weiterführende Untersuchungen. Können einzelne Untersuchungen, z. B. bei jungen, unkooperativen Pferden oder aus sonstigen Gründen, nicht durchgeführt werden, so ist dies entsprechend zu vermerken. Dieser Umstand ist in jedem Fall dem Auftraggeber mitzuteilen. Werden zweifelhafte Befunde erhoben, soll der Auftraggeber auf die Möglichkeit weitergehender Untersuchungen ausdrücklich hingewiesen werden, welche allerdings **nicht im Rahmen der Kaufuntersuchung** durchgeführt werden, sondern eines eigenen – gesonderten – Vertrags bedürfen.

Dokumentation. Die Dokumentation der Befunde ist grundsätzlich Bestandteil der tierärztlich geschuldeten Leistungen. Werden dem Auftraggeber die Befunde nur mündlich mitgeteilt, ist ggf. eine nachträgliche Bestätigung durch Übersendung eines Befundberichts dringend anzuraten. Diese Dokumentation dient dem Schutz beider Vertragsparteien, und der Tierarzt kann auf diesem Wege darlegen und ggf. später auch beweisen, was er festgestellt und auf welche Tatsachen er hingewiesen hat. Die erhobenen Befunde sollten auch zusammengefasst werden, um am Ende der Untersuchung den Auftraggeber nochmals auf alle Befunde, die nicht „o.b.B.“ beurteilt wurden, hinzuweisen. Nicht abgesicherte Aussagen, insbesondere im Hinblick auf „Haltbarkeit“, „Zuchttauglichkeit“ oder „Sporttauglichkeit“, oder die summarische Negativeinschätzung „der hält nie“ können haftungsrelevant sein.

Unterbleibt die Dokumentation eines erwähnungspflichtigen Befunds bzw. dessen Nichtvorliegen (auch o.b.B.-Ergebnisse sind zu dokumentieren!) oder einer gebotenen tierärztlichen Maßnahme, so wird regelmäßig als Folge einer solchen Dokumentationspflichtverletzung vermutet, dass diese **nicht erwähnte Maßnahme tatsächlich nicht durchgeführt** bzw. der **Befund tatsächlich nicht erhoben** wurde. Der Tierarzt hat dann entgegen sonstiger Beweislastverteilung vorzutragen und zu beweisen, dass die nicht dokumentierten Umstände doch stattgefunden haben.

Es kommt also der Dokumentationspflicht eine stetig wachsende Bedeutung zu, andererseits führt sie für den sorgfältigen Tierarzt zu einem höheren Arbeitsaufwand, der auch in die Honorierung seiner Tätigkeit einfließen sollte.

Übernahmeverschulden. Eine fundierte Ausbildung und hinreichende Kenntnisse und Erfahrungen des Tierarztes sind durch die Approbation (in Österreich durch die Eintragung in die Tierärzteliste) nachgewiesen. Ob dies stets und auch in jedem Falle für die Untersuchung eines sehr wertvollen Hochleistungspferdes ausreicht, oder ob im jeweiligen Fall der einem Fachtierarzt für Pferde entsprechende Wissensstand erforderlich ist, kann der Untersucher nur im Einzelfall und für sich selbst entscheiden. Eine Fehleinschätzung stellt eine **Sorgfaltspflichtverletzung** in Form eines Übernahmeverschuldens dar, das dann zur **Haftung** führen kann, wenn ein Schaden entsteht, der ursächlich auf fehlender Kenntnis oder unzureichender Erfahrung beruht.

Gewährleistungsansprüche. Für Mängel des Pferdes haftet grundsätzlich vorrangig der Verkäufer und für Verletzungen der Pflichten des Untersuchungsvertrags der Tierarzt. Liegt nun ein Mangel des Pferdes vor, den der Tierarzt im Rahmen einer vom Käufer beauftragten Ankaufuntersuchung pflichtwidrig nicht erhoben oder unsorgfältig dokumentiert hat, so kommen sowohl **Sachmangelrechte** des Käufers gegen den Verkäufer als auch **Schadenersatzansprüche** gegen den Tierarzt in Betracht.

Bislang lag bei vielen Instanzgerichten die Auffassung nahe, dass der Tierarzt sich zwar eine Pflichtverletzung vorwerfen lassen muss, aber der Mangel nicht dadurch entstanden ist. Der Tierarzt war an den Kaufvertragsverhandlungen nicht beteiligt und hatte nicht den Kaufpreis, sondern nur einen vergleichsweise niedrigen Gebührenanspruch erlangt.

Der BGH hat entschieden, dass der Tierarzt und der Verkäufer dann als Gesamtschuldner haften, wenn der Käufer die Untersuchung beauftragt hat. Der Käufer kann wählen, ob er den Verkäufer, den Tierarzt oder beide gemeinsam in Anspruch nimmt, und es bleibt dann ein Problem des **Gesamtschuldnerausgleichs** zwischen Tierarzt und Verkäufer, sich über die Haftungsanteile auseinanderzusetzen.

In der Praxis sind damit viele Probleme für den Tierarzt verbunden, er muss damit rechnen, auch mit Mangelansprüchen konfrontiert zu werden, die nur sehr entfernt mit gesundheitlichen Fragestellungen einhergehen. Vielfach herrscht auch bei Rechtsanwälten die Tendenz, es zunächst einmal beim – in aller Regel ausreichend gegen Vermögensschäden versicherten Tierarzt – zu „versuchen“ und erst im zweiten Schritt auf den – in manchen Fällen nicht zahlungsfähigen – Verkäufer zuzugehen. Es kann vom Tierarzt nicht einmal verhindert werden, dass Käufer und Verkäufer sich ggf. zu seinen Lasten vergleichen und er sich dann mit einem gemeinsam von Käufer und Verkäufer getragenen Anspruch auseinandersetzen muss.

9.2.4 Was können Tierärzte in dieser Situation tun?

Aufgrund dieser Erfahrungen scheint es geboten, den stetig steigenden Regressansprüchen von Beteiligten an Kaufuntersuchungen auf 2 Ebenen entgegenzutreten.

Erstens sollte alles unternommen werden, um eine Klage bereits im Vorfeld unmöglich oder zumindest aussichtsarm zu machen, zweitens sollte im Klagefall alles unternommen werden, um die Erfolgsaussichten des Tierarztes als Beklagtem zu optimieren.

Maßnahmen zur Vermeidung von Klagen

Im ersten Schritt ist es für den Tierarzt unabdingbar, eine lückenlose **Dokumentation** aller Umstände des Kaufuntersuchungsauftrags anzufertigen. Für den Tierarzt muss klar ersichtlich sein, wer sein Auftraggeber ist und welchem Zweck die Kaufuntersuchung dienen soll. Besonders bei Aufträgen von Käuferseite ist immer zu beachten, dass sowohl Käufer als auch Verkäufer potenzielle Gegner eines Rechtsstreits sein können.

Der Tierarzt sollte sich ferner, insbesondere bei Verkäuferaufträgen, eine **Zustimmungsrecht für die Weitergabe der Befunde an Dritte** einräumen lassen. Es versteht sich von selbst, dass sämtliche Untersuchungsergebnisse klar verständlich protokolliert werden müssen.

Die Interpretation der erhobenen Befunde erfolgt dabei nach bestem Wissen des Tierarztes und gibt seine persönliche Meinung wieder.

Praxistipp

Aussagen zur Leistungsfähigkeit und Eignung für bestimmte Verwendungen des Pferdes sind genauso wenig möglich wie Prognosen zur zukünftigen Entwicklung einzelner Befunde oder des gesamten körperlichen Zustands. Deshalb sollte der Untersucher erst recht keine Aussage darüber treffen, ob das Pferd gesund ist; denn **das Tier kann zum Untersuchungszeitpunkt anders erscheinen, als es tatsächlich beschaffen ist** (z. B. symptomlose COB oder lahmfreies Intervall). Auch wenn gerade diese Fragestellungen oft von den Auftraggebern aufgeworfen werden, darf sich der Tierarzt hier nicht zu Antworten verleiten lassen, die seinen Untersuchungsumfang und seine Untersuchungsmöglichkeiten überschreiten würden.

Der Tierarzt ist gehalten, ein **Vertragsformular**, wie es von Vertretern der Bundestierärztekammer (BTK) und der Gesellschaft für Pferdemedizin (GPM) erarbeitet wurde („Vertrag über die Untersuchung eines Pferdes"), zu verwenden. In Österreich empfiehlt sich die Verwendung des von der Universitätsklinik für Pferde der Vetmeduni Vienna, der Österreichischen Tierärztekammer (ÖTK) und der Vereinigung Österreichischer Pferdetierärzte (VÖP) herausgegebenen Vertrags. Dabei ist darauf zu achten, dass sowohl das Konzept als auch die Reinschrift vom Auftraggeber unterzeichnet werden.

Nicht durchgeführte bzw. vom Auftraggeber nicht gewünschte Untersuchungen müssen deutlich sichtbar als solche gekennzeichnet werden, und auch die allgemeinen Vertragsbedingungen sollten mit dem Auftraggeber besprochen werden. Eine Erklärung des Verkäufers sollte genauso protokolliert werden wie eine Bemerkung zu den **Untersuchungsbedingungen**, sofern diese als nicht ausreichend erachtet werden.

Werden im Zusammenhang mit der Kaufuntersuchung **Röntgenaufnahmen** angefertigt, so müssen natürlich zunächst die Regelungen über den Strahlenschutz eingehalten werden, um eine gesundheitliche Gefährdung der beteiligten Personen zu vermeiden. Die röntgenologische Untersuchung umfasst Standardaufnahmen, die an Zahl, Projektionsrichtung und Qualität immer einen Kompromiss zwischen Aussagekraft und erforderlichem Aufwand darstellen. Kennzeichnung und Beschriftung müssen unverwechselbar sein. Die Befundbeschreibung sollte mit Worten Art oder Struktur, Form oder Kontur, Größe und Ausmaß sowie Lokalisation von Veränderungen umfassen. Sie kann durch die Angaben der Ziffer im Röntgenleitfaden kenntlich gemacht werden, der aber nur eine Empfehlung von Tierärzten für Tierärzte zur Beurteilung der Bedeutung radiologischer Befunde bei der Untersuchung von Pferden darstellt. Nach dem neuen Röntgenleitfaden findet keine Einstufung in Ziffern mehr statt. Befunde sind auch dann zu erwähnen, wenn sie im aktuellen Röntgenleitfaden nicht als Risikobefunde klassifiziert werden. Wird der Röntgenleitfaden nicht zur Befunderhebung und Interpretation angewandt, hat die Befunderhebung nach den Vorgaben der allgemeinen Radiologie zu erfolgen. Die Bewertung und Kommunikation mit den Auftraggebern hat einzelfallbezogen zu erfolgen und ist zu dokumentieren. Das hat sich in der Vergangenheit als besonders schwierig herausgestellt. Im Gegensatz zu klinischen Befunden, die sich in aller Regel zu einem späteren Zeitpunkt nicht mehr reproduzieren lassen, stellen Röntgenbefunde eine auch noch geraume Zeit nach der Kaufuntersuchung „nachinterpretierbare" Befundaufzeichnung dar.

Praxistipp

Nach der Erfahrung der Autoren stellen angebliche oder tatsächliche Fehler bei der Befundung von Röntgenaufnahmen den mit Abstand häufigsten Grund für Regressansprüche an die Tierärzteschaft dar, da sich eine Klage juristisch am einfachsten daran aufhängen lässt. Schon aus dieser Überlegung heraus verbietet es sich, qualitativ nicht einwandfreie Aufnahmen zur Befundung heranzuziehen.

Auf die Frage nach dem **Stand der Aus- und Fortbildung** wurde oben bereits eingegangen. Auch sei hier noch einmal an die Einhaltung der **standesrechtlichen Bestimmungen** erinnert, denn der Patienteneigentümer darf darauf vertrauen, dass sein Tierarzt die Standesethik auch dann einhält, wenn das Standesrecht nur den Umgang der Tierärzte untereinander verbindlich regelt. So sollte der Tierarzt die Kaufuntersuchung von einem bereits von ihm untersuchten oder gar behandelten Pferde entweder ablehnen oder sich bereits vor Auftragsannahme eine Schweigepflichtentbindung erklären lassen, um Konflikte oder Haftungssituationen zu vermeiden.

Schadensbegrenzung

Während die erwähnten Maßnahmen stark dazu beitragen, Klagen bereits im Vorfeld zu vermeiden, sollen folgende Überlegungen die Erfolgsaussichten für Klagen reduzieren.

Ohne die freie Berufsausübung der Tierärzteschaft infrage zu stellen, ist zu überlegen, ob der **tierärztliche Personenkreis**, der mit Kaufuntersuchungen befasst ist, ggf. **eingeschränkt** werden sollte.

Es ist die Aufgabe jedes einzelnen Kollegen, sich die Frage zu stellen, ob er sich unter Aspekten der Wirtschaftlichkeit dem erhöhten Haftungsrisiko aussetzen möchte. Es sind Fälle in Deutschland bekannt, bei denen sich die Jahresprämie der Berufshaftpflichtversicherung auf unter die Hälfte reduziert hat, wenn Aufträge für Tätigkeiten im Werkvertragsverhältnis (i. d. R. Kaufuntersuchungen und Kastrationen) nicht angenommen werden. Wenn man dann noch die Zeit und die für niemand angenehmen Folgehandlungen mit ins Kalkül zieht, mag es für den ein oder anderen durchaus sinnvoll sein, **Kaufuntersuchungsaufträge gar nicht erst anzunehmen**. Die Erfahrung zeigt durchaus auch, dass die Hemmschwelle für Klagewillige bei Tierärzten, die sehr häufig mit Kaufuntersuchungen befasst sind, höher liegt als bei Kollegen, die mit der Materie sehr wenig vertraut sind.

Soweit es sich um sehr wertvolle Pferde oder um besonders risikoreiche Untersuchungen handelt, wäre auch in Betracht zu ziehen, ob die **Untersuchung** nicht **durch 2 unabhängige, nicht weisungsverbundene Tierärzte** durchgeführt werden sollte. Dieses Vieraugenprinzip setzt die Wahrscheinlichkeit des Übersehens von relevanten Befunden deutlich herab und die Interpretation der Befunde gibt die Meinung von 2 Tierärzten wieder. Selbstverständlich müssen diese Meinungen nicht übereinstimmen, aber wenn die Meinungen vertretbar sind, ist eine Klage dagegen sicherlich mit weniger Erfolgsaussichten versehen.

Ähnliches gilt auch für die **Befundung und Interpretation von Röntgenaufnahmen**. Hier ist zu überlegen, ob nicht besonders qualifizierte Tierärzte von vornherein als **Zweitmeinung** herangezogen werden sollten. Eine vergleichbare Vorgehensweise hat sich beispielsweise bei der Befundung von HD-Aufnahmen in der Hundezucht durchaus bewährt. Dieses Vorgehen wird im Klagefall regelmäßig angewendet, warum also sollte es nicht auch im Vorfeld geeignet sein?

9.2.5 Ausblick: Wie könnten Kaufuntersuchungen in Zukunft aussehen?

Aus den Ausführungen geht hervor, dass sich die Rahmenbedingungen für die Kaufuntersuchungen für die Tierärzteschaft in den letzten Jahren durchweg verschlechtert haben. Die derzeit gängige Rechtsprechung lässt leider keine Umkehr dieses Trends erkennen, im Gegenteil: Die Möglichkeiten des Klagewegs gegen den Tierarzt sind immer mehr erweitert worden. Dennoch sehen die Autoren in der Durchführung von Kaufuntersuchungen tierärztliche Kernkompetenz, auch ist die Nachfrage nach dieser Dienstleistung ungebrochen hoch. Der Weg zum Spezialistentum und die Kooperation von tierärztlichen Spezialisten können Möglichkeiten sein, sich der Verantwortung zu stellen und dieses wichtige Arbeitsgebiet auch in Zukunft für die Tierärzte zu erhalten. Abschließend sei noch darauf hingewiesen, dass die zunehmende Komplexität der Materie auch in der Rechnungsstellung Berücksichtigung finden muss. Die noch vielfach geübte Praxis, die Vergütung unabhängig vom Wert des zu untersuchenden Pferdes und den Haftungsrisiken zu gestalten, kann diese Anforderung nicht erfüllen. In Anbetracht insbesondere des Haftungsrisikos sind die derzeit üblichen Vergütungssätze als deutlich zu gering zu bewerten.

9.2.6 Quellenangaben

Literatur

[411] Althaus J, Genn HJ. Die Kaufuntersuchung des Pferdes. Medizinischer und juristischer Leitfaden. Hannover: Schlütersche Verlagsgesellschaft; 2011

[412] Becker M, Bemmann K, Schüle E, Stadler P. Kaufrecht und tierärztliche Kaufuntersuchung beim Pferd. In: Brehm (Hrsg.). Handbuch Pferdepraxis. 4. Aufl. Stuttgart: Enke; 2017

Internetquellen

[413] Gesellschaft für Pferdemedizin: Röntgen – Leitfaden (2018). Leitfaden für die röntgenologische Beurteilung bei der Kaufuntersuchung des Pferdes. 2018. Freier Download im Internet: https://gpm-vet.de/infothek/40-stress-messen-ohne-stress; Stand: Juli 2020

9.3 Forensische Aspekte der Kolik beim Pferd

Thomas Buyle, Jasmin-Lisa Himmelsbach

9.3.1 Einleitung

Der Begriff „Kolik" wurde bereits im Altertum geprägt und stellt einerseits für den Laien einen Sammelbegriff für sämtliche Erkrankungen dar, die mit schmerzhaften Zuständen im Bauchraum einhergehen; für den Tierarzt andererseits umschreibt der Begriff ein Syndrom.

Obgleich eine ganze Reihe von Erkrankungen innerhalb und außerhalb des Magen-Darm-Traktes für die Symptomatik verantwortlich sein kann, sind – aus forensischer Sicht – in erster Linie Magen-Darm-Koliken Gegenstand rechtlicher Auseinandersetzungen. Diese Auseinandersetzungen sind in der Mehrzahl der Fälle begründete oder vermeintliche Haftungsansprüche gegenüber dem zu Hilfe gerufenen Tierarzt; in selteneren Fällen kommt die Kolik auch als Mangel beim Pferdekauf forensisch zum Tragen, insbesondere dann, wenn es sich um chronisch-rezidivierende Erkrankungen handelt.

Die Tatsache, dass die Behandlung von Kolikpferden – neben Kaufuntersuchungen – einen sehr häufigen Grund für rechtliche Auseinandersetzungen zwischen Tierarzt und Auftraggeber darstellt, beruht v. a. auf den nachfolgend aufgezählten Umständen:

- Die Qualifizierung von Koliksymptomen ist nicht immer einfach und sehr heterogen.
- Die Symptomatik tritt häufig nachts auf und bleibt daher in vielen Fällen von den Betreuungspersonen des Kolikpferdes zunächst unbemerkt. Oft sind Hilfspersonen und Stallpersonal ohne Handlungsbefugnis die ersten Entdecker der Symptomatik. Vielfach liegen keine Handlungsanweisungen für derartige Fälle vor, was in Verbindung mit der Nichterreichbarkeit von befugten Personen einen erheblichen Zeitverlust nach sich ziehen kann.
- Der Schweregrad der Symptomatik muss nicht immer demjenigen der Erkrankung entsprechen. Darmkrämpfe können eine sehr heftige Koliksymptomatik auslösen, wogegen auch umfangreiche ischämische Dickdarmnekrosen oft verhältnismäßig milde Symptome mit zwischenzeitlicher scheinbarer Besserung zeigen können.
- Aufgrund der häufigen Beauftragung von Tierärzten außerhalb der üblichen Betriebszeiten müssen viele Kolikbehandlungen von unerfahrenen und mit der Materie oft wenig vertrauten diensthabenden Tierärzten durchgeführt werden.
- Vom Tierarzt wird in vielen Fällen neben der körperlichen Untersuchung das Management eines akut und lebensbedrohlich erkrankten Patienten verlangt. Das komplette Behandlungsspektrum lässt sich aber nicht an Ort und Stelle im Stall des Pferdes abrufen, daher ist ggf. eine rechtzeitige Überweisung des Patienten unumgänglich und sehr wichtig.

- Der Umstand, dass der Erfolg chirurgischer Interventionen in hohem Maße vom Zeitpunkt des Eingriffs abhängt, erlaubt dem erstuntersuchenden Tierarzt keine Diagnose- und Behandlungsfehler.
- Schließlich ist auch die fehlende Einsicht vieler Patientenbesitzer festzustellen, und zwar dahingehend, dass es sich bei der Kolik des Pferdes sehr oft um ein schicksalhaftes Ereignis handelt, das auch bei völlig korrektem Verhalten aller beteiligten Akteure zu einem letalen Ausgang führen kann.

Merke

Häufig geäußerte Vorwürfe gegen den erstbehandelnden Tierarzt sind die nicht rechtzeitig erfolgte Kliniküberweisung, die Nichterkennung eines lebensbedrohlichen Krankheitsbilds und die fehlerhafte Durchführung bzw. Unterlassung erforderlicher Untersuchungsmaßnahmen.

9.3.2 Häufige Szenarien für rechtliche Auseinandersetzungen

Tierarzthaftung

Zeitnahes Erscheinen. Der zu Hilfe gerufene Tierarzt muss möglichst zeitnah die Untersuchung und Behandlung des Kolikpatienten durchführen können.

Merke

Zeitnah bedeutet grundsätzlich: unverzüglich und ohne schuldhaftes Zögern. Dies gilt insbesondere auch nachts, an Wochenenden und Feiertagen.

Sollte keine Dienstbereitschaft vorliegen oder der rasche Einsatz wegen anderer Notfälle nicht zeitnah möglich bzw. gewährleistet sein, ist auf den Umstand ausdrücklich hinzuweisen und der Auftraggeber zwingend an andere Kollegen zu verweisen. Auf die Frage der Angemessenheit eines zeitnahen Erscheinens wird weiter unten eingegangen.

Angemessene Ausrüstung. Der Tierarzt hat beim Eintreffen beim Patienten alle erforderlichen Untersuchungsinstrumente und Notfallmedikamente mitzuführen, ebenso sollte er die Kontaktdaten einer Pferdeklinik mit der Möglichkeit zur jederzeitigen Durchführung von Laparotomien bereithalten. Der Tierarzt sollte zumindest die Erfahrung haben, den Fall insoweit einzuschätzen, ob eine Behandlung vor Ort möglich oder ob die Überweisung in eine Klinik zwingend erforderlich ist. Er sollte mit den erforderlichen Untersuchungsmaßnahmen, insbesondere mit der rektalen Untersuchung und mit dem Legen einer Nasenschlundsonde, vertraut sein. Liegen diese Erfahrungen und Kenntnisse nicht vor, so besteht die Gefahr, dass der Tierarzt wegen eines Übernahmeverschuldens in Anspruch genommen wird.

Rechtzeitige Überweisung an eine Klinik.

Praxistipp

Sehr viele Haftungsansprüche gegen Tierärzte wegen Kolikbehandlungen basieren auf dem Vorwurf der gar nicht oder zu spät erfolgten Operationsempfehlung bzw. Klinikeinweisung. Umgekehrt sind bislang keine Fälle bekannt, in denen Forderungen erhoben wurden, weil ein in eine Klinik überwiesenes Pferd dort nach dem Transport symptomfrei ankam und in der Klinik keine pathologischen Befunde mehr erhoben werden konnten. Der erstuntersuchende Tierarzt ist daher gut beraten, auch zweifelhafte Fälle und Fälle, in denen eine Diagnosestellung vor Ort nicht möglich ist, umgehend – sprich unverzüglich – in eine Klink zu überweisen.

Insbesondere diagnostische Medikationen bei Pferden mit Operationserlaubnis sind sehr kritisch zu sehen und sollten allenfalls nur wenige Minuten an Zeitverzögerung nach sich ziehen. Unabhängig von den erhobenen Befunden ist jeder Patient, der auf die Verabreichung von Spasmoanalgetika keine Anzeichen einer raschen Besserung der Symptomatik zeigt, mit Ileusverdacht an eine geeignete Klinik zu überweisen. In diesem Zusammenhang sei auch noch auf die Notwendigkeit der Palpation des Skrotums bei Hengsten hingewiesen. Der Verdacht auf Fremdinhalt im Skrotum stellt ebenfalls eine absolute Indikation zur Kliniküberweisung dar.

Rektale Untersuchung. Da es sich bei den durch den erstuntersuchenden Tierarzt vorzunehmenden Untersuchungen und Behandlungen z. T. um invasive Vorgänge handelt, sind Forderungen wegen damit verbundener Komplikationen in der Vergangenheit nicht ausgeblieben.

Merke
Die rektale Untersuchung ist beim Kolikpferd mit wenigen Ausnahmen (Größe des Patienten) unbedingt erforderlich, um eine Diagnosestellung und eine sichere Therapie zu ermöglichen.

Vor Durchführung der rektalen Untersuchung ist der Rektumbereich (Schleimhaut) auf Spuren einer vorangegangenen (Laien-)Untersuchung zu überprüfen. Sind Schleimhautverletzungen, Blutspuren oder andere Anzeichen dafür erkennbar, so ist der Auftraggeber unverzüglich darüber zu unterrichten. Es ist dann jede Verantwortung abzulehnen oder die Untersuchung darf nicht durchgeführt werden. Ähnliches gilt für bereits vorhandene Venenschädigungen durch vorangegangene (para-)venöse Injektionen. Auch in diesem Fall ist der Zustand zu dokumentieren und bei einer Überweisung ist die nachbehandelnde Klinik ebenfalls zwingend in Kenntnis zu setzen.

Die Komplikationsrate bei der rektalen Untersuchung ist sehr gering, sodass eine sehr kurz gehaltene Aufklärung über die zwingende Notwendigkeit und die geringen Risiken der rektalen Untersuchung ausreichend erscheint. Dennoch muss der Untersuchungshandschuh nach Beendigung der Untersuchung sorgfältig auf Blutspuren untersucht werden. Bei am Untersuchungshandschuh anhaftendem Blut muss eine ausführliche Nachuntersuchung mit bloßer Hand nach Verabreichung von Spasmoanalgetika und/oder nach Sedation erfolgen. Verletzungen, die nur die Schleimhaut betreffen, sind harmlos. Bei Verletzungen von Schleimhaut und Muskulatur und noch intakter Serosa ist eine chirurgische Versorgung durch Naht erforderlich, da sonst das Peritoneum nekrotisieren und eine Perforation entstehen kann. Aufgrund der schwierigen Nahttechnik ist auch in diesen Fällen eine rasche Klinikeinweisung angezeigt. Bei umfangreicheren Verletzungen oder einer Perforation des Darmes ist der Auftraggeber zu informieren. Wenn von einer adäquaten Versorgung durch Naht nicht ausgegangen werden kann, erfordern perforierende Verletzungen chirurgische Sofortmaßnahmen oder – häufiger – die Entscheidung zur Euthanasie des Patienten.

Magensondierung. Bei vielen Kolikerkrankungen kommt der Magensondierung über die Nasenschlundsonde eine wichtige diagnostische, aber auch therapeutische Bedeutung zu. Insbesondere bei klinischen Hinweisen auf eine Magenüberladung ist eine Magensondierung relevant.

Merke
Die Magensondierung hat grundsätzlich bei jeder Erstuntersuchung eines Kolikpatienten zu erfolgen. Ausnahmen müssen begründet sein und dokumentiert werden.

Ausnahmen sind allenfalls bei leichten Kolikfällen vertretbar, die auf eine Medikation mit Spasmoanalgetika sofort ansprechen. Sollte in diesen Fällen eine Folgeuntersuchung erforderlich werden, so hat die Magensondierung in jedem Fall zu erfolgen, ebenso bei jedem beabsichtigten Transport eines Kolikpatienten, um das Risiko einer Magenruptur zu minimieren. Es sei an dieser Stelle auch darauf hingewiesen, dass die Magensondierung nicht in jedem Fall eine Magenruptur verhindern kann. Eine Fixierung einer Dauersonde für den Transport ist nur bei langen Transporten erforderlich, die in diesen Fällen ohnehin nach Möglichkeit vermieden werden sollten.

Bauchhöhlenpunktion. Die Punktion der Bauchhöhle ist eine diagnostisch-prognostische Untersuchungsmaßnahme, die grundsätzlich nicht Bestandteil der Erstuntersuchung des Kolikpatienten ist und an die Überweisungsklinik delegiert werden kann. Sie kann allerdings in fortgeschrittenen Fällen mit deutlich gestörtem Allgemeinbefinden oder bei fehlender Operationserlaubnis dem Erstuntersucher Erkenntnisse liefern, die eine Euthanasie des Patienten wegen Aussichtslosigkeit einer Therapie rechtfertigen. In diesen Fällen kann dem Patienten somit der Transport erspart werden.

Rechtliche Beurteilung

Gerichtsurteile liegen zu folgenden, sich häufig wiederholenden Sachverhalten vor:

- zu spätes Erscheinen des Tierarztes bzw. Erscheinen mit unvollständiger Ausrüstung
- unterlassene rektale Untersuchung
- unterlassene Magensondierung
- keine bzw. zu späte Überweisung in eine chirurgische Klinik
- Komplikationen bei der rektalen Untersuchung
- Komplikationen bei der intravenösen Injektion

Haftung des Verkäufers

Im Gegensatz zu den akuten Kolikfällen, die spontan auftreten, vorrangig eine Quelle der rechtlichen Auseinandersetzungen im Bereich der Tierarzthaftung sind und in den meisten Fällen einen behebbaren Zustand darstellen, können chronische Kolikerkrankungen redhibitorisch geltend zu machende Mängel darstellen, d. h., es kann auf Rückgängigmachen des Kaufvertrags geklagt werden.

Die chronische Kolik ist weder eine bestimmte Krankheit noch ein forensischer Begriff. Es handelt sich dabei hauptsächlich um folgende Kolikformen:

- thrombotisch-embolische Kolik
- chronische organische Veränderungen im Magen-Darm-Bereich mit nachfolgender, rezidivierender Obstipation
- Stein- und Sandkoliken

Die thrombotisch-embolische Kolik

Wenngleich im Zuge von strategischen Parasiten-Bekämpfungsmaßnahmen die Häufigkeit von parasitär bedingten Aneurysmen stark nachgelassen hat, so ist mit der Abschwemmung von Thromben doch gelegentlich zu rechnen. Forensische Bedeutung erlangt die thrombotisch-embolische Kolik praktisch nur dann, wenn es in ihrem Verlauf zum Tod des Pferdes kommt. Auch dann muss im Einzelfall der Zusammenhang zwischen parasitären Aneurysmen und dem Tod des Pferdes durch pathologische Untersuchungen nachgewiesen werden. Dieser Nachweis kann nur dann erbracht werden, wenn es zu Nekrosen der Darmwand infolge von Kreislaufstörungen gekommen ist. Dabei handelt es sich um ischämische Nekrosen mit hämorrhagisch infiltrierten Randzonen gegenüber den intakten Darmabschnitten. Eine tödlich verlaufende Kreislaufstörung im Darmbereich ist nur dann mit Sicherheit zu erwarten, wenn beide Kolon- oder Blinddarmarterien nahe ihrem Ursprung innerhalb kurzer Zeit gleichzeitig verlegt werden. Die zahlreichen Anastomosen im Kolon- und Blinddarmbereich haben bei Verlegung nur eines Astes der Kolon- oder Blinddarmarterie keine dauerhaften nachteiligen Folgen. Wenn sich ein Zusammenhang zwischen Aneurysma und thrombotisch-embolischer Kolik beweisen lassen soll, muss eine Bestimmung des Alters des Thrombus vorgenommen werden, der die tödliche Kolik hervorgerufen hat. Im Hinblick auf die zum Tode führende Pathogenese der thrombotisch-embolischen Kolik kann es sich stets nur um einen sehr kurzen Zeitraum handeln, da Nekrosen am Darm bei Embolien schon nach 6–12 Stunden auftreten können. Ein länger andauernder Krankheitsprozess kann nur dann vermutet werden, wenn bei der Untersuchung der betroffenen Darmarterien chronische Veränderungen (Stenosen, Obliteration nach Organisation alter Thromben) nachgewiesen werden, durch die die Anastomosen außer Funktion gesetzt worden sind. Zu Einzelheiten der Altersbestimmung von Thromben sei auf die pathologische Literatur verwiesen.

Chronische organische Veränderungen im Magen-Darm-Bereich mit nachfolgender rezidivierender Obstipation

Auch eine Reihe chronischer Formen der Kolik kann zu forensischen Auseinandersetzungen nach dem Pferdekauf führen. Bei der **chronisch-rezidivierenden Blinddarmkolik** handelt es sich um eine rezidivierende Anschoppungskolik des Blinddarms, die durch Zerreißen des Blinddarmkörpers mit nachfolgender Kotperitonitis einen tödlichen Ausgang nehmen kann. Ein forensischer Nachweis besteht dabei nicht im Nachweis einer Dilatation des Zäkums (diese kann auch akut entstehen und ist ohne forensische Bedeutung), sondern im histologischen Nachweis der Hypertrophie der Zirkulärschicht der Muskularis. Die bloße Verdickung der Darmwand kann auch auf Ödeme zurückzuführen sein und hat dann nichts mit der chronisch-rezidivierenden Blinddarmkolik zu tun. Inhalte von 30–40 l können nicht mehr weiterbefördert werden, daher ist zum Nachweis der Blinddarmverstopfung das Gewicht des Inhalts zu ermitteln. Zum Nachweis der Chronizität wiederum dient die Feststellung der Hypertrophie der Muskularis. Das physiologische Verhältnis der Muskularis von Blinddarmkopf zu -körper beträgt 1,3:1, bei chronischer Verstopfung jedoch 2:1 oder 3:1. Hat die Muskularis am Kopf eine Dicke von 3 mm erreicht (Normalwert: 0,4–0,9 mm), so kann der Krankheitsprozess auf mindestens 4 Wochen, bei 4–5 mm auf mehr als 4 Wochen geschätzt werden.

Ähnlich liegen die Verhältnisse bei der **chronischen Ileumverstopfung**, die häufig noch mit einer Narbenstenose der Ileozäkalklappe einhergeht. Die Wandstärke der Wandmuskulatur beträgt physiologischerweise 3 mm, kann aber auf bis zu 10–20 mm hypertrophiert sein. Die dem Ileum vorgeschalteten Abschnitte des Jejunums können eine Verdickung auf das 2–3-Fache erfahren. In diesen Fällen wäre eine Rückdatierung auf 4 Wochen möglich.

Aus der **chronischen Magendilatation** können ebenfalls wiederkehrende Koliken resultieren und Symptome des EGUS (equine gastric ulcer syndrome) verursachen. Sollten bei der Gastroskopie keine Hinweise auf pathologische Schleimhautveränderungen oder Motilitätsstörungen gefunden werden, so ist die Erkrankung nach dem Tod des Patienten analog zu den anderen chronischen Darmerkrankungen pathologisch-anatomisch bzw. pathohistologisch zu diagnostizieren. Zunächst sind dabei eine Messung des Magens und eine Wiegung des Mageninhalts vorzunehmen. Die Länge der großen Kurvatur wird mit 0,95–1,95 m, der Umfang unterhalb der Kardia mit 0,6–0,96 m beim Großpferd angegeben. Die Muskulatur hat im Bereich der großen Kurvatur eine Stärke von 1–2,5 mm, bei chronischer Dilatation – solange keine Dekompensation eingetreten ist – eine solche von bis zu 5 mm. Bei deutlicher Überschreitung dieser Werte gilt eine chronische Magendilatation als erwiesen. Ferner ist noch auf Druckatrophien des linken Leberlappens, in fortgeschrittenen Fällen auch der ganzen Leber hinzuweisen, die eine Schätzung der Krankheitsdauer über mindestens 4 Wochen erlaubt.

Tumoren, Stein- und Sandkoliken

Tumoren des Darmes (v. a. Melanome) können durch Obturation, aber auch durch Verwachsung und dadurch bedingte Hemmung der Darmperistaltik chronische Koliken hervorrufen. Lipome (L. pendulans) können Darmabschnitte strangulieren und sind mindestens 4 Wochen rückdatierbar. Dies gilt aber nicht für die unmittelbar zum Tode führende Strangulation, die sich nicht rückdatieren lässt. Auch abgekapselte Abszesse in Darmnähe und sehr große Ovarialtumoren können durch Druck eine Behinderung der Passage der Ingesta verursachen. Ferner haben Enterolithen und Phytobezoare sowie die Ablagerung von Sand eine gewisse Bedeutung als Ursache für chronische Kolikerkrankungen. Auch hier ist forensisch auf die Verdickung der Muskularis in den betreffenden Darmabschnitten hinzuweisen. Eine Altersbestimmung der ursächlichen Veränderung kann im Einzelfall möglich sein, wobei eine längere Rückdatierung als 4 Wochen schwierig bis unmöglich ist.

Diagnose

Die Chronizität der Kolik muss durch die Erhebung einer entsprechenden Anamnese abgeschätzt werden. Die endgültige Diagnose ist nur durch Messungen und histologische Untersuchungen an den betreffenden Organen zu stellen. Ein ursächlicher Zusammenhang zwischen parasitär bedingten Aneurysmen und einer tödlichen Kolik wird nicht immer beweisbar sein.

Differenzialdiagnostisch auszuschließende Erkrankungen

Auszuschließen sind:

- alle akuten und chronischen Koliken anderer als der oben genannten Ursachen
- alle Kolikerkankungen, deren Ursache nicht im Magen-Darm-Trakt zu suchen ist
- Endoparasitenbefall, der keine chronische Kolik verursacht hat
- Magenulzera, sofern nicht bereits eine Perforation des Magens mit resultierender Peritonitis vorgelegen hat
- entzündliche Magen-Darm-Erkrankungen

Eine Rückdatierung der die chronische Kolik verursachenden Veränderungen ist nach den aufgezeigten Kriterien lediglich teilweise möglich. Verendet ein Pferd an einer chronischen Kolik, ist eine histologische Rückdatierung und ein Nachweis der Chronizität in bestimmten Fällen möglich.

9.3.3 Quellenangaben

Literatur

[414] Brehm W, Gehlen H, Ohnesorge B, Wehrend A. Handbuch Pferdepraxis. 4. Aufl. Stuttgart: Enke; 2017

[415] Köhler H, Kraft H. Gerichtliche Veterinärmedizin. Stuttgart: Enke; 1984

9.4 Atemwegserkrankungen

Michael Röcken

Erkrankungen der Atemwege beim Pferd werden hinsichtlich ihrer Genese in Krankheiten des oberen oder unteren Respirationstrakts eingeteilt. Unter forensischen Aspekten haben hierbei die nicht infektiös bedingten Atemwegserkrankungen beim adulten Pferd im Rahmen der Kaufuntersuchung vorrangige Bedeutung.

Merke

Ziel der Untersuchung bei der Kaufuntersuchung ist nicht eine differenzierte Diagnosestellung, sondern die Erhebung von Befunden.

Dabei wird die sorgfältige Kaufuntersuchung den Prinzipien des üblichen propädeutischen Untersuchungsgangs entsprechend durchgeführt. Dieser formale Untersuchungsgang des Respirationstrakts basiert auf einer Überprüfung des Atmungstyps, auf Nasenausfluss und Husten. Der Nachweis von Atemgeräuschen sowie die Auskultation des Atmungstrakts erfolgen im Stande der Ruhe, nach der Belastung und während der Beruhigungszeit. Weiterführende Untersuchungen im Sinne einer Diagnosestellung bei vorhandenen Symptomen sind dann nicht mehr Teil der werkvertraglichen Kaufuntersuchung.

9.4.1 Erkrankungen der oberen Atemwege

Grundsätzlich sind gesunde, nicht eingeengte obere Atemwege für die Leistungsfähigkeit und somit für die sportreiterliche Nutzung eines Pferdes von maßgeblicher Bedeutung. Trotz seiner günstigen funktionellen und strukturellen Morphologie beträgt der Anteil des oberen Atemwiderstands an der Gesamtresistance beim Pferd in Ruhe ca. 50–75 %. Dadurch ist der Luftdruck während der Einatmungsphase in den oberen Atemwegen im Vergleich zum atmosphärischen Druck negativ, während der Exspiration dagegen positiv. Unter der Belastung verstärken sich die Druckunterschiede, mit der Konsequenz, dass der inspiratorische Widerstand nahezu doppelt so groß wird wie der exspiratorische. Dies hat zur Folge, dass bereits ggr., krankheitsbedingte funktionelle und/oder statische Einengungen im oberen Respirationstrakt den Atemwiderstand vergrößern und somit graduell die Leistungsfähigkeit des Pferdes beeinträchtigen können.

Hemiplegia laryngis sinistra

Definition

Bei der **Hemiplegia laryngis sinistra** handelt es sich um eine linksseitige Erkrankung des N. laryngeus recurrens mit neurogener Muskelatrophie der linken Kehlkopfmuskulatur. Diese Erkrankung gilt beim Warmblutpferd als die häufigste dynamisch-stenotische (einengende) Erkrankung der oberen Atemwege.

Ätiologie und Pathogenese. Die sog. idiopathische Hemiplegie entwickelt sich in der Mehrzahl der Fälle im Verlauf der ersten 5–6 Lebensjahre. Die Nervenerkrankung ist hierbei ursächlich in einem Verlust der Myelinscheiden der myelinisierten Nervenfasern im Endbereich des N. laryngeus recurrens begründet. Es handelt sich somit um eine distale Axonopathie. Ursächlich wird diese Erkrankung wahrscheinlich durch eine Störung im neuronalen Stoffwechsel bedingt, wobei aufgrund der nachgewiesenermaßen hohen Heritabilität die erbliche Disposition eine gewisse Rolle zu spielen scheint. Diese Nervenerkrankung führt konsekutiv zur Atrophie (Rückbildung) bei der von diesem

Nerv versorgten Kehlkopfmuskulatur und damit zumeist zu einem sich progredient entwickelnden Unvermögen, den linken Aryknorpel (Stimmbandknorpel) während der Einatmung anzuheben und das linke Stimmband zu spannen. Im Falle einer vollständigen Lähmung kann es, bedingt durch den inspiratorischen Unterdruck (während der Einatmung), zu einem Kollaps der linksseitigen Kehlkopfstrukturen kommen, was zu einer dramatischen laryngealen Einengung (des Kehlkopflumens) unter der Belastung führt.

Klinisches Bild. Das klinische Bild ist typischerweise geprägt durch ein belastungsinduziertes, inspiratorisches Atemgeräusch, welches mit Fortschreiten der Erkrankung deutlicher hörbarer werden kann. Zu diagnostischen Zwecken kann die Belastung entweder durch versammeltes Reiten oder durch Longieren, vorzugsweise mit ausgebundenem, nach links gestelltem Kopf, erfolgen.

Praxistipp

Im Rahmen der Kaufuntersuchung wird ausschließlich die Wahrnehmung bzw. das Erkennen eines Atemgeräuschs als hinweisender, aber zunächst unspezifischer Befund geschuldet, da ursächlich auch andere Erkrankungen als die Hemiplegia laryngis sinistra im oberen Respirationstrakt infrage kommen. Eine differenzierende Abklärung hat dann im Rahmen von weiterführenden diagnostischen Verfahren (als dienstvertragliche Tätigkeit) zu erfolgen.

Diagnose. Das diagnostische Verfahren der ersten Wahl ist i. d. R. die Endoskopie im Stand der Ruhe und im Bedarfsfall unter Belastung (Belastungsendoskopie). Zur Beurteilung der endoskopischen Befunde existieren diverse Graduierungssysteme, die aber alle einheitlich erkennen lassen, dass die Hemiplegia laryngis des Pferdes in unterschiedlichen Schweregraden auftreten kann. Entscheidend für die graduelle Einteilung ist hierbei nicht nur der Tatbestand, ob eine Asymmetrie vorliegt, sondern ob und ggf. in welchem Maße noch eine Restbeweglichkeit bzw. Abduktion des Stimmbandknorpels (Aryknorpels) vorhanden ist.

Differenzialdiagnosen. Differenzialdiagnostisch ist die sekundäre Hemiplegia laryngis in Betracht zu ziehen, die ursächlich, d. h. infolge von Entzündungen (infektiös, nicht infektiös), Verletzungen, Neoplasien, Intoxikationen usw. hervorgerufen werden kann.

Therapie. Die einzig erfolgversprechende Therapie der idiopathischen Hemiplegia laryngis sinistra besteht in einer chirurgischen Intervention. Die unterschiedlichen chirurgischen Verfahren, die entweder allein oder in Kombination zur Anwendung kommen, zielen dabei auf eine stabilisierende oder zusätzliche Öffnung der Stimmritze. Die Erfolgsrate der chirurgischen Verfahren wird entsprechend den Angaben in der Literatur mit ca. 60–80 % angegeben. Die chirurgischen Eingriffe am Kehlkopf sind eher zu den komplikationsbehafteten Eingriffen zu zählen, die aufgrund möglicher intra-, peri- oder postoperativer Komplikationen zu einem nicht zufriedenstellenden Ergebnis führen können.

9.4.2 Erkrankungen der unteren Atemwege

Bei den Erkrankungen des unteren Respirationstrakts hat die chronische, nicht infektiös bedingte Entzündung der nicht mehr knorpelgestützten Bronchioli sowohl unter klinischen als auch forensischen Aspekten die absolut größte Bedeutung.

Terminologisch wird die Erkrankung in Deutschland unter dem Sammelbegriff chronisch-obstruktive Bronch(-iol-)itis (COB) zusammengefasst, während im angloamerikanischen Bereich zwischen der inflammatory airway disease (IAD) und der recurrent airway obstruction (RAO) unterschieden wird. 2016 wurden die Erkrankungen dann in einem Konsensuspapier unter dem Begriff „Equines Asthma-Syndrom" zusammengefasst.

Klinisch kann die Diagnostik einer ggr. bronchialen Obstruktion aufgrund des subtilen klinischen Verlaufs häufig eine Herausforderung darstellen. Anamnestisch kann die Erwähnung von einzelnen Hustenstößen, besonders zu Beginn der Arbeit, als erstes klinisches Anzeichen gewertet werden. Die Ausatmung ist selten exspiratorisch betont und die Lungenauskultation kann negativ ausfallen. Am ehesten weisen solche Pferde initial bereits einen ggr. Leistungsmangel auf, u.U. erkenntlich anhand einer verlängerten Wiederberuhigung der Atemfrequenz nach der Belastung. Vermehrter Nasenausfluss ist – außer in hgr. Fällen – selten festzustellen und falls doch, dann meist infolge der Belastung. Dementsprechend muss konstatiert werden, dass eine Erkrankung in diesem Bereich per se nicht ausgeschlossen werden kann, auch wenn bei der klinischen Untersuchung des Respirationstrakts in Ruhe keine oder nach Belastung nur marginale pathologische Befunde zu erheben sind.

Denn bei optimierter Haltung eines Pferdes mit COB können die klinischen Befunde fehlen, womit die Erkrankung zum Zeitpunkt der Kaufuntersuchung nicht nachweisbar ist und folglich nicht gänzlich ausgeschlossen werden kann. Deshalb sollte der Auftraggeber einer Kaufuntersuchung nachweislich (am besten schriftlich) darauf hingewiesen werden, dass im Rahmen dieser Untersuchung über umgebungsabhängige und saisonale Erkrankungen (z.B. chronische Bronch[-iol-]itis, Sommerekzem, Allergien) keine endgültige Aussage getroffen werden kann.

10 Kleintier

Thomas Steidl

10.1 Anästhesiologische Komplikationen

Perioperative bzw. „perianästhetische" Zwischenfälle sind ein häufiger Grund für forensische Auseinandersetzungen zwischen Patientenbesitzer und Tierarzt.

Forensisch bedeutsam sind insbesondere Komplikationen

- vor der Anästhesie,
- während der Narkosevorbereitung und Narkoseeinleitung,
- während der Durchführung der Narkose sowie
- in der Aufwachphase und bei der Narkosenachsorge.

Seit einigen Jahren rückt die Frage der ausreichenden Aufklärung sowie der Dokumentation vor Gericht immer mehr in der Vordergrund. Insbesondere eine mangelhafte Dokumentation kann in extremis dazu führen, dass das Gericht eine Umkehr der Beweislast anordnet.

10.1.1 Mögliche Komplikationen vor der Anästhesie

Anamnese. Vor der Anästhesie sind eine klinische Untersuchung sowie die Erhebung des **Vorberichts** unerlässlich, ebenso wie die Feststellung des aktuellen **Körpergewichts**, das für die Dosierung der Narkose essenziell ist. Das Körpergewicht wird dokumentiert. **Vorerkrankungen** und **aktuelle Medikationen** sind ebenso zu erfragen wie **frühere Narkosen** und mögliche Reaktionen auf diese.

Klinische Untersuchung. Der Patient wird klinisch untersucht. Besonderes Augenmerk ist dabei auf die Untersuchung von **Herz und Kreislauf** zu legen. Trotz vorberichtlicher Abklärung der Nüchternheit sollte, insbesondere bei für Magendrehungen prädisponierten Rassen, der **Füllungszustand des Magens** palpiert werden.

Blutuntersuchung. Im **Bedarfsfall** sowie beim **älteren Patienten** sollte dem Patientenbesitzer die Durchführung von hämatologischen Untersuchungen empfohlen werden. Werden diese vom Besitzer nicht gewünscht, ist dies zu dokumentieren. **Laktat** als Perfusionsparameter kommt bei Narkosen eine besondere Bedeutung zu.

Einstufung nach ASA. Zum Abschluss der Voruntersuchung ist der Patient nach ASA einzustufen (▸ **Tab. 10.1**) und dies zu dokumentieren.

10.1.2 Aufklärung des Patientenbesitzers vor der Narkose

Die minimale Aufklärung des Patientenbesitzers sollte Folgendes umfassen:

- kurze Beschreibung der ausgewählten Narkose
- Darstellung möglicher Alternativen
- Besprechung des Narkoserisikos unter Einbeziehung von Tierart, Rasse, Alter und ASA

▸ **Tab. 10.1** Einteilung der ASA-Grade (American Society of Anesthesiologists).

Risikogruppe	Beschreibung
1	normaler, gesunder Patient
2	leichte Allgemeinerkrankung ohne Leistungseinschränkung, keine Erhöhung des Anästhesierisikos zu erwarten
3	schwere Allgemeinerkrankung mit Leistungseinschränkung, Erhöhung des Risikos wahrscheinlich
4	schwere, anhaltende und lebensbedrohliche Allgemeinerkrankung, erheblicher Risikofaktor für Anästhesie und Operation
5	moribunder Patient, der ohne Operation voraussichtlich nicht überleben wird

(In der Humanmedizin ist ASA 6 ein hirntoter Patient, dessen Organe zur Entnahme bestimmt sind.)

Zum Abschluss der Aufklärung sollte der Patientenbesitzer definitiv gefragt werden, ob Fragen seinerseits noch unbeantwortet geblieben sind.

Eine schriftliche Narkoseaufklärung des Tierbesitzers wird beim Kleintier gerichtlich bisher (noch) nicht gefordert. Die **mündliche Narkoseaufklärung** sollte, wenn möglich, in **Anwesenheit eines Mitarbeiters** erfolgen und dies sollte ebenfalls **dokumentiert** werden.

10.1.3 Narkosevorbereitung

Der Patient erhält die **Prämedikation** für die Narkose. Deren Sinn ist es, den Stresslevel des Patienten zu erniedrigen, die Katecholaminausschüttung zu senken und damit auch die benötigte Dosis des eigentlichen Narkosemittels zu reduzieren. Dies trifft insbesondere auf Beutetiere zu, wie z. B. Kleinsäuger.

In dieser Phase empfiehlt es sich, mit der **perioperativen Analgesie** zu beginnen.

Praxistipp

Vor der Narkose sind sämtliche Geräte und Hilfsmittel wie Endotrachealtuben, Sauerstoff oder Beatmungsbeutel auf Vollständigkeit und Funktionsfähigkeit zu überprüfen. Es empfiehlt sich weiterhin, praxisintern schriftlich festzulegen, welche Instrumente, Geräte und Arzneimittel in der Praxis für welche Narkosen benötigt werden. Narkosegeräte sollten ebenfalls anhand einer praxisinternen Checkliste vor jeder Narkose überprüft werden. Diese Dokumentation stärkt im Streitfall die Position der beklagten Praxis vor Gericht.

Grundvoraussetzungen für jede Narkose:

- intravenöser Zugang
- Instrumente für die endotracheale Intubation
- Endotrachealtuben in ausreichenden Größen (kein kompletter Satz nötig)
- Beatmungsbeutel
- Sauerstoff in ausreichender Menge

Diese Voraussetzungen müssen – egal ob Injektions- oder Inhalationsnarkose – vorhanden sein und bereitliegen. Ob bei extrem kurzen Eingriffen wie z. B. der Kastration eines Katers, Anfertigung einer Röntgenaufnahme, Anlegen eines Verbands o. Ä. ein Venenzugang gelegt werden sollte, ist im Einzelfall abzuwägen.

Merke

Grundsätzlich besteht die Verpflichtung, Narkosepatienten vor Beginn der Narkose einen venösen Dauerzugang zu legen.

10.1.4 Durchführung der Narkose

Hat der Patient die Prämedikation erhalten, wird er üblicherweise mit einem Injektionsnarkotikum versorgt, das entweder selbst narkotisch wirkt oder die endotracheale Intubation für die anschließende Inhalationsnarkose ermöglicht (**Narkoseeinleitung**).

Die **endotracheale Intubation** ist derzeit, auch unter Berücksichtigung einer möglicherweise notwendig werdenden Beatmung, der Goldstandard. Inhalationsnarkosen via Maske sind, zumindest bei Hund und Katze, auch vor diesem Hintergrund obsolet.

Die Narkose selbst wird als Injektions-, Inhalationsnarkose oder vollständig intravenöse Anästhesie (TIVA) mit einem zugelassenen Anästhetikum durchgeführt. Üblicherweise geschieht dies – im Sinne einer **balancierten Narkose** – mithilfe mehrerer Medikamente, die sich gegenseitig ergänzen und die Dosierung der einzelnen Anästhetika reduzieren helfen. Aus diesem Grund sollten Mononarkosen nicht mehr durchgeführt werden.

Injektionsanästhetika sollten grundsätzlich intravenös verabreicht werden, um die Phase der An- und Abflutung so kurz wie möglich zu halten.

Steuerbare oder antagonisierbare Narkosen sind von Vorteil. Eine allgemeingültige, optimale Variante der Narkose existiert beim Kleintier jedoch nicht.

Praxistipp

Bei der Auswahl der geeigneten Narkose sind nicht nur die Besonderheiten des Patienten und der Grund für die Narkose, sondern auch die Vertrautheit des Tierarztes mit der von ihm gewählten Narkose von grundlegender Bedeutung.

10.1.5 Überwachung der Narkose

Der Patient ist – beginnend mit der Prämedikation **bis zum Zeitpunkt, in dem er wieder bei Bewusstsein ist und die Vitalparameter sicher sind** – zu überwachen.

Hierbei ist zu beachten, dass bei einer Narkose, ähnlich wie bei Start und Landung eines Flugzeugs, die **Einschlaf- und Aufwachphase risikoreicher** sind als die Narkose selbst.

Der Patient ist in **bestimmten zeitlichen Abständen** zu kontrollieren. Umfang dieser Narkoseüberprüfung und die zeitlichen Abstände sollten gemäß einer praxisinternen Checkliste festgelegt werden. Das Überprüfen der Narkose gemäß dieser Checkliste sollte dokumentiert werden.

Basale Narkoseüberwachung:

- Atemfrequenz und Atemtyp
- Pulsfrequenz, Herzschlagfrequenz
- Zungenfarbe, Schleimhäute
- kapilläre Rückfüllzeit
- Lidschlussreflex

Je nach Lage des Falles können darüber hinaus Geräte zur Narkoseüberwachung hinzugezogen werden (**Narkosemonitoring**). Grundsätzliches Fundament der Narkoseüberwachung in der Einleitungs-, Toleranz- und Aufwachphase ist jedoch die klinische Überprüfung der Vitalparameter.

10.1.6 Narkosenachsorge

Bei der Verwendung von Lachgas als Trägergas für eine Inhalationsnarkose ist zu beachten, dass der Patient vor der Extubation noch so lange **reinen Sauerstoff** atmen muss, bis das Distickstoffmonoxid aus den Lungenalveolen „ausgewaschen" ist.

Kehrt der **Schluckreflex** zurück, wird der Tubus entblockt und während der Exhalation aus der Trachea gezogen. Die Tubusspitze ist auf pathologische Sekrete zu untersuchen.

! Merke

Nach der Extubation besteht die Verpflichtung, jederzeit reintubieren zu können. Diese Forderung trifft insbesondere auf die brachyzephalen Risikorassen zu.

Der Patient sollte anschließend in eine **ruhige klimatisierte Umgebung** verbracht werden, in der er nicht durch andere Patienten beunruhigt wird. Dies ist insbesondere bei Fressfeinden oder Beutetieren, z. B. Kleinsäugern oder Vögeln neben Katzen oder Hunden, zu beachten.

Der Patient wird auf einer weichen, wärmenden oder zumindest isolierenden **Unterlage** seitlich gelagert und engmaschig überwacht. Die perioperative Hypothermie ist darüber hinaus mit geeigneten Maßnahmen (Wärmebett o. Ä.) aktiv zu behandeln. Die **externe Wärmezuführung** ist intensiv zu überwachen, um Überhitzen oder Verbrennungen zu vermeiden. Vögel und Kleinsäuger sollten postnarkotisch eher in **abgedunkelter Umgebung** gehalten werden.

Der Tierbesitzer ist darüber aufzuklären, wie der Patient anschließend in der Aufwachphase zu transportieren und daheim zu lagern ist, wann das erste Wasser und wann die erste Mahlzeit angeboten werden dürfen. Da die Tierbesitzer in dieser Phase aus verständlichen Gründen intellektuell nur begrenzt aufnahmebereit sind, empfiehlt es sich, die mündliche Aufklärung durch ein **schriftliches Narkoseaufklärungsblatt** zu unterstützen.

Der Patient darf erst dann nach Hause entlassen werden, wenn er **ansprechbar** ist und die **Vitalparameter unauffällig** sind.

Der Patientenbesitzer muss über den zu erwartenden Verlauf der Aufwachphase aufgeklärt werden und wissen, an welche Praxis oder Klinik er sich bei Auffälligkeiten wenden kann. Dies ist mit den betroffenen Praxen im Vorfeld abzuklären. Die Praxis, die die Narkose durchgeführt hat, ist grundsätzlich für eine lücken- und reibungslose **Nachsorge** verantwortlich, bis der Patient wieder Wasser und Futter aufgenommen hat.

Auch der intravenöse Zugang sollte erst nach der Futteraufnahme entfernt werden, was – nach Einweisung – auch einem couragierten Tierbesitzer übertragen werden kann.

Die Narkoseaufwachphase ist bekanntermaßen ein häufiger forensischer „Brennpunkt", da der Besitzer mit seinem Tier in der Aufwachphase mitleidet und sich überfordert fühlt. Lautäußerungen und Exzitationen werden vom Tierbesitzer oft als Ausdruck von Schmerzen und Leiden fehlinterpretiert. Um postoperative Komplikationen mit dem Besitzer zu vermeiden, empfiehlt es sich, diesen nicht weniger intensiv zu betreuen als den Patienten selber.

10.2 „Kosmetische Operationen“

Grundsätzlich sind sog. kosmetische Operationen beim Kleintier nicht nur tierschutzrechtlich relevant, sondern müssen auch in Hinblick auf eine mögliche betrügerische Absicht hinterfragt werden. Eine betrügerische Absicht steht sicherlich immer dann im Raum, wenn durch den Eingriff ein Status vorgetäuscht werden soll, der einem vom Rassestandard geforderten Zustand entspricht. Tierärztinnen und Tierärzte, die solche Eingriffe auf Wunsch des Besitzers durchführen, laufen Gefahr, durch ihr Handeln am Betrug mitschuldig zu werden. Dies gilt insbesondere, aber sicher nicht ausschließlich für Tiere, die post operationem auf Ausstellungen gerichtet bzw. beurteilt oder gar zur Zucht eingesetzt werden sollen.

Ausgenomen sind auch in diesem Bereich stets Operationen, die einer medizinischen Indikation (S. 158) unterliegen. Hierzu zählen z. B. die Teilamputation eines Ohres oder einer Rute nach Verletzung, wenn diese so schwerwiegend ist, dass mit einer konservativen Abheilung nicht mehr zu rechnen ist. Ansonsten dürfte in diesem Zusammenhang in den meisten Fällen das Amputationsverbot greifen.

10.2.1 Kosmetische Operationen am Ohr des Hundes – Kupieren, Kippohr, Stehohr

Die korrekte Stellung der Ohren ist bei vielen Hunderassen im Rassestandard vorgeschrieben. Es gehört zur Sorgfaltspflicht eines gewissenhaft arbeitenden Tierarztes, sich über die diesbezüglichen Anforderungen des jeweiligen Rassestandards zu informieren, wenn er von Hundehaltern aufgefordert wird, operative Korrekturen durchzuführen.

Das **Kupieren** von Hundeohren ist seit 1998 verboten. Wer diesen Eingriff, ob mit oder ohne Betäubung, durchführt, macht sich wegen unerlaubter Amputation strafbar. Obwohl diese Vorschrift seit über 20 Jahren besteht, wird sie immer noch mit beharrlicher Beständigkeit negiert und gegen sie verstoßen.

Die Stellung eines Ohres – ob stehend oder gekippt – ist grundsätzlich für das Wohlergehen eines Hundes irrelevant. Dennoch wurden oder werden Welpen und Junghunde, die dem jeweiligen Rassestandard nicht entsprechen, in der Tierarztpraxis wegen kosmetischer, operativer Korrektur vorgestellt. Selbst in tierärztlichen Textbüchern werden verschiedene Operationen sowohl zur Erzielung eines Steh- wie eines Kippohres vorgestellt. Speziell zur Erzielung von Stehohren werden einige „heroische“ Operationen beschrieben, die z. T. mit dem Einsatz von Implantaten das gewünschte Ergebnis erzielen sollen. Allein der Einsatz von Fremdimplantaten kann bei den betroffenen Tieren unnötige Schmerzen und Leiden verursachen. Fremdkörperreaktionen machen häufig noch mehrere Folgeoperationen notwendig, bis der kosmetisch versorgte Patient wieder beschwerdefrei ist.

Auch das Verkleben der Ohrmuschel ohne operativen Eingriff zur Erzielung eines gewünschten kosmetischen Ergebnisses muss im Einzelfall auf Tierschutzrelevanz hinterfragt werden. Das gleiche gilt für konservative „Behandlungsversuche“ von Nabelbrüchen beim Welpen durch das Aufkleben von Fremdkörpern, z. B. Geldmünzen, im Prolapsbereich.

10.2.2 Amputationen und weitere kosmetische Operationen an der Rute von Hund und Katze

Auch die Stellung der Rute ist beim **Hund** stets eine Frage des Rassestandards und nicht eine Frage des Wohlergehens des einzelnen Tieres. Da die Rutenstellung – ob Knick-, Ringel- oder Hängerute – durch den jeweiligen Rassestandard reglementiert wird, wird auch in diesem Bereich häufig der Wunsch des Besitzers bzw. Züchters an den Tierarzt herangetragen, die Rute so zu korrigieren, dass sie auf Ausstellungen nicht bemängelt wird. Die Erzielung der jeweiligen Rutenstellung stellt chirurgisch kein Problem dar und wird ebenfalls in manchen Textbüchern älteren Datums empfohlen und beschrieben. Die operative Korrektur der Hunderute ohne medizinische Indikation gehört zweifelsfrei zu den verbotenen Eingriffen.

Ebenso ist die operative Korrektur der Knickrute bei der **Katze** ein verbotener Eingriff. Bei manchen Katzenrassen ist die Knickrute ein zuchtausschließender Mangel. Diese Knickrute beim Katzenwelpen chirurgisch in den ersten Lebenstagen zu korrigieren, ohne dass dies später nachweisbar wäre, ist möglich. Gerade bei diesem Eingriff wird jedoch die Bedeutung von Tierschutz und Betrug bei der Durchführung von verbotenen Eingriffen besonders deutlich.

10.2.3 Implantation von Kunsthoden

Denkbare Indikationen für die Implantation von Hodenprothesen beim Hund wären folgende:

- Amputation eines Hodens nach nicht therapierbarer Entzündung oder Verletzung
- Amputation eines entarteten Hodens
- nicht abgestiegener Hoden, kryptorchider Hoden

Beim Menschen sind psychische Gründe nach nicht erfolgreichem Hodenabstieg oder Hodenverlust sehr bedeutsam, was i.d.R. den Einsatz von Hodenprothesen indiziert.

Beim Hund hingegen ist keine medizinische Indikation vorstellbar, welche die Implantation einer Hodenprothese indiziert. Aus welchen Gründen auch immer – beim Rüden eine Hodenprothese zu implantieren, ist tierschutzrelevant und dürfte in den meisten Fällen auch in betrügerischer Absicht erfolgen.

10.2.4 Amputation von Krallen bei Hund und Katze

Unter der Daumenkralle versteht man die fünfte Kralle an der Vordergliedmaße, die dem menschlichen Daumen entspricht. Fünfte oder gar sechste Krallen an den Hintergliedmaßen werden fälschlicherweise als Wolfskrallen bezeichnet, obwohl der Wolf über diese nicht verfügt. Aus diesem Grunde sollte besser von Afterkrallen gesprochen werden.

Das Nichtvorhandensein, das Vorhandensein oder auch die Anzahl der Wolfskrallen wird bei vielen **Hunderassen** durch den FCI Standard geregelt. Bei einigen Hunderassen fordert der Standard sogar die doppelte Anlage von Afterkrallen, z.B. beim Beauceron oder Berger de Brie. Die Afterkrallen an den Hintergliedmaßen können häutig oder auch knöchern-gelenkig mit dem Hinterlauf verbunden sein.

Sowohl die früher häufig verlangte Entfernung der Daumenkralle in den ersten Lebenstagen als auch die Entfernung der Afterkrallen an den Hintergliedmaßen sind grundsätzlich verboten. Insbesondere häutig verbundene Afterkrallen können jedoch immer wieder hängenbleiben und verletzt werden. Hier besteht in Einzelfällen eine medizinische Indikation, diese Krallen zu entfernen. Die prophylaktische Entfernung der Afterkrallen ist jedoch keinesfalls gerechtfertigt.

Die Entfernung der ersten Phalangen an allen Zehen, häufig nur der Vordergliedmaße, wird in manchen Ländern durchgeführt, damit die **Katzen** beim verhaltensbedingten Schärfen der Krallen nicht Möbel oder Tapete zerstören. Bei diesem sog. declawing wird das erste Fingerglied mit allen Weichteiladnexen entfernt. Die so misshandelten Katzen müssen für den Rest ihres Lebens auf den Fingerstümpfen laufen. Chronische Schmerzen und Verhaltensänderungen sind als Folgen nachgewiesen. Das declawing ist seit 2006 auch EU-weit untersagt.

Teil 3
Anhang

11 Abkürzungsverzeichnis

ABGB	*Allgemeines Bürgerliches Gesetzbuch*
ADMR	*Anti-Doping- und Medikamenten-kontroll-Regeln*
AMG	*Arzneimittelgesetz*
AO	*Abgabenordnung*
AORC	*Association of Official Racing Chemists*
ASA	*American Society of Anesthesiologists*
ATF	*Akademie für Tierärztliche Fortbildung*
BGB	*Bürgerliches Gesetzbuch*
BGH	*Bundesgerichtshof*
BO	*Bildungsordnung*
BS	*Bildungsstunden*
BStKR	*Reglement des Bundesstrafgerichts über die Kosten, Gebühren und Entschädigungen in Bundesstrafverfahren*
BT-Drs	*Drucksache des Deutschen Bundestags*
BTK	*Bundestierärztekammer*
BVerfG	*Bundesverfassungsgericht*
COB	*chronisch-obstruktive Bronch(-iol-)itis*
d. h.	*das heißt*
EADCMR	*Equine Anti-Doping and Controlled Medication Regulations (FEI)*
EFD	*Eidgenössisches Finanzdepartement*
EGUS	*equine gastric ulcer syndrome*
EPSL	*Equine Prohibited Substances List*
evtl.	*eventuell*
FCI	*Fédération Cynologique Internationale*
FEI	*Fédération Equestre Internationale*
ff	*folgende*
fHf	*fetale Herzfrequenz*
FISTC	*Fédération Internationale Sportive de Traineau a Chiens*
FN	*Fédération Equestre Nationale*
GebAG	*Gebührenanspruchsgesetz*
GebV StV	*Verordnung über die Gebühren, Auslagen und Entschädigungen der Strafverfolgungsbehörden*
GewRÄG	*Gewährleistungsrechts-Änderungs-gesetz*
GG	*Grundgesetz*
ggr	*geringgradig*
GOT	*Gebührenordnung für Tierärzte*
GR	*General Regulations (Doping)*
GST	*Gesellschaft Schweizerischer Tierärztinnen und Tierärzte*
GSV	*Gerichtssachverständiger*
GVG	*Gerichtsverfassungsgesetz*
hgr	*hochgradig*
IAD	*inflammatory airway disease*
i. d. R.	*in der Regel*
ILAC	*International Laboratory Accreditation Cooperation*
i. m.	*intramuskulär*
i. S.d.	*im Sinne des*
i. v.	*intravenös*
i. V. m.	*in Verbindung mit*
JN	*Jurisdiktionsnorm*
JVEG	*Justizvergütungs- und -entschädigungsgesetz*
KSchG	*Konsumentenschutzgesetz*
LFGB	*Lebensmittel- und Futtermittel-gesetzbuch*
LK	*Landeskomission für Pferdeleistungs-prüfungen*
LPO	*Leistungs-Prüfungs-Ordnung*
MedBG	*Medizinalberufegesetz*
MedBV	*Medizinalberufeverordnung*
MüKoBGB	*Münchner Kommentar zum Bürgerlichen Gesetzbuch*
NADA	*Nationale Anti-Doping-Agentur Deutschland*
NWZ	*Nachweiszeit*
ÖADR	*Österreichische Anti-Doping-Rechtskommission*
OEPS	*Österreichischer Pferdesportverband*
OG	*offene Gesellschaft (Rechtsform der tierärztlichen Praxis)*
OGH	*Oberster Gerichtshof*
OLG	*Oberlandesgericht*
OR	*Obligationenrecht*
ÖTK	*österreichische Tierärztekammer*
ÖTO	*österreichische Turnierordnung*
OWiG	*Gesetz über Ordnungswidrigkeiten*
PLS	*Pferdeleistungsschau*
PMI	*postmortales Intervall*
RAO	*recurrent airway obstruction*
RIS	*Rechtsinformationssystem*
RL	*Richtlinie*

s. c.	*subkutan*
SchHaltHygV	*Schweinehaltungshygieneverordnung*
SDG	*Sachverständigen- und Dolmetschergesetz*
SL	*screening limit*
sog.	*sogenannt/e/es*
StGB	*Strafgesetzbuch*
StGG	*Staatsgrundgesetz*
StPO	*Strafprozessordnung*
SV	*Sachverständiger*
SVPS	*Schweizerischer Verband für Pferdesport*
TÄHAV	*Verordnung über tierärztliche Hausapotheken*
TÄKamG	*Tierärztekammergesetz*
TGD	*Tiergesundheitsdienst*
TGF	*transforming growth factor, Transformierender Wachstumsfaktor*
TierÄG	*Tierärztegesetz*
TierErzHaVerbG	*Tiererzeugnisse-Handels-Verbotsgesetz*
TierGesG	*Tiergesundheitsgesetz*
TierSchG	*Tierschutzgesetz*
TierSchGÖ	*österreichisches Tierschutzgesetz*
TierSchVersV	*Tierschutz-Versuchstierverordnung*
TIVA	*totale intravenöse Anästhesie*
TSchV	*eidgenössische Tierschutzverordnung*
u. a.	*unter anderem*
u. U.	*unter Umständen*
v. a.	*vor allem*
VBPV	*Verordnung des Eidgenössisches Finanzdepartements zur Bundespersonalverordnung*
VfGH	*Verfassungsgerichtshof*
ViehHMV	*Verordnung betreffend die Hauptmängel und Gewährfristen beim Viehhandel*
VO	*Verordnung*
VP	*verantwortliche Person*
VR	*Veterinary Regulations (Dopingbestimmungen)*
WBO	*Wettbewerbsordnung*
WSA	*World Sleddog Association*
z. B.	*zum Beispiel*
ZGB	*Schweizerisches Zivilgesetzbuch*
ZPO	*Zivilprozessordnung*
z. T.	*zum Teil*

Sachverzeichnis

C

D

E

P

Q

R

U

V

W

Z